ライブ講義
大学1年生のための
数学入門

Kenlo Nasahara
奈佐原顕郎

講談社

はじめに

本書は数学や物理学を専門としない人のための，高校～大学初年級の数学教材です。想定するのは以下のような方々です：

*高校で数学をちゃんと勉強できなかったのに理系の大学に合格してしまい，ついていけるか不安に思っている高校生。
*高校数学はそこそこできたのに，大学の授業で数学が出てくる瞬間にさっぱりわからなくなってしまい，途方に暮れている大学1年生。
*研究に必要な数学（物理モデルや統計学，機械学習など）をどう勉強すればよいかわからずに右往左往している卒研生・大学院生。
*すっかり数学を忘れてしまったけど，仕事で数学が必要になって困っている社会人。

これらの方々には，おそらく以下のようなことが共通しているでしょう：

*数学がどんなふうに役に立つのか，イメージできていない。
*なんとか数学がわかるようにならなきゃ，という焦りを抱えている。
*どっぷり時間をかけて数学を勉強する余裕は無い。

本書はそのような方々のために作りました。

本書は，筑波大学生物資源学類の数学教育現場の中で，10年間かけてゼロから作り，練り上げてきた教科書です。ここは農学・環境系の学部であり，高校で数学III（理系の微積分）をやってきた学生は半分以下。文系だった学生もいます。高校1, 2年生の数学もだいぶ忘れた学生もいます。

しかし彼らにも数学は必要ですし，彼ら自身も「数学がわかるようになりたい」と思っています。ただ，それ以上に，彼らは農業や環境に関する社会問題や実業に関心を持ち，そこで貢献したいと思っています。そういう彼らが「数学」の勉強に割ける時間と情熱は，それほど多くはないのです。

一方で，数学を本当に理解するには，長い時間，じっくりと集中して数学に取り組まねばなりません。「数学に王道なし」というやつです。これは明らかに両立の困難な状況です。そのような悩みの中，本書は以下のような方針で作りました。

まず，「高大接続」を意識して，必要に応じて中学校や高校レベルから解説をしました。また，実用性や発展性の高い項目を精選し，できるだけ効率の良い配列を心がけました。特に，微積分は，他のことがらや他の分野の理解を大きく助けてくれるので，早く導入しました。また，実用上重要なのに，多くの人が習得できていない内容を，丁寧に扱いました。たとえば，物理量の単位と換算，数値微分と数値積分，統計学におけるベクトルと行列の応用，そして統計学の理論の根幹をなす分散の加法性（誤差伝播の法則）です。一方で，2次方程式の解の分離や2次曲線，ユークリッド幾何学などは割愛しました。

また，読者のモチベーションを維持し，数学を現実的な問題に応用する力を身につけていただくために，物理学・化学・生物学の内容にも踏み込み，農学・環境科学の応用的な話題を多く取り入れました。計算機（電卓やパソコン）を多用し，数値やグラフを実際にいじって直感的に納得することを大切にしました。

一方で，数学をガチでやる人が大切にする厳密性や手続きにはこだわりませんでした。たとえば極限操作は数学科で学ぶ「ϵ-δ論法」には依らず，近似的・直感的な理解でよしとしました。ただし，近代以降の数学の主流である公理主義的な考え方は，できるかぎり大切にしました。定義や公理から論理的・体系的に考えることの訓練は，数学教育の大きな目的のひとつであり，また，そうしたスタイルの数学は，抽象度が高いからこそ，応用範囲が広いものです。科学技術の現場で使われる「大人の数学」

に対応できるように，高校と違う記号（ベクトルの太字表記等）を使ったり，高校で学ばない数学（対数グラフ，不偏分散，微分方程式，集合の直積など）も扱いました。

結果として本書は，日本の現代のオーソドックスな理系大学 1 年生向け数学カリキュラムと比べると，数学的にはかなり浅いものになりました。しかし，この内容を全て理解し習熟すれば，数学をどのように使えばよいか，多少のイメージはできるようになるでしょうし，「高度な数学」を必要とする一部の学部を除けば，まずは「戦える」でしょう。そして，もう少し深い数学を学ぼうという気になったときに，その橋渡しにはなるでしょう。

本書の構成

多くの問題には解答をつけましたが，一部は省略しました。それらは本文を丁寧に読んで定義に戻ればできる問題です。がんばってください！

各章末に「演習問題」を設けました。それまでに学んだことを総合的に使う問題であり，様々な分野への応用例も盛り込んでいます。解答は省略しました。自力で考え，楽しみながら取り組んでください。最小限の数学を手っ取り早く習得したい方は，これらを飛ばしても構いません。

初出の重要語には下線をつけました。これらは索引に載っています。

脚注（各ページの下の欄外コメント）は，理解の補助と，大学数学へ橋渡しのためです。もし脚注が理解できなくても，本文が理解できれば OK。

「証明終わり」を ■ という記号で表します。その他の記号は，第 12 章を参照してください。

正しい勉強の鉄則

数学の勉強には正しいやり方があります。それを以下の「鉄則」にまとめました：

[鉄則 1：丁寧に]　急がば回れ。つまみ食い・読み飛ばしをせず，全ての解説を読み，鉛筆を持って，全ての証明と例を再現し，問題を解き，わかったこととわからないことを明確に区別し，わからなくなったら「確実にわかるところ」に戻りましょう。

[鉄則 2：理解する]　理解しないと残りません。「わからない」「めんどくさい」から「解き方」や「答」だけをやみくもに覚えるという勉強は，かえって効率が悪いし，数学が嫌いになります。

[鉄則 3：再現する]　理解したら，そこで満足せず，何も見ずにそれを紙の上や頭の中で再現しましょう。そうすると，細かいところでまだわかっていなかった箇所が見つかるでしょう。それらを潰していくのです。

[鉄則 4：定義を大切に]　定義は，スポーツのルールや，物語の登場人物みたいなものです。覚えていないと話になりません。「意味」や「イメージ」はその後についてきます。知らない人でも，名前と顔を覚えれば仲良くなれるのと同じです。そして，**困ったら定義に戻る**のです！

ちなみに，定義は，一字一句丸暗記するようなものではなく，論理的に同じなら，覚えやすいように適当に言い換えても OK です。定義の確認には巻末の索引を活用しましょう。

[鉄則 5：紙の上で考える]　数学は紙の上で考えるものです。頭の中のイメージや論理を紙の上に可視化しましょう。式変形や計算は暗算で済まさず，途中経過も書き，整理して筋の通った解答を書こうと努めていれば，多くのことが自然にわかるでしょう。そのために，紙は贅沢に使いましょう。

誤植や間違いを見つけたら，以下にご連絡ください：nasahara.kenlo.gw@u.tsukuba.ac.jp

謝辞　本書は筑波大学生物資源学類で，2008 年から 2018 年まで「数学リメディアル教材」として，多くの学生・教員と一緒に育ててきたものです。特に 2013 年卒業の山崎一磨氏に感謝します。また，東京大学大学院農学生命科学研究科の熊谷朝臣教授には，本書刊行を後押ししていただきました。著者の学生時代に一緒に数学を楽しんでくれた亡き畏友に本書をささげます。

平成 30 年 11 月 27 日　著者

目次

はじめに　iii

第1章　数と演算　1

- 1.1　等号　1
- 1.2　自然数・整数・有理数・実数　1
- 1.3　定義について　3
- 1.4　無限大　4
- 1.5　四則演算　4
- 1.6　数式の書き方　6
- 1.7　演算の順番と結合法則　7
- 1.8　累乗の指数を拡張する　8
- 1.9　ネイピア数　9
- 1.10　対数　9
- 1.11　有効数字　10
- 1.12　有効数字の計算　11

第2章　物理量と単位　15

- 2.1　物理量は，数値×単位　15
- 2.2　次元　16
- 2.3　単位の掛け算と割り算　16
- 2.4　単位を埋め込んで計算しよう！　16
- 2.5　無次元量　17
- 2.6　国際単位系（SI）　18
- 2.7　単位の換算　20
- 2.8　力の単位　21
- 2.9　エネルギー，圧力，仕事率の単位　23
- 2.10　dimension check　24
- 2.11　例外！　25

第3章　代数　28

- 3.1　大小関係と絶対値　28
- 3.2　階乗と場合の数　29
- 3.3　多項式　30
- 3.4　二項定理　31
- 3.5　平方完成　31
- 3.6　代数方程式と複素数　32
- 3.7　恒等式　33
- 3.8　数列　34
- 3.9　等差数列と等比数列　34
- 3.10　単調増加・単調減少・収束・発散　35
- 3.11　数列の和　36
- 3.12　数学的帰納法　37
- 3.13　表計算ソフト　39
- 3.14　表計算ソフトで数列の和　40

第4章　関数　44

- 4.1　関数のグラフ　44
- 4.2　平行移動・拡大縮小・対称移動　45
- 4.3　1次関数と直線のグラフ　47
- 4.4　関数の和のグラフ　48
- 4.5　グラフの読み取りと直線近似　49
- 4.6　関数のグラフと，方程式の解　49
- 4.7　表計算ソフトでグラフを描く　50
- 4.8　関数のグラフと不等式の解　52
- 4.9　偶関数・奇関数　53
- 4.10　合成関数　54
- 4.11　関数についてのこまかい話　54
- 4.12　逆関数　55
- 4.13　陰関数　56

4.14	関数のグラフを描く手順	57

第5章 微分　60

5.1	グラフの傾きと微分	60
5.2	微分の定義	61
5.3	数値微分	65
5.4	グラフから導関数を直感的に作る	65
5.5	微分の公式	66
5.6	線型近似	71
5.7	高階導関数	72
5.8	微分ができない場合	72
5.9	速度・加速度	74
5.10	極大・極小と微分係数	76
5.11	偶関数や奇関数の微分	77

第6章 指数・対数　80

6.1	指数関数	80
6.2	対数	82
6.3	ガウス関数	84
6.4	対数グラフ	85
6.5	指数関数の微分方程式	87
6.6	放射性核種（放射能）の崩壊	88
6.7	化学反応速度論	89
6.8	ランベルト・ベールの法則	90
6.9	ロジスティック曲線	91

第7章 三角関数　95

7.1	三平方の定理	95
7.2	弧度法	95
7.3	弧度法の応用：ビッターリッヒ法	97
7.4	三角関数	98
7.5	三角関数の公式	98
7.6	加法定理	100
7.7	三角関数のグラフ	101
7.8	三角形と三角関数	102
7.9	正弦定理と余弦定理	102
7.10	逆三角関数	103
7.11	三角関数の微分	104
7.12	極座標	106
7.13	単振動	106
7.14	三角関数の合成	107
7.15	積和公式と和積公式	107

第8章 積分　112

8.1	グラフの面積と積分	112
8.2	定積分の定義	113
8.3	数値積分	114
8.4	積分の公式	116
8.5	原始関数と不定積分	118
8.6	部分分数分解	123
8.7	部分積分	124
8.8	置換積分	124
8.9	定積分を求めるには	126
8.10	微分と積分の関係	127
8.11	円の面積	127
8.12	球の体積	128
8.13	速度・加速度	130
8.14	微分方程式	131
8.15	ロジスティック方程式	134

第9章 微分積分の発展　139

9.1	テーラー展開	139
9.2	複素数	141
9.3	オイラーの公式	142
9.4	複素平面	142
9.5	複素数の絶対値	143
9.6	極形式	143
9.7	偏微分	145
9.8	全微分	146
9.9	面積分と体積分	147
9.10	関数と無次元量	148

第10章 線型代数学1：ベクトル　153

- 10.1　ベクトルの素朴な定義　153
- 10.2　位置ベクトル　155
- 10.3　ベクトルの書き方　156
- 10.4　幾何ベクトルと数ベクトル　156
- 10.5　ベクトルの大きさ　157
- 10.6　内積　158
- 10.7　平面の中の直線と法線ベクトル　160
- 10.8　空間の中の平面と法線ベクトル　161
- 10.9　外積　162
- 10.10　物理学とベクトル　164
- 10.11　ベクトルの応用　165
- 10.12　4次元以上の数ベクトル　167
- 10.13　本当のベクトルとは　168

第11章 線型代数学2：行列　174

- 11.1　行列とは　174
- 11.2　行列の計算　175
- 11.3　行列の具体例　176
- 11.4　零行列　177
- 11.5　単位行列　178
- 11.6　2次の行列式　179
- 11.7　逆行列　180
- 11.8　連立1次方程式　181
- 11.9　固有値と固有ベクトル　182
- 11.10　対角化　184
- 11.11　3次の行列式　186
- 11.12　ベクトルの線型変換　187

第12章 論理・集合・記号　192

- 12.1　条件と命題　192
- 12.2　条件の否定　192
- 12.3　「かつ」と「または」　193
- 12.4　逆・裏・対偶　194
- 12.5　命題の否定　194
- 12.6　必要条件・十分条件　196
- 12.7　背理法　197
- 12.8　集合　198
- 12.9　集合の直積　201
- 12.10　数学記号　202

第13章 確率　206

- 13.1　事象　206
- 13.2　確率　207
- 13.3　独立　209
- 13.4　確率変数　210
- 13.5　確率分布　211
- 13.6　期待値　213
- 13.7　確率変数の分散と標準偏差　216
- 13.8　期待値・分散・標準偏差と次元　217
- 13.9　分散の性質　217
- 13.10　離散的と連続的確率変数　218
- 13.11　確率密度関数・累積分布関数　219
- 13.12　連続的確率変数の期待値・分散・標準偏差　221
- 13.13　誤差伝播の法則　222

第14章 統計学　229

- 14.1　母集団と標本　229
- 14.2　標本平均　230
- 14.3　標準誤差と大数の法則　231
- 14.4　標本分散と標本標準偏差　232
- 14.5　標準化　233
- 14.6　正規分布　233
- 14.7　中心極限定理　236
- 14.8　母平均の区間推定　236
- 14.9　共分散と相関係数　237

索引　241

第1章

数と演算

君はこれまでたくさん算数・数学を勉強してきたので，数の掛け算や割り算などは朝飯前だろう。でもそれは「やり方を知ってる」だけで，「そうなる理由」は知らないのではないだろうか？ たとえば，

- 1 たす 1 はなぜ 2 なの？
- マイナスとマイナスをかけるとなぜプラス？

などに，自信を持って答えられるだろうか？

大学では，そういう「基礎」にこだわって，数学の体系を再構築することから始める。そうしないと，より高度で強力な数学を築くことができないのだ。

1.1 等号

"="という記号を等号という。数学に等号はつきものだ。まず等号の意味をはっきりさせよう。

2つのものごと a, b が互いに等しいとき，

$$a = b \tag{1.1}$$

と書く。そして，以下の3つ全てが常に成り立つということを，認めよう：

a が何であっても，$a = a$ である。 (1.2)

$a = b$ のとき，$b = a$ である。 (1.3)

$a = b$ かつ $b = c$ のとき，$a = c$ である。 (1.4)

ちょっと待った！ 君は今，このへんを読んで，「当たり前の話でダルいな」と感じて読み飛ばそうとしたのでは？ そういうのは大学では災いの元だ。式 (1.2)〜式 (1.4) は等号の**公理**だ。公理とは，学問における論理の前提であり，出発点であり，「それらは無条件に成り立つ」と合意するものである。言い換えれば，これらは等号の定義，つまり「等しいという関係」の定義の一部だ。式 (1.2)〜式 (1.4) の全てを満たすものでなければ，数学ではそれを「等しい」とは言わないのだ。

これをよくわかっておらず，**「等しい」とは言えない量どうしをなんとなく等号で結んでしまう悪癖**をもつ人は多い。

問1

A さんは学生である。 (1.5)

ということを，

A さん = 学生 (1.6)

と書いてしまう人がいる。すると，式 (1.3) より，

学生 = A さん (1.7)

となってしまう。何か変だ。さらに，もし B 君も学生であれば，

B さん = 学生 (1.8)

学生 = B さん (1.9)

となり，式 (1.4) を式 (1.6) と式 (1.9) に適用すれば，

A さん = B さん (1.10)

となって，A さんと B さんは同一人物になってしまう！ この話は，どこでどのように間違えたか？

1.2 自然数・整数・有理数・実数

次に，「数とは何か？」を考えよう。

まず，「この世に 1 という数が存在する」ということを，無条件に受け入れよう。でなければ数学は始まらぬ。そして，「1 を繰り返し足すことによって，新たな数を作ることができる」と約束しよう。そう

やってできる数を自然数（natural number）と呼ぶ（定義）。それが、1, 2, 3, · · · などの数だ。

例 1.1 2 とは、1 + 1 のことである（定義）。1 + 1 = 2 という式は、計算の結果ではなく、2 という数の定義。（例おわり）

以後、「左辺を右辺によって定義する」ような等式には、普通の等号 "=" ではなく、":=" という等号を使おう（: はコロンという記号）。つまり、:= という記号が出てきたら、左辺は右辺によって初めて意味づけられるのだ、と解釈すれば OK。上の例で言えば、

$$2 := 1+1 \tag{1.11}$$

だ（決して $1+1 := 2$ ではない）。

0 は自然数でない。なぜ？ 自然数は「1 を繰り返し足してできる数」と定義されたが、1 を何回足しても 0 にはならないから[*1]。

次に、自然数どうしの足し算というものを考える。たとえば $2+3$ は、

$$2+3 = (1+1)+(1+1+1)$$
$$= 1+1+1+1+1$$

というふうに、「1 を繰り返し足すこと」に立ち返って定義しよう。

次に、自然数どうしの掛け算というものを考える。たとえば 2 を 3 回足すことを、「2 に 3 を掛ける」と呼び、2×3 と書く。一般に、a, b を任意の自然数として、「a に b を掛ける」とは「a を b 回足すこと」と定義しよう。

これで、自然数と、その足し算と掛け算が定義できた。どれも小学 1, 2 年生で習ったことなのに、その理屈はなかなか深いではないか！

次に引き算を定義しよう。数 a, b について、

$a = b + x$ を満たすような数 x を求めること
$$\tag{1.12}$$

を「a から b を引く」と呼び、$a - b$ と書く。

自然数から自然数を引くと、自然数になることもならないこともある。たとえば $5 - 2$ は自然数（3）だが、$2 - 5$ は自然数ではない。そこで、自然数から自然数を引いてできる数（それは必ずしも自然数ではない）を考えよう。そのような数を整数（integer）と呼ぶ（定義）。

たとえば 2 は自然数だが、3 という自然数から 1 という自然数を引いてもできるので、整数でもある。同様に考えれば、どんな自然数も整数だ。つまり、自然数は整数でもある。一方、$2 - 2 = 0$ だから、0 は整数である。$1-2, 1-3$ などを考えれば、$-1, -2, \cdots$ なども整数。すなわち、整数は、

$$\cdots, -3, -2, -1, 0, 1, 2, 3, \cdots$$

などの数である。

次に割り算を定義しよう。数 a, b について、

$a = b \times x$ を満たすような数 x を求めること
$$\tag{1.13}$$

を「a を b で割る」と呼び、$a \div b$ とか $\frac{a}{b}$ とか a/b と書く。ただし、「0 で割る」ことはできないと約束する。

整数を整数（0 以外）で割ると、整数になることもあれば、ならないこともある。たとえば $6 \div 3$ は整数（2）だが、$5 \div 4$ は整数にはならない。そこで、整数を整数（0 以外）で割ってできる数を考えよう。すなわち、2 つの整数 n, m（ただし $m \neq 0$ とする）によって、

$$\frac{n}{m} \tag{1.14}$$

と表される数を考える。そのような数を有理数（rational number または quotient number）と呼ぶ（定義）。ここで、任意の整数 n は、$n/1$ と表すことができるので有理数でもある。つまり、整数は有理数でもある。

問 2 自然数・整数・有理数を、それぞれ定義せよ。

ところで、円の周長を直径で割って得られる数を円周率という（定義）。円周率は π という記号で表す。π は、$3.141592\cdots$ という無限に続く小

[*1] ただし、0 は自然数である、という主義の数学者もいる。どっちが正しいんだ!? と君は思うだろう。どちらも正しいのだ。どういう「定義」を採用するにせよ、首尾一貫してつじつまが合えばよいのだ。

数になるが、これはどんな整数 n, m をもってしても、n/m というふうには表現できない[*2]。同様に、$\sqrt{2}$、つまり「2乗したら2になるような正の数」は、1.41421356… という無限に続く小数になるが、これも、どんな整数 n, m をもってしても、n/m というふうには表現できない[*3]。従って、π や $\sqrt{2}$ は有理数ではない。このように、無限に続く小数で表現され、なおかつ有理数でないような数のことを無理数（irrational number）という。有理数と無理数をあわせて、実数（real number）と呼ぶ[*4]。

1.3 定義について

ここまでわずか数ページの中に「定義」という言葉が何回も出てきた！ でも、君は「定義」ってどういうことか、わかっているだろうか？

定義とは、言葉の意味を規定すること。A という言葉の定義は、「A とは B である」とか、「B であるようなものを A と呼ぶ」という形式の文章になる。ただしそこには暗黙のルールがある。

まず、定義は、既に定義されている言葉だけで記述しなければダメ。たとえば、「自然数とは、1 以上の整数である」はダメだ。なぜなら、整数は自然数が定義された後に、自然数を使って定義されるものであり、自然数の定義の時点では、整数はまだ定義されていないからだ。

次に、定義は、その言葉の指し示す対象を、過不足無く特定できなければダメ。たとえば、「自然数とは、1, 2, 3 等のことである」というのは、4 以上の自然数についてきちんと述べていないからダメ。またたとえば、「自然数とは、ある種の整数である」は、-1 や -3 が自然数なのかどうかわからないからダメ。

また、定義は、必要最低限のことだけが入っていなければダメ。蛇足があってはダメだ。たとえば、「$\sqrt{2}$ とは、2 乗したら 2 になるような正の無理数」というのはダメ。「無理数」が蛇足だ。「2乗したら 2 になるような正の数」という条件だけで $\sqrt{2}$ は決まる。それをもとに、$\sqrt{2}$ が無理数であることが証明されるのだ。

ちなみに、定義から論理的に導かれる事柄を、定理という。「$\sqrt{2}$ は無理数」というのは、定義ではなく定理。

問 3 円周率とは？ という問に、A 君は「3.14」と答えた。それを聞いた B 君は、「それは違う。3.1415926、以下、ずっと値が続く数だよ」と言った。B 君の発言は A 君の答より少しはましだが、正解とは言えない。なぜか？

よくある質問 1　定義と公理の違いがわかりません。… 証明なしに正しいとみなす文や式が公理、言葉や記号の意味を定める文や式が定義ですが、議論の出発点として受け入れるべきという点では同じなので、はっきり区別されないこともあります。

さて、驚くべきことに、ひとつの事柄の定義は、ひとつとは限らず、場合によっては、複数あり得るのだ。たとえば円周率 π は、「円周の長さをその円の直径で割ったもの」と定義するのが普通だが、

$$\pi = 4 \times \left(\frac{1}{1} - \frac{1}{3} + \frac{1}{5} - \frac{1}{7} + \cdots \right) \quad (1.15)$$

というふうに、「奇数の逆数に、正負交互に符号をつけて無限に足し合わせ、最後に 4 倍したもの」とも定義できるのだ！ これはだいぶ先の大学の数学でないと理解できないから、今はわからなくても OK（気になる人は p.149 参照）。これを π と定義すれば、それが「円周の長さをその円の直径で割ったもの」に等しいということが数学的に証明でき、そのことは定理となるのだ。

よくある質問 2　定義が複数あるのなら、どれを覚えればいいのですか？… まず、今学んでいる教科書の定義を覚えましょう。そのうち、他の定義もあり得ることがわかってきます。

ところで、君が科学的な文章（レポートや答案など）を書くときは、「記号の定義」が重要である。たとえば、「円の面積の公式は？」と聞かれて「πr^2 で

[*2] その証明は難しいのでここには載せない。興味があれば「円周率 無理数 証明」で検索してみよう。

[*3] その証明は難しくはないが、「背理法」という考え方が必要なので、ここには載せない。

[*4] 実は、この定義は不完全である。無理数や実数の完全な定義は、かなり難しい。数学科の学生はここで苦しむのだが、我々はスルーして先に進もう。「いや、気になる！」という人は、「実数の定義」で検索してみよう。

す」と答えるのは不十分だ。π が円周率を表すことは数学のルールとして OK だが，r という記号が何かは，数学の中ではルールとして決まってはいないので，「半径を r とする」という宣言，つまり，r という記号の定義を述べねばダメなのだ。これは大事なことである。**数学のルールで定められた記号以外の記号は，使う前に必ず定義しなければならないのだ。**

どのような記号が数学のルールで定まっているのか？ とりあえず，$0, 1, 2, 3, \cdots$ という数字や，$=$，$+, -, \times, \div, \sum, \int$ 等の演算記号，π, e などの特別な定数，$\cos, \sin$ 等の関数記号，等々。他にも，第 12 章に書いてある記号が，それにあたる。

1.4 無限大

さて，先ほど，「何かを 0 で割ることはできない」と述べたが，0 に近い数で割ることはできる。たとえば，1 を 0.0001 で割ると，$1/0.0001 = 10000$ になる。あるいは，1 を -0.0001 で割ると，-10000 になる。このように，0 に近い数で，0 でない何かを割ると，その結果は非常に大きな数になったり非常に小さな数（マイナスの大きな数）になる。「割る数」を 0 に近づければ近づけるほど，その傾向は際限なく激しくなる。際限なく大きくなる様子を，象徴的に<u>無限大</u>（infinity）と呼び，∞ という記号で表す。あるいは際限なく小さな数（マイナスの大きな数）になる様子を，「負の無限大」と呼び，$-\infty$ という記号で表す。

そういうふうに考えれば，

$$1 \div 0 = \infty \quad \text{または,}$$
$$1 \div 0 = -\infty \tag{1.16}$$

と言えなくもなさそうだが，**これはダメ**。というのも，∞ は，「数」ではないのだ。あくまで「0 での割り算はできない」という立場を貫こう。

よくある質問 3 証明せよ，と言われても，何を既知としてよいかわかりません。… 定義と公理，そして，自分がすでに（既出の問題などで）証明したこと（定理）は，既知として構いません。なお，「示せ」と「証明せよ」は同じことです。

1.5 四則演算

足し算は「加算」，引き算は「減算」，掛け算は「乗算」，割り算は「除算」とも呼ぶ。加算・減算・乗算・除算の 4 つをまとめて<u>四則演算</u>とか加減乗除と呼ぶ。加算・減算・乗算・除算の結果のことを，それぞれ和・差・積・商と呼ぶ。

任意の実数 a, b, c について，以下のようなルールが成り立つのは，中学校までの経験から自明だろう。

$$a + b = b + a \tag{1.17}$$
$$(a + b) + c = a + (b + c) \tag{1.18}$$
$$a + 0 = a \tag{1.19}$$

a に足して 0 になる数，つまり，
$$a + (-a) = 0 \text{ となる数「} -a \text{」}$$
がある。 (1.20)

$$a \times b = b \times a \tag{1.21}$$
$$(a \times b) \times c = a \times (b \times c) \tag{1.22}$$
$$a \times 1 = a \tag{1.23}$$

$a \neq 0$ ならば，a に掛けて 1 になる数，
 つまり，$a \times (1/a) = 1$ となる数
 「$1/a$」がある。 (1.24)

$$a \times (b + c) = a \times b + a \times c \tag{1.25}$$
$$0 \neq 1 \tag{1.26}$$

式 (1.17)，式 (1.21) のように，計算の順序を逆にしても結果が変わらない，という性質のことを，<u>交換律</u>という。式 (1.17) は和の交換律が成り立つことを，式 (1.21) は積の交換律が成り立つことを言っている。

式 (1.18)，式 (1.22) のように，同種の計算が複数ある場合にどこから手をつけても結果が変わらない，という性質のことを，<u>結合律</u>という。式 (1.18) は和の結合律，式 (1.22) は積の結合律が，それぞれ成り立つことを言っている。

式 (1.25) は，<u>分配律</u>と呼ばれる。

ところで，振り返ってみると，そもそも掛け算は「自然数を自然数回，足すこと」と定義した。つまり，自然数 a, b について，「a を b 回足すこと」を $a \times b$ と定義した。**その定義では，2.3×1.8 のような，小数どうしの掛け算や，$(-3) \times (-5)$ のような，**

負の数どうしの掛け算など，できないじゃないか！

そこで，掛け算を含めた四則演算を，自然数や整数だけでなく実数にまで拡張して適用できるように定義し直さねばならない。それをやってくれるのが，式 (1.17)〜式 (1.26) なのだ。君は，式 (1.17)〜式 (1.26) を「当たり前すぎてどーでもいいこと」のように思っているかもしれないが，数学の体系ではそうではない。むしろ，「**式 (1.17)〜式 (1.26) を満たす演算を，四則演算と呼ぶ**」のだ。つまり，式 (1.17)〜式 (1.26) は，四則演算の公理（定義）なのだ。そして，「自然数だけでなく，**どんな数に対しても式 (1.17)〜式 (1.26) は成り立たねばならない**」と要求（ムチャぶり？）するのだ。そうすると，たとえば，以下のようなことが必然的に導かれていくのだ：

例 1.2 任意の実数 x について，$x \times 0 = 0$ であるのはなぜだろう？ まず，式 (1.19) より，$a + 0 = a$。この両辺に x をかけると，$x \times (a+0) = x \times a$。これに式 (1.25) を適用すると，$x \times a + x \times 0 = x \times a$。この両辺から $x \times a$ をひくと，$x \times 0 = 0$。

例 1.3 マイナスとマイナスをかけたらなぜプラスになるのだろうか？ たとえば，$(-1) \times (-3)$ はなぜ 3 になるのだろう？ それを調べるために，まず，$(-1) \times (-3+3)$ を考える。式 (1.25) より，

$$(-1) \times (-3+3) = (-1) \times (-3) + (-1) \times 3 \quad (1.27)$$

ところが，$-3+3 = 0$ であることを使うと，

$$(-1) \times (-3+3) = (-1) \times 0 = 0 \quad (1.28)$$

でもある。式 (1.27) と式 (1.28) を使うと，

$$(-1) \times (-3) + (-1) \times 3 = 0 \quad (1.29)$$

となる。この両辺に 3 を足すと $(-1) \times (-3) + (-1) \times 3 + 3 = 3$ となる。ところが，式 (1.25) より $(-1) \times 3 + 3 = (-1+1) \times 3 = 0 \times 3 = 0$ なので，

$$(-1) \times (-3) = 3 \quad (1.30)$$

となる。（例おわり）

上の例では，わかりやすくするために具体的な数で示したが，任意の実数についても「マイナスかけるマイナスはプラス」が成り立つことを容易に示せる（ここでは述べないが）。このように，「マイナスかけるマイナスはプラス」というのは，四則演算の公理から必然的に導出される。このように，整数や実数まで含めた四則演算の性質は，全て式 (1.17)〜式 (1.26) から導き出せるのだ。

よくある質問 4　それが，マイナス × マイナスがプラスになる理由ですか？ なんかイメージできないし，ピンと来ません。… この説明の前提は式 (1.17)〜式 (1.26) ですが，これらは，君にとって難しいことですか？ 受け入れられませんか？ ぜんぶ当たり前で納得できることですよね。なら，その「当たり前のこと」から出発して導かれた結論である「マイナスかけるマイナスがプラス」も当たり前，ということになります。なんか屁理屈っぽく聞こえるかもしれませんね。でもこれは屁理屈ではなく，「公理主義」という，現代数学のとても大事な考え方です。これまで直感やイメージで数学をやってきた人には違和感があるでしょうが，大学の数学は，直感やイメージですぐには納得できないことがたくさんあります。それらも，公理や定義から始まる論理で理解し，納得するのです。

問 4 四則演算の公理を書け。

ところで，上の「四則演算の公理」には，引き算や割り算は出てこないが，引き算や割り算のこともちゃんと含んでいるのだ。というのも，引き算は足し算で，割り算は掛け算で，それぞれ書き換えることができる。つまり，実数 a, b に対して，$a - b$ は $a + (-b)$ と書き換えられるし，$a \div b$ は ($b \neq 0$ なら)，$a \times (1/b)$ と書き換えられる。それは，式 (1.20) によって $-b$ の存在が保証され，式 (1.24) によって $1/b$ の存在が ($b \neq 0$ であれば) 保証されるからである。

例 1.4 実数 a, b について，

$$ab = 0 \quad \text{ならば}, \quad a = 0 \text{ または } b = 0 \quad (1.31)$$

であることを証明しよう：まず，$ab = 0$ が成り立つとする。もし $a \neq 0$ なら，式 (1.24) より，$1/a$ が存

在する。それを $ab=0$ の両辺に掛けると，$b=0$。同様に，もし $b\neq 0$ ならば，$1/b$ が存在し，それを $ab=0$ の両辺に掛けると $a=0$。従って，$a\neq 0$ かつ $b\neq 0$ となるようなケースは存在しない。従って，a,b のうち少なくとも片方は必ず 0 である。■

単純な四則演算（計算）であっても，現実的な問題と関連付けられると間違えてしまう人は結構多い。

問 5 以下の問題は小学校レベルだが，間違える人は多い。慎重に答えよ：
(1)「テキストの 35 ページから 52 ページまで」という条件下で，1 日あたり半ページずつ勉強するなら，何日で勉強が終わるか？
(2) A さんは病院の待合室で，126 番と書かれた受付カードをもらった。現在診察中の人は受付カード 98 番とのこと。A さんよりも前に，何人の人が診察を待っているか？ ただし受付カード番号には，飛びは無いものとする。

1.6 数式の書き方

高校までと大学では，数式を書き表すときの慣習が少し違う。

まず，大学では，数どうしの積を × で書くことは少ない。たとえば実数 a,b について，$a\times b$ は × を省略して ab と書いたり，× を · に取り替えて $a\cdot b$ と書くのが普通だ。例外は，掛け算の後ろに具体的な値が来るときである。たとえば，2×3 について × を省略してしまうと 23 になってしまい，「にじゅうさん」と区別できないので，2×3 と書く（$2\cdot 3$ でも OK）。$a\times 3$ を $a3$ と書くのは問題なさそうだが，慣習的にダメ。$3a$ なら問題ないし，$a\times 3, a\cdot 3$ でも OK だ。

× をあまり使わないことには理由がある。後で学ぶが，× は，「ベクトルの外積」とか「集合の直積」というものも表す（その意味は今はわからなくてよい）。これらは，数どうしの積とは全く違う概念である。それらと紛らわしいので，数どうしの積には × はあまり使わないのだ。

実数どうしの積には交換法則が成り立つ（式 (1.21)）ので，ab を ba と書いても OK だ。でも君は，小学校で，「3 羽のウサギがいます。耳の数の合計は？」という問題は，$2\times 3 = 6$ が正解で，$3\times 2 = 6$ は不正解，と習わなかっただろうか？ あれはウソである。$2\times 3=6$ も $3\times 2=6$ も両方正解。両者に区別は無い。

とはいえ，無秩序な順番で書いたら見にくい。原則として，具体的な数値は前に書き，それに続けて文字を ABC 順（辞書順）に並べよう。さっきの $a\times 3$ は $3a$ と書く方がよい。$adcb$ という積は，$abcd$ と書く方が見やすい。

ただし，複数の文字が平等に出てくる式は，ABC 順にこだわらない方がよいこともある。たとえば，

$$ab+bc+ac \qquad (1.32)$$

は，a,b,c が平等に出てくる。実際，a と b を入れ替えても，b と c を入れ替えても，a と c を入れ替えても，式は不変だ。このような式は，それぞれ 1 回は先に，1 回は後になるように書くと「平等」な感じだ。そこで，

$$ab+bc+ca \quad \leftarrow 最後の ac をあえて ca と書く$$

の方が式 (1.32) よりスマートだ。これは，単なる ABC 順ではなく，$a,b,c,a,b,c,\ldots$ というふうにぐるぐるまわる順番で書くことに相当するので，「サイクリックな記法」ともいう。

大学の数学では，割り算を ÷ で表すことはほとんどない。かわりに / や分数を使う。たとえば，実数 a,b について，$a\div b$ は a/b と書いたり $\frac{a}{b}$ と書く。

ところで，/ の後ろに複数の数の積を不用意に並べてはダメ。たとえば，

$$1/ab \qquad 1/2a \qquad 1/2\cdot 3 \qquad 1/3\times 4$$

などは，/ の次の次にくる数（$1/ab$ なら b）が，分母なのか分子なのかが紛らわしい。もし分母に来るならば，

$$1/(ab) \qquad 1/(2a) \qquad 1/(2\cdot 3) \qquad 1/(3\times 4)$$

と書くべきだし，分子に来るなら，

$$(1/a)b \qquad (1/2)a \qquad (1/2)\cdot 3 \qquad (1/3)\times 4$$

と書くか，あるいはいっそ，

$$b/a \qquad a/2 \qquad 3/2 \qquad 4/3$$

と書くべきだ。しかし，このような煩わしさは，分

数を使えば避けられる。つまり，

$$\frac{1}{ab} \quad \frac{1}{2a} \quad \frac{1}{2\cdot 3} \quad \frac{1}{3\times 4}$$

$$\frac{b}{a} \quad \frac{a}{2} \quad \frac{3}{2} \quad \frac{4}{3}$$

などと書けばよいし，その方が見やすい。約分もしやすいので計算が楽に正確にできる。印刷物では，割り算を文の中に埋め込むために / を使わざるを得ないけど，手計算を紙やノートにやるときは，/ にこだわる必要はない。そもそも数学の勉強では紙をケチってはダメだ。というわけで，

> **約束**
>
> 割り算は，できるだけ分数で書こう。÷ は使わない。/ は印刷物以外ではなるべく使わない。/ を使う時は，分母がどこまでなのかが明らかになるように書こう。

式の中で，演算の優先順を表すためには，( )，{ }，[ ] のような括弧を使う。括弧が多重（入れ子）になるときは，

$$[\{(a-b)c+d\}e+f]g \tag{1.33}$$

のように，( ) の外に { }，その外に [ ] を使うのが慣習だ。これを，

$$((((a-b)c+d)e+f)g \tag{1.34}$$

のように同じ形の括弧を多重に使ってしまうと，どの片括弧がどの片括弧に対応するか混乱しやすいので，できるだけ避けよう。ただし，括弧の形が足りなかったり，式展開の途中で気づいて付け足したりすると，この慣習が崩れることもある。そのあたりはスルーでいこう。

よくある間違い1　2×-3 とか $2\cdot -3$ のように，マイナス記号「$-$」を他の演算記号の後に直接並べてしまう… $2\times(-3)$ のつもりでしょうが，ダメです。この場合，$-$ は演算記号ではなく負の数を表す記号（負号）であり，後の数と一体だということを表すための括弧 ( ) が必要です。

問6 以下の式の書き方は，どこがダメか？
(1) $1/2a$　　　　(2) 3×-4
(3) $(2(x+1)-3)/4x$

ここでもうひとつ覚えて欲しいルールがある：(印刷物では) 変数や定数を表すアルファベットは斜体で表記する。斜体とは，$a, b, c, \ldots, A, B, C, \ldots$ のように，右に傾いた字体のこと。それに対して普通の a, b, c, ..., A, B, C, ... は立体という。たとえば $x=5$ は OK だが，x = 5 はダメ。手書きの場合はこのルールは気にしないでよいが，パソコン等で書くときは気をつけよう。

1.7　演算の順番と結合法則

ところで，3つの数 a, b, c について，

$$a+b+c \tag{1.35}$$

$$abc \tag{1.36}$$

などと書いても，君は何も違和感を感じないだろう。しかし，これらは

$(a+b)+c$ なのか，$a+(b+c)$ なのか？

$(ab)c$ なのか，$a(bc)$ なのか？

と聞かれたらどう答えるだろう？「どちらでもよい」が正解である。その根拠は式 (1.18) と式 (1.22) である。これらの「結合法則」のおかげで，複数の数の和はどこから手をつけてもかまわないし，複数の数の積もどこから手をつけてもかまわない。だから括弧を省略できるのだ。これを「当たり前だろ」と思わないで欲しい。本来，演算は2つの数どうしにしか定義されないので，複数の演算が混ざった式は，本来，どの演算を優先するのかを括弧で明示しなければならない。たとえば

$$8 \div 4 \div 2 \tag{1.37}$$

は，$(8\div 4)\div 2$ とみなすか $8\div(4\div 2)$ とみなすかで，答えは違う。割り算に結合法則が成立しないからだ。小学校では，前者とみなすように教えられているようだが，それは確立された慣習ではないので，$8\div 4\div 2$ のような書き方は避けるべきである。ところが慣習とは奇妙なもので，

$$8 - 4 - 2 \tag{1.38}$$

は，$8 - (4 - 2)$ ではなく，$(8 - 4) - 2$ と解釈しよう，という合意がなされており，許容されている。というのも，上の式は，本来は

$$8 + (-4) + (-2) \tag{1.39}$$

である。ここで，「マイナスのついた数の和は"+"を省略して構わない」ということを慣習的に認めれば，$8 - 4 - 2$ という式は許容できるのである。

また，小中学校で習ったように，$\times, \div, +, -$ が混ざった式では，$\times$ と $\div$ を，$+$ と $-$ よりも先に行う。

1.8 累乗の指数を拡張する

実数 x と自然数 n について，x^n とは，x を n 回掛けることである（定義）。たとえば 2^3 は，$2 \times 2 \times 2 = 8$ のことである。このように，同じ数を何回か掛けることを巾とか累乗と呼ぶ。また，x^n の n や 2^3 の 3 などのことを指数と呼ぶ。

この定義から，以下の 3 つの式（定理）が導かれる（x, y は任意の実数，m と n は任意の自然数とする）：

$$x^m \times x^n = x^{m+n} \tag{1.40}$$

$$(x^m)^n = x^{mn} \tag{1.41}$$

$$(xy)^n = x^n y^n \tag{1.42}$$

式 (1.40) の左辺は x を m 回掛けたものに，さらに x を n 回掛けたものを掛けるのだから，結局，x を $m + n$ 回掛けるのと同じになる。従って右辺に等しい。式 (1.41) の左辺は「x を m 回掛けたもの」を n 回掛けるのだから，結局，x を mn 回掛けるのと同じになる。従って右辺に等しい。式 (1.42) は積の結合法則と交換法則から明らかだろう。

式 (1.40)～(1.42) をあわせて指数法則という。

ところで，上の定義では，累乗の指数は自然数に限定されている。そこで，自然数でないような指数による累乗（-3 乗とか 1.23 乗とか）も許されるように，累乗を拡張しよう。そのためには，指数法則が，自然数以外の m, n についても成り立つと要求（ムチャぶり？）して，うまくつじつまが合うように累乗を定義し直すのだ。

まず，式 (1.40) を，$m = 0$ についても成り立つと仮定しよう。すると，$x^0 \times x^n = x^{0+n} = x^n$ となる。ここで，x は 0 以外の実数に限定し，この両辺を x^n で割れば（$x \neq 0$ だから $x^n \neq 0$），

$$x^0 = 1 \tag{1.43}$$

となる。つまり，**0 以外の実数の 0 乗は 1** である。でなければつじつまが合わない。

また，上の式 (1.40) で，n は自然数で，$m = -n$ としてみよう。すると m は負の整数になるが，それでも式 (1.40) が成り立つと要求（ムチャぶり）して，

$$x^{-n} \times x^n = x^{-n+n} = x^0 = 1 \tag{1.44}$$

となる。この最左辺と最右辺を x^n で割る（ただし，$x \neq 0$ とする）。すると，

$$x^{-n} = \frac{1}{x^n} \tag{1.45}$$

となる。すなわち，**マイナス乗は逆数の累乗**である。そうでなければつじつまが合わない。たとえば，2^{-3} は，$1/(2^3)$，つまり $1/8$。

次に，式 (1.41) について，n を 2 以上の自然数とし，$m = 1/n$ としてみる。すると m は自然数ではないが，このときも式 (1.41) が成り立つことを要求（ムチャぶり）して，

$$(x^{1/n})^n = x^{n/n} = x^1 = x \tag{1.46}$$

である。従って，$x^{1/n}$ は，n 乗すると x になる数である。このような数を「x の n 乗根」という。すなわち，$\frac{1}{n}$ **乗は n 乗根**である。$x^{1/n}$ のことを $\sqrt[n]{x}$ とも書く。たとえば，$8^{1/3} = \sqrt[3]{8} = 2$ である。特に，x の $1/2$ 乗，つまり平方根を，$\sqrt{x}$ と書く。

ただし，「x の n 乗根」は複数，存在しうる。無用の混乱を避けるために，「$x^{1/n}$」や「$\sqrt[n]{x}$」と表されるものは，複数存在しうる「x の n 乗根」のうちの，0 以上の実数のものである，と約束する[*5]。たとえば，9 の平方根は ± 3，すなわち「3 と -3」である。しかし，$9^{1/2} = \sqrt{9} = 3$ である。± 3 ではない。

例 1.5 以上のルールは組み合わせできる：

$$4^{-3/2} = (4^{1/2})^{-3} = 2^{-3} = \frac{1}{2^3} = \frac{1}{8}$$

[*5] ただし，この約束は，x が負の値だったり，x や n が複素数だったりするとき（大学数学で出てくる！）には失効する。

問 7 以下の値を求めよ：
(1) 2^5 (2) 2^{-2} (3) $10^{-6} \times 10^4$
(4) $9^{0.5}$ (5) 4^0 (6) $\dfrac{10^{-3}}{10^{-7}}$

問 8 以下の数を指数で書き換えよ。例：$1/2 = 2^{-1}$
(1) $1/\sqrt{3}$ (2) $\sqrt[3]{5}$

本書では詳述しないが，指数法則は，整数や分数（有理数）の指数のみならず，無理数の指数にも成り立たせることができる。

よくある質問 5 **虚数乗はどうなるのですか？**… 虚数（2 乗するとマイナスの実数になるような数を含む数；第 3 章で学ぶ）を指数にするような累乗は，「オイラーの公式」というのを使って定義します。本書の後半で学びます。

1.9 ネイピア数

さて，ちょっと唐突だが，大学では「ネイピア数」というものが頻出する。ネイピア数は無理数であり，慣習的に e という記号で表す。その値は，

$$e = 2.71828\cdots \tag{1.47}$$

である（これは定義ではない。ネイピア数の定義は第 6 章で学ぶ）。これには「似てないやつ」「フナひと鉢ふた鉢」等の語呂合わせがある。この値を，少なくとも 4 桁めまでは記憶せよ。

問 9 式 (1.47) を 5 回書いて，記憶せよ。

e は，数学において，π と同じくらいに重要な数だ。なぜ，どのように重要なのかは，後の章で学ぶ。

x を任意の実数として，ネイピア数の x 乗，すなわち，e^x のことを，$\exp x$ と書くこともある。これも大切なことなので，必ず記憶しよう：

> **約束**
> $\exp x$ とは，e^x のこと。

問 10 以下の数を関数電卓やスマホ，パソコンなどで小数第 5 位まで求めよ。
(1) $\exp 2$ (2) $e^{-1.5}$

よくある質問 6 **関数電卓の使い方がわかりません。**… 関数電卓は機種によって機能やデザインが違います。間違えることを恐れないで，いろいろ遊んでいるうちにわかってきますよ。また，ネットで「関数電卓の使い方」で検索してみよう！

1.10 対数

正の実数 a, b について，「a を何乗すると b になるか」の指数を求める操作（$a^x = b$ となるような x を求める操作）を，

$$\log_a b \tag{1.48}$$

とあらわす（ただし，$a \neq 1$ とする）。これを<u>対数</u>（logarithm）とよぶ（定義）[*6]。式 (1.48) の a にあたる数を<u>底</u>と呼ぶ。式 (1.48) の b にあたる数を<u>真数</u>と呼ぶ。

例 1.6

- $\log_2 8 = 3$ である。2 を 3 乗したら 8 だから。
- $\log_2 1 = 0$ である。2 を 0 乗したら 1 だから。
- $\log_2 0.5 = -1$ である。2 を -1 乗したら $1/2$，つまり 0.5 になるから。

問 11 以下の値を電卓等を使わずに求めよ：
(1) $\log_2 4$ (2) $\log_3 81$ (3) $\log_{0.1} 0.01$
(4) $\log_{10} 1000$ (5) $\log_{10} 0.01$ (6) $\log_{10} 1$

10 を底とする対数を<u>常用対数</u>と呼ぶ。また，ネイピア数 $e = 2.718\cdots$ を底とする対数を<u>自然対数</u>と呼ぶので，ネイピア数のことを「自然対数の底」と呼ぶことも多い。

[*6] ここで a, b は正としたが，これらが負であっても，同様のことを考えることは，場合によっては可能である。たとえば $b = -8, a = -2$ とすれば，「a を何乗すると b になるか」の答えは 3 である。しかし，たとえば $b = 8, a = -2$ とか，$b = -8, a = 2$ とかになると，a を何乗しても b にはならない。このような例外がたくさん生じるのは面倒なので，対数を考えるときは，普通，a や b に相当する数をプラスに限定するのだ。

問 12 以下の言葉の定義を述べよ：
(1) 対数 　　(2) 常用対数
(3) 自然対数

　常用対数や自然対数はよく使うので，底を省略して $\log x$ と書かれることが世間ではよくある。しかし，その場合，常用対数なのか自然対数なのか，読者が空気を読んで判断しなければならない。**これはトラブルの種であり危険な慣習である**。こんな慣習を真似するのはやめよう。常用対数なら，面倒くさがらずに $\log_{10} x$ と書くべきだ。一方，自然対数は，$\ln x$ と書く慣習もある。ln は log natural の略である。これは底を誤解する余地が無く，便利なので，我々はこの表記を採用しよう。

> **約束**
> 対数の底を省略しない。つまり，常用対数や自然対数を，$\log x$ と書いてはいけない。自然対数 ($\log_e x$ のこと) は $\ln x$ と書いてもよい。

よくある間違い 2 　自然対数 ln を In とか 1n と書いてしまう… l は小文字のエルです。大文字のアイや，数字のイチではありません。手書きのときは，筆記体 (ℓ) で書こう！

よくある質問 7 　高校数学では，自然対数は $\log x$ で OK でした。大学の他の授業や教科書も，$\log x$ と書いてるのは多いです。$\log x$ でもいいんじゃないですか？… このような例があります：森林科学では，木の体積（それが木材としての商品価値を決める！）を，木の高さと胸高直径（人の胸の高さで測った幹の直径）で推定します。ある論文で，その推定式が，対数を使って書かれていましたが，底が省略されており，それが 10 なのか e なのか，わかりませんでした。もしそれで誰かが間違った計算をして，まだ十分に大きくなっていない木を切ってしまったら大変ですよね？

問 13 　関数電卓やスマホ，パソコン等を使って以下を小数第 5 位まで求めよ。
(1) $\log_{10} 2$ 　　(2) $\log_{10} 0.006$
(3) $\ln 2$ 　　(4) $\ln 10$

1.11 有効数字

　現実的な話題で出てくる数値の多くは，誤差を持つ。たとえば，総務省統計局によると，2017 年 8 月 1 日現在，日本の総人口は，「1 億 2675 万 5 千人」らしい。この推計値に「千人」の桁までしかないことに注意しよう。本当は，1 億 2675 万 5678 人とか，1 億 2675 万 5432 人のように，千よりも小さな桁にも何か数字があるはずだ。でも，誤差のために，そこまでの詳しい数は出せないのだ。というのも，日本では，1 日に約 3 千人（約 30 秒に 1 人）のペースで赤ちゃんが生まれるし，同じくらいのペースで人が亡くなっている。それらの人の生死は等間隔で起きるわけではないし，起きてすぐに総務省に報告が来るわけでもないから，誤差ゼロで人口を推計することはほぼ無理だし，意味ないのだ。

　そこで，上の「1 億 2675 万 5 千」という数は，通常，億から千までの位の数字，つまり，1, 2, 6, 7, 5, 5 だけが意味あると考える。このように，誤差を含む数値において，意味のある数字のことを「有効数字」と呼ぶ。そして誤差は，有効数字の中で，最も小さな位の数（上の例では千の位の 5）に影響する程度だろうと考える。従って，最も小さな位の数は，信用できない（意味がない）わけではないが，ちょっと怪しいぞ（上の例では，5 が 4 や 3 や 6 や 7 になってもおかしくないかも），と疑ってかかるのだ（つまり，怪しい数字の最大の位が有効数字の最小の位である）。

　誤差のある数値を扱う時は，常に有効数字を意識しよう。まず，数値の有効数字がどの桁までなのかをはっきりさせよう。そのときに注意が必要なのは「0」という数字の扱いである。

　たとえば，「A 君，今，いくら持ってる？」という問に，A 君が「だいたい 1200 円」と答えたとする。このとき，おそらく真実は 1100 円から 1300 円くらいの間にある（誤差は 100 円くらい）と考えるのが常識的な判断だろう。この場合，有効数字は 1 と 2 の 2 桁であり，それよりも下の 2 桁の 0 は，有効数字ではなく，位取りのため（数値の桁を表現するため）の 0 であるにすぎない。ところが，A 君は実際は几帳面な人で，10 円単位で財布の中身を把握していたとするなら，A 君の「だいたい 1200 円」の意味するところは，1190 円から 1210 円くらい，とい

うことになる。その場合，1, 2 だけでなく，その次の 0（つまり 10 円の位の 0）も，有効数字である。

つまり，0 という数字は困ったもので，「位取りの 0」と「有効数字の 0」という 2 つの異なる役割を担う。それが紛らわしくて，数値を見ただけでは判断できないのだ（そういう意味では，上の人口の「1 億 2675 万 5 千人」の例でも，ホントは有効数字の 0 が千よりも小さな位，たとえば百とか十にもあったかもしれない）。

ところが，小数点が現れると，有効数字がはっきりすることがある。たとえば，100.0 という表現を考えよう。これは数学的には 100 と同じだ。だから，100.0 なんて書かずに，100 と書けば良いように思う。実際，小数点より右側には，位取りのために末尾（右端）に 0 を付け加える必要は無い。にもかかわらず，わざわざ 100.0 というふうに小数点の右側に 0 がある場合，この 0 は位取りの 0 ではなく，有効数字の一部であると解釈するしかない。すると，それよりも大きな位の数は，全部有効数字のはずである。従って，100.0 は，1, 0, 0, 0 という 4 つの数が有効数字である，つまり有効数字は 4 桁である，と自信を持って判断できるのだ。ところが，単に 100 と表していたら，自信を持って有効数字であると判断できるのは最初の 1 だけだ。

ではたとえば，0.0012 の有効数字はどれだろうか？ 1, 2 は当然，有効数字である。しかし，それより上位にある 3 つの 0 は，小数の位取りを表す 0 と考えるのが適当である。従って，0.0012 の有効数字は，1 と 2 の 2 桁である。

> **問 14** 以下の数のそれぞれについて，有効数字を指摘せよ。
> (1)　5.3　　(2)　1230.5
> (3)　5300　　(4)　0.0230

このように，有効数字は，表現法によっては曖昧になってしまう。有効数字をはっきりさせたいときは，数値をあえて小数を使って書く。つまり，小数×「10 の累乗」の形で書くのである。たとえば，1200 円を，

$$1.2 \times 10^3 \text{ 円} \tag{1.49}$$

とか，

$$1.20 \times 10^3 \text{ 円} \tag{1.50}$$

というふうに書くのだ。式 (1.49) の場合は有効数字は 1 と 2 だけ（100 円の位まで意味がある）だが，式 (1.50) の場合は有効数字は 1, 2, 0 となる（10 円の位まで意味がある）。数学的には，1.2×10^3 と 1.20×10^3 は同じなのだが，現実世界において誤差を含む数としては，これらは別物なのである。

1.12　有効数字の計算

では，有効数字を計算（四則演算）の中でどのように扱うかを述べる。

例として，4.56 と 1.2 という数値の和を考える。それを筆算でやってみよう。その際，「怪しい数」を以下のように追跡する：まず，4.56 は有効数字 3 桁で，最後の 6 がちょっと怪しいのでその 6 を○で囲っておこう。1.2 は有効数字 2 桁で，最後の 2 がちょっと怪しいのでその 2 を□で囲っておこう。さて，怪しい数が足されて得られた数は，怪しさが「伝染」してくるはずだから，その数も，○または□で囲う。どちらの形で囲うかは，その怪しさが伝染してきたもとの数を囲う形で決める。ただし，怪しい数からの繰り上がりによって受ける影響は無視する（怪しくないとみなす）。

すると，図 1.1 のようになる：

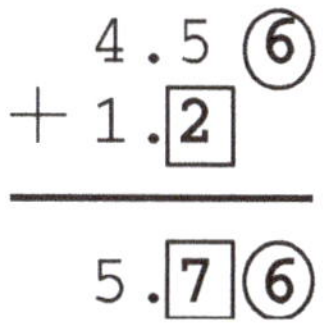

```
    4.5 ⑥
  + 1.[2]
  ─────
    5.[7]⑥
```

図 1.1　誤差を含む数どうしの和。怪しい数を○や□で囲ってある。

有効数字を考えなければ，結果は 5.76 になる。最初の（1 の位の）5 は怪しくないが，その右（0.1 の位）の 7 は，1.2 の最小位の有効数字の怪しさの影響を受けているから，怪しい。この時点で，さらに右の 6 はあまり意味が無い。なぜなら，0.1 の位の 7 が，6 とか 8 かもしれないなら，それよりも詳細な（桁の小さい）情報にこだわっても仕方が無いからである。というわけで，この答の有効数字は，最初の 5 と次の 7 の 2 桁と考えるのが妥当だろう。そ

こで, 3桁目の6を切り捨てるか切り上げよう。このように, 無意味な桁を切り捨てたり切り上げたりすることを「丸める」という。多くの場合は, 四捨五入によって丸めるので, ここでは6を切り上げて最終的な答を5.8としておこう。しかし,「常に四捨五入が正しい」というわけではなく, 場合によっては値によらず切り上げたり切り捨てたりする方が妥当なこともある。

よくある質問8「怪しい」とか「妥当だろう」とか「としておこう」とか, なんかおおざっぱな感じですね。… そうです。後で述べるように, 有効数字というのは, おおざっぱなものです。

このように, 足し算では, 最終的な答の有効数字は, 次のような手順で決める：まず, 足す前の数の有効数字の最小（右端）の位をチェック。上の例では「4.56」の右端は0.01の位であり,「1.2」の右端は0.1の位だ。次に, それらの中で, 最も大きな位に注目する。上の例では, 0.1と0.01の比較となり, 大きいのは0.1の位である。その位を, 最終的な答の有効数字の最小の位とする。上の例では, 5.76のうち, 有効数字は0.1の位まで, つまり5と7が有効数字となる。そして, それより1つ小さな位を丸める。上の例では0.01の位の数, すなわち6を四捨五入すると切り上がって, 5.8となる。こうして最終的な値を確定する。

ここでは詳しくは述べないが, 引き算も同様だ。引く数と引かれる数のそれぞれについて有効数字の最小位をチェックし, 最小位の大きい方を最終結果の有効数字の最小位とし, それよりも1桁小さな数を丸めればよい。

問15 以下の計算を行え。ただし, これらはいずれも誤差を含む数値とし, 有効数字に気をつけて, 無意味な数を書かないように気をつけよ。電卓を使ってよい。丸めは四捨五入で行え。
(1) $5.3 + 6.6$ (2) $0.023 + 123.5$
(3) $100.2 - 13$

こんどは, 4.56と1.2の積を考えよう。それを筆算でやってみよう。先ほどの和の例と同様に,「怪しい数」を追跡する。すると, 図1.2のようになる：

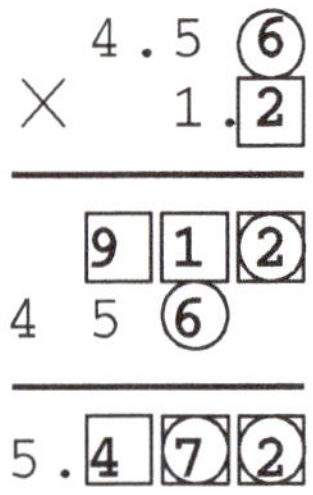

```
      4.5⑥
  ×   1.②
  ─────────
      9 1 ②
    4 5 ⑥
  ─────────
    5.4 ⑦ ②
```

図1.2 誤差を含む数どうしの積。怪しい数を○や□で囲ってある。たとえば, 3段目の9, 1, 2は, 右端の2が1段目の6の怪しさと2段目の2の怪しさの両方の影響を受けているので, ○と□の両方で囲ってある。

有効数字を考えなければ, 結果は5.472になる。最初の（1の位の）5は怪しくないが, その右（0.1の位）の4は怪しい。この時点で, さらに右の7や2はあまり意味が無い。なぜなら, 0.1の位の4が, 3とか5かもしれないなら, それよりも詳細な（桁の小さい）情報にこだわっても仕方が無いからである。

というわけで, この答の有効数字は, 最初の5と次の4の2桁と考えるのが妥当だろう。そこで, 3桁目の7を切り捨てるか切り上げる。ここでは四捨五入によって7を切り上げて最終的な答を5.5としておこう。

このように, 掛け算では, 最終的な答の有効数字は, 次のような手順で決める：まず, 掛ける前の数の有効数字の桁数をチェックする。上の例では「4.56」の3桁と,「1.2」の2桁である。次に, それらの中で, 最も小さな有効数字の桁数に注目する。上の例では, 3桁と2桁の比較となり, 最小は2桁である。その桁数を, 最終的な答の有効数字の桁数とする。上の例では, 5.472のうち5と4の2桁が有効数字, となる。そして, 最小の有効数字（上の例では4）よりも1桁小さな数値を丸め（上の例では四捨五入の結果, 7が切り上がって4が5になる）, 最終的な数を確定する。

ここでは詳しくは述べないが, 割り算も同様だ。割る数と割られる数のそれぞれについて有効数字の桁数をチェックし, 桁数の小さい方を最終結果の有効数字の桁数とし, それよりも1桁小さな数を丸めればよい。

問16 以下の計算を行え。ただし, これらはいずれも誤差を含む数値とし, 有効数字に気をつけ

て，無意味な数を書かないように気をつけよ。電卓を使ってよい。丸めは四捨五入で行え。
(1) 5.3×2.6 (2) 0.023×123.5
(3) $100.2/13$

例 1.7 長さ 16 cm の棒を 3 等分したとき，1 本の長さは？ 小数で表せば，$(16\,\text{cm})/3 = 5.333\cdots$ cm。このとき，「16 cm」の有効数字は 2 桁だから，結果の有効数字も 2 桁でよかろう。3 桁目を四捨五入し，「5.3 cm」が妥当な答だろう。…ちょっと待て！「3 等分」の「3」は有効数字 1 桁では？ なら，結果も有効数字 1 桁，つまり「5 cm」が正しいのでは？ と思った人がいるかもしれない。でもそれは違うのだ。棒を 3 本に分けよ，と言われて「うっかり 3.1 本に分けちゃいました」なんてことはあり得ない。つまり，この「3」の誤差は，半端な小数ではなく，0, 1, 2 などの整数のはず。でも，よほどのうっかり屋さんでも 3 本を 2 本や 4 本に間違えることはなかろう。従って，この場合の誤差は 0。つまり，「3 本」は，実は $3.0000\cdots$ 本，つまり有効数字が無限にある（小数点以下に有効数字の 0 が無限に続く）と考えるのが妥当なのだ。従って，この割り算の有効数字は，「割られる数」である「16 cm」の有効数字の桁数で決まるのだ。

ここで，「小数にせずに，$\frac{16}{3}$ cm というふうに分数のままにしておけばいいじゃないか」と思う人もいるだろう。数学的にはそれで正解である。でもこれが，機械工作等の実務だったらどうだろうか？「$\frac{16}{3}$ cm」よりも「5.3 cm」の方が，ものさしで測りとるのは簡単なので，実務的な現場では，数値は分数でなく小数で表しておきたい，ということがよくあるのだ。（例おわり）

ここで注意。有効数字というのは，実は，あまり厳密な考え方ではない。

例 1.8 3.47×2.88 を考えよう。有効数字を考えなければ，
$$3.47 \times 2.88 = 9.9936$$
となる。3.47 も 2.88 も有効数字 3 桁だから，結果の有効数字は 3 桁のはずだ。そこで，4 桁目 (3) 以降を丸めて，
$$3.47 \times 2.88 = 9.99$$
となる。ところが，この計算と微妙に違う，3.47×2.89 を考えよう。有効数字を考えなければ，
$$3.47 \times 2.89 = 10.0283$$
となる。3.47 も 2.89 も有効数字 3 桁だから，結果の有効数字は 3 桁，ということで，4 桁目以降 (283) を丸めて，
$$3.47 \times 2.89 = 10.0$$
となる。ここで，変な気がしないだろうか？ これらの 2 つの計算は，ほとんど同じような数値を扱っている（2.88 が 2.89 に変わっただけ）。ところが，結果の有効数字は，前者 (9.99) では 0.01 の桁まであったのに，後者 (10.0) では 0.1 の桁までしかない。つまり，後者の誤差は前者の誤差の 10 倍!?（例おわり）

こういうのが有効数字の弱点である。上述の「積の有効数字の扱い方」を厳密に適用すると，繰り上がりが発生する瞬間に，いきなり有効数字が 1 桁，引き上げられてしまい，誤差が突然に 10 倍になる，という，本来は起きるはずのないことが起きてしまうのだ。

本来，誤差のある数は，その誤差も明示的に表記するのが科学的に正しい態度だ。たとえば，3.47 の誤差が 0.01 程度であるとわかっていれば，「3.47 ± 0.01」と書くべきだ。そして，計算の中で，そのように表された誤差もきちんと追跡すれば（そのやり方は後の章で学ぶ），変なことは起きない。

でもそれは結構面倒くさい。だから，誤差の大きさの追跡はサボって，「有効数字」で勘弁してもらうのだ。そういう状況で「有効数字は 3 桁？ 4 桁？」と考えすぎるのは不毛である。そんなことに悩むくらいなら，1 桁余分に多くとっておくか，あるいは真剣に誤差の大きさを追跡するべきだ。

それでもあえて「有効数字」にこだわるなら，上の例では，掛け算における有効数字の扱い方を一時的に緩めて，$3.47 \times 2.89 = 10.0283$ を暫定的に有効数字 4 桁として 10.03 とするのが良いように私は思う。君はどう考えるだろうか？

問 17 長さ 6.4 cm の棒が 2 本ある。これを繋ぎあわせて 1 本の棒にしたら，長さは何 cm か？
(1) 6.4 cm + 6.4 cm = という計算で，有効数字に気をつけて，答を求めよ。

(2) 6.4 cm × 2 = という計算で，有効数字に気をつけて，答を求めよ。

(3) これらの答の有効数字の桁数が違うことを，どのように解釈すればよいか？

ところで，たとえば 4.2 という値（有効数字）は，実際のところ，どのくらいの範囲の値を意味するのだろうか？ よくあるのが，「4.15 以上 4.25 未満」という説明である（末尾を四捨五入して 4.2 になる範囲）。実はそうとも限らないのだ。「4.1 以上 4.3 未満」や，「4.0 以上 4.4 未満」であっても，4.2 という有効数字で表現してよいのだ。

「なぜ!?」と思う人には逆に聞こう。「4.1 以上 4.3 未満」を有効数字で表すのに，4.2 以外にどのような適切な表現があるだろう？ 4.1 や 4.3 は偏っているからダメだし，4 や 5 は論外である。なら，4.2 しか無いではないか!?

問 18 以下の数値を，「± いくら」を使わずに，有効数字で表すとどうなるか？
(1) 13.2±0.1 (2) 13.2±0.2 (3) 13.2±0.6

このように，「有効数字」は，おおざっぱな考え方である。だから「有効数字を何桁にするのが正解か？」というのは，あまりこだわっても仕方ないのだ（とはいえ，あまりにも多すぎ・少なすぎなのは良くない）。

よくある質問 9 でも高校の物理や化学では，有効数字の桁数を 1 つでも間違えたら減点されました。… 大事なのは，あなた自身がどう考えるかです。あなたが「正しい」と確信することにダメ出しされたなら，その相手と議論すればよいのです。それが学問です。

問の解答

答 1 ここでは「A さんは学生である」の「は」を等号とみなしたのが間違い。学生には A さん以外の人もいるし，A さんは学生以外の属性（男性とか，茨城県出身とか，…）も持つので，「A さん」と「学生」は同じではない。

答 5 (1) 36 日。(2) 27 人。解説：よくある間違いは，(1) で 34 日，(2) で 28 人とするものである。こういうのが苦手な人には，「問題をシンプルに作り変えてみる」ことを薦める。(1) なら，「35 ページから 52 ページまで」を「35 ページから 36 ページまで」ならどうだろう？ (2) なら，A さんのカードが 99 番ならどうだろう？ そのくらいシンプルなら，ひとつずつ数えても結果を出せる。その結果と，計算で出すやり方を比べて，合致しているかをチェックする。そうやって正しい計算式の立て方を探るのだ。

答 6 (1) a が分母なのか分子なのかわからない。(2) $3 \times (-4)$ と書くべき。(3) 二重括弧は外側を { } に。また，末尾の x が分母なのか分子なのかわからない。

答 7 (1) 32 (2) $1/2^2 = 1/4$ (3) $10^{-2} = 1/100$ (4) $9^{1/2} = \sqrt{9} = 3$ (5) 1 (6) 10^4

答 8 (1) $3^{-1/2}$ (2) $5^{1/3}$

答 10 (1) 7.38905… (2) 0.22313…

答 11 (1) 2 (2) 4 (3) 2 (4) 3 (5) −2 (6) 0

答 13 (1) 0.30102… (2) −2.22184… (3) 0.69314… (4) 2.30258…

答 14 (1) 5, 3 の 2 桁。(2) 1, 2, 3, 0, 5 の 5 桁。(3) 5, 3 は確実に有効数字だが，そのあとの 2 つの 0 は有効数字かどうかわからない。(4) 2, 3, 0 の 3 桁。

答 15 (1) 11.9 (2) 123.5 (3) 87

答 16 (1) 14 (2) 2.8 (3) 7.7

答 17 (1) 小数第 1 位までを有効数字とみなして，12.8 cm (2) 有効数字を 2 桁とみなして，13 cm (3) 略

答 18 (1) 13.1 から 13.3 までだから，0.1 の桁が不確定と見て，13.2。(2) 13.0 から 13.4 までだから，これも 0.1 の桁が不確定と見て，13.2。(3) 12.6 から 13.8 までだから，1 の桁が不確定とみて，13。

第2章 物理量と単位

2.1 物理量は，数値×単位

数学は数を抽象的な概念として扱う。たとえば「方程式 $3x = x + 4$ の解は $x = 2$」というときの $x = 2$ は，何か具体的なものの量は想定していない。

一方，現実の様々な問題では，具体的な実体を表す量を扱う。たとえば「君の身長」や「君の 100 m 走の記録」などである。このような量を物理量と呼ぶ。

物理量は，通常，160 cm や 12.3 秒のように，数値と単位の積（掛け算）で表す。君は 160 cm というとき，cm は 160 という数値のオマケか添え物のように思っているかもしれないが，そうではない。160 cm とは「$160 \times$ cm」という意味だ（積を表す $\times$ は省略されている）。つまり，160 cm は，「cm（センチメートル）を 160 個ぶん集めた量（長さ）」だ。同様に，12.3 秒とは $12.3 \times$ 秒であり，「秒を 12.3 個ぶん集めた量（時間）」だ。このように，物理量の大きさは「何の何個分」という形で表され，その「何の」に相当するのが単位（unit）である[*1]。

残念ながら，単位を付け忘れる人が多い（単位が苦手だから「つけ忘れたふり」をしてごまかしてるのかも（笑））。これは危険な態度である。単位の勘違いは大惨事の原因になるからだ。

例 2.1 1999 年 9 月 23 日，米国の火星探査機「マーズ・クライメート・オービター」が，火星到達直後に消息を断った。探査機を制御する 2 つのチームが，片方はメートルやキログラムという単位を使い，もう片方はヤードやポンドという単位を使ったため，データ共有に失敗して，制御不能になったらしい。

例 2.2 2000 年 3 月 30 日，埼玉県川口市の病院で，ある患者が，薬剤を過剰投与され，死亡した。医師は薬剤 80 mg を処方するつもりだったが，それが 80 アンプルと勘違いされ（1 本のアンプルには 10 mg の薬剤が入っている），看護師が 800 mg の薬剤を投与したらしい。

よくある質問10 「三角形 ABC について辺 AB の長さを 1 とする」みたいに，最初から単位が無い問題文もあるじゃないですか？ ああいうのはよいのですか？… 数学でよくあるそういう問題は，AB の長さが 1 cm であっても，1 m であっても，1 km であっても通用するように，あえて単位なしで作られているのです。このようなときは答にはもちろん単位をつける必要はないし，つけてはダメです。

さて，複数の物理量どうしを足したり引いたり，大小を比べたりするには，単位を揃える必要がある。たとえば，「20 cm + 1.23 m = ?」という問は，

$$0.2 \text{ m} + 1.23 \text{ m} = 1.43 \text{ m} \tag{2.1}$$

$$20 \text{ cm} + 123 \text{ cm} = 143 \text{ cm} \tag{2.2}$$

というふうに，ひとつの単位に揃えないと計算できない。また，20 cm と 1.23 m のどちらが大きいか？ という問に，20 と 1.23 という数の大小だけで判断して「20 cm の方が大きい！」という人はいないだろう。

このような話をアタリマエだと思わずに，よく考えよう。式 (2.1) を丁寧に考えれば，まず左辺の 2 つの項を m という量でくくって，左辺 $= (0.2 + 1.23)$ m という式を立て，その括弧内を普通に数どうしの足し算で計算し，右辺の 1.43 m に至るのだ。この「共通する量でくくる」ところで，暗黙のうちに分配法則（式 (1.25)）を逆向きに使っているのだ！

[*1] 「単位」は多義語であり，大学の授業をいくつ履修したか（英語では "credit"）を表すときも使う。

それは，0.2 m や 1.23 m という量を，ともに「同じ単位の何倍か」に揃えたからできたのだ。改めて，単位は単なる添え物ではなく，物理量の重要な一部だと感じられるではないか！

2.2 次元

さて，どんなに頑張っても単位を揃えられないような量どうしも存在する。たとえば 20 cm と 5 時間がそうである。前者は長さ，後者は時間を表すのだから，単位は揃えられない。

こう考えれば，世の中の様々な物理量は「互いに単位を揃えられるかどうか」という観点で分類できるだろう。そういう性質を「次元」と呼ぶ。上の例では，20 cm という量は「長さ」という次元を持ち，5 時間という量は「時間」という次元を持つ。

次元が違う量どうしは，足したり引いたり，大小を比べたりはできない。実際，20 cm と 5 時間を「足す」ことはできないし，無理に 20 と 5 を足して 25 を得ても，それはもはや何の物理量も表さない。「20 cm と 5 時間はどちらが大きいか」などの問も無意味である。

2.3 単位の掛け算と割り算

ところで，単位は，普通の数と同様に掛け算や割り算ができる：

例 2.3 隣接する 2 辺の長さが 2 m と 3 m であるような長方形の面積は，

$$2\,\text{m} \times 3\,\text{m} = 6\,\text{m}^2 \tag{2.3}$$

である。このとき，結果に m² という単位が出てきたのは，「面積を求めたから」というよりも，「m を 2 回掛けたから」なのだ。

例 2.4 100 m の距離を 20 秒で走る人の（平均の）速さは，

$$\frac{100\,\text{m}}{20\,\text{秒}} = 5\,\text{m}/\text{秒} \tag{2.4}$$

となる。このとき，単位どうしの割り算の結果として，速さの単位「m/秒」が出てきた。**この単位の / という記号は，割り算の記号なのだ**。従って，m/秒 を $\frac{\text{m}}{\text{秒}}$ と書いてもよい。

「5 m/秒」は「5 メートル毎秒」とか「毎秒 5 メートル」とも言われる。このような「毎…」は，「…という単位あたり」と同じことだ。たとえば「5 メートル毎秒」は「1 秒あたり 5 m」と同じである。そして，「1…あたり」は「…で割る」という意味である。たとえば，「りんご 6 個を 3 人でわけるとき，1 人あたりいくつ？」という問には，6 個 ÷ (3 人) で計算するだろう。

困ったことに，世間にはこの「毎…」や「1…あたり」を省略するという悪習がある。真似してはいけない。

例 2.5 日本の GDP（国内総生産）は，1 人あたり約 4 万ドルと言われることがある。これは，1 人あたり 1 年間あたり約 4 万ドル，もしくは約 4 万ドル/(人・年) が正しい。

例 2.6 テレビの天気予報では，「台風の中心付近の最大瞬間風速は 40 m」などと言われるが，これは毎秒 40 m，もしくは 40 m/秒，もしくは 1 秒あたり 40 m が正しい。

例 2.7 放射線量を表すときに使われる「シーベルト毎時」や「シーベルト毎年」をどちらも「シーベルト」と省略してしまう報道がある。しかし「毎時 1 シーベルト」は「毎年 1 シーベルト」の約 8800 倍である。

2.4 単位を埋め込んで計算しよう！

さて，式 (2.3) を，次のように書く人が多い：

$$2 \times 3 = 6\,\text{m}^2 \tag{2.5}$$

高校の参考書もこのような記法を勧めていたり，科学者でもこう書く人がいるが，これは変だ。というのも，もしこれが OK なら，「隣接する 2 辺の長さが 2 cm と 3 cm の長方形の面積は？」という問題にも，

$$2 \times 3 = 6\,\text{cm}^2 \tag{2.6}$$

と書けるはずだ。式 (2.5) と式 (2.6) の左辺は共通

なので，等号の公理（式 (1.4)）から，

$$6 \text{ m}^2 = 6 \text{ cm}^2 \tag{2.7}$$

となる…。**これは変だ！** その原因は，式 (2.5) と式 (2.6) の左辺から単位が欠落したことにある。**単位を持つ量の計算は，式の中に数値だけでなく単位も埋め込むべきなのだ。** そうすれば，単位の誤記や，単位のつけ忘れという重大なミスを防止できる。それだけでなく，**単位が計算を助けてくれる**ことがあるのだ。

例 2.8 120 g で 600 円の肉は，900 g でいくらか？ もちろん，「120 g あたり 600 円」だから 1 g あたり…と考えて，ここは割り算，ここは掛け算，というふうに進めてもよいが，単位を頼りに考えると楽なのだ：

$$\frac{600 \text{ 円}}{120 \text{ g}} \times 900 \text{ g} = \frac{600 \times 900}{120} \frac{\cancel{\text{g}} \cdot \text{円}}{\cancel{\text{g}}} = 4500 \text{ 円} \tag{2.8}$$

式 (2.8) の左辺には，それぞれの数値に単位をつけた。つまり，単位を式に埋め込んだ。数値と単位は掛け算の関係なので，順番を入れ替えて，数値の計算と，単位の計算に分離する。そして数値は数値で計算し，単位は約分して簡単にする。そうすれば，最後に「円」という欲しかった量の単位が現れ，立式が正しかったことが裏付けられる。もしもこの問題を，うっかり

$$\frac{120 \text{ g}}{600 \text{ 円}} \times 900 \text{ g} = \dots \tag{2.9}$$

とやってしまったら，最終的な単位が g^2/円になる。これは意味不明なので，何か間違っていた，とわかるのだ。

例 2.9 小学校で，速さと道のりと時間の関係を，
「速さ ＝ 道のり ÷ 時間」
「道のり ＝ 速さ × 時間」
「時間 ＝ 道のり ÷ 速さ」
と習った。これを，いわゆる「みはじ」，つまり

$$\frac{\text{み}}{\text{は} \mid \text{じ}} \tag{2.10}$$

という図式（「み」は道のり，「は」は速さ，「じ」は時間）で覚えた人も多いだろう。しかし，このような図式を忘れても，単位をチェックすれば正しく計算できる。実際，速さを m/秒，道のりを m，時間を秒で表すならば，たとえば速さ 3 m/秒で 5 秒間だけ走るときの道のりは，単位も埋め込んで正しく計算すれば

$$3 \frac{\text{m}}{\cancel{\text{秒}}} \times 5 \cancel{\text{秒}} = 15 \text{ m} \tag{2.11}$$

となり，無事に距離の単位 m が出てくる。ところが，これを割り算にしたりすると，m/秒^2 や秒^2/m という，変な単位が出てくる。そういう変な単位にならないように，すなわち，目標とする単位が最終的に残るように立式すればよいのだ。

よくある質問 11 このやりかた，めんどくさいです。
… この方法の最大の利点は，「ミスを防いでくれること」です。数値だけの計算はミスしやすいですが，単位がそれをチェックしてくれるのです。学校のテストならミスは減点だけですが，仕事でのミスは大事故や大損害になりかねません。

問 19 以下の問を，単位を式の中に埋め込んで解け。
(1) 5 時間で 500 リットルの水が出る蛇口から 2 時間で流れ出る水の量は？
(2) 5 時間で 500 リットルの水が出る蛇口から 4 m^3 の水を出すのにかかる時間は？

問 20 以下の問を，単位を式の中に埋め込んで解け：タイのある農村に，面積 120 ha のキャッサバ農地がある。ここで毎年収穫されるキャッサバの総額は日本円で概ねいくらか？ ただし，当地方のキャッサバ農地では毎年，キャッサバは 1 ライあたり平均約 2.5 トン収穫されることが別の調査でわかっている。ライというのはタイで使われる面積の単位で，1 ライは 1600 m^2 である。また，キャッサバの市場価格は 4.4 バーツ/kg である。バーツというのはタイの通貨単位で，100 円が 33 バーツである。

2.5 無次元量

ところで，同じ次元を持つ量どうしの割り算は，

面白い結果になる。たとえば、円の直径 d と周長 S は、ともに次元は「長さ」であり、数値と単位（cm や m など）の積で表現される。ところが d と S をひとつの単位に揃えた上で S/d という量を計算すると、長さの単位は約分されて消え、$3.141592\ldots$ という数だけが残る。これは円の大きさがどうであれ一定値であり、それが円周率 π である。この量には単位が無い！ このように、単位を伴わずに数だけで表現できる量を無次元量とか無名数という。

物理量を数と単位の積で表すとき、その数は無次元量である。たとえば、ある長さ L が、$L = 15\,\text{cm}$ であるとき、15 という数だけでなく cm という単位も L の中に含まれているのだ。従って、両辺を cm（つまり 1 cm という量）で割ると、

$$L/\text{cm} = 15 \tag{2.12}$$

となる。左辺は、L も cm も長さという次元の量であり、従って、その割り算は無次元量になる。従って、右辺の 15 は無次元量である。

式 (2.12) は見慣れない、奇妙な印象を受ける式かもしれない。しかしこれは国際的にも認められた、立派な表記法である。特に、科学的な論文の表やグラフの中で、このような表記がしばしば用いられる。

2.6 国際単位系（SI）

様々な単位を無秩序に併用すると混乱する。そこで、それぞれの次元に対応する単位をひとつずつ定めて、統一的に使うと便利だ。そのように定めた単位のセットのことを単位系と呼ぶ。科学の世界では、一般的に、国際単位系と呼ばれる、国際的に合意決定された単位系を**優先的に**使う。「国際単位系」は正式にはフランス語で Le Système International d'Unités という。略して SI ともいう。

国際単位系、つまり SI は、まず以下の 7 つの単位が骨格である：

- 長さの単位：m（メートル）
- 質量の単位：kg（キログラム）
- 時間の単位：s（秒）
- 電流の単位：A（アンペア）
- 温度の単位：K（ケルビン）
- 物質量（個数）の単位：mol（モル）
- 光量の単位：cd（カンデラ）

これらの 7 つの単位を SI 基本単位と呼ぶ。SI では、これらの SI 基本単位の**積や商**で、様々な量の単位を作る。それらを SI 組み立て単位と呼ぶ。たとえば面積の単位である m^2 や、速さの単位である m s^{-1} などである。国際単位系は、SI 基本単位と SI 組み立て単位、そしてそれらの記法や用法に関するルールからなる。

問 21 国際単位系とは何か？ SI 基本単位とは何か？

m s^{-1} は m/s と表記してもよい。ただし、/ を使う記法では、/ の右側（つまり分母）に複数の単位が来る場合には注意！ たとえば、$\text{kg/m}^2\text{s}$ という書き方は、s は分母なのか分子なのかはっきりしないのでダメ。正しくは、$\text{kg/(m}^2\text{s)}$, $\frac{\text{kg}}{\text{m}^2\text{s}}$, $\text{kg m}^{-2}\text{s}^{-1}$ などと書くルールだ。$\text{kg/m}^2/\text{s}$ と書く人もいるが、これも紛らわしいので禁じられている。

SI 組み立て単位で、積の順序は任意である。たとえば、kg m s^{-2} を m kg s^{-2} と書いても OK だ。

さて、以下のような単位は、国際単位系の単位ではないが、慣習的によく使われる：

- min (minute)。$1\,\text{min} = 60\,\text{s}$。
- h (hour)。$1\,\text{h} = 60\,\text{min} = 3600\,\text{s}$。
- a（アール）。$1\,\text{a} = 100\,\text{m}^2$。
- L または ℓ（リットル）。$1\,\text{L} = 10^{-3}\,\text{m}^3$。
- cc (cubic centimeter)。$1\,\text{cc} = 1\,\text{cm}^3$。
- t（トン）。$1\,\text{t} = 10^3\,\text{kg}$。

リットルは、小文字のエル (l) だと数字の 1 と紛らわしいので、筆記体（ℓ）か大文字（L）で書く。

問 22 以下の単位を、数値と SI 基本単位の積や商の組み合わせで表せ。

(1) min (2) h (3) a
(4) L (5) cc (6) t

巨大な数値や微小な（0 に近い）数値は、位取り（くらいどり）のためにたくさんの 0 が必要で煩雑である。それを簡略的に表すために特別な記号を使う。たとえば 1000 m を 1 km と書いたり、0.01 m を 1 cm と書くのだ。10^3 を k、10^{-2} を c で表すの

だ。このようなう記号を接頭辞という。国際単位系は、以下のような接頭辞（SI接頭辞）を定めている。Pとp, Mとmが紛らわしいが、「大文字は巨大な数を表す」と覚えればよい。

10^{15}	P ペタ	10^{-15}	f	フェムト
10^{12}	T テラ	10^{-12}	p	ピコ
10^{9}	G ギガ	10^{-9}	n	ナノ
10^{6}	M メガ	10^{-6}	μ	マイクロ
10^{3}	k キロ	10^{-3}	m	ミリ
10^{2}	h ヘクト	10^{-2}	c	センチ
		10^{-1}	d	デシ

例 2.10 μm はマイクロメートルと読む（昔はミクロンとも呼ばれていたが、その呼び方は廃止された）。ps はピコ秒と読む。（例おわり）

接頭辞は、単体では単位にはならない。よく「50 kg」や「時速50 km」を「50 キロ」と言うが、そういうのはダメである。2 cm を「2 センチ」、5 mm を「5 ミリ」と言うのもダメ。私的・口語的に使うのはまあ許せるが、科学的・公的な記録・連絡・発表などの中では慎もう。

ここで注意：h は「ヘクト」と「時間」(hour)でかぶってるし、m は「ミリ」と「メートル」でかぶっている。しかし、ヘクトやミリのような接頭辞は、hPa や mg のように必ず何らかの単位を伴って、最初の文字として現れる。このことを意識すれば、これらを混同することはない。

よくある質問 12　質量のSI基本単位ってg（グラム）じゃダメなんですか？ kg は g に接頭辞 k がついているので、kg よりも g の方が基本的な気がしますが。… わかります。kg 以外のSI基本単位（m や s 等）は接頭辞の無い、単体での単位だから、kg が基本単位というのは違和感ありますよね。でもこれだけは例外で、接頭辞 k のついた "kg" が基本単位です。でも、mg（ミリグラム）や μg（マイクログラム）は基本単位 (kg) でない単位 (g) に接頭辞がつくことになって気持ち悪いですね…。でも決まりなので仕方ありません。

接頭辞の後に2乗や3乗のついた単位が来るときは要注意だ。**接頭辞は直後に来る単位とまず結び**つく。そして、単位の2乗や3乗は、その「接頭辞つきの単位」についてかかる。たとえば、km^2 は、(km)^2 であり、k(m^2) ではない！

例 2.11
$$1\,\text{km}^2 = 1\,(\text{km})^2 = (10^3\,\text{m})^2 = 10^6\,\text{m}^2$$
$$1\,\text{cm}^2 = 1\,(\text{cm})^2 = (10^{-2}\,\text{m})^2 = 10^{-4}\,\text{m}^2$$
$$1\,\text{dm}^3 = 1\,(\text{dm})^3 = (10^{-1}\,\text{m})^3 = 10^{-3}\,\text{m}^3$$

よくある間違い 3　$1\,\text{km}^2 = 1000\,\text{m}^2$, $1\,\text{cm}^2 = 0.01\,\text{m}^2$ 等と誤解… これは、k や c が、m^2 や m^3 にかかるものと勘違いすることによって発生する、大変危険なミスです。

よくある質問 13　なぜですか？ 普通、ab^2 と書いたら $a \times (b^2)$ ですよね。なら km^2 は k $\times$ (m^2) の方が合理的じゃないですか？… そう言われても、国際的な合意で km^2 は (km)^2 と決まっているのです。実際、km^2 は「キロ平方メートル」ではなく「平方キロメートル」というでしょ？「平方メートル」の「キロ」ではなく「キロメートル」の「平方」だという実体を、言葉が表現しています。英語でも、km^2 は square kilometer と言います。こちらも「km の 2 乗 (square)」ですね。kilo と meter の間にスペースが無いことに注意。kilometer で1語です。また、$1\,\text{km}^2$ は1辺が1 kmの正方形の面積。わかりやすいですね。もしこれが $1000\,\text{m}^2$ だとしたら、1辺の長さが $\sqrt{1000\,\text{m}^2} = 31.62\cdots$ m の正方形です。中途半端でわかりにくいでしょ？

1 ha は 100 a である。これはふつうに a にヘクト、つまり 100 をかければよい（変な気をきかせて 100 を 2 乗したりしてはいけない）。$1\,\text{a} = 100\,\text{m}^2$ だから、$1\,\text{ha} = 100\,\text{a} = 100 \times 100\,\text{m}^2 = 10000\,\text{m}^2$ である。

よくある質問 14　ha はよく聞きますが、ka（キロアール）とか da（デシアール）とかもあるのですか？… 原理的にはあり得ますが、実際はまず使いませんね。

図 2.1 に面積の単位（m^2 から km^2 まで）を図解した。

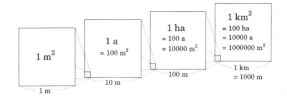

図 2.1　いろいろな大きさの正方形の面積

問 23 以下の量を書き換えよ：
(1) 1 m を km で。　(2) 1 km を m で。
(3) 1 cm を m で。　(4) 1 m² を km² で。
(5) 1 km² を m² で。　(6) 1 cm² を m² で。
(7) 1 m³ を km³ で。　(8) 1 km³ を m³ で。
(9) 1 cm³ を m³ で。　(10) 1 dm³ を m³ で。
(11) 1 dL を m³ で。　(12) 1 μm を m で。
(13) 1 μm を nm で。　(14) 1 mg を kg で。
(15) 1 km² を ha で。

注：dL は，小学校以外ではほとんど使われない。これは，1 dL の立方体の1辺が，$(0.0001\,\mathrm{m}^3)^{1/3} = 0.0464\cdots$ m という中途半端な値になるからだろう。

問 24 以下の量を書き換えよ：
(1) 0.009 km² を m² で。
(2) 0.00003 km³ を m³ で。

問 25 以下の各小問内で，挙げられた2つの単位が互いに等しいことを示せ：
(1) mL と cm³。　(2) L と dm³。
(3) kL と m³。　(4) Gt と Pg。

注：もともとLは「質量1 kg の水の体積」と定義されていたが，水は温度や圧力によって体積を微妙に変えるので，体積の単位としてふさわしくない。現在は，L は $10^{-3}\,\mathrm{m}^3$ のことであると再定義され，なおかつ，古い定義（水1 kg の体積）と紛らわしいので，L はなるべく使わず，かわりに dm³（立方デシメートル）と言おう，というのが国際単位系の立場である。

国際単位系では他にもいろいろな約束が決まっている。特に，以下を覚えておこう：

- 変数や定数を表すアルファベットは斜体表記せよ。例：$x = 5$ は OK, x = 5 はダメ。
- 特定の関数を表すアルファベットは立体表記せよ。例：$\sin x$ は OK, $sin\,x$ はダメ。
- 単位を表すアルファベットは立体表記せよ。例：面積を表す $5\,\mathrm{m}^2$ は OK, $5\,m^2$ はダメ。
- 数値と単位の間には半角スペースをあけよ。例：5 m² は OK, 5m² はダメ。
- 組み立て単位は，単位どうしの間に半角スペースをあけよ。例：速度を表す 2 m s⁻¹ は OK, 2 ms⁻¹ はダメ。
- 接頭辞と単位の間にはスペースをあけるな。例：3 kg は OK, 3 k g はダメ。

最後の 2 つは特に大切だ。そのおかげで，1 ms（1 ミリ秒）と 1 m s（1 メートル秒）が区別できる。

これらのルールは日本では国内規格（JIS 規格）にもなっている。国内外を問わず，科学技術文書はこのような表記を使うのだ[*2]。本書も極力，この表記法に従う（一部，コンピュータソフトの制限でうまくできなかったところもあるが）。

レポートや卒業論文も，基本的にはこれらに従うべきだ。ただし，手書きでは無理に守らなくてもよい。立体と斜字体の書き分けや，「半角スペース」は手書きでは無理だし。そこで，手書きのときは，単位を括弧 [ ] の中に入れて書いたりする。たとえば，5.3 m/s を，5.3 [m/s] と書くのだ。

2.7　単位の換算

例 2.12 7.5 km h⁻¹ という量を，m s⁻¹ という単位に換算してみよう。

$$7.5\,\mathrm{km\,h^{-1}} = 7.5\,\frac{\mathrm{km}}{\mathrm{h}} = 7.5 \times \frac{1000\,\mathrm{m}}{3600\,\mathrm{s}}$$
$$= 2.08\cdots\,\mathrm{m\,s^{-1}} \fallingdotseq 2.1\,\mathrm{m\,s^{-1}} \qquad (2.13)$$

最後に 2.08 の 8 を四捨五入した。7.5 の有効数字は 2 桁と判断されるので，結果も有効数字 2 桁にしたのだ。s⁻¹ は /s と書いてもよい。

例 2.13 2.0 g/s という量を，kg/h という単位で換算してみよう。

$$2.0\,\mathrm{g/s} = 2.0\,\frac{\mathrm{g}}{\mathrm{s}}$$

[*2] しかし，なぜか日本の小中学校の検定教科書では，単位が斜体で書かれている。高校の教科書では立体になっているのだが…。

$$= 2.0 \, \frac{10^{-3} \text{ kg}}{(1/3600) \text{ h}} = 2.0 \times \frac{3600}{1000} \text{ kg/h}$$
$$= 2.0 \times 3.6 \text{ kg/h} = 7.2 \text{ kg/h} \tag{2.14}$$

(例おわり)

このように，単位の換算は機械的にできる。組み立て単位を構成する各単位（h, s, km, m, kg, g など）を，それぞれ別の単位に換算し，そこで出てきた係数を計算すればよいのだ。

このやり方がよくわからない人には，かわりに次の方法を勧める。例 2.12 は，

$$7.5 \, \frac{\text{km}}{\text{h}} \tag{2.15}$$

$$= 7.5 \, \frac{\text{km}}{\text{h}} \, \frac{1000 \text{ m}}{\text{km}} \, \frac{\text{h}}{3600 \text{ s}} \tag{2.16}$$

$$= 7.5 \, \frac{1000}{3600} \, \frac{\cancel{\text{km}}}{\cancel{\text{h}}} \, \frac{\text{m}}{\cancel{\text{km}}} \, \frac{\cancel{\text{h}}}{\text{s}} \tag{2.17}$$

$$= \frac{75}{36} \, \frac{\text{m}}{\text{s}} = 2.08 \cdots \text{ m s}^{-1} \tag{2.18}$$

$$\fallingdotseq 2.1 \text{ m s}^{-1} \tag{2.19}$$

ここで，式 (2.15) から式 (2.16) に行くときに，

$$\frac{1000 \text{ m}}{\text{km}} \quad \text{と} \quad \frac{\text{h}}{3600 \text{ s}} \tag{2.20}$$

をかけているが，これらは両方とも 1 だ。なぜなら，1000 m = 1 km であり，両辺を km で割ると，(1000 m)/km = 1 となる。同様にして h/(3600 s) = 1 も言える。これらの 1 は単位を持たぬ量（無次元量）だ。1 を掛けても，掛けられた量は何も変化しない。そこで，式 (2.20) のような，「1 と等しい量」を自由にどんどん掛けて，消し去りたい単位を約分していくのだ。

よくある間違い 4 7.5 km/h = 27000000 m/s という，とんでもない間違いをする… 3600 で割るべきなのに，掛けてしまったミスです。この種のミスは，計算過程で単位を埋め込まずに，数値だけで処理すると発生しがちです。でも，そもそも，7.5 km/h は小走りや自転車くらいの速さです。秒速 2700 万メートルなんかになるわけがありませんよね（笑）**物理量を実際の現象と結びつけて把握する習慣をつけましょう！**

問 26 上で述べた，1 を掛けていく方法で，例 2.13 の単位換算をやり直せ。

問 27 以下の量を書き換えよ。上で示した 2 つの方法のどちらを使っても構わない。ただし，導出過程も書くこと。電卓を使っても OK。
(1) 340 m/s を km/h で。（音速）
(2) $3.00 \times 10^8 \text{ m/s}$ を km/h で。（光速）
(3) 1.0 g/cm^3 を kg/L で。（水の密度）
(4) 1.0 g/cm^3 を t/m^3 で。（水の密度）
(5) 1.3 g/L を kg/m^3 で。（空気の密度）
(6) 0.05 kg /h を g/s で。

ところで，物質の量は，多くの場合は質量で表すが（「質量保存の法則」があるから！），体積で表すこともある。たとえば 3 t の水を「3 m^3 の水」と言ったりもする。すなわち，

$$3 \text{ t の水} = 3 \text{ m}^3 \text{ の水} \tag{2.21}$$

と言ってよい。だからといって，

$$3 \text{ t} = 3 \text{ m}^3 \quad (?) \tag{2.22}$$

と言うのは間違いだ。そもそも t は質量，m^3 は体積なのだから，これらが同じなわけがない。もし式 (2.22) が正しければ，3 t の空気の体積も 3 m^3 になってしまう（本当は約 2300 m^3）。式 (2.21) が成り立つのは，水の密度がほぼ一定だからだ。密度が一定であれば，質量と体積は比例するから，どちらを使っても実用上は構わない。しかし，そこには「密度」という重要な量が背後にあることを忘れてはダメだ。

よくある質問 15 式 (2.21) で両辺の「の水」を約分すれば 3 m^3 = 3 t になるから，式 (2.22) も正しいのでは？… ダメです。約分は「何か×何か」の形の量について片方の「何か」を割って消すことです。「3 m^3 の水」は，「3」×「1 m^3 の水」です。1 m^3 の水が 3 個分，という意味。でも君の考えでは，「3 m^3」×「水」と解釈して「水」だけを約分しています。これは無茶です。

2.8 力の単位

理系はどんな分野でも，力やエネルギーの概念（中学理科の 1 分野）が必要だ。その基礎は次の法則である：質量 m の物体が力 F を受けたとき，物体の速度の変化率，つまり加速度（速度の変化を時

間で割ったもの）を a とすると，

$$F = ma \tag{2.23}$$

が成り立つ。これを「ニュートンの運動方程式」という。

　この式は，本書の他の多くの数式とは根本的に性格が異なる。本書の多くの数式は「定義」や「公理」か，それらをもとに導出される「定理」か，それらを用いた計算式だ。ところが，式 (2.23) はそのいずれでもない。自然の摂理を表す「基本原理」（基本法則ともいう）なのだ。その式の根拠は，公理でも論理でもなく，実験事実である。「なぜ成り立つのかは誰にもわからないが，成り立つと認めると，様々な自然現象のつじつまが合う」という式なのだ。

　式 (2.23) は中学理科や高校物理基礎で学ぶが，全ての科学で最も大切な常識の一つである。この式を「知らない」という人は，「細胞」や「イオン」を知らないというくらいヤバい。

よくある質問 16　細胞もイオンも知っていますがこの式は知りません。私，ヤバイのでしょうか？…
そういうあなたも必ずこの式を習ったはずです。でも習った時に，そこまで大事な式なのだということを教わらなかったか気付かなかっただけでしょう。今，その重要性に気付いて理解すれば OK です。

　ちなみに式 (2.23) で，F は force（力），m は mass（質量），a は acceleration（加速度）のそれぞれ頭文字から取られている。このように，科学の数式で出てくる記号は，その量の頭文字から取られることが多い。

　では，式 (2.23) を使ってちょっとした計算をしてみよう。いま，質量が $m = 2.0 \, \text{kg}$ の物体が，加速度 $a = 3.0 \, \text{m s}^{-2}$ で動いている時に，その物体にかかる力は，式 (2.23) より，

$$F = 2.0 \, \text{kg} \times 3.0 \, \text{m s}^{-2} = 6.0 \, \text{kg m s}^{-2}$$

となる。ここで，力が「kg m s^{-2}」という単位で表されたことに注意しよう。これが国際単位系における，力の単位である。この単位はよく出てくるので，N（ニュートン）という別名（ニックネームみたいなもの）がついている。つまり，

$$\text{N} := \text{kg m s}^{-2} \tag{2.24}$$

である。これが N という単位の定義である。この式は，式 (2.23) で，F を N に，m を kg に，a を m s^{-2} に，形式的に置き換えたものになっている。これを理解していれば，式 (2.24) を忘れても $F = ma$ から思い出せるだろう。

よくある質問 17　加速度の単位が m s^{-2}，というのがわかりません。… 加速度は，ざっくりいうと，速度の変化を時間で割ったものです（正確な定義は後の章で説明します）。速度の単位は m s^{-1} ですから，速度の変化（つまり，ある時刻の速度ひく別の時刻の速度）の単位も m s^{-1} です。それを時間（単位は s）で割るのだから，最終的に単位は m s^{-2} になります。

　ところで，君は「重さ」と「質量」の違いをはっきり理解しているだろうか？重さはその物体に働く**重力（の大きさ）**のこと。重力は力の一種だ。だから重さは力の単位（国際単位系では N）で表すのが，科学的には正しい。重さは場所によって変わる。同じ物体でも，月面上での重さは地上での重さの約 1/6 になるし，国際宇宙ステーションの中（いわゆる無重力空間）では重さは 0 N だ。

　一方，質量は，力とは別の量だ。地球上だろうが月面上だろうが無重力空間中だろうが，同じ物体の質量は不変である。地球上で 1 kg の物体は，月や国際宇宙ステーションに持って行っても 1 kg なのだ。

　もうすこし丁寧に考えよう。まず質量とは何だろう？ それはニュートンの運動方程式 (2.23) が教えてくれる。この「$F = ma$」によると，同じ大きさの力 F を質量の違う 2 つの物体のそれぞれにかけたとき，質量 m が大きい物ほど加速度 a は小さいし，m が小さいほど a は大きいことがわかる。つまり質量 m は物体の「速度の変えにくさ」（加速度は速度が単位時間あたりにどれだけ変化するか，という量であることに注意！）を表す。それは無重力空間でも変わらない。国際宇宙ステーションの中に 1 kg の物体と 10 kg の物体の 2 つをまず静止状態で浮かせて，次にそれらを同じ力で同じ時間だけ押すと，1 kg の物体の方が速く飛んでいくだろう。

　一方，「重さ」は，式 (2.23) とは別の重要な物理法則が教えてくれる。それは「物体どうしには，互いに引き合う力が生じ，その大きさは，各物体の質量の積に比例し，距離の 2 乗に反比例する」という

法則だ（これは高校物理で学ぶ）。そのような力のことを**重力**というのだ。このことから，地表で物体が地球から受ける重力の大きさ，つまり重さは，その物体の質量と地球の質量の積に比例し，地球半径の 2 乗に反比例する。地球質量と地球半径はほぼ一定なので，「地表限定」の条件下では，重さは物体の質量だけで決まる。特に，1 kg の物体の重さは地表上のどこでも約 9.8 N でほぼ変わらないので，「1 kg の物体の地上での重さ」を力の単位としてもよかろう。そう定義された力の単位のことを，kgf という（kg 重ともいう）。正確な定義では，

$$1 \text{ kgf} := 9.80665 \text{ N} \tag{2.25}$$

である。実際，土木や建築等の工学では力を kgf で表すことが多い。しかし，kgf は国際単位系の単位ではないので，科学では kgf を使うことは避ける方がよい。

ところで，世の中では往々にして重さの単位 kgf の f が略されて，本来は質量の単位である「kg」と混同されることが多い。日常生活でも，質量と重さは頻繁に混同され，「A 君の体重は 60 kg」というような表現が多い（体重とは「体の重さ」だから，厳密には「A 君の体重は 60 kgf」もしくは「A 君の質量は 60 kg」とすべきである）。

日常生活では重さと質量を混同したり，kgf を kg と誤記してもそんなには困らない。しかし科学の世界では，明確に区別せねばならない。

よくある質問 18 中学校で「100 g ＝ 1 N」と習ったのですが。… 間違いです。100 g は質量，1 N は力なので，両者は互いに次元が異なるから，等号で結べません。「質量 100 g の物体**にかかる重力の大きさ**は約 1 N である（正確には 0.98 N）」と言えば正しいです。

> **問 28** 60 kgf は何 N か？ 有効数字 2 桁で。

2.9 エネルギー，圧力，仕事率の単位

次に，エネルギーの単位を学ぼう。その前に，いくつかの定義を確認しよう。まず，中学理科で学んだように，**物体に力をかけて移動させるとき，力と，その力の方向に動いた距離との積を，「仕事」という。仕事と等価な量（仕事に形を変えることができる量）のことを「エネルギー」という。**

ざっくり言えば，「仕事＝力×距離」である。国際単位系では，仕事の単位は J（ジュール[*3]）だ。「仕事＝力×距離」で，「仕事」をその単位である J で置き換え，「力」をその単位である N で置き換え，「距離」をその単位である m で置き換えれば，

$$\text{J} := \text{N m} \tag{2.26}$$

となる（定義）。式 (2.26) を忘れても，「仕事＝力×距離」から思い出せるだろう。

エネルギーは仕事と等価な量なので，エネルギーの単位は仕事と同じ単位（SI では J）である。

また，面に一様に力がかかるとき，その力を面積で割ったものを圧力という（中学理科！）。ざっくり言えば，「圧力＝力/面積」だ。国際単位系では，圧力の単位は Pa（パスカル[*4]）である。「圧力＝力/面積」で，「圧力」をその単位である Pa で置き換え，「力」をその単位である N で置き換え，「面積」をその単位である m^2 で置き換えれば，次式になる：

$$\text{Pa} := \text{N}/\text{m}^2 = \text{N m}^{-2} \tag{2.27}$$

これが Pa の定義である。式 (2.27) を忘れても，「圧力＝力/面積」から思い出せるだろう。

また，中学理科で学んだように，ある時間内になされた仕事や，出入りした熱や，エネルギーの増減量を，その時間で割ったものを，仕事率または熱効率という。ざっくり言えば，「仕事率＝仕事/時間」である。国際単位系では，仕事率の単位は W（ワット[*5]）である。「仕事率＝仕事/時間」において，「仕事率」をその単位である W で置き換え，「仕事」をその単位である J で置き換え，「時間」をその単位である s で置き換えれば，

$$\text{W} := \text{J}/\text{s} = \text{J s}^{-1} \tag{2.28}$$

となる。これが W の定義である。式 (2.28) を忘れても，「仕事率＝仕事/時間」から思い出せるだろう。

よくある質問 19 W って電力の単位じゃないんで

[*3] イギリスの物理学者の名前。電気回路で出る熱に関する「ジュールの法則」を発見した人。
[*4] フランスの哲学者かつ物理学者の名前。「人間は考える葦である」との言葉を残した人。
[*5] イギリスの発明家の名前。蒸気機関を開発して，産業革命に貢献した人。

すか？ 中学校で，W＝V×A と習いました。… W＝V×A は正しい式ですが，W の定義ではありません。V（ボルト；電圧や電位の単位）は電気的なエネルギーを電荷で割ったような量の単位であり，V＝J/C です（C はクーロンといって，電荷量の単位）。A（アンペア）は電流の単位であり，電流とは，ある場所を通過する電荷量を時間で割ったものです。A＝C/s です。この2つを掛けると，V×A＝(J/C)×(C/s)＝J/s＝W になるでしょ？

問 29
(1) ニュートンの運動方程式を書け。
(2) 仕事の定義を書け。
(3) エネルギーの定義を書け。
(4) 圧力の定義を書け。
(5) 仕事率の定義を書け。

問 30 以下の問に答えよ。
(1) 質量 $2\,\mathrm{kg}$ の物体を加速度 $3\,\mathrm{m\,s^{-2}}$ で加速するのに必要な力は？
(2) ある物体を $2\,\mathrm{N}$ の力で $4\,\mathrm{m}$ だけ移動させるのに必要なエネルギーは？
(3) $2\,\mathrm{m^2}$ の平面に $10\,\mathrm{N}$ の力がかかっている状態の圧力は？
(4) $100\,\mathrm{W}$ の電球が，2 秒間に消費する電力量は？

問 31 以下を示せ：
(1) $\mathrm{N} = \mathrm{J/m}$ (2) $\mathrm{Pa} = \mathrm{J\,m^{-3}}$
(3) $\mathrm{J} = \mathrm{Pa\,m^3}$ (4) $\mathrm{J/Pa} = \mathrm{m^3}$
(5) $\mathrm{W} = \mathrm{N\,m\,s^{-1}}$ (6) $\mathrm{J} = \mathrm{W\,s}$

問 32 J, Pa, W を，それぞれ SI 基本単位 (kg, m, s) の組み合わせで表せ。

問 33 以下の量を書き換えよ：
(1) $1\,\mathrm{kWh}$ を J で。 (2) $1\,\mathrm{hPa}$ を Pa で。

ところで，圧力の単位に atm（気圧）というのがある。定義は $1\,\mathrm{atm} := 1013.25\,\mathrm{hPa}$ である（hPa の h を忘れる人が多い）。atm は atmosphere の略である。1 atm のことを 1 気圧ともいう。

問 34 以下の問に答えよ。電卓を使ってもよい。
(1) $1\,\mathrm{atm}$ を Pa で表せ。
(2) $1\,\mathrm{atm}$ を kPa で表せ。
(3) $1\,\mathrm{Pa}$ を atm で表せ。
(4) ある巨大な台風の中心付近での地表での気圧は $895\,\mathrm{hPa}$ だった。この圧力を atm で表せ。

高校の化学や物理で学んだように，理想気体の圧力 P, 体積 V, モル数 n, 絶対温度 T, 気体定数 R の間には，$PV = nRT$ という関係が成り立つ（理想気体の状態方程式）。また，$R = 8.3145\,\mathrm{J\,mol^{-1}\,K^{-1}}$ である。

問 35 $1.0000\,\mathrm{mol}$ の理想気体が，温度 $273.15\,\mathrm{K}$, $1013.25\,\mathrm{hPa}$ にあるときの体積を計算し，L で表せ。電卓使用可。

問 36 気体定数 $R = 8.3145\,\mathrm{J\,mol^{-1}\,K^{-1}}$ の値を，$\mathrm{atm\,L\,mol^{-1}\,K^{-1}}$ という単位で書き換えよ。電卓使用可。途中経過も書け。ヒント：$\mathrm{J} = \mathrm{Pa\,m^3}$。

ところでエネルギーの単位にカロリー (cal) というのもある。定義は，$1\,\mathrm{cal} := 4.184\,\mathrm{J}$ である（記憶せよ）。もともと，1 cal は「質量 1 g の水の温度を 1℃ 上げるのに必要な熱量」と定義されていたのだが，それは条件次第で微妙に異なるので，今は上のように J との関係で定義されている。

2.10 dimension check

ここで，ひとつ，便利な道具を紹介しよう。

例 2.14 高校の物理で学んだ人もいるだろうが，運動する物体は「運動エネルギー」というエネルギーを持つ。すなわち，質量 m の物体が速さ v で移動しているとき，その物体の運動エネルギー K は次式で定義される：

$$K := \frac{1}{2}mv^2 \tag{2.29}$$

この両辺の単位を国際単位系で考えよう。まず 1/2 は無次元なので単位なし。m の単位は kg, v^2 の単位は $(\mathrm{m\,s^{-1}})^2 = \mathrm{m^2\,s^{-2}}$。従って，右辺の単位は $\mathrm{kg\,m^2\,s^{-2}}$。これは J である（問 32 参照）。一方，左辺 K は運動「エネルギー」だから，当然，J で表

現できるはずの量である。辻褄があっている！（例おわり）

このように，ある式について，両辺が同じ単位を持てるかを調べること（すなわち両辺で次元が一致しているか調べること）を，dimension check という。等式の両辺は，互いに同じ物理量を表すのだから，同じ単位で表せる（次元が一致している）はず。ところが，何かミスをすると（たとえば式 (2.29) の v^2 の 2 乗を忘れたり），左辺と右辺で単位は一致しなくなることが多い。このことは，その式が正しくできているかどうかの検算に使える。

実は，これに似た考え方を，既に例 2.8 や例 2.9 で紹介した。つまり，単位を式に埋め込んで計算すれば，結果的に dimension check にもなるのだ。

問 37 p.16 式 (2.5) のような書き方が不合理であることを，dimension check の観点で説明せよ。

問 38 半径 r の球の表面積 S と体積 V はそれぞれ

$$S = 4\pi r^2 \tag{2.30}$$
$$V = \frac{4}{3}\pi r^3 \tag{2.31}$$

である。ところが，君の友人 A 君は，この公式を逆に覚えている（$V = 4\pi r^2, S = 4\pi r^3/3$ と覚えている）。dimension check を使って，A 君に間違いを教えてあげるには，どう言えばよいか？[*6]

2.11 例外！

ここで，少しやっかいな話。「物理量は数値と単位の積」と述べたが，そうではない場合が存在するのだ。

もし物理量が「数値と単位の積」なら，その「数値」が 0 のときにはその物理量は 0 である。たとえば，0 m は長さが 0（無い）ということである[*7]。

すると，「数値が 0 でも物理量が 0 にならない場合」は，「数値と単位の積」ではない，ということになる（これは上で述べたことの対偶である。対偶がわからない人は，索引で調べよ）。そして，実際にそのような場合があるのだ！

例 2.15 温度はそもそも，分子の平均運動エネルギーに比例するような物理量であり，その単位として K（ケルビン）が使われる。当然，分子の平均運動エネルギーが 0 のときの温度は 0 K である。ところが，温度を摂氏で表すと，0 °C のときは 273 K であり，0 K ではない。つまり，温度が 0 °C のときであっても「温度は 0」ではない。つまり，摂氏で表された温度は，「数値と単位の積」ではないのだ。

問 39 0 °C は 273 K である。つまり，

$$0\,°C = 273\,K \tag{2.32}$$

である。ところが，この両辺を 2 倍すると，

$$0\,°C = 546\,K \tag{2.33}$$

になってしまう。この 2 つの式に式 (1.4) を使うと，

$$273\,K = 546\,K \tag{2.34}$$

となってしまう。どこでどう間違ったのか？

例 2.16 pH は，水溶液の中の水素イオンの濃度 $[H^+]$ の指標であり，次式で定義される：

$$pH := -\log_{10} \frac{[H^+]}{mol\,L^{-1}} \tag{2.35}$$

問 40 以下，必要なら関数電卓を使ってよい。
(1) 次式を示せ：

$$[H^+] = 10^{-pH}\,mol\,L^{-1} \tag{2.36}$$

(2) pH = 0 の水溶液の水素イオン濃度は？
(3) pH が −1 の水溶液の水素イオン濃度は？
(4) 水素イオン濃度が 0.005 mol L^{-1} のとき pH は？
(5) pH = 5.6 のとき，水素イオン濃度は中性（pH = 7）のときの何倍か？
(6) pH = 5.0 の塩酸と，pH = 3.0 の塩酸を，等量，混ぜ合わせたら，pH はどのくらいにな

[*6] S は surface の頭文字，V は volume の頭文字，そして r は radius の頭文字に由来する。このように，量を表す記号（アルファベット）は，その英単語に由来することが多い。それも公式を覚えたり思い出したりするときの手がかりになる。

[*7] 「数値と単位の積」である物理量が 0 の場合，単位をつける必要はない。どんなものも 0 倍したら 0 になるので，0 に何かの単位をつけても 0 になる。実際，たとえば 0 m は 0 cm や 0 km でもあるので，単位は無意味である。

るか？ただし塩酸はすべて解離するものとする。

このように，℃やpHといった単位で表された量は，「数値と単位の積」ではないのだ。このような変な単位は，単位同士の掛け算，割り算，約分はできないからそれを利用した単位換算法も使えない。式 (2.12) のような表現もできない。dimension check も使えない。

このような「変な単位」のからむ計算や変換は，面倒であっても「数値と単位の積」に書き換えて処理する方がよい場合が多い。たとえば℃で表された温度はKで，pHで表された水素イオン濃度は $mol\ L^{-1}$ で書き換えるのである。

問の解答

答 19

(1) $\dfrac{500\ \text{リットル}}{5\ \text{時間}} \times 2\ \text{時間} = 200\ \text{リットル}$

(2) $\dfrac{5\ \text{時間}}{500\ \text{リットル}} \times 4\ \text{m}^3$
$= \dfrac{5\ \text{時間}}{500\ \text{リットル}} \times 4 \times 10^3\ \text{リットル} = 40\ \text{時間}$

答 20

$120\ \text{ha} \dfrac{2.5\ \text{トン}}{1\ \text{ライ}} \dfrac{4.4\ \text{バーツ}}{1\ \text{kg}} \dfrac{100\ \text{円}}{33\ \text{バーツ}}$
$= 120 \times 10^4\ \text{m}^2 \dfrac{2.5 \times 10^3\ \text{kg}}{1600\ \text{m}^2} \dfrac{4.4}{1\ \text{kg}} \dfrac{100\ \text{円}}{33}$
$= 2.5 \times 10^7\ \text{円}\ (= 2500\ \text{万円})$

答 21 略（本文に書いてある）。

答 22 （略解）どれも kg, m, s の 3 つの単位のどれかで表すことができる。(1) 60 s。(2) 3600 s。(3) $100\ \text{m}^2$。(4) $0.001\ \text{m}^3$。(5) $10^{-6}\ \text{m}^3$。(6) $10^3\ \text{kg}$。

答 23 （略解）

(1) $1\ \text{m} = 10^{-3}\ \text{km}$。$1\ \text{m} = 0.001\ \text{km}$ でも OK。
(4) $1\ \text{m}^2 = 1 \times (10^{-3}\ \text{km})^2 = 10^{-6}\ \text{km}^2$。
(8) $1\ \text{km}^3 = 1 \times (10^3\ \text{m})^3 = 10^9\ \text{m}^3$。
(11) $1\ \text{dL} = 10^{-1}\ \text{L} = 10^{-1} \times 10^{-3}\ \text{m}^3 = 10^{-4}\ \text{m}^3$。
(13) $1\ \mu\text{m} = 10^3\ \text{nm}$。(14) $1\ \text{mg} = 10^{-6}\ \text{kg}$。(15) $1\ \text{km}^2 = 100\ \text{ha}$。他は略。

答 24 （略解）(1) $9 \times 10^3\ \text{m}^2$。(2) $3 \times 10^4\ \text{m}^3$。

答 25 （略解）

(1) $\text{mL} = 10^{-3}\ \text{L} = 10^{-3} \times 10^{-3}\ \text{m}^3 = 10^{-6}\ \text{m}^3$。$\text{cm}^3 = (10^{-2}\ \text{m})^3 = 10^{-6}\ \text{m}^3$。よって，$\text{mL} = \text{cm}^3$。(2), (3) は略。(4) $\text{Gt} = 10^9 \times 10^3\ \text{kg} = 10^{12}\ \text{kg}$。$\text{Pg} = 10^{15}\ \text{g} = 10^{12}\ \text{kg}$。よって，$\text{Gt} = \text{Pg}$。

答 26

$2.0\ \text{g/s} = 2.0\ \dfrac{\text{g}}{\text{s}} = 2.0\ \dfrac{\text{g}}{\text{s}} \dfrac{\text{kg}}{1000\ \text{g}} \dfrac{3600\ \text{s}}{\text{h}}$
$= 2.0\ \dfrac{\text{g}}{\text{s}} \dfrac{\text{kg}}{1000\ \text{g}} \dfrac{3600\ \text{s}}{\text{h}} = \dfrac{2.0 \times 3600}{1000}\ \dfrac{\text{kg}}{\text{h}}$
$= 7.2\ \text{kg/h}$

答 27 （略解）

(1) $1220\ \text{km/h}$。（有効数字 3 桁とみなした。4 桁で $1224\ \text{km/h}$ でも OK）。(2) $1.08 \times 10^9\ \text{km/h}$。(3) $1.0\ \text{kg/L}$。(4) $1.0\ \text{t/m}^3$。(5) $1.3\ \text{kg/m}^3$。(6) $1.4 \times 10^{-2}\ \text{g/s}$。

答 28 $60 \times 9.8\ \text{N} \fallingdotseq 590\ \text{N}$。

答 29 略（本文に書いてある）。

答 30 (1) $2\ \text{kg} \times 3\ \text{m s}^{-2} = 6\ \text{kg m s}^{-2} = 6\ \text{N}$。(2) $2\ \text{N} \times 4\ \text{m} = 8\ \text{N m} = 8\ \text{J}$。(3)（略解）$5\ \text{Pa}$。(4)（略解）$200\ \text{J}$。

答 31 （略解）

(1) $\text{J} = \text{N m}$ の両辺を m で割る。(2) $\text{Pa} = \text{N/m}^2$ の右辺に，前小問で示した $\text{N} = \text{J/m}$ を代入。(3) 以下は略。

答 32 式 (2.26) の右辺の N に式 (2.24) を代入すると，

$$\text{J} = \text{kg m s}^{-2}\ \text{m} = \text{kg m}^2\ \text{s}^{-2} \tag{2.37}$$

式 (2.27) の右辺の N に式 (2.24) を代入すると，

$$\text{Pa} = \text{kg m s}^{-2}/\text{m}^2 = \text{kg m}^{-1}\ \text{s}^{-2} \tag{2.38}$$

式 (2.28) の右辺の J に式 (2.37) を代入すると，

$$\text{W} = \text{kg m}^2\ \text{s}^{-2}/\text{s} = \text{kg m}^2\ \text{s}^{-3} \tag{2.39}$$

答 33 (1) $1\ \text{kW h} = (10^3\ \text{W}) \times (3600\ \text{s}) = 3.6 \times 10^6\ \text{W s} = 3.6 \times 10^6\ \text{J}$。(2) $1\ \text{hPa} = 10^2\ \text{Pa} = 100\ \text{Pa}$。

答 34

(1) $1\ \text{atm} := 1013.25\ \text{hPa} = 1.01325 \times 10^3 \times 10^2\ \text{Pa} = 1.01325 \times 10^5\ \text{Pa}$。

(2) $1\ \text{atm} = 101.325 \times 10^3\ \text{Pa} = 101.325\ \text{kPa}$。

(3) (1) より，$1\ \text{Pa} = \{1/(1.01325 \times 10^5)\}\ \text{atm} = 9.86923 \times 10^{-6}\ \text{atm}$。

(4) $895\ \text{hPa} = 895 \times 10^2 \times 9.86923 \times 10^{-6}\ \text{atm} = 0.883\ \text{atm}$。

答 35

$$V = nRT/P$$
$$= \frac{1.0000 \text{ mol} \times 8.3145 \text{ J mol}^{-1}\text{K}^{-1} \times 273.15 \text{ K}}{1.01325 \times 10^5 \text{ Pa}}$$
$$= \frac{8.3145 \times 273.15 \text{ J}}{1.01325 \times 10^5 \text{ Pa}} = 2.2414 \times 10^{-2} \text{ J/Pa}$$
$$\fallingdotseq 2.2414 \times 10^{-2} \text{ m}^3 = 2.2414 \times 10^{-2} \times 10^3 \text{ L}$$
$$= 22.414 \text{ L}$$

なお，J/Pa を m^3 に置き換えたところがわからない人は，問 31(4) を参照せよ．

答 36 問 31(3) より，$J = Pa\, m^3$．また，$m^3 = 10^3$ L．従って，$J = 10^3$ Pa L．また，問 34 より，$Pa = 9.86923 \times 10^{-6}$ atm．従って，
$J = 10^3 \times 9.86923 \times 10^{-6}$ atm L $= 9.86923 \times 10^{-3}$ atm L．従って，$R = 8.3145$ J mol^{-1}K^{-1}
$= 8.3145 \times 9.86923 \times 10^{-3}$ atm L mol^{-1} K^{-1}
$= 0.082058$ atm L mol^{-1} K^{-1}．

答 37 式 (2.5) の左辺は無次元量であり，右辺は面積の次元を持つ量である．等号の左右で次元が一致していないので，これは誤った式である．

答 38 r は半径だから，SI 基本単位で表すと m で表現できる．A 君の記憶している公式では，V は「無次元量 $\times r^2$」だから m^2 という単位で表される．すなわち V が表すものは体積ではなく面積になってしまう．同様に，A 君の記憶している公式では，S は面積でなく体積を表すことになってしまう．

答 39 式 (2.32) から式 (2.33) にいくときに，左辺を

$$2 \times 0\,°C = 0\,°C \tag{2.40}$$

と変形したのが間違いである．ここでは暗黙のうちに

$$2 \times (0\,°C) = (2 \times 0)\,°C = 0\,°C \tag{2.41}$$

という変形をしているが，最初の変形で積の結合法則（式 (1.22)）を使っている．しかし，$0\,°C$ は $0 \times °C$ ではない（積ではない）から，積の結合法則を使ってはならない．

答 40 (1) 式 (2.35) の両辺に (-1) をかけると，$-pH = \log_{10}\{[H^+]/(\text{mol L}^{-1})\}$ となる．対数の定義から，$10^{-pH} = [H^+]/(\text{mol L}^{-1})$ となる．ここから与式を得る．

(2) 式 (2.36) の右辺に $pH = 0$ を代入すると，$[H^+] = 10^0$ mol L^{-1} $= 1$ mol L^{-1}

(3) 式 (2.36) の右辺に $pH = -1$ を代入すると，$[H^+] =$ $10^{-(-1)}$ mol L^{-1} $= 10$ mol L^{-1}

(4) $[H^+] = 0.005$ mol L^{-1} のとき，
$$pH = -\log_{10}\frac{[H^+]}{\text{mol L}^{-1}} = -\log_{10}\frac{0.005 \text{ mol L}^{-1}}{\text{mol L}^{-1}}$$
$$= -\log_{10} 0.005 \fallingdotseq 2.3$$

(5) 式 (2.36) より，
$pH = 5.6$ のとき $[H^+] = 10^{-5.6}$ mol L^{-1}
$pH = 7.0$ のとき $[H^+] = 10^{-7.0}$ mol L^{-1}
である．前者を後者で割ると，$10^{-5.6}/10^{-7} = 10^{1.4} \fallingdotseq 25.1$．すなわち，約 25 倍．

(6) 2 つの塩酸の体積をそれぞれ x L とする．H^+ の物質量は，$pH = 5.0$ の液には，$10^{-5}x$ mol．$pH = 3.0$ の液には，$10^{-3}x$ mol．従って，2 つの塩酸を混ぜ合わせたとき，H^+ の物質量は $(10^{-5} + 10^{-3})x$ mol で，溶液の体積は $2x$ L．従って H^+ の濃度は，
$$\frac{(10^{-5} + 10^{-3})x \text{ mol}}{2x \text{ L}} = \frac{10^{-5} + 10^{-3}}{2} \text{ mol L}^{-1}$$
$$= 5.05 \times 10^{-4} \text{ mol L}^{-1}$$

従って，$pH = -\log_{10}(5.05 \times 10^{-4}) \fallingdotseq 3.3$．

第3章 代数

3.1 大小関係と絶対値

任意の 2 つの実数 a, b について，

$$\begin{cases} a \text{ は } b \text{ より大きい } (a > b) \\ a \text{ は } b \text{ より小さい } (a < b) \\ a \text{ と } b \text{ は等しい } (a = b) \end{cases}$$

のうち，どれか 1 つだけが成り立つ。 (3.1)

これは公理である（後に述べる「虚数」には，このような性質は存在しない）。

「a は b 以上である ($a > b$ または $a = b$ である)」を，高校までは $a \geqq b$ と書いたが，大学では $a \geq b$ と書く。同様に，高校までの $a \leqq b$ は大学では $a \leq b$ と書く。

実数 a が $0 < a$ のとき，a は正であるという。実数 a が $a < 0$ のとき，a は負であるという。

大小関係にはさらに以下の公理がある：すなわち，任意の実数 a, b, c について，

$$a < b \text{ かつ } b < c \text{ ならば } a < c \tag{3.2}$$

$$a < b \text{ ならば } a + c < b + c \tag{3.3}$$

$$0 < a \text{ かつ } 0 < b \text{ ならば } 0 < ab \tag{3.4}$$

これらから，以下の式 (3.5)〜式 (3.13) のような定理が導かれる（煩雑なのでその証明は示さないが，割と簡単なので，興味あれば自力で証明してみよう）。

$$a < b \iff 0 < b - a \tag{3.5}$$

つまり，等式と同様に移項ができる。ここで，$\iff$ は「同値」とか「必要十分」と呼ばれる関係を表す。どちらか片方が成り立てばもう片方も必ず成り立つような関係である（第 12 章参照）。

$$a < b \text{ かつ } 0 < c \text{ なら，} ac < bc \tag{3.6}$$

$$a < b \text{ かつ } c < 0 \text{ なら，} ac > bc \tag{3.7}$$

つまり，正の数を両辺にかけても不等号は変わらないが，負の数を両辺にかけると不等号は逆転する。

$$a \neq 0 \iff 0 < a^2 \tag{3.8}$$

つまり，0 以外の実数は，2 乗すると正になる。

$$0 < 1 \tag{3.9}$$

$$0 < a \iff 0 < 1/a \tag{3.10}$$

つまり，逆数は符号を変えない。

$$0 < ab \iff \begin{array}{l}(0 < a \text{ かつ } 0 < b) \text{ または} \\ (a < 0 \text{ かつ } b < 0) \end{array} \tag{3.11}$$

つまり，積が正なら，2 つの実数の符号は同じ。

$$ab < 0 \iff \begin{array}{l}(0 < a \text{ かつ } b < 0) \text{ または} \\ (a < 0 \text{ かつ } 0 < b) \end{array} \tag{3.12}$$

つまり，積が負なら，2 つの実数の符号は異なる。

$0 \leq a$ かつ $0 \leq b$ のとき，
$$a \leq b \iff a^2 \leq b^2 \tag{3.13}$$

つまり，2 つの実数が 0 以上なら，それぞれ 2 乗しても大小関係は変わらない。

ここでひとつアドバイス。数値は左から小さい順に並べるのが直感的なので，< を使うように心がけ，> はなるべく使わないのがよい。たとえば，$0 > a$ という式は $a < 0$ と書き直すのだ。

任意の実数 a について，その絶対値 $|a|$ を以下のように定義する：

- $0 < a$ のときは $|a| := a$
- $a < 0$ のときは $|a| := -a$

- $|0| := 0$

要するに、「正の数はそのままで、負の数は符号（マイナス記号）を外したもの」である。この定義から、以下の定理が導出される（その証明は省略するが、割と簡単）：a, b を任意の実数として、

$$0 \leq |a| \tag{3.14}$$
$$|-a| = |a| \tag{3.15}$$
$$|ab| = |a||b| \tag{3.16}$$
$$\left|\frac{a}{b}\right| = \frac{|a|}{|b|} \quad （ただし b \neq 0 とする） \tag{3.17}$$

2 つの実数 a, b について、$|a - b|$ を、a と b の距離という。絶対値は「その数と 0 との距離」でもある。いずれ、実数以外のものについても「絶対値」という概念を考えるときが来る。そういうときは、むしろ「絶対値は 0（原点）からの距離」と考えるほうがスムーズである。

3.2 階乗と場合の数

1 以上の整数 n について、1 から n までの自然数を全て掛けたものを、n の階乗と呼び、$n!$ と書き表す（定義）：

$$n! := 1 \times 2 \times 3 \times \cdots \times (n-1) \times n \tag{3.18}$$

たとえば $3!$ は $1 \times 2 \times 3$、つまり 6 である。

$n = 0$ のときは式 (3.18) は使えないので、別途、0 の階乗、つまり $0!$ は 1 とする（定義）。

負の整数の階乗、たとえば $(-3)!$ などは考えない。

よくある質問 20 なぜ $0! = 1$ なのですか？ $0! = 0$ の方が、しっくりくるのですが。… 式 (3.18) より、n が 2 以上のとき $n! = (n-1)! \times n$ が成り立ちますね。これを、$n = 1$ についても成り立つ、と無理やり仮定すると、$1! = (1-1)! \times 1$、つまり $1! = 0! \times 1 = 0!$ となります。$1! = 1$ なので結局 $1 = 0!$ となります。つまり、$0! = 1$ は、間接的に式 (3.18) の拡張になっているのです。

問 41 以下の値を求めよ：
(1) $4!$ (2) $5!$ (3) $0!$
(4) $1!$ (5) $(-5)!$

例 3.1 a, b, c という 3 つの文字を、（繰り返し使うことなく）並べる順番のパターンは何通りあるだろうか？ 全て書き出してみると、以下の 6 通りが見つかる：

abc, acb, bac, bca, cab, cba

では、書き出さないで「6 通り」と知るにはどうすればよいだろう？ 最初の文字は a, b, c の 3 文字のうちどれでもよい。でも次の文字には、最初に使った文字は使えないので、残りの 2 文字しか使えない。最後の文字は、残りの 1 文字しか使えない。従って、$3 \times 2 \times 1 = 3!$ で 6 となるのだ。（例おわり）

例 3.1 のように考えれば、異なる n 個のものを並べる順番は、$n!$ 通りある。

問 42 5 人の子供を 1 列に並べる順番は何通り？

例 3.2 a, b, c, d, e の 5 文字から、重複を許さずに 3 文字を選んで並べる順番は、何通りだろう？最初の文字は 5 文字のどれかである。次は残り 4 文字のどれかであり、最後は残り 3 文字のどれかである。従って、$5 \times 4 \times 3$ で 60 通り。（例おわり）

異なる n 個のものから m 個を選び出して並べる順番のことを順列といい、その数を、${}_n\mathrm{P}_m$ と書く。例 3.2 のように考えれば、${}_n\mathrm{P}_m$ は、以下のように m 個の自然数を掛けたもの：

$$_n\mathrm{P}_m = n \times (n-1) \times \cdots \times (n-m+1) \tag{3.19}$$

となる。この右辺は、

$$\frac{n \cdot (n-1) \cdots (n-m+1) \cdot (n-m) \cdots 2 \cdot 1}{(n-m) \cdots 2 \cdot 1}$$

つまり $n!/(n-m)!$ に等しいから、次式が成り立つ：

$$_n\mathrm{P}_m = \frac{n!}{(n-m)!} \tag{3.20}$$

問 43 n を任意の自然数とする。${}_n\mathrm{P}_n = n!$ であることを示せ。

問 44 8 人の学生からなるサークルで、会長・

副会長・会計係をそれぞれ 1 人ずつ選出する。複数の役職の兼務はできない。全部で何通りの選出の仕方があるか？

例 3.3 今度は，a, b, c という 3 つの文字を，繰り返し使うことも許して，2 つ並べる順番を考えよう。たとえば，aa, cb などである。これらは何通りあるだろうか？ 実際に，全て書き出してみよう。このとき，辞書に英単語が並ぶような順序で書き出すと，漏れや重複を起こさずに正確にできる。つまり，

　　aa ab ac
　　ba bb bc
　　ca cb cc

となる（9 通り）。では，このように書き出さないで「9 通り」という答を得るにはどうすればよいだろうか？最初の文字は a, b, c のうちどれでもよい（3 文字）。次の文字も，a, b, c のうちどれでもよい（3 文字）。従って，$3 \times 3 = 3^2$ で 9 となるわけだ。（例おわり）

同様に考えれば，異なる n 種類の記号を，繰り返し OK で m 個並べる順番のパターンは，n^m 通り存在する。

問 45 0 と 1 という 2 つの数字を，繰り返し使うことも許して，8 つ並べる順番のパターンは，何通り？

さて，異なる n 個のものから m 個を選び出す場合（選び出すだけで，並べたりはしない）の数を，$_n\mathrm{C}_m$ と書こう。$_n\mathrm{C}_m$ はどんな式になるだろうか？まず，$_n\mathrm{P}_m$ は，n 個から m 個を選び出して（そのパターンは $_n\mathrm{C}_m$ 通り），次にその m 個を順に並べる（そのパターンは $_m\mathrm{P}_m = m!$ 通り），と考えることもできるから，

$$_n\mathrm{P}_m = {}_n\mathrm{C}_m \times m! \tag{3.21}$$

となる。従って，

$$_n\mathrm{C}_m = \frac{_n\mathrm{P}_m}{m!} \tag{3.22}$$

であることがわかる。ここで式 (3.20) を使うと，

$$_n\mathrm{C}_m = \frac{n!}{m!(n-m)!} \tag{3.23}$$

となる。式 (3.23) は，$m = 0$ についても考えることができる。式 (3.23) を改めて $_n\mathrm{C}_m$ の定義とし，これを<u>二項係数</u>と呼ぶ。

例 3.4 10 種類の花から 3 種類を選んで花束を作る場合，選び出す場合の数は，以下のようになる：

$$_{10}\mathrm{C}_3 = \frac{10!}{3!(10-3)!} = \frac{10 \times 9 \times 8}{3 \times 2 \times 1} = 120$$

問 46 以下の値を述べよ（n は 3 以上の整数とする）：

(1) $_4\mathrm{C}_1$　　(2) $_5\mathrm{C}_2$　　(3) $_5\mathrm{C}_3$
(4) $_n\mathrm{C}_3$　　(5) $_n\mathrm{C}_0$　　(6) $_n\mathrm{C}_n$

問 47 n, m は自然数で，$n > m$ とする。次式を証明せよ：

$$_n\mathrm{C}_m = {}_n\mathrm{C}_{n-m} \tag{3.24}$$

問 48 40 人の生徒がいる学級から，3 人の代表者（その 3 人は同じ地位）を選び出す場合の数を求めよ。

3.3　多項式

数（定数）や文字（変数）の積で表された式を<u>単項式</u>という。たとえば，$3x$ や $2xy$ や abc^2 はいずれも単項式である。

有限個の単項式を，和または差だけで組み合わせることでできる式を<u>多項式</u>（polynomial）という（単項式は多項式の一種である）。たとえば，$1 + 3x + x^2$ や，$x + y + 2xy$ は，いずれも多項式である。一方，$\frac{1}{1+x}$ や，$\sqrt{1+x+x^2}$ は，多項式ではない。これらはどんなに変形しても有限個の単項式の和や差だけでは表せない（商や平方根が必要だ）からである。

多項式の中の個々の単項式を<u>項</u>（term）と呼ぶ。多項式の中で，文字（変数）の掛け算が最も多い項について，その掛け算の回数をその多項式の<u>次数</u>という。次数 n の多項式を，n 次多項式（もしくは n 次式）という。たとえば，$x^3 + 4x^2 - 2x - 1$ について，x の掛け算が最も多い項は x^3 であり，その回数は 3 だから，この多項式の次数は 3 で，この多項式は 3 次式である。

文字（変数）が複数出てくるときは注意が必要である。たとえば，
$$x^3y + x^2y + 1 \tag{3.25}$$
は x と y という2つの文字（変数）が出てくるが，これらの両方を同時に着目すれば，x と y の掛け算が最も多い項は x^3y であり，その回数は4だから，この多項式は4次式である。

しかし，どれか特定の文字に着目してそれだけを変数とみなし，それ以外の文字を定数とみなして次数を考えることもある。たとえば式 (3.25) は，x だけに着目するならば3次式，y だけに着目するならば1次式である。

どの文字（だけ）に着目するかは，問題の切り口や考え方によってケースバイケースである。

例 3.5 $ax^2 + bx + c$ について，x を変数として a, b, c を定数とみなせば，これは x に関する2次式である。（例おわり）

多項式どうしの足し算，引き算，掛け算は，いずれも多項式になる。しかし，多項式を多項式で割って多項式にならないことがある。たとえば $x+1$ を x^2+3 で割ったら $(x+1)/(x^2+3)$ となるが，これは多項式ではない。

3.4 二項定理

n を任意の自然数とする。多項式 $(a+b)^n$ を展開することを考えよう。たとえば，
$$(a+b)^2 = a^2 + 2ab + b^2$$
$$(a+b)^3 = a^3 + 3a^2b + 3ab^2 + b^3$$
$$(a+b)^4 = a^4 + 4a^3b + 6a^2b^2 + 4ab^3 + b^4$$

となる。このようなとき，各項の係数はどういう規則で決まるのだろう？ $(a+b)^n$ を展開すると，n 個の $(a+b)$ のそれぞれから，a と b のどちらかを選び出し，それらを掛けあわせてひとつの項ができる。従って，どの項も a または b を合計 n 回掛けたものになっている。従って，展開後の各項は，係数 $\times a^m b^{n-m}$ の形をしている（m は0以上 n 以下の整数）。$a^m b^{n-m}$ の項は，n 個の $(a+b)$ から m 個の a と $n-m$ 個の b を選び出した積であり，その選び方の数は，a の選び方の数，すなわち ${}_nC_m$ 通り存在する（a を選んだ時点で b は自動的に決まるから，a の選び方だけを考えればよい）。つまり，$a^m b^{n-m}$ の項の係数は ${}_nC_m$ である。要するに，

$$\begin{aligned}(a+b)^n &= {}_nC_n\, a^n \\ &+ {}_nC_{n-1}\, a^{n-1}b \\ &+ {}_nC_{n-2}\, a^{n-2}b^2 + \cdots \\ &+ {}_nC_m\, a^m b^{n-m} + \cdots \\ &+ {}_nC_1\, ab^{n-1} \\ &+ {}_nC_0\, b^n \end{aligned} \tag{3.26}$$

となる。これを<u>二項定理</u>という。これは，p. 30 式 (3.24) を使って，以下のように書くこともできる：

$$\begin{aligned}(a+b)^n &= {}_nC_0\, a^n \\ &+ {}_nC_1\, a^{n-1}b \\ &+ {}_nC_2\, a^{n-2}b^2 + \cdots \\ &+ {}_nC_m\, a^{n-m}b^m + \cdots \\ &+ {}_nC_{n-1}\, ab^{n-1} \\ &+ {}_nC_n\, b^n \end{aligned} \tag{3.27}$$

問 49 以下を求めよ：
(1) $(x+1)^7$ を展開したときの，x^3 の係数。
(2) $(2x-3)^6$ を展開したときの，x^3 の係数。

3.5 平方完成

x に関する2次式 $ax^2 + bx + c$（ただし $a \neq 0$ とする）を，適当な定数 b', c' を用いて

$$a(x+b')^2 + c' \tag{3.28}$$

の形に変形することを，<u>平方完成</u>という。たとえば，$x^2 + 2x + 3$ を平方完成すると，$(x+1)^2 + 2$ となる（展開してみたらもとに戻ることがわかるだろう）。

平方完成は，2次式を扱う上で，基本的かつ強力なテクニックだ。後述するように，2次方程式の解の公式を導くときも使うし，もっと先の数学（たとえば，統計学や機械学習などで使う「2次形式」という理論）でも使う。

では平方完成のやり方を説明しよう。2次式

$ax^2 + bx + c$ について，まず x^2 の係数 a で x^2 の項と x の項をくくる：

$$ax^2 + bx + c = a\left(x^2 + \frac{b}{a}x\right) + c \tag{3.29}$$

そして () の中の，x の係数を取り出して半分にし，とりあえず x とその数の和の 2 乗を考える：

$$\left(x + \frac{b}{2a}\right)^2 = x^2 + \frac{b}{a}x + \left(\frac{b}{2a}\right)^2 \tag{3.30}$$

これを変形すると，次のようになる：

$$x^2 + \frac{b}{a}x = \left(x + \frac{b}{2a}\right)^2 - \left(\frac{b}{2a}\right)^2 \tag{3.31}$$

これを使えば，式 (3.29) は次のようになる：

$$ax^2 + bx + c = a\left(x + \frac{b}{2a}\right)^2 - a\left(\frac{b}{2a}\right)^2 + c \tag{3.32}$$

これで平方完成できた。実際，

$$b' = \frac{b}{2a}, \quad c' = -a\left(\frac{b}{2a}\right)^2 + c$$

とみなせば，式 (3.32) は式 (3.28) の形になっている。

問 50 以下の 2 次式を平方完成せよ：
(1) $x^2 + 4x + 5$ (2) $x^2 + x + 1$
(3) $x^2 - 2x - 1$ (4) $2x^2 + 4x + 3$

3.6 代数方程式と複素数

多項式だけで構成される等式を<u>代数方程式</u>という。たとえば，

$$x^2 - x - 2 = 0 \tag{3.33}$$
$$x^2 + y^2 = 1 \tag{3.34}$$

は代数方程式である。

代数方程式が成りたつような文字（変数）の値を，代数方程式の<u>解</u>または<u>根</u>と呼ぶ。式 (3.33) の解（根）は，$x = -1, 2$ である。

n を自然数とする。次数 n の多項式からなる代数方程式を「n 次方程式」という。式 (3.33) は 2 次方程式である。

一般に，変数が 1 つの代数方程式は，多項式を因数分解し，各因数を 0 とすることによって解く（解を求める）ことができる。たとえば式 (3.33) は，

$$x^2 - x - 2 = (x+1)(x-2) = 0 \tag{3.35}$$

と因数分解できるため，$x + 1 = 0$ または $x - 2 = 0$，つまり $x = -1, 2$ が解になる（ここで p.5 の式 (1.31) を使ったことに気づいただろうか？）

因数分解の結果，同じ因数が複数回，現れることもある。たとえば，

$$x^2 - 2x + 1 = 0 \tag{3.36}$$

という代数方程式は，$(x-1)^2 = 0$ と因数分解できるので，$x = 1$ だけが解（根）である。

このように，同じ因数（この場合は $x - 1$）が複数回，掛け合わさったとき，その因数から得られる解（根）を，<u>重解</u>とか<u>重根</u>と呼ぶ。

問 51 次の方程式を因数分解で解け。
(1) $x^2 - x - 6 = 0$ (2) $x^2 - 3x + 2 = 0$
(3) $x^4 - 5x^2 + 4 = 0$

変数が 1 つだけの 2 次方程式なら，因数分解しなくても公式を使って解ける。それを考えよう：

問 52 x に関する 2 次方程式

$$ax^2 + bx + c = 0 \tag{3.37}$$

の解の公式を導こう。ただし a, b, c は実数とし，$a \neq 0$ とする。

(1) 与式の両辺を a で割ってから平方完成し，次式を導け：

$$\left(x + \frac{b}{2a}\right)^2 = \frac{b^2 - 4ac}{4a^2} \tag{3.38}$$

(2) これを変形し，次式を導け：

$$x + \frac{b}{2a} = \pm\frac{\sqrt{b^2 - 4ac}}{2a} \tag{3.39}$$

(3) これを変形し，次式（2 次方程式の解の公式）を導け：

$$x = \frac{-b \pm \sqrt{b^2 - 4ac}}{2a} \tag{3.40}$$

この公式 (3.40) は，1 変数の 2 次方程式ならどんなものも解いてくれる。

さて，解の公式 (3.40) の中の，平方根記号 $\sqrt{}$ の

内側を D と書いて，2次方程式の判別式と呼ぶ。すなわち，

$$D := b^2 - 4ac \tag{3.41}$$

である。係数 a, b, c が全て実数のとき，判別式 D の正負によって，2次方程式の解の様子は大きく異なることを説明しよう。D を使って式 (3.40) を書き換えると，

$$x = \frac{-b \pm \sqrt{D}}{2a} \tag{3.42}$$

となる。もし $D=0$ なら，

$$x = \frac{-b}{2a} \tag{3.43}$$

となる。つまり式 (3.37) の解は 1 つだけ（それは重解である。理由は考えてみよう）。また，もし $D \neq 0$ なら，

$$x = \frac{-b + \sqrt{D}}{2a} \quad \text{または} \quad x = \frac{-b - \sqrt{D}}{2a} \tag{3.44}$$

となり，解は 2 つ出てくる。このとき，もし $D>0$ なら式 (3.44) は両方とも実数で OK だが，問題は $D<0$ のときである。$D<0$ なら $\sqrt{D}$ は実数でなくなってしまうのだ！ なぜなら，$\sqrt{D}$ は「2 乗したら D になるような数（のうちの 0 以上の数）」だが，そもそも実数は 2 乗してマイナスになるようなことはない。

この窮地を救うアクロバットは，「2 乗するとマイナスの実数になるような数を無理やり考える」という作戦である。まず，2 乗したら -1 になるような数を考える。それを虚数単位と呼び，i と表記する。つまり，

$$i^2 = -1 \tag{3.45}$$

である。あるいは，$i = \sqrt{-1}$ である。

虚数単位の実数倍（0 以外）を，純虚数と呼ぶ。たとえば $2i$ とか $-\sqrt{3}i$ は純虚数だ。純虚数は 2 乗したらマイナスの実数になる。たとえば $(2i)^2 = 2^2 \times i^2 = -4$，$(-\sqrt{3}i)^2 = (-\sqrt{3})^2 \times i^2 = -3$ である。そして，実数と純虚数の和で表される数を虚数と呼ぶのだ。たとえば，$1+2i$ とか $\sqrt{3} - \sqrt{2}i$ は虚数である。

$D<0$ のとき，$\sqrt{D}$ は純虚数になり，そのとき式 (3.44) は，両方とも虚数になるのだ。

例 3.6 方程式

$$x^2 + 3x + 5 = 0 \tag{3.46}$$

について，$D = 3^2 - 4 \times 1 \times 5 = -11 < 0$ である。従ってこの方程式は 2 つの虚数の解を持つはず。実際，式 (3.40) を使えば，

$$x = \frac{-3 \pm \sqrt{11}\,i}{2} \tag{3.47}$$

となる（$\sqrt{-1}=i$ を使った）。（例おわり）

よくある質問 21 これ，高校でやったけど，何の役に立つのでしょう？… 光で食品検査をするときに，どの波長の光がどのくらい吸収されるかは，この $\sqrt{D}$ の部分で決まったりします。地震のときの建物の揺れ具合とかもそうです。高校化学で「共有結合」を習ったでしょうけど，共有結合には「結合性軌道」と「反結合性軌道」というのがあって（大学の化学で習います），$\pm\sqrt{D}$ は，そのエネルギーを表したりもします。

2 つの実数 a, b と虚数単位 i を用いて，$a+bi$ と書ける数を複素数という。

よくある質問 22 複素数と虚数はどう違うのですか？… 虚数は複素数の一種です。$a+bi$ で，特に $b \neq 0$ のときのことを虚数というのです。$b=0$ のときは a つまり実数になってしまいますから，実数も複素数の一種です。要するに，複素数は，実数と虚数をひっくるめた数です。

ところで，ガウスという偉い数学者は，**次数が n の 1 変数代数方程式は（n は自然数とする），重解を含めて，複素数の範囲で n 個の解を持つ**ことを証明した。これを代数学の基本定理という。本書のレベルでは証明は無理なので，「そういうものか」とだけ思っておこう。

問 53 次の方程式を複素数の範囲で解け。
(1) $x^2 + x + 2 = 0$ (2) $x^2 + 3x + 1 = 0$

3.7 恒等式

前節で見たように，多くの方程式は，変数がある特定の値（解）のときにだけ成り立つ。ところ

が，いつでも成り立つ方程式もある。そういうものを恒等式という。たとえば $x^2 = 1$ は，$x = 1$ か $x = -1$ のときだけで成り立つので恒等式ではないが，$x^2 - 1 = (x - 1)(x + 1)$ は，x がどんな値でも必ず成り立つので恒等式である。

ある式が恒等式になることを，「その式は恒等的に成り立つ」と言うこともある。恒等式については，等号を "=" のかわりに "≡" で表記することもある。「恒等的」を「恒常的」と誤記する人がいるので注意しよう。

3.8 数列

数をならべたものを数列とか級数という。たとえば，

$$(a_n) = (1, 3, 5, 7, 9, \cdots) \tag{3.48}$$
$$(b_n) = (2, 4, 8, 16, \cdots) \tag{3.49}$$

などである。(a_n) は，奇数を小さい順に並べてできた数列である。(b_n) は，2から始めて，次々に前の数を2倍していくことで得られる数列である。

数列を表すときは，このように "( )" を使う[*1]。

ここで，a_n や b_n は，それぞれの数列における n 番めの数である（それを第 n 項と呼ぶ）。たとえば，$a_1 = 1$, $a_2 = 3$, $a_3 = 5$, $b_1 = 2$, $b_2 = 4$ などである。

a_1 や b_n などの，右下に書かれる数は，その数が何番目かを表す背番号みたいなものであり，数列の添字と呼ぶ。添字は「そえじ」と読む。何も断らなければ添字は1から始まると考えてよいが，問題設定によっては添字は0や負の整数などから始まることもある。

数列の最初の項を初項と呼ぶ。式 (3.48) の数列の初項は $a_1 = 1$, 式 (3.49) の数列の初項は $b_1 = 2$ である。

式 (3.48) の第 n 項は，

$$a_n = 2n - 1 \tag{3.50}$$

という式で表現できる。試しに，この式の n に 2 や 3 などを代入してみよう。ちゃんと $a_2 = 3$, $a_3 = 5$

[*1] 高校数学では "{ }" を使うが，これは「集合」を表す記号でもあり，まぎらわしい。

になる。このように数列の第 n 項を添字 n の式で表したものを，数列の一般項という。このように一般項を簡単な式で表すことができる数列もあるが，そうでない数列もある。

例 3.7 サイコロを何回もふって，たまたま出た目を順に並べた数列は，たとえば

$$(6, 3, 3, 4, 2, 5, 6, 2, 3, 1, \cdots) \tag{3.51}$$

のようになるが，一般項を添字に関する式で表現することはできない。（例おわり）

しかし，数学では，一般項を何らかの式で表現できる数列をよく扱う。その中でも代表的なのが，以下に述べる等差数列と等比数列である。

3.9 等差数列と等比数列

等差数列は，等しい間隔（公差という）で値がだんだん変わっていく数列である。すなわち，ある数列 (a_n) が，全ての n について

$$a_{n+1} = a_n + d \quad (d \text{ は定数}) \tag{3.52}$$

を満たすとき，この数列を公差 d の等差数列という（定義）。たとえば，式 (3.48) は，公差 2 の等差数列だ。公差 d の等差数列 a_n の一般項は，

$$a_n = a_1 + (n - 1)d \tag{3.53}$$
$$a_n = a_0 + nd \tag{3.54}$$

などとなる。式 (3.53) は初項が a_1 の場合であり，式 (3.54) は初項が a_0 の場合である。実際，$a_1 = a_0 + d$ を使って式 (3.53) の a_1 を消去すれば式 (3.54) になる。

よくある質問 23 初項が a_0 なんて聞いたことありません。… 先述したように数列の「番号」は，何番から始めてもよいのです。0番から始まると約束すれば，添字は0から始まるのです。高校数学では添字は必ず1から始まるようですが，そうでなければならないものではありません。

等比数列は，等しい倍率（公比という）で値がだんだん変わっていく数列である。すなわち，ある数

列 a_n が,全ての n について

$$a_{n+1} = r a_n \quad (r \text{ は定数}) \tag{3.55}$$

を満たすとき,この数列を公比 r の等比数列という(定義)。たとえば,式 (3.49) は,公比 2 の等比数列だ。

公比 r の等比数列 a_n の一般項は,

初項が a_1 の場合: $a_n = a_1 \times r^{n-1}$ (3.56)

初項が a_0 の場合: $a_n = a_0 \times r^n$ (3.57)

などとなる。なぜか? 理由は簡単なので考えてみよう。

問 54 以下の数列の一般項を表す式を述べよ。ただし,添字は 1 からはじまるとする。
(1) 初項 1, 公差 2 の等差数列
(2) 初項 10, 公差 -1 の等差数列
(3) 初項 3, 公比 3 の等比数列
(4) 初項 1, 公比 1/2 の等比数列

式 (3.52) や式 (3.55) のように,数列の,隣接するいくつかの項の間に成り立つ関係式のことを,その数列の漸化式という。

3.10 単調増加・単調減少・収束・発散

数列をつくる数が,項順に次第に大きくなる場合,その数列は単調増加する,という。たとえば,

$$(1, 2, 3, 4, 5, \cdots) \tag{3.58}$$

は,単調増加する数列である。

もう少し丁寧に言おう。数列 (a_n) が単調増加する,とは,いかなる n についても,

$$a_n < a_{n+1} \tag{3.59}$$

が成り立つ,ということである。

一方,数列をつくる数が,項順に次第に小さくなる場合,その数列は単調減少する,という。たとえば,

$$(2, 1, 0, -1, -2, -3, -4, \cdots) \tag{3.60}$$

は単調減少する数列である。

もう少し丁寧に言おう。数列 (a_n) が単調減少する,とは,いかなる n についても,

$$a_n > a_{n+1} \tag{3.61}$$

が成り立つ,ということである[*2]。

例 3.8 $(1, 2, 1, 2, 1, 2, \cdots)$ は単調増加も単調減少もしない数列である。

問 55 以下の実数列は,単調増加するか,単調減少するか,それともどちらでもないか,述べよ。証明は不要。
(1) 公差が正である等差数列。
(2) 公差が負である等差数列。
(3) 初項が正で公比が 1 より大きい等比数列。
(4) 初項が負で公比が 1 より大きい等比数列。
(5) 初項が正で公比が負である等比数列。
(6) $(a_n = 1/n)$ ただし n は 1 以上の整数。

さて,無限個の数からなる数列について,項数が進むにつれて,値がどのようになっていくのか,ということを考えてみよう。

例 3.9 一般項が $1 - (0.1)^n$ と書ける数列:

$$(0.9, 0.99, 0.999, 0.9999, \cdots) \tag{3.62}$$

は,単調増加するが,項数が進むにつれて増加は次第にゆっくりになり,限りなく 1 に近づいて行く。(例おわり)

この例のように,ある数列が,項数が進むにつれて有限な一定値 a に限りなく近づく場合,その数列は a に収束するという。収束しないことを発散するという。

例 3.10 $(1, 2, 3, 4, \cdots)$ という等差数列は,単調増加する数列であり,項数が進むにつれて,値は果てしなく大きくなっていく(無限大)。従ってこの数列は収束しない,すなわち発散する数列である。

問 56 以下の実数列は,収束するか,発散する

[*2] 式 (3.59) や式 (3.61) において,それらの不等号,つまり $<$ や $>$ に等号も入っている場合,つまり $\leq$ や $\geq$ の場合を,それぞれ「広義単調増加」「広義単調減少」と言う。

か？収束するならどういう値に収束するか？証明は不要。
(1) 公差が正である等差数列。
(2) 公差が負である等差数列。
(3) 初項が正で公比が 1 より大きい等比数列。
(4) 初項が負で公比が 1 より大きい等比数列。
(5) 公比が 0 より大きく 1 より小さい等比数列。
(6) $a_n = 1/n$, ただし初項は a_1。

3.11 数列の和

数学では，数列を構成する数を，順番に足していくことがよくある。それを「数列の和」という。

例 3.11 数列 $(a_n) = (1, 3, 5, 7, 9, 11, \cdots)$ について，3 から 9 までの和は，
$$3 + 5 + 7 + 9 = 24 \tag{3.63}$$
となる。(例おわり)

数列の和を表すのに便利な記号がある。すなわち，数列 $(a_1, a_2, a_3, \cdots)$ について，第 p 項から第 q 項までの和 $a_p + a_{p+1} + \cdots + a_q$ のことを (ただし p, q は整数で，$p \leq q$ とする)，
$$\sum_{n=p}^{q} a_n \tag{3.64}$$
と書く (定義)。たとえば，式 (3.63) は $a_2 + a_3 + a_4 + a_5$ であり，それは
$$\sum_{n=2}^{5} a_n \tag{3.65}$$
と書いてもよい。
Σ は順に数列の数を足していくことを意味する。Σ はギリシア文字の「シグマ」の大文字であり，英語の S に相当する。S は「足す」を意味する英語の "sum" の頭文字である。

式 (3.65) では，Σ の下と上にそれぞれ $n = 2$ と 5 と書いてあるが，これは，n という添字が 2 から順に 5 までひとつずつ大きくなっていくということを表している。その各ステップで得られる値 a_n をすべて足すのだ。

よくある質問 24 Σ ってなんか難しそうで苦手です。… 大丈夫，ただの記号，ただの約束ですよ。

a_n のかわりに，n に関する具体的な数式を与えることもある。たとえば，式 (3.63) では n 番目の項 (一般項) は $2n - 1$ と表すことができるから，式 (3.63)，すなわち式 (3.65) は
$$\sum_{n=2}^{5} (2n - 1) \tag{3.66}$$
と書くこともできる。

ここで注意。n という変数名は最終的な結果 (24) には現れないから，n を他の記号，たとえば s で書き換えて，式 (3.66) を
$$\sum_{s=2}^{5} (2s - 1) \tag{3.67}$$
と書いてもかまわない。ただし，
$$\sum_{s=2}^{5} (2n - 1) \tag{3.68}$$
と書いてはダメ。なぜなら，この式では和に関する添字 (s) と，数列の一般項を表すための変数 (一般項を a_n のように表すときの添字) である n が一致していないから，$s = 2, s = 3, s = 4, s = 5$ のそれぞれのときに $2n - 1$ の値が定まらない。強いて言えば，式 (3.68) は $2n - 1$ という式を (n の値を変えずに) 4 回足したものであり，それは $8n - 4$ である。

さて，a を定数とすると，
$$\sum_{n=1}^{m} a = a + a + \cdots + a \quad (a \text{ の } m \text{ 回の和})$$
従って，次式が成り立つ (アタリマエだ！)：
$$\sum_{n=1}^{m} a = ma \tag{3.69}$$

問 57 次の式の値を求めよ。
(1) $\displaystyle\sum_{k=1}^{4} 2$ (2) $\displaystyle\sum_{k=1}^{3} k^2$ (3) $\displaystyle\sum_{p=0}^{3} (2^p + 1)$

問 58 二項定理，すなわち p.31 式 (3.26) は次

式のように書ける：

$$(a+b)^n = \sum_{k=0}^{n} {}_n\mathrm{C}_{n-k} a^{n-k} b^k \qquad (3.70)$$

これを参考にして，p.31 式 (3.27) を，$\sum$ を使って書け。

ところで，$\sum$ には次のような大事な性質がある。任意の数列 $(a_k), (b_k)$ と，任意の実数 (定数) α について，次の 2 つの式が成り立つ（定理）：

$$\sum_{k=1}^{n}(a_k + b_k) = \sum_{k=1}^{n} a_k + \sum_{k=1}^{n} b_k \qquad (3.71)$$

$$\sum_{k=1}^{n} \alpha a_k = \alpha \sum_{k=1}^{n} a_k \qquad (3.72)$$

式 (3.71) は，

$$(a_1 + b_1) + (a_2 + b_2) + \cdots + (a_n + b_n)$$
$$= (a_1 + a_2 + \cdots + a_n) + (b_1 + b_2 + \cdots + b_n)$$

から明らかだ。式 (3.72) は，

$$\alpha a_1 + \alpha a_2 + \cdots + \alpha a_n = \alpha(a_1 + a_2 + \cdots + a_n)$$

から明らかだ。

要するに，$\sum$ の中の足し算は $\sum$ どうしの足し算にバラせるし，$\sum$ の中の定数倍は $\sum$ の外に出せるのだ。これは後に学ぶ「微分」や「積分」という概念にも存在する，**線型性**という重要な性質である。覚えなくてもよいが，頭の片隅にでも入れておこう。

3.12 数学的帰納法

さて，最も簡単な等差数列 $(1, 2, 3, \cdots)$ の和は，次式で与えられることがわかっている（定理）：

$$\sum_{k=1}^{n} k = \frac{n(n+1)}{2} \qquad (n \text{ は任意の自然数})$$
$$(3.73)$$

これはどう証明すればよいだろう？ たとえば，$n=1$ のときは左辺 $=1$，右辺 $=1 \times 2/2 = 1$ で成り立つ。$n=2$ のときは左辺 $=1+2=3$，右辺 $=2 \times 3/2 = 3$ で成り立つ。$n=3$ のときは左辺 $=1+2+3=6$，右辺 $=3 \times 4/2 = 6$ で成り立つ。…このように，具体的な n の値について計算す

ればその n については成り立つことがわかる。でもそれは際限ない作業だ。たとえ $n=100$ まで確かめても，$n=101$ や $n=10000$ 等については定かではない。そのような任意の n にも成り立つことを証明するのに使える論法が，「**数学的帰納法**」だ。それを使うと，式 (3.73) は以下のように証明できる：

まず，$n=1$ のとき，式 (3.73) は，

$$\text{左辺} = 1, \ \text{右辺} = 1 \qquad (3.74)$$

であり，確かに左辺 $=$ 右辺が成り立つ。次に，ある自然数 N について，$n=N$ のとき式 (3.73) が成り立っていると**仮定**しよう。つまり，

$$\sum_{k=1}^{N} k = \frac{N(N+1)}{2} \qquad (3.75)$$

であると**仮定**する。すると，$n=N+1$ のとき，式 (3.73) の左辺は，

$$\sum_{k=1}^{N+1} k = \sum_{k=1}^{N} k + (N+1) \qquad (3.76)$$

$$= \frac{N(N+1)}{2} + N + 1 \qquad (3.77)$$

$$= \frac{N^2 + N + 2N + 2}{2} = \frac{N^2 + 3N + 2}{2}$$

$$= \frac{(N+1)(N+2)}{2} = \frac{(N+1)\{(N+1)+1\}}{2}$$

となる。これは式 (3.73) の右辺で $n=N+1$ としたものに等しい。従って，$n=N+1$ としたときも式 (3.73) は成り立つ。

つまり，「ある数で成り立てばその次の数でも成り立つ」ということがわかった。このことを使えば，先に式 (3.74) において $n=1$ で成り立つことを確認したから $n=1+1=2$ でも式 (3.73) が成り立ち，従って $n=2+1=3$ でも式 (3.73) が成り立ち，従って $n=3+1=4$ でも式 (3.73) が成り立ち，… というように，芋づる式に，全ての自然数 n について式 (3.73) が自動的に成り立つことになる。■

このような論法が数学的帰納法である。実際に数学的帰納法を使って何かを証明するときは，上で書いた「つまり…自動的に成り立つことになる。」という記述は省略してよい。まとめると，自然数 n に関するある式が成り立つことを数学的帰納法で証明するには，

(1) $n = 1$ のときにその式が成り立つことを証明する。
(2) ある自然数 N について，$n = N$ のときにその式が成り立つことを**仮定**する。
(3) すると $n = N + 1$ のときにも成り立つ，ということを証明する。

という手順をとればよい（これら3つは全て必要。どれ1つも欠けてはダメ）。

よくある間違い 5 上の (2) のステップで，「$n = N$ が成り立つと仮定する」と書いてしまう… それは意味不明です。$n = N$ **のときにその式が**成り立つと仮定する，でしょ！

よくある間違い 6 上の (2) のステップで，「$n = k$ のときにその式が成り立つと仮定する」と書いてしまう… そうすると，式 (3.75) の左辺が，

$$\sum_{k=1}^{k} k \tag{3.78}$$

となってしまい，添字の k と，和の終着点の k がかぶってしまって，何のことかわからなくなってしまいます。わざわざ N という，n でも k でもない記号を使うのは，そういうのを避けるためなのです。

ところが，数学的帰納法をよく理解していない人は，以下のような奇妙な論法を使う。すなわち，式 (3.73) を証明するにあたって，
「…(前略)…

$$\sum_{k=1}^{N} k = \frac{N(N+1)}{2}$$

であると仮定する。この N に $N+1$ を入れて，

$$\sum_{k=1}^{N+1} k = \frac{(N+1)(N+1+1)}{2} = \frac{(N+1)(N+2)}{2}$$

となる。…(後略)…」
という答案を作ってしまうのだ。要するに，この問題で，式 (3.75) の仮定の N を単純に $N+1$ に置き換えて「証明」にしてしまうのだ。

もしもこのような論法が許されるなら，以下のような変な話が成り立ってしまう。

例 3.12 任意の自然数 n について，次式が成り立つ(!?)ことを証明(!?)してみよう：

$$\sum_{k=1}^{n} k = n^2 \tag{3.79}$$

（これは本当は成立しない。誤った議論の例として考える。）

まず $n = 1$ のとき，式 (3.79) は左辺も右辺も 1 なので成立。次に，$n = N$ のとき式 (3.79) が成り立つと仮定する（仮定するのは自由だ！）。すなわち，

$$\sum_{k=1}^{N} k = N^2 \tag{3.80}$$

である。この N に $N + 1$ を入れて，

$$\sum_{k=1}^{N+1} k = (N+1)^2 \tag{3.81}$$

となる。従って，式 (3.79) は $n = N + 1$ のときも成立。従って式 (3.79) は任意の自然数で成り立つ…と言いたいところだが，$n = 2$ のときは，式 (3.79) の左辺は $1 + 2 = 3$，右辺は $2^2 = 4$ であり，左辺と右辺は一致しないじゃないか！！

問 59 例 3.12 はどこでどのように間違えたか？

よくある質問 25 証明が苦手です。何をどう書けばいいのかわかりません。… 堅苦しく考えないで，「証明はコミュニケーションだ」とまず考えましょう。読者を想像して，君の考えをわからせるにはどうすればよいか考えるのです。そうすると，君の考えを，いくつかのブロックに分け，あるブロックを根拠として次のブロック，というふうに繋げればよい，ということがわかるし，要所要所で仮定や定理，公理が根拠として必要だとわかるでしょう。

これは，数学に限らず，理系のどんな学問のコミュニケーションでも必要なスキルです。それを鍛えるのに最も適しているのが数学。だから，数学を学ぶのは，コミュニケーションのスキルを学ぶためでもあるのです。

問 60 n を1以上の整数，r を1以外の任意の実数として，以下の式を数学的帰納法で証明せよ。

(1) $$\sum_{k=0}^{n} r^k = \frac{1 - r^{n+1}}{1 - r} \tag{3.82}$$

(2) $\sum_{k=1}^{n} k^2 = \dfrac{n(n+1)(2n+1)}{6}$ (3.83)

注：式 (3.82) は等比数列の和の公式の一部である。これは $|r| < 1$ のとき $n \to \infty$ で $1/(1-r)$ に収束する。

よくある間違い 7　問 60 の証明で，いきなり冒頭に式 (3.82) や式 (3.83) を書いてしまう… まだ証明が済んでいないことを，それと断らずに証明の中や冒頭に書いてはいけません。もし書くならば，「…を示す」というふうに書き，それが未証明であることを明らかにする必要があります。

よくある質問 26　どんな式でも数学的帰納法で証明できるのですか？… そんなことはありません。たとえば 2 次方程式の解の公式（式 (3.40)）は数学的帰納法では証明できません。

問 61 以下の値を求めよ。ヒント：問 60。

(1) $\sum_{k=0}^{10} 2^k$　　(2) $\sum_{k=1}^{10} k^2$

3.13　表計算ソフト

数学的な問題は，実用上は計算機（コンピュータ）で解くことが多い。計算機を使うと，複雑な問題もシンプルに解けるだけでなく，様々な条件を自在に変えて試行錯誤できるからである。

本書は，高校数学から大学数学の入り口までをさくっと学ぶことを目指すが，その切り札が計算機である。高校数学では，紙と鉛筆で様々な数学テクニックを学ぶのだが，本書はそれらを計算機で代替させ，省略するのだ。

そこで便利なのが表計算ソフトである[*3]。有名なのはマイクロソフト社の "Excel" とオープンソース[*4]の "LibreOffice-calc" であるが，以下述べる使い方はいずれのソフトでもほぼ同じだろう。

よくある質問 27　スマホでできませんか？… スマホでも表計算ソフトはあるけど，パソコンの方が使いやすいですよ。

では，表計算ソフトを使ってみよう。パソコンの前に座って表計算ソフトを起動したら，スプレッドシート（枡目状の画面）が現れる。個々の升目をセルという。セルの縦の並びを列と呼び，セルの横の並びを行という。列はアルファベットで，行は数字で呼ぶ。たとえば左から 2 番目の列を第 B 列，上から 3 番目の行を第 3 行と呼ぶ。

個々のセルの位置は，そのセルの属する列と行を指定することで表す。たとえば，左から 2 列目で上から 3 行目にあるセルは，セル B3 と呼ぶ。

では，セル A1 をクリックして，=2*3 と打ってみよう：

	A	B	C
1	=2*3		
2			
3			

そしてエンターキーを押す。すると，セル A1 には，6 という数が現れるだろう。ここで，2*3 とは，2×3 のことである。計算機では，掛け算の記号として，*（アスタリスク）を使うのだ。

同様の計算は，他のどのセルでもできる。このように，スプレッドシートの個々のセルは，それぞれひとつの電卓のように計算機能を持っている。

次に，セル A2 に 4 と入れてみよう。そして，セル B2 に，= と入れてから（まだエンターキーは押さない！）左隣のセル A2 をマウスでクリックすると，セル B2 が「=A2」となる。それに続いて，*5 とキーボードで打てば，セル B2 は「=A2*5」となる。

	A	B	C
1	6		
2	4	=A2*5	
3			

ここでエンターキーを押せば，セル B2 には，20 と表示されただろう。これは，隣のセル A2 の中の値 (4) の 5 倍である。うまくいかない場合は，セル B2 に，キーボードで「=A2*5」と打ち込んでエンターキーを押してみよう。

このように，セルの中での計算に，他のセルの値を参照させることができる。ここで，セル A2 の値

[*3] ただし，表計算ソフトは，大規模・複雑な処理には向かない。そのような目的には，プログラミングの知識が有用・必要である。

[*4] ソースコードが公開された無料のソフトウェアのこと。

を 7 に変えてみよう。すると，セル B2 の値が自動的に 35 になるではないか！ このように，あるセルの値が変わると，そのセルを参照している他のセルでの計算が自動的にやり直されるのだ。

3.14 表計算ソフトで数列の和

コンピュータが得意なことは，四則演算（加減乗除）の繰り返しである。だから，どんな数学の問題も，四則演算の手順に置き換えることができれば，計算機を活用できる。その好例は数列の和である。

例 3.13 以下の数列の和：
$$\frac{1}{0!} + \frac{1}{1!} + \frac{1}{2!} + \frac{1}{3!} + \cdots + \frac{1}{n!} + \cdots \quad (3.84)$$
を表計算ソフトで計算してみよう。

先ほどのスプレッドシートは保存せずに，まず，新たにスプレッドシートを立ち上げる。そのやり方がわからない人は，いったん表計算ソフトを終了し，もういちど起動すればよい。次に，スプレッドシートのセル (A1, B1, C1, A2, B2) に以下のように入力してみよ：

	A	B	C
1	k	1/k!	sum
2	0	1	
3			

ここで第 1 行 (A1, B1, C1) に入れた内容は，単なるメモである。

第 A 列 (A2, A3, A4, ...) には，数列の項番号 k，すなわち $0, 1, 2, 3, \cdots$ が入る。A2 にはその最初の数 (0) を入れた。A3 以降には，$1, 2, 3, \cdots$ と入れたいが，ひとつずつ「1」「2」「3」...と打ち込むのは面倒である（というかバカらしい）。そこで，セル A3 には，「=A2+1」と入れてみよう。すると，そこには「1」という数が表れるだろう。これはひとつ上のセル A2 の値に 1 を足した値を計算機が自動的に計算してくれたのだ。では，このセル A3 を「コピー」し，セル A4 からセル A10 くらいまで「ペースト」してみよう（コピーとペーストのやり方がわからない人は，ネットで「エクセル コピー ペースト」で検索！）。このとき，セルの 1 つずつにペーストしていく人がいるが，手間がかかって仕方がない

(10 個程度のセルならできなくもないが，後で 100 個以上のセルにコピーペーストするような場面も出てくる）。マウスドラッグによって，セル A4 からセル A12 までを一気に選び，そこにペーストすれば，一気にそれらのセルに式がペーストされる。

すると，以下のようになるはずだ：

	A	B	C
1	k	1/k!	sum
2	0	1	
3	1		
4	2		
5	3		
⋮	⋮	⋮	⋮
12	10		

先ほどセル B2 に入れた「1」は，数列の初項 (1/0!) である。我々は，セル B3 には 1/1! が入り，セル B4 には 1/2! が入り，…というふうにしたいが，これを実現するには，まずセル B3 に，「= B2/A3」と入れる。この式によって，セル B3 には，ひとつ上のセル B2 の値（つまり 1）をひとつ左のセル A3 の値（今の項番号，つまり 1）で割った値が入ることになる。このセル B3 をコピーし，セル B4 からセル B12 くらいまでペーストしてみよう[*5]：

	A	B	C
1	k	1/k!	sum
2	0	1	
3	1	1	
4	2	0.5	
5	3	0.1666⋯	
⋮	⋮	⋮	⋮
12	10	0.000	

これで項番号 k の階乗の逆数 (1/k!) が第 B 列に並んだ。

よくある質問 28 セル B12 が変です！ 2.75573E-007 って出てます。… ソフトや設定によってはそうなることがあります。これはエラーではありません。これは，2.75573×10^{-7}，すなわち，

[*5] 小数点以下の表示桁は，「書式」→「セル」→「小数点以下の桁」などで調整できる（LibreOffice の場合）。

0.000000275573 を意味しています。ほとんど 0 ですね。このように，計算機では，10 のなんとか乗を，「E なんとか」と表示するのです。

あとは，第 B 列の値を足し算すればいい。ここでは，第 C 列に部分和（途中までの和）の値が表示されるようにしよう。まずセル C2 に「＝B2」と入れる。これは第 1 項だけの部分和である。次に，セル C3 に「＝C2＋B3」と入れよう。これをコピーし，セル C4 からセル C12 くらいまでペーストしてみると，

	A	B	C
1	k	1/k!	sum
2	0	1	1
3	1	1	2
4	2	0.5	2.5
5	3	0.1666…	2.6666…
⋮	⋮	⋮	⋮
12	10	0.000	2.71828…

となる。セル C12 には，式 (3.84) での $n = 10$ までの和が表示される。ここで出てきた $2.71828\cdots$ は，実は，式 (1.47) で学んだネイピア数なのだ！[*6]（例おわり）

この例でわかるように，表計算ソフトは，個々のセルの計算機能だけでなく，セルどうしで値を参照しあう機能を活用することで，大量の数からなる複雑な計算を，容易に処理できる。そこが電卓との大きな違いである。

ところで，上の例で，たとえばセル C3 に入った「＝C2＋B3」という数式は，そのままセル C4 にコピーペーストすると，自動的に「＝C3＋B4」という数式になる。このことに疑問を持った人もいるのではないか？ 実はこれは相対参照という機能である。これは「絶対参照」という機能とペアで，表計算ソフトの大事な機能である（詳しく知りたければ，「相対参照 絶対参照」でネット検索！）。

もうひとつ注意。君が何かの作業を表計算ソフトのスプレッドシートでやるとき，どのセルをどう使うかは，君が自由に決めればよい。たとえば上の例では，第 1 行にメモを入れ，第 2 行に項番号や数列の最初（初項）を入れたが，もし「第 1 行は空白にしておきたいな」と思えば，第 2 行や第 3 行から始めてもよい。セルどうしの参照に関する位置関係さえ正しいならば，スプレッドシートのどこで仕事をしても正しい結果が得られる。

問 62 以下の数列の和を考える：

$$\frac{1}{1^2} + \frac{1}{2^2} + \frac{1}{3^2} + \frac{1}{4^2} + \cdots + \frac{1}{n^2} \quad (3.85)$$

なお，この数列の和は，$n \to \infty$ のとき $\pi^2/6 = 1.64493\ldots$ に収束することが知られている[*7]。$n = 1000$ までの和を表計算ソフトで計算せよ。ヒント：まず第 A 列に 1 から 1000 までの整数を並べる。次に，たとえばセル B2 に「＝1/(A2*A2)」と入れる。それをコピーし，セル B3 から下の方までペーストする（ペースト先の全体をマウスドラッグで一気に選んで，ペーストすれば楽だ）。最後にそれらを足せばよい（やり方が分からなければ「Excel 範囲 和」でネット検索！）。

よくある間違い 8 上のヒントの操作で，カッコ ( ) を忘れて「＝1/A2*A2」と入れてしまう… その書き方では，＝(1/A2)*A2 ＝ 1 になってしまいますよ！

演習問題 1 楽器の音階について考えよう。音階，すなわち音の高さは，音の周波数（振動数；単位時間あたりに空気が何回振動するか）で決まる。周波数が大きいほど，音は高い。ある音階に対して，その周波数の 2 倍の周波数の音階を，「1 オクターブ上の音階」という。たとえば，ドレミファソラシドという並びでは，最後のドは最初のドの「1 オクターブ上の音階」である。

西洋音楽では，ドから 1 オクターブ上のドまでの間を，12 個の音階に分割する。すなわち，ド，ド#，レ，レ#，ミ，ファ，ファ#，ソ，ソ#，ラ，ラ#，シとなる。これを 12 音階と呼ぶ。ピアノを思い出そう。1 オクターブの中に，白鍵 7 つと黒鍵 5 つ，計 12 個の鍵がある（図 3.1）。

[*6] なぜなのか気になる人は，p.140 式 (9.7) を先取りして勉強してもよいかもね！

[*7] ここでは証明しないが，その証明には「フーリエ級数」というものを使う。

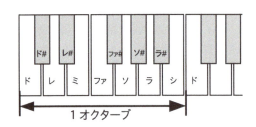

図 3.1 ピアノの鍵盤

さて，周波数が等比数列になるように音階を決めることを，平均律と呼ぶ．多くの楽器は平均律で調整されている．以後，平均律の 12 音階を考える．

(1) 楽器の調律では，音階の基準として周波数 440 Hz の「ラ」の音が使われる．この音の 2 オクターブ上のラ音の周波数は？
(2) 12 音階の周波数（等比数列）の公比は？
(3) 多くのピアノは 88 個の鍵を持ち，88 個の音階を出せる．そのようなピアノの最高音の周波数は最低音の周波数の何倍か？
(4) 人間の耳は，概ね 20 Hz から 20000 Hz までの音を感じる．その範囲は何オクターブに相当するか？
(5) 上記の範囲をカバーするピアノを作るとしたら，鍵はいくつ必要か？
(6) 基準の「ラ」の音（周波数 440 Hz）の，1.5 倍の周波数を持つ音は，12 音階の中で，どの音階になるか？
(7) 1 オクターブの中で，ド，ミ，ソのそれぞれの周波数は，およそ 4：5：6 という整数比に近い比になることを示せ（これが，ドミソが綺麗な和音になる理由）．

演習問題 2 反射率 r，透過率 t の紙がある．
(1) この紙を 2 枚かさねたときの反射率を r と t で表せ．ヒント：2 枚の紙を，上から「紙 1」「紙 2」とする．この 2 枚重ねの紙に当たった光のうち，「反射」されるのは，

- 紙 1 の表面で反射される成分．
- 紙 1 を透過して紙 2 の表面で反射し，紙 1 を透過する成分．
- 紙 1 を透過して紙 2 の表面で反射し，紙 1 の裏面で反射し，紙 2 の表面で反射し，紙 1 を透過する成分．
- ...

の総和である．

(2) 反射率 80%，透過率 15% の紙を 2 枚重ねた時の反射率を求めよ．

注：この問題では等比数列の和は無限個の和になることに注意し，n を残さないようにしよう．

問の解答

答 41 (1) $4 \cdot 3 \cdot 2 \cdot 1 = 24$ (2) $5 \cdot 4 \cdot 3 \cdot 2 \cdot 1 = 120$
(3) 1 (4) 1 (5) 存在しない．

答 42 $5! = 120$ 通り．

答 43 式 (3.20) において，$m = n$ とすれば，$_n\mathrm{P}_n = n!/(n-n)! = n!/0! = n!$ ■

答 44 8 人から 3 人を選んで順に並べ，その順番で会長・副会長・会計係を割り当てればよい．つまり，8 人から 3 人を選ぶ順列だから，$_8\mathrm{P}_3 = 336$ 通り．

答 45 $2^8 = 256$ 通り．

答 46 (1) 4 (2) 10 (3) 10
(4) $n(n-1)(n-2)/6$ (5) $_n\mathrm{C}_0 = n!/(0!n!) = n!/n! = 1$ (6) 1

答 47 式 (3.23) で m を $n - m$ と置き換えれば，

$$_n\mathrm{C}_{n-m} = \frac{n!}{(n-m)!\{n-(n-m)\}!}$$
$$= \frac{n!}{(n-m)!m!} = \frac{n!}{m!(n-m)!} = {_n\mathrm{C}_m}$$

答 48 $_{40}\mathrm{C}_3 = 9880$ 通り．

答 49 (1) 式 (3.26) で $a = x, b = 1, n = 7$ とすれば，$(x+1)^7 = {_7\mathrm{C}_7}x^7 + {_7\mathrm{C}_6}x^6 + {_7\mathrm{C}_5}x^5 \cdots$ となる．x^3 の項は，$_7\mathrm{C}_3 x^3 = 35x^3$．従って，35．
(2) 式 (3.26) で $a = 2x, b = -3, n = 6$ とすれば，x^3 の項は $_6\mathrm{C}_3(2x)^3 \times (-3)^3 = -4320x^3$．従って，$-4320$．

答 50 (1) $(x+2)^2 + 1$ (2) $(x+1/2)^2 + 3/4$
(3) $(x-1)^2 - 2$ (4) $2(x+1)^2 + 1$

答 51 略解：(1) $x = -2, 3$ (2) $x = 1, 2$
(3) 左辺を因数分解すると $(x^2-4)(x^2-1) = (x+2)(x-2)(x+1)(x-1)$．従って $x = \pm 1, \pm 2$

答 53 (1) $x = (-1 \pm \sqrt{7}i)/2$
(2) $x = (-3 \pm \sqrt{5})/2$

答 54 (1) $2n-1$ (2) $11-n$
(3) 3^n (4) $(1/2)^{n-1}$

答 55

(1) 単調増加。例：$(1, 2, 3, 4, \cdots)$

(2) 単調減少。例：$(4, 3, 2, 1, \cdots)$

(3) 単調増加。例：$(1, 2, 4, 8, \cdots)$

(4) 単調減少。例：$(-1, -2, -4, -8, \cdots)$

(5) どちらでもない。例：$(1, -2, 4, -8, \cdots)$

(6) 単調減少。

答 56 (1) 発散（∞）。(2) 発散（$-\infty$）。(3) 発散（∞）。(4) 発散（$-\infty$）。(5), (6) は 0 に収束。

答 57 (1) 8 (2) 14 (3) $2+3+5+9=19$

答 58

$$(a+b)^n = \sum_{k=0}^{n} {}_n C_k \, a^{n-k} b^k \qquad (3.86)$$

答 60

(1) $n=1$ のとき，与式は，左辺 $=1+r$，右辺 $=1+r$ となるので成り立つ。$n=N$ のとき与式が成り立つと仮定する。すると，

$$\sum_{k=0}^{N+1} r^k = \sum_{k=0}^{N} r^k + r^{N+1} = \frac{1-r^{N+1}}{1-r} + r^{N+1}$$
$$= \frac{1-r^{N+1}+r^{N+1}-r^{N+2}}{1-r} = \frac{1-r^{N+2}}{1-r}$$

となり，$n=N+1$ についても与式は成り立つ。■

(2) 略。

答 61 (1) 式 (3.82) より，$(1-2^{11})/(1-2) = 2047$

(2) 式 (3.83) より，$(10 \times 11 \times 21)/6 = 385$

第4章 関数

4.1 関数のグラフ

関数 (function) とは，何か数を与えると，その数に応じて何か決まったひとつの数を返すような，対応関係のことである（定義）。たとえば関数 $y = x^2$ は，$x = 3$ を与えると，$y = 3^2 = 9$ を返す，というふうに，数 x を与えると，その 2 乗を y として返す[*1]。

関数の一般的な性質を語る時は，関数を $y = f(x)$ と表すことが多い（上の例では $f(x)$ は x^2 である）。別に $f(x)$ でなくても $a(x)$ でも $b(x)$ でも何でもいいのだが，とりあえず function の頭文字をとって f をよく使う。

x に何かの値を与えると，$y = f(x)$ から y の値が求められる。このとき，与えられる数（この場合は x）を独立変数もしくは引数（ひきすう）といい，求められる数（この場合は y）を従属変数という（定義）。

自然現象や社会現象の多くは関数で表現され，関数で予測される。そのための数学，つまり関数を扱う数学を「解析学」という。その第一歩は，様々な関数を適切にグラフに描くことである。

なお，この章では，出てくる数は全て実数とする（複素数を扱う関数も存在するが，この章では考えない）。

さて，最も単純な関数は「定数関数」だ。定数関数とは，独立変数がどんな値でも，従属変数の値がいつも同じ定数であるような関数である（定義）。たとえば，

$$y = 1 \tag{4.1}$$

は定数関数だ。式に x が入っていないから，x がどんな値を取ろうが無関係に，y の値は 1。グラフは図 4.1 のように x 軸に平行な直線になる。

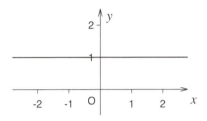

図 4.1　定数関数 $y = 1$ のグラフ。

ここで注意：図 4.1 のように，グラフには必ず原点 (O)，x 軸（矢印と x），y 軸（矢印と y）を描き込もう。

さて，次に単純なのは，中学校で習った

$$y = ax \tag{4.2}$$

という関数である（a は定数）。この関数のグラフは，原点を通る直線になる。たとえば $a = 2$ のとき ($y = 2x$) はグラフは図 4.2 の左側，$a = -2$ のとき ($y = -2x$) はグラフは図 4.2 の右側のようになる。

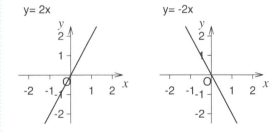

図 4.2　比例関係 $y = 2x$ と $y = -2x$ のグラフ

このように，$a > 0$ なら右上がり，$a < 0$ なら右下がりの直線だ。この定数 a は，「x が 1 増えると y

---

[*1] 関数は，この例のように，数式で表されることも多いが，数式で表すことのできない関数もある。数を与えるとそれに応じて決まった数を返す，という対応関係がはっきりしていれば，必ずしもその対応関係が数式で表されなくてもよいのだ。

がいくつ増えるか」を表す。この定数 a のことを，直線の傾きと呼ぶ。これは後に「微分」という概念を学ぶときに活躍する。

このように，$y = ax$ のような関数で対応付けられる x と y の関係を，比例関係とか「x と y は比例する」と言う（定義）。x と y が比例するということを，$x \propto y$ とか $y \propto x$ と書くことがある。

ここで注意：グラフが直線になるならなんでも比例関係という人が多いが，それは違う。たとえば $y = 2x$ は比例関係だが，$y = 2x + 1$ は比例関係ではない。**原点を通る**直線だけが比例関係だ。

次に，関数

$$y = x^2 \tag{4.3}$$

を考えよう。これは，$x = 0, 1, 2, 3, \cdots$ のときに，それぞれ $y = 0, 1, 4, 9, \cdots$ をとる。グラフは図 4.3 左のようになる。このような形のグラフや，それを引き伸ばしたり回転したグラフを「放物線」という。

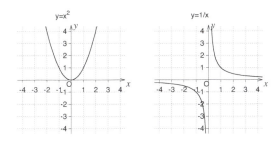

図 4.3 左：放物線 $y = x^2$，右：双曲線 $y = 1/x$

次に，関数

$$y = \frac{1}{x} \tag{4.4}$$

を考えよう。「0 での割り算」は許されないから，この関数は $x = 0$ のときに値を持たない。また，たとえば $x = 1/2, 1, 2$ のときに，それぞれ $y = 2, 1, 1/2$ という値をとる。グラフは図 4.3 右のようになる。

式 (4.4) の関数は，x がどんどん大きくなると（グラフの右にどんどん行くと），限りなく 0 に近づく（グラフの線は x 軸に近づく）。そのようなことを，「x が無限大に行く極限では，$1/x$ は 0 に収束する」と言ったり，

$$x \to \infty \text{ のとき}, \frac{1}{x} \to 0 \tag{4.5}$$

と書く。あるいは，

$$\lim_{x \to \infty} \frac{1}{x} = 0 \tag{4.6}$$

という式で表す。この lim はリミットと読み，「極限」を意味する。極限とは，何かを特定の状況に限りなく近づけていくことだ。lim の下にその状況を記す約束である。この場合は $x \to \infty$ がそれにあたる。

このグラフ（図 4.3 右）は，x 軸と y 軸に対して，交わったり接したりすることはないが，限りなく接近する。そのような直線（この場合は x 軸と y 軸）を漸近線（ぜんきんせん）という。

一般に，a を（0 以外の）定数として，

$$y = \frac{a}{x} \tag{4.7}$$

のような関数による x と y の関係を，「反比例関係」とか「x と y は反比例する」と言う（定義）。また，このような形のグラフや，それを引き伸ばしたり回転させたりしたグラフを「双曲線」という。

以上の関数は，a を定数，n を整数の定数として，次式のように統一的に書ける：

$$y = ax^n \tag{4.8}$$

実際，式 (4.8) は，

- $n = 0, a = 1$ なら $y = 1$ 　（式 (4.1)）
- $n = 1$ なら $y = ax$ 　（式 (4.2)）
- $n = 2, a = 1$ なら $y = x^2$ 　（式 (4.3)）
- $n = -1$ なら $y = a/x$ 　（式 (4.7)）

になる。式 (4.8) のように書ける関数をまとめてべき関数と呼ぶ。べき関数とそのグラフを理解すれば，他の様々な関数も扱いやすくなる。

ちなみに，この a や n のような数，すなわち独立変数 x や従属変数 y ではなくてグラフの形や関数の性質を決定するような定数のことを，パラメータと呼ぶ（「パラメータ」には「媒介変数」という別の意味もあるが，それは後で説明する）。「パラメータが変わると関数はどう変わるか」を理解できれば，「この現象はこのような関数で表現できるのでは？」という勘が働くようになる。

4.2 平行移動・拡大縮小・対称移動

ここで，関数のグラフを移動・変形することを学

ぼう。それができれば，前節で学んだべき関数をもとに，より多様な関数を理解できる。それは，今後，もっと多様で複雑な関数を扱うときに活躍するスキルでもある。

例 4.1 xy 平面上の座標 $(2,3)$ にある点を点 P とする。以下のことを，実際に xy 平面を描いて確認してみよう。

点 P を，横（x 軸の正の方向）に 1 だけ移動したら，その座標は $(3,3)$ になる。

点 P を縦（y 軸の正の方向）に 2 移動したら，その座標は $(2,5)$ になる。

点 P を x 軸に関して対称[*2]に移動した点の座標は $(2,-3)$ になる。（例おわり）

この例から，直感的に以下のことがわかるだろう：一般に，xy 座標平面上の点 (x_0, y_0) について，

- x 軸の正の方向に a 移動した点の座標は (x_0+a, y_0)
- y 軸の正の方向に a 移動した点の座標は (x_0, y_0+a)
- x 軸方向に a 倍した点の座標は (ax_0, y_0)
- y 軸方向に a 倍した点の座標は (x_0, ay_0)
- x 軸に関して対称に移動した点の座標は $(x_0, -y_0)$
- y 軸に関して対称に移動した点の座標は $(-x_0, y_0)$
- 原点に関して対称に移動した点の座標は $(-x_0, -y_0)$

では，これらをもとに，関数のグラフの移動を考える。一般に，関数

$$y = f(x) \tag{4.9}$$

のグラフを，x 軸の正の方向に a，y 軸の正の方向に b だけ平行移動すると，関数

$$y = f(x-a) + b \tag{4.10}$$

[*2] 高校までは，x 軸に関して「線対称」と呼んだりした。しかし，x 軸はそもそも線だから，それに関して対称ということが線対称を意味するのは自明だから，「線対称」という言葉は大学では使わない。同様に，下の「原点に関して対称」は高校までの「点対称」を意味するのは明らかだろう。

のグラフになる。なぜか？ $y = f(x)$ の上の任意の点 P を考えよう。点 P の座標を (x_0, y_0) とする。点 P は式 (4.9) のグラフ上にあるので

$$y_0 = f(x_0) \tag{4.11}$$

だ。点 P を x 軸の正の方向に a，y 軸の正の方向に b だけ平行移動した先の点，つまり点 (x_0+a, y_0+b) を，改めて点 P_1 とし，その座標を (x_1, y_1) としよう。すなわち，

$$x_1 = x_0 + a \tag{4.12}$$
$$y_1 = y_0 + b \tag{4.13}$$

である。すなわち，$x_0 = x_1 - a, y_0 = y_1 - b$ である。これを式 (4.11) に代入すると，

$$y_1 - b = f(x_1 - a) \tag{4.14}$$

すなわち，

$$y_1 = f(x_1 - a) + b \tag{4.15}$$

となる。従って，(x_1, y_1)，つまり点 P_1 は式 (4.10) のグラフの上にある。 ■

一般に，関数 $y = f(x)$ のグラフに関して，以下の定理が成り立つ：

定理 1) x 軸の正の方向に a，y 軸の正の方向に b だけ平行移動すると，$y = f(x-a) + b$ のグラフになる。

定理 2) x 軸方向に a 倍すると，$y = f(x/a)$ のグラフになる（$a \neq 0$ とする）。

定理 3) y 軸方向に a 倍すると，$y = af(x)$ のグラフになる。

定理 4) x 軸に関して対称移動すると，$y = -f(x)$ のグラフになる。

定理 5) y 軸に関して対称移動すると，$y = f(-x)$ のグラフになる。

定理 6) 原点に関して対称移動すると，$y = -f(-x)$ のグラフになる。

上では定理 1 を証明した。他の定理も同様に証明できる。

問 63 上の定理 2 と定理 4 を証明せよ。

これらの定理を使って，先に見た，直線，放物線，双曲線のグラフを元に，多様な関数のグラフを表現

しよう。

例 4.2 関数 $y = 2x - 1$ のグラフ（図 4.4 左上の実線）は，関数 $y = 2x$ のグラフ（図 4.4 左上の点線）を，y 軸の正の方向に -1（下向きに 1）平行移動したもの（定理 1）。

例 4.3 関数 $y = x^2/4$ のグラフ（図 4.4 右上の実線）は $y = x^2$ のグラフ（図 4.4 右上の点線）を y 軸方向に $1/4$ 倍したもの（定理 3）。あるいは，$y = (x/2)^2$ とも書けるから，そのグラフは $y = x^2$ のグラフを x 軸方向に 2 倍したものでもある（定理 2）。

例 4.4 関数 $y = -x^2$ のグラフ（図 4.4 左中の実線）は，$y = x^2$ のグラフ（図 4.4 左中の点線）を x 軸に関して対称移動したもの（定理 4）。

例 4.5 関数 $y = 2x^2 + 4x + 1$ は，右辺を平方完成すると $y = 2(x+1)^2 - 1$ になるから，そのグラフ（図 4.4 右中の実線）は，$y = x^2$ のグラフ（図 4.4 右中の点線）をまず y 軸方向に 2 倍して（$y = 2x^2$），さらに x 軸の正の方向に -1，y 軸の正の方向に -1 だけ移動したもの（定理 3，定理 1）。

例 4.6 関数 $y = -1/x$ のグラフ（図 4.4 左下の実線）は，$y = 1/x$ のグラフ（図 4.4 左下の点線）を x 軸に関して対称移動したもの（定理 4）。あるいは y 軸に関して対称移動したものとも言える（定理 5）。

例 4.7 関数 $y = (x+1)/(x-1)$ のグラフは？ この式を変形すると，
$$y = \frac{x-1+2}{x-1} = 1 + \frac{2}{x-1} \tag{4.16}$$
となる。これは $y = 1/x$ のグラフを y 軸方向に 2 倍し，x 軸の正の方向に 1，y 軸の正の方向に 1 だけ移動したものだ（定理 3，定理 1）。それに伴って漸近線も平行移動することに注意！ 結果は図 4.4 右下。（例おわり）

問 64 関数 $y = x^2$ を以下のように移動や拡大した関数を表す式を，それぞれ書け。
(1) x 軸の正の方向に 1，y 軸の正の方向に 2 だけ

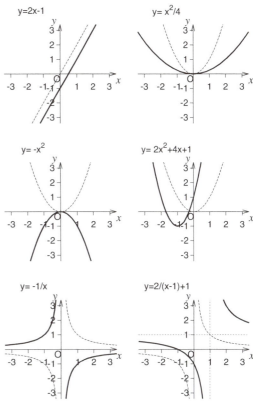

図 4.4 直線・放物線・双曲線を平行移動・拡大縮小・対称移動することで得られるグラフ。太い点線は，元になった関数のグラフ。細い点線は漸近線。

平行移動
(2) x 軸方向に 2 倍，y 軸方向に 3 倍だけ拡大
(3) x 軸方向に 2 倍に拡大し，x 軸の正の方向に 1 だけ平行移動
(4) x 軸の正の方向に 1 だけ平行移動し，x 軸方向に 2 倍に拡大（前問と順序が違うことに注意！）

問 65 次の関数のグラフを描け。漸近線がある場合は，その式とグラフも描き込め。
(1) $y = 2x + 1$ (2) $y = x^2 + 2x + 3$
(3) $y = 2 + 1/x$ (4) $y = (2x)/(1+x)$

4.3 1 次関数と直線のグラフ

a, b を実数の定数として（$a \neq 0$ とする），
$$y = ax + b \tag{4.17}$$

のような関数を、1次関数という。y が x の 1 次式で表されるからだ。たとえば例 4.2 は 1 次関数だ。1 次関数は、今後学ぶ、微分積分や線型代数という数学の基礎である。

式 (4.17) のグラフは、$y = ax$ のグラフ（直線）を y 軸の正の方向に b 移動したものなので直線だ。$x = 0$ のとき $y = b$ だからこのグラフは $(0, b)$ で y 軸と交わる。この点のことやその y 座標（b の値）を y 切片という（もしくは単に切片という）。また、x が 1 増えると y がいくつ増えるかを表す定数 a を、傾きという（式 (4.2) でも説明した）。y 切片と傾きが定まれば、1 次関数は定まる。

では、点 (x_0, y_0) を通り、傾き a の直線の関数は？ 平行移動を使って考えよう。まず、原点 O を通り傾き a の直線の関数は $y = ax$。これを x 方向に x_0、y 方向に y_0 移動すると、式 (4.10) より次式になる:

$$y = a(x - x_0) + y_0 \qquad (4.18)$$

これが求める関数だ。実際、右辺の x に x_0 を代入したら $y = y_0$ だ。つまりこの直線は (x_0, y_0) を通る。x の係数は a だから、傾きは a。条件を満たしている！

では、2 つの点:(x_0, y_0) と (x_1, y_1) を通る直線の関数は？まず、傾きを求める。点 (x_0, y_0) から点 (x_1, y_1) への値の変化を考えると、x 軸の正の方向に $x_1 - x_0$ 行くと y は $y_1 - y_0$ だけ増える。従って傾きは $(y_1 - y_0)/(x_1 - x_0)$。これを式 (4.18) の a に代入して得られる次式が、欲しかった関数である。

$$y = \frac{y_1 - y_0}{x_1 - x_0}(x - x_0) + y_0 \qquad (4.19)$$

問 66 以下のグラフを表す関数をそれぞれ求めよ。
(1) 傾き 3、y 切片 -2 の直線。
(2) 傾き 2 で、点 $(-1, 1)$ を通る直線。
(3) 点 $(2, 1)$ と点 $(4, -3)$ を通る直線。

問 67 温度を表す単位として、華氏というものがある（これは米国で日常的に使われている単位である）。「華氏 x 度」のことを、$x\,°\mathrm{F}$ と書く。華氏の定義は以下のとおりである:真水の凝固点（つまり $0\,°\mathrm{C}$）を $32\,°\mathrm{F}$ とする。真水の沸点（つまり $100\,°\mathrm{C}$）を $212\,°\mathrm{F}$ とする。摂氏と華氏は 1 次関数で関係付けられる。

さて、華氏 x 度のとき摂氏は y 度とする。
(1) y を x の式で表せ。
(2) x を y の式で表せ。
(3) $37\,°\mathrm{C}$ を $°\mathrm{F}$ で表せ（人の体温）。
(4) $0\,°\mathrm{F}$ を $°\mathrm{C}$ で表せ。
ただし (3) (4) の数値は小数第 1 位まで記すこと。

メモ:摂氏に慣れた人が米国に滞在すると、華氏から摂氏への換算が頻繁に必要になる。そのとき、前問で導出した式は、暗算では計算しづらいものである。5 倍して 9 で割るなど、紙か電卓がなければ無理だ！ そこで、私が編み出した（笑）、多少誤差はあるものの暗算可能な近似計算法をここで公開する。まず華氏温度から 32 を引く。それを半分にする。そしてそれにそれの 1 割を加えれば完成である。

たとえば華氏 74 度なら、まず 32 を引いて 42。半分にして 21。21 の 1 割 (2.1) を足して 23.1。よって摂氏 23.1 度である（正確には 23.3 度）。この計算法は、$-10\,°\mathrm{C}$ から $30\,°\mathrm{C}$ までの範囲なら、誤差は $0.3\,°\mathrm{C}$ 程度である（$100\,°\mathrm{C}$ でも誤差は $1\,°\mathrm{C}$ 程度）。体温計の換算には使えないが、天気予報の気温の換算なら十分である。

4.4 関数の和のグラフ

よく知られた関数の和で表される関数のグラフは、それぞれの関数のグラフを積み重ねるようにプロットすることで描くことができる。

例 4.8 次の関数:

$$y = x + \frac{1}{x} \qquad (4.20)$$

のグラフを、$0 < x$ の範囲で描いてみよう。この関数は $y = x$ と $y = 1/x$ の和だ。それらをまず描き、次に、いくつかの x の値について、2 つのグラフを積み上げたところに点を打つ。たとえば $x = 1$ では $y = x$ も $y = 1/x$ も $y = 1$ なので、和は 2。従って、この関数のグラフは $(1, 2)$ を通るので、$(1, 2)$ に点を描く。片方のグラフをもう片方のグラフの上に載せるイメージである。

$x \to \infty$ では $y = 1/x$ は 0 に漸近するので、この関数のグラフは $y = x$ に漸近する。一方、x が 0 に

近づくと $y=1/x$ が ∞, $y=x$ が 0 に行くので，この関数のグラフは ∞ に行く。それらを勘案すれば，図 4.5 のようなグラフが描ける。（例おわり）

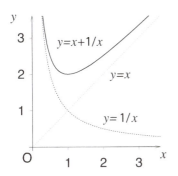

図 4.5 $y = x + 1/x$ のグラフ（実線）。$y = x$ を土台としてその上に $y = 1/x$ を載せるイメージで！

問 68 以上の説明をたどって，$y = x + 1/x$ のグラフの描画を再現せよ。

4.5 グラフの読み取りと直線近似

グラフは，実験結果を解析したり表示するときにも使う。そういうグラフの例を図 4.6 に示す。この実験では x と y の 2 つの数値がペアになったデータが得られている。1 つのデータペアが 1 個の点に描かれている。では，点 A のデータの，x と y の値はどのくらいだろうか？

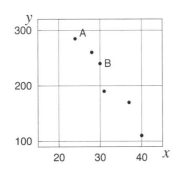

図 4.6 実験値がプロットされたグラフの例

残念なことに，このグラフは目盛りの間隔が広すぎて，ぱっと見ただけでは，点 A の x の値は 20 と 30 の間，y の値は 200 と 300 の間（で 300 にかなり近い）ということしかわからない。正確な数値を得るには，定規を使う。

まず，点 A を通る，縦軸に平行な線を定規で引こう。それが $y = 200$ の横罫線と $y = 300$ の横罫線に交わる点を，それぞれ P, Q とする。紙の上での線分 PQ の長さ $\overline{PQ}$ と線分 PA の長さ $\overline{PA}$ をそれぞれ定規で測ろう（mm 単位でも cm 単位でもよい）。A の y 座標の値は，

$$\frac{\overline{PA}}{\overline{PQ}}(300 - 200) + 200 \tag{4.21}$$

である（理由は自分で考えてみよう！）。同様に，点 A を通る，横軸に平行な線を定規で引き，$x = 20$ と $x = 30$ の縦罫線と交わる点を求め，適当な線分の長さを定規で測って上の式と同様の計算すれば，x 座標の値がわかる。

問 69 点 A の x 座標と y 座標を実際に読み取ってみよう。定規で測った数値を明記し，それらをもとに計算した式と結果を述べよ。ヒント：電卓を使ってよい。結果は，$x = 24, y = 285$ 程度になるはず。多少の誤差（x で 1 程度，y で 2 程度）は仕方がない。なるべく丁寧に！

問 70 図 4.6 の全ての点に最も近いような 1 本の直線を，感覚を頼りに，定規で引け。その直線を表す $y = ax + b$ という 1 次式（a, b は適当な定数）を求めよ。どのように求めたのかわかるように述べよ。ヒント：こういうのを近似直線という。近似直線をデータから計算で求める方法もあるのだが（最小二乗法と言う），紙の上で感覚を頼りに「えいやっ」と引くことも多い。多少の誤差は仕方ない。直線を定規で引いたら，その傾きと y 切片を求めればよい。まず，直線が罫線と交わる点を利用し，y の変化量と x の変化量をそれぞれ読み取り，その比を計算する。それが傾き a である。y 切片は y 軸との交点だが，このグラフでは y 軸は載っていない（左外にある）。そこでかわりに，$y = ax + b$ の (x, y) に，問 69 で求めた点 A の座標を代入し，b を決定する。結果は，$a = -10.6, b = 550$ くらいになるはず。がんばれ！

4.6 関数のグラフと，方程式の解

いくつかの独立変数 $x, y, \ldots$ の関数 $f(x, y, \ldots)$

について，$f(x,y,\ldots)=0$ という形にできる式を方程式という（定義）。たとえば p.32 で学んだ代数方程式は，$f(x,y,\ldots)$ が多項式のときの方程式である。

よくある質問 29 式 (3.34) で方程式の例として出てきた $x^2+y^2=1$ は，$f(x)=0$ の形をしていませんよ。… 右辺を左辺に移項して下さい。$x^2+y^2-1=0$ となるでしょ？ この左辺を $f(x,y)$ とすると，この式は $f(x,y)=0$ の形になります。

ここでは独立変数が 1 個の場合，すなわち $f(x)=0$ という形の方程式を考える。

方程式 $f(x)=0$ について，$x=x_0$ が解なら，$f(x_0)=0$ である。従って点 $(x_0,0)$ は関数 $y=f(x)$ のグラフ上にある。すなわち，この点は関数のグラフと x 軸との共有点（交点または接点）だ。逆に，この関数のグラフと x 軸との共有点の x 座標は，方程式 $f(x)=0$ の解だ。これを利用して，様々な関数のグラフの概形を描ける。

例 4.9 関数 $y=x^3-x$ のグラフを描こう。$x^3-x=0$ の解は，$x=-1,0,1$。この 3 つの x 座標でグラフは x 軸と交わる（または接する）。一方，$x\to\infty$ では明らかに $y\to\infty$ であり，$x\to-\infty$ では明らかに $y\to-\infty$ である。つまり大局的には，このグラフは，はるか右上と，はるか左下に伸びる。以上を総合してえいやっと描けば，図 4.7 のようなグラフができる。

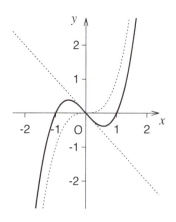

図 4.7 $y=x^3-x$ のグラフ（実線）。点線は，$y=x^3$ と $y=-x$ のグラフ。

ちなみにこの関数を $y=x^3$ と $y=-x$ の和とみて，これらの関数のグラフを積み重ねても描ける。（例おわり）

方程式 $f(x)=0$ の解が実数の範囲で存在しない場合は，$y=f(x)$ のグラフは x 軸と交点を持たない。

例 4.10 $y=x^2+x+1$ のグラフを考えよう。方程式 $x^2+x+1=0$ の判別式 (p.33) は，$D=1-4=-3<0$ である。従ってこの方程式は実数解を持たない（2 つの虚数解を持つ）。従って $y=x^2+x+1$ のグラフは x 軸に接したり交わったりすることはあり得ない。実際，そのグラフは図 4.8 左のようになる。

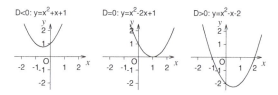

図 4.8 2 次関数のグラフの例。一般に，2 次関数のグラフは，判別式 D の符号によって，x 軸との共有点の様子が決まる。$D<0$ なら共有点無し。$D=0$ なら共有点（接点）1 個。$D>0$ なら共有点（交点）2 個。

$f(x)$ が多項式のとき，$f(x)=0$ は重解を持つことがある。その場合は，$y=f(x)$ のグラフは，重解の x で x 軸に接する（その理由は，後で微分を学べばわかる）。

例 4.11 $y=x^2-2x+1$ のグラフを描こう。方程式 $x^2-2x+1=(x-1)^2=0$ は重解 $x=1$ を持つ。従って $y=x^2-2x+1$ のグラフは $x=1$ で x 軸に接する。実際，そのグラフは図 4.8 中のようになる。

4.7 表計算ソフトでグラフを描く

次に，グラフを計算機で描くことを学ぼう。これは，手書きでは難しすぎる関数のグラフを知るのに必要なスキルである。原理は簡単で，関数 $y=f(x)$ について，ある範囲で x の値をすこしずつ変えなが

ら, y, すなわち $f(x)$ を計算し, 点 (x, y) をグラフにプロットするだけである。計算は p. 40 でやった数列の計算と同じようにやって, グラフ化は表計算ソフトのグラフ機能を使う。

例 4.12 関数 $y = x^2$ のグラフを $-1 \leq x \leq 1$ の範囲で描いてみよう(図 4.9)。左端の A 列には, -1 から 1 までの x の座標値を適当な間隔(刻み幅という。ここでは 0.1)で刻んで入れる。具体的には, セル A2 に -1 を入れ, セル A3 には「=A2+0.1」と入れてコピーし, あとは A3 を A22 までペーストすればよい。

次に, x のそれぞれの値に対応する y の値を求める。B2 に「=A2*A2」と入れてコピーし, B3 から B22 までペーストすればよい。これで計算が終わった。

次に, A1 から B22 まで(A2 からではないことに注意!)をマウスで選択して, 「挿入→グラフ」でグラフを描く。グラフオプションは「散布図(線のみ)」を選ぶこと(「散布図」を選ばなくても, それらしいグラフになるかもしれないが, x 軸が変になっているはずだ)。(例おわり)

よくある質問 30　なぜ A1 から選ぶのですか? 数値が入っているのは A2 からですよね?… それによってセル B1 が一緒に選ばれるところがミソです。そうすることで, B1 の内容が, 凡例に表示されるのです。これによって, グラフがわかりやすくなります。

よくある間違い 9　関数のグラフを描く時, 横軸の値が不適切な範囲になる… 上の例や下の問で, 「散布図」を選ばずに, 「折れ線」などを選んでしまうとそうなります。

問 71　パソコンの表計算ソフトを使って, $y = x, y = x^2, y = x^3$ のグラフを $-1 \leq x \leq 1$ の範囲で重ねて描け。ヒント: x の値は, まとめてひとつの列(A 列)にしてよい。B2 には「=A2」, C2 には「=A2*A2」, D2 には「=A2*A2*A2」と入れて, それぞれ列の下のほう(22 行)までコピー・ペースト。B1, C1, D1 にそれぞれの関数の凡例を書き込み(B1 には "y=x" とか), A1 から D22 をマウスで一気に選んでグラフを描けば, 自動的に 3 つの線が重なったグラフになる。答は図 4.10 のようになる。どの線がどの関数に対応しているのかを, 凡例などで明記すること。

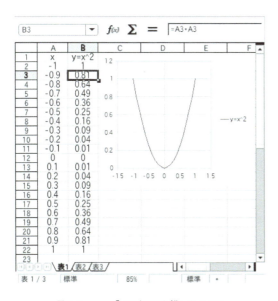

図 4.9　$y = x^2$ のグラフを描いたところ

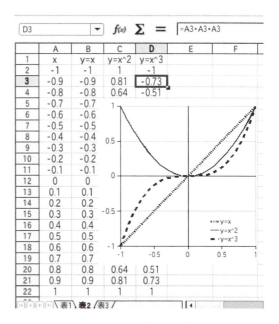

図 4.10　$y = x, y = x^2, y = x^3$ のグラフ

4.8 関数のグラフと不等式の解

実用の場面で，複数の関数どうしの大小関係が問題になることはよくある。たとえば2つの作物の生産量が，それぞれ気温の関数として表されたとき，どの気温ではどちらの作物の方が生産量が多くなるか，という問題である。そのような問題を扱うために，関数の不等式の解き方を学ぼう。

例 4.13 $x+2 < 2x-1$ という不等式を満たす x はどのような値だろうか？ これを式変形すると $3 < x$ となるから，この不等式は x が3より大きな値で成立する。 ∎

例 4.14 次の不等式を考えよう：
$$x^2 - x - 2 < 0 \tag{4.22}$$

（このように2次式に関する不等式を2次不等式という）。これを式変形すると $(x-2)(x+1) < 0$。式 (3.12) より，$(x-2)$ と $(x+1)$ は，片方が負で片方が正のはず。明らかに $-2 < 1$ だから $x-2 < x+1$。小さいほうが負，大きい方が正になるから，$x-2 < 0$ かつ $0 < x+1$。これを整理して，$-1 < x < 2$。これが，この不等式の解。 ∎

例 4.13 は単純だったが，例 4.14 はちょっとめんどくさかった。そういうとき，グラフが役立つ。式 (4.22) の左辺を抜き出して $y = x^2 - x - 2$ という関数を考えると，そのグラフは図 4.8 の右端のようになる。式 (4.22) は，この関数を使って $y < 0$ と表される。つまり，このグラフが x 軸よりも下に来るようなときの x の値の範囲をみつければよい。明らかにそれは $-1 < x < 2$ であり，上の解と一致する。

同様に考えれば，以下の定理が成り立つことがわかるだろう：2次方程式 $ax^2+bx+c=0$ が $x = \alpha$ と $x = \beta$ という実数解を持つとき（$0 < a$ かつ $\alpha < \beta$ とする），2次不等式

$$ax^2 + bx + c < 0 \tag{4.23}$$

の解は「$\alpha < x < \beta$」であり，不等式

$$ax^2 + bx + c > 0 \tag{4.24}$$

の解は「$x < \alpha$ または $\beta < x$」である。

なぜか？ $y = ax^2 + bx + c$ とおくと，そのグラフは $x = \alpha$ と $x = \beta$ で x 軸と交わり，しかも $a > 0$ なので下に凸の放物線となる。そのグラフが x 軸よりも下にある状況や（式 (4.23)），上にある状況（式 (4.24)）を見い出せばよい。また，式 (4.23), 式 (4.24) について，$<$ を $\leq$ に置き換えたものについては，その解も $<$ を $\leq$ に置き換えたものになることは明らかだろう。

問 72 実数 x に関する以下の不等式を解け：
(1) $x^2 + x - 6 < 0$ (2) $x^2 + 5x + 6 \geq 0$
(3) $x^2 + 3x + 1 \geq 0$

例 4.15 次の不等式の解はどうなるだろう？
$$x^2 + x + 1 > 0 \tag{4.25}$$

$y = x^2 + x + 1$ のグラフは，図 4.8 の左端のようになる。式 (4.25) は，この関数を使って $y > 0$ と表されるから，このグラフが x 軸よりも上に来るときの x の範囲を言えばよい。といっても，見るからにこのグラフは x がどんな値でも x 軸より上にある。従って，「解は全ての実数」である。 ∎

上の例をちょっと変えて，次の不等式の解はどうだろう？

$$x^2 + x + 1 < 0 \tag{4.26}$$

そう，「解なし」だ！

よくある間違い 10 不等式 (4.26) の解を以下のように間違える：

$$\frac{-1-\sqrt{3}i}{2} < x < \frac{-1+\sqrt{3}i}{2} \quad \text{これは間違い！}$$

… この式には意味がありません。なぜなら，**虚数には大小関係は存在しない**からです（たとえば，$1+i$ とか $5i$ はこの「範囲」に入っているかどうか，言えますか？）。不等式は普通，実数の範囲で考えます。

式 (4.26) は，グラフを使わなくても，以下のように解ける。まず，

$$\left(x+\frac{1}{2}\right)^2 + \frac{3}{4} \tag{4.27}$$

と平方完成する。$(x+\frac{1}{2})^2$ は x がどんな実数値をとっても 0 以上だから，この式は常に 3/4 以上。ということは，この式はマイナスになり得ない。従って「解なし」。

このように，「左辺 = 0」が実数解を持たないような 2 次不等式は，式 (4.27) のように平方完成して考えればよい。

問 73 実数 x に関する以下の不等式を解け：
(1) $x^2 + x + 1 > 0$ (2) $x^2 + x + 1 < 0$
(3) $(x+1)/(x-1) > 0$ (4) $x^2 - 4x + 4 < 0$
(5) $x^2 - 4x + 4 \leq 0$ (6) $x^2 - 4x + 4 \geq 0$
(7) $x^2 - 4x + 4 > 0$

ヒント：(3) は分母が 0 になったら困るから $x \neq 1$ を前提として，両辺に $(x-1)^2$ を掛ける（もし，$x-1$ を両辺にかけてしまうと，x が 1 より小さいときに不等号が逆転してしまうので面倒！）。

4.9 偶関数・奇関数

関数 $f(x)$ が，恒等的に

$$f(-x) = f(x) \tag{4.28}$$

を満たすとき，$f(x)$ を<u>偶関数</u>と呼ぶ（定義）。また，関数 $f(x)$ が恒等的に

$$f(-x) = -f(x) \tag{4.29}$$

を満たすとき，$f(x)$ を<u>奇関数</u>と呼ぶ（定義）。偶関数や奇関数は，他の関数よりも，何かと扱いが楽である。何か関数を相手にするときは，まずその関数が偶関数や奇関数か調べよう。もしそうならラッキー！なのだ。

注：式 (4.29) を，なぜかわざわざ「$f(x) = -f(-x)$」と変形して覚える人がいる。間違いではないのだが，この形は，奇関数の性質を証明する時に使いづらく，面倒だ。素直に式 (4.29) の形で覚えよう。

問 74 偶関数とは何か？ 奇関数とは何か？

偶関数のグラフは y 軸に関して対称である。たとえば，偶関数 $y = x^2$ のグラフ（図 4.3 左）は確かに y 軸に関して対称である。一方，**奇関数のグラフは原点に関して対称**である。たとえば，奇関数である $y = ax$（図 4.2）や，$y = 1/x$ や $y = x^3 - x$ のグラフ（図 4.3 右，図 4.7）は確かに原点に関して対称である。

なぜだろう？ 既に学んだように，関数 $y = f(x)$ のグラフを y 軸に関して対称移動したら関数 $y = f(-x)$ のグラフになる（4.2 節の定理 5）。ところが偶関数なら，$f(-x)$ はもとの関数 $f(x)$ に等しい。すなわち，偶関数のグラフは，y 軸に関して対称移動したら，もとの関数のグラフと一致する。つまり y 軸に関して対称なのである。

一方，関数 $y = f(x)$ のグラフを原点に関して対称移動したら関数 $y = -f(-x)$ のグラフになる（4.2 節の定理 6）。ところが，奇関数なら，$-f(-x)$ はもとの関数である $f(x)$ に等しい。すなわち，奇関数のグラフは，原点に関して対称移動しても，もとの関数のグラフと一致してしまう。つまり原点に関して対称なのである。

問 75 以下の各関数 $f(x)$ について，偶関数か奇関数か（もしくはどちらでもないか）を判定し，$y = f(x)$ のグラフを手で描け。
(1) $f(x) = 4x^4 - 5x^2 + 1$
(2) $f(x) = x + x^2$
(3) $f(x) = x - x^3$
(4) $f(x) = 1/(1+x^2)$

ヒント：(1) x 軸との交点も考えよ。(4) $x = 0$ と $x \to \pm\infty$ ではどうなるか？

問 76 以下を証明せよ：
(1) 偶関数と偶関数の積は偶関数。
(2) 奇関数と奇関数の積は偶関数。
(3) 偶関数と奇関数の積は奇関数。
(4) 偶関数と偶関数の和は偶関数。
(5) 奇関数と奇関数の和は奇関数。
(6) 偶関数と奇関数の和は，偶関数でも奇関数でもなくなることがある。（ヒント：例を挙げればよい。）

問 77 以下の関数について，偶関数か，奇関数か，いずれでもないか，判定せよ。

$$f(x) = \left\{(1+x^2+x^4)^3 + \frac{1}{x^2+x^4}\right\}^8 \tag{4.30}$$

注：↑こんな複雑な関数のグラフなんか，描ける気がしないだろう。だから「グラフがなんちゃらに関して対称」で偶関数や奇関数を定義してはダメで，式 (4.28) と式 (4.29) が大切なのだ。

4.10 合成関数

2 つの関数 $f(x), g(x)$ を考える。ある数を $f(x)$ に入れると別の数が返ってくるが，その返ってきた数を次に $g(x)$ に入れると，さらに別の数が返ってくる。このように，2 つの関数 $f(x), g(x)$ を段階的に続けて使うことで，新たな関数ができる。それを「$f(x)$ と $g(x)$ の合成関数」といい，$g(f(x))$ と書く。例を見てみよう：

例 4.16 $f(x) = x + 1, g(x) = x^2$ という 2 つの関数の合成関数を考えよう。たとえば $x = 1$ について，$f(1) = 1 + 1 = 2, g(2) = 2^2 = 4$ となる。従って，$g(f(1)) = 4$ である。

合成関数は，2 段めの関数の独立変数 x に 1 段めの関数を代入したものである。この場合は，

$$g(f(x)) = g(x+1) = (x+1)^2 \tag{4.31}$$

となる。$x = 1$ を入れると確かに 4 になる。

式 (4.31) は，$g(f(x)) = \{f(x)\}^2 = (x+1)^2$ と考えても同じ結果になる：

ところで，合成の順序を変えると，違った合成関数になることに注意しよう。上の例では，

$$f(g(x)) = f(x^2) = x^2 + 1 \tag{4.32}$$

である。式 (4.31) と式 (4.32) は明らかに違う関数だ！

問 78 2 つの関数 $f(x) = \sqrt{x}, g(x) = 1 + x^2$ について，$g(f(x))$ と $f(g(x))$ をそれぞれ求めよ。

単純な関数を合成することで，多種多様な関数を作ることができるし，複雑な関数を単純な関数の合成関数とみなすことで，複雑な関数をうまく扱うことができる。この考え方は，後に学ぶ微分や積分で活躍する。

4.11 関数についてのこまかい話

関数の扱いにだいぶ慣れたところで，ちょっとこまかい話をしておく。最初の話題は，「定義域」と「値域」というものである。式 (4.4) でみたように，関数 $y = 1/x$ は，$x = 0$ では値を持たない。「無限大でよくね？」と思うかもしれないが，数学では「無限大」は値ではないとみなすのだ。もし仮に「無限大」としても，$y = 1/x$ のグラフは原点のちょっと右では正の無限大，ちょっと左では負の無限大に行くので，どちらかに決まらず矛盾する。

このように，ある x で「関数が値を持たない（持てない）」ような場合，その x では「関数は定義されない」という。上の例では，「関数 $y = 1/x$ は $x = 0$ では定義されない」という。

関数が定義される独立変数（上の例では x）の値の範囲を，関数の<u>定義域</u>という。上の例では「関数 $y = 1/x$ の定義域は 0 を除く全ての実数」だ（複素数は？ と思うかもしれないが，複素数を考えると話が高度になるので，とりあえず今は関数は実数限定で考える）。

また，関数の従属変数（上の例では y）の値の範囲を，その関数の<u>値域</u>という。上の例では，$y = 1/x$ に様々な x の値を入れると，y も様々な値をとるが，どんな値を x に入れても $y = 0$ にはできない（「無限大を入れれば？」と思うかもしれないが，何回も言うが無限大は「値」ではないのだ）。従って，関数 $y = 1/x$ の値域も，「0 を除く全ての実数」である。

例 4.17 関数 $y = x^2$ の定義域は全ての実数，値域は 0 以上の全ての実数。関数 $y = \sqrt{x-1} + 3$ の定義域は 1 以上の全ての実数，値域は 3 以上の全ての実数。

次の話題は「連続」である。ざっくり言えば，関数のグラフがつながっているとき，その関数はそこで<u>連続</u>である，という。たとえば，「$x < 0$ では $y = 0$ とし，$0 \leq x$ では $y = 1$ とする」という関数は，$x = 3$ や $x = -1$ では連続だが，$x = 0$ では連続でない（不連続である）。

実は，ガチの数学では，「連続」は，先に述べた「極限」の概念を使って，もっと厳密かつ抽象的に定義する。そこは数学科の学生ですら苦しむポイン

トなので，我々はそこはスルーする（笑）。

4.12 逆関数

一般に，関数 $y = f(x)$ の x と y を入れ替えてできる関数 $y = g(x)$ を，関数 $f(x)$ の逆関数と呼ぶ（定義）。

例 4.18 関数 $y = 2x$ は，x と y を入れ替えると $x = 2y$ となる。これを y について解けば $y = x/2$ となる。従って，$y = 2x$ の逆関数は $y = x/2$ である。

問 79 以下の関数の逆関数をそれぞれ求めよ。ただし，a, b は任意の定数 ($a \neq 0$) とする。
(1) $y = 2x + 1$　　(2) $y = 1/(x-1)$
(3) $y = a/x$　　(4) $y = -x + b$

逆関数はどういうイメージのものだろうか？ 一般に，関数 $y = f(x)$ を，数 x から数 y への「変換装置」みたいなものと考えれば，x は「入り口」，y は「出口」だ。従って，x と y を入れ替えるということは，この装置の働きを逆行させ，「出口から入って入り口から出る」ということ。つまり，$y = f(x)$ で変換された数を，変換前の数に戻すのが逆関数 $y = g(x)$ だ。

そう考えると，$g(x)$ が $f(x)$ の逆関数なら，逆の立場も言える，つまり $f(x)$ は $g(x)$ の逆関数である，ということがわかるだろう。

例 4.19 関数 $y = 2x$ に $x = 3$ という数を入れると，$y = 6$ という数に変換される。この数を改めて x として関数 $y = x/2$（これが $y = 2x$ の逆関数であることは例 4.18 でみたとおり）に入れると，$y = 6/2 = 3$ となる。確かに最初の x の値に戻った。（例おわり）

逆関数ともとの関数は，定義域と値域がひっくりかえることもわかるだろう。もとの関数の定義域が逆関数の値域になり，もとの関数の値域が逆関数の定義域になるのだ。ところがここに困った例がある：

例 4.20 関数 $y = x^2$ の逆関数を考えよう。x と y を入れ替えると，$x = y^2$。すると，$y = \pm\sqrt{x}$ になってしまう。たとえば $x = 4$ のとき，$y = \pm 2$ である。これは「関数」とはいえない。本章の冒頭で述べたように，関数は，「何か数を与えると，その数に応じて何か決まった**ひとつの数**を返すような対応関係」である。$x = 4$ に対して 2 と -2 という複数の値を対応させるのは関数としてはダメなのである。このような困難が起きたのは，もとの関数 $y = x^2$ が，複数の x の値に対して同じ y の値をとり得たからである。「逆関数」は，このような状況では考えることはできないのだ。つまり，逆関数は，独立変数と従属変数が 1 対 1 に対応する関数だけで考えるのが約束である。

この約束は，定義域を限定すればなんとかなることが多い。関数 $y = x^2$ については，$0 \leq x$ に限定すれば，複数の x の値が同じ y の値に対応することはなくなる。その場合，$y = \sqrt{x}$ がその逆関数になる。（例おわり）

逆関数にはひとつ面白い性質がある：$f(x)$ と $g(x)$ が互いに逆関数であるとき，恒等的に

$$g(f(x)) = f(g(x)) = x \tag{4.33}$$

となるのだ。なぜだろう？ $f(x)$ は，x を別の数に移す関数だが，逆関数 $g(x)$ はそれをもとの数 x に戻す関数だ。だから，$g(f(x))$ は，x をいったん別の数に移してもそれを元に戻すので，結局は何もしないに等しい。つまり，$g(f(x))$ は x をそのまま x にしておく関数である。つまり，恒等的に $g(f(x)) = x$ が成り立つ。同様に，$f(g(x)) = x$ も恒等的に成り立つ。 ∎

例 4.21 例 4.19 でみたように，関数 $y = 2x$ の逆関数は $y = x/2$ である。前者を $f(x)$，後者を $g(x)$ としてみよう。つまり $f(x) = 2x$, $g(x) = x/2$ とする。

$$f(g(x)) = 2g(x) = 2 \times \frac{x}{2} = x \tag{4.34}$$

$$g(f(x)) = \frac{f(x)}{2} = \frac{2x}{2} = x \tag{4.35}$$

確かに式 (4.33) が成り立っている！

問 80 $0 \leq x$ とする。$f(x) = x^2$, $g(x) = \sqrt{x}$

について，式 (4.33) が成り立つことを確かめよ．

$f(x)$ と $g(x)$ が互いに逆関数であるとき，$y = g(x)$ は $x = f(y)$ と同じことだから，$y = f(x)$ のグラフにおいて x 軸と y 軸を取り換えたものが $x = f(y)$，つまり $y = g(x)$ のグラフになる（図 4.11）．

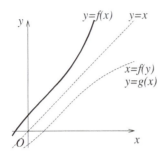

図 4.11 関数 $y = f(x)$ とその逆関数 $y = g(x)$ のグラフは $y = x$ に関して互いに対称である．

グラフ上で x 軸と y 軸を取り換えるときに，直線 $y = x$ 上の点は不変である．直線 $y = x$ は x 軸と y 軸のちょうど中間の，折り返しの位置にあるからだ．あたかも直線 $y = x$ に沿って鏡があるように $y = f(x)$ のグラフを反転したものが $x = f(y)$，すなわち $y = g(x)$ のグラフになる．従って，**逆関数のグラフはもとの関数のグラフを直線 $y = x$ に関して対称移動したものだ**（だからと言って，これを逆関数の定義としてはいけない）．

たまに逆関数と逆数を混同する人がいるが，全く別の概念だ．たとえば，例 4.18 で見たように，$y = 2x$ の逆関数は $y = x/2$ だが，$2x$ の逆数は $1/(2x)$ だ．また，問 79 で見たように，逆関数が自分自身になる関数は多いが，逆数が自分自身になる数は 1 と -1 しかない．

逆関数も，多様な関数を理解し，扱う上で重要な概念である．ある関数が，既によく知られた関数の逆関数であれば，その関数の性質を使って，「ある関数」の性質を知ることができる（たとえば p.84）．

4.13 陰関数

関数といえば $y = f(x)$ という形の対応関係で，x の値を代入すれば y の値がひとつに決まる．しかし，$x^2 - y^2 + 1 = 0$ のように，x と y が混在するような 2 変数関数が 0 に等しい，という式でも，いちおう x の値を与えれば y は決まる．このように，x と y の 2 変数関数 $F(x, y)$ について，$F(x, y) = 0$ という方程式で x と y が対応する場合，この対応関係を**陰関数**と呼ぶ（定義）．

問 81 r を正の実数の定数とする．陰関数

$$x^2 + y^2 - r^2 = 0 \tag{4.36}$$

のグラフは（ただし $r > 0$ とする），原点を中心とする半径 r の円になることを示せ．

陰関数を式変形すれば $y = f(x)$ の形にすっきり整理できることもあるが，多くの場合は難しい．たとえば，式 (4.36) は，$y = \pm\sqrt{r^2 - x^2}$ と変形できるが，右辺の $\pm$ が困る．たとえば $x = 0$ に対して $y = r$ と $y = -r$ という 2 つの数が対応してしまう．そもそも関数は，本章冒頭や逆関数の箇所で述べたように，x の値が与えられたら y の**ひとつ**の値を対応付けなればならない．従って，そのような陰関数は厳密な意味では関数ではない．ある意味，関数を拡張した概念だ．

陰関数にも，グラフの対称性や平行移動，拡大といった考え方が適用できる．たとえば，ある陰関数 $F(x, y) = 0$ のグラフを x 軸の正の方向に a，y 軸の正の方向に b だけ平行移動すると，$F(x - a, y - b) = 0$ のグラフになる．なぜか？ 陰関数 $F(x, y) = 0$ のグラフ上の任意の点 P を考える．その座標を (x_0, y_0) とする．すなわち，$F(x_0, y_0) = 0$ である．点 P を x 軸の正の方向に a，y 軸の正の方向に b だけ平行移動した先の点を点 P_1 とし，その座標を (x_1, y_1) とする．当然，$x_1 = x_0 + a$ かつ $y_1 = y_0 + b$ である．従って $x_0 = x_1 - a$ かつ $y_0 = y_1 - b$ である．これを $F(x_0, y_0) = 0$ に代入すると，$F(x_1 - a, y_1 - b) = 0$ である．従って，点 P_1 は陰関数 $F(x - a, y - b) = 0$ のグラフ上にある．

問 82 (x, y) 平面上で，点 $(3, -1)$ を中心とする，半径 2 の円を表す陰関数を求めよ．

4.14 関数のグラフを描く手順

以下に関数のグラフを描く手順をまとめる：

1) 定義域をチェック。$1/x$のように割り算が入った関数は，「0での割り算」のところで関数が途切れる。陰関数は，xのとりうる範囲がかなり限定されることもある（たとえば$x^2+y^2=1$は$-1 \le x \le 1$でしか定義されない）。
2) y軸やx軸との共有点（$x=0$でのyや$y=0$でのx）を調べる。それぞれが無いとき（虚数解のとき）はグラフはその軸を通らない。
3) 関数の対称性を調べる（xを$-x$にしてみたりyを$-y$にしてみたり）。
4) よく知っている関数の平行移動や拡大，縮小，対称移動，和などにならないか調べる。
5) xやyが∞や$-\infty$に行く際の様子を調べる。
6) xに適当な（計算しやすい）値をいくつか代入してyの値を求め，プロットしてみる。

よくある質問 31 高校数 III では，関数を微分して増減表を作ってグラフを描きました。それじゃダメですか？… もちろん OK です。でも，複雑な関数や陰関数は，微分計算や正負判定が面倒ですよね。ここでやったように，関数のおおまかな性質を利用するだけでも，様々な関数のグラフを，漸近線を含めてうまく描けます。そういう大局的な見方も強力な武器なのです。

演習問題 3 次式は，酵素が介在する化学反応の速度を説明する，ミカエリス・メンテンの式というものである：

$$v = \frac{V_{\max}[S]}{K_{\mathrm{m}} + [S]} \tag{4.37}$$

$V_{\max}$とK_{m}は正の定数。vは化学反応の速度（単位時間あたり，単位体積あたりに生成される化学物質の量），$[S]$は基質（化学反応の材料となる物質）の濃度である。この式は，vを$[S]$の関数として表している。

(1) $[S]=0$のとき$v=0$であること，$[S] \to \infty$でvは$V_{\max}$に近づくこと，$[S]=K_{\mathrm{m}}$のとき$v=V_{\max}/2$となることを示し，式(4.37)のグラフを描け。横軸を$[S]$，縦軸をvとせよ。基質の濃度は0以上だから，$0 \le [S]$としてよい。

(2) $y=1/v$, $x=1/[S]$として，式(4.37)をyとxの関係式（1次式）に変形せよ。それをグラフに描いた時，y切片と傾きにはどのような意味があるか？

問の解答

答63 $y = f(x)$のグラフ上の任意の点 P を考える。その座標を(x_0, y_0)とする。$y_0 = f(x_0)$が成り立つ。

定理 2 の証明：点 P をx軸方向にa倍して移動した先の点(ax_0, y_0)を点P_2とし，その座標を(x_2, y_2)と置く。すなわち$x_2 = ax_0$, $y_2 = y_0$である。よって$x_0 = x_2/a$, $y_0 = y_2$である。これを$y_0 = f(x_0)$に代入すると，$y_2 = f(x_2/a)$となる。従って，点P_2は$y = f(x/a)$のグラフの上にある。■

定理 4 の証明：点 P をx軸に関して対称移動した先の点$(x_0, -y_0)$を点P_4とし，その座標を(x_4, y_4)と置く。すなわち$x_4 = x_0$, $y_4 = -y_0$である。よって$x_0 = x_4$, $y_0 = -y_4$である。これを$y_0 = f(x_0)$に代入すると，$-y_4 = f(x_4)$, すなわち$y_4 = -f(x_4)$となる。従って，点P_4は$y = -f(x)$のグラフの上にある。■

答64 (1) $y = (x-1)^2 + 2$ (2) $y = 3(x/2)^2 = 3x^2/4$ (3) $y = x^2$を（図 4.12 左上），まずx軸方向に 2 倍することで，$y = (x/2)^2$になる（図 4.12 中上）。さらにx軸方向に 1 移動することで，$y = \{(x-1)/2\}^2$になる（図 4.12 右上）。(4) $y = x^2$を（図 4.12 左下），まずx軸方向に 1 移動することで，$y = (x-1)^2$になる（図 4.12 中下）。さらにx軸方向に 2 倍することで，$y = (x/2-1)^2$になる（図 4.12 右下）。

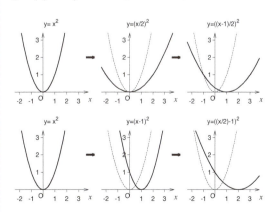

図 4.12 $y = x^2$の 2 段階の変形。順序が違えば結果も違う。点線は$y = x^2$。

答 65 図 4.13 参照。
(1) $y=2x$ のグラフを上（y 軸の正の方向）に 1 移動。
(2) $y=(x+1)^2+2$ だから，$y=x^2$ のグラフを左（x 軸の負の方向）に 1，上に 2 移動。
(3) $y=1/x$ のグラフを上（y 軸の正の方向）に 2 移動。
(4) $y=2-2/(x+1)$ だから，$y=1/x$ のグラフを縦に 2 倍し，上下反転し，左（x 軸の負の方向）に 1，上に 2 移動。$x=0$ のときに $y=0$ となるので，原点を通る。

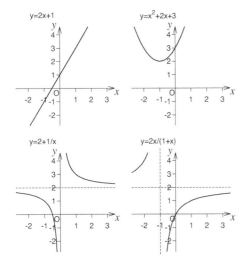

図 4.13 問 65 の答。点線は漸近線。

答 66 (1) $y=3x-2$ (2) 式 (4.18) より，$y=2(x+1)+1$，すなわち $y=2x+3$。(3) 式 (4.19) より，$y=\frac{-3-1}{4-2}(x-2)+1$，すなわち $y=-2x+5$。

答 67 (1) $(32,0)$ と $(212,100)$ を通る 1 次関数（直線の式）を求めればよい。$y-0=\frac{100-0}{212-32}(x-32)$ すなわち，$y=\frac{5}{9}(x-32)=(5/9)x-(160/9)$
(2) $x=(9/5)y+32$ (3) 以下略

答 72
(1) 左辺 $=0$ の解は $x=-3,2$。∴ $-3<x<2$
(2) 左辺 $=0$ の解は $x=-3,-2$。∴ $x\leq -3, -2\leq x$
(3) 左辺 $=0$ の解は $x=(-3\pm\sqrt{5})/2$。よって，$x\leq(-3-\sqrt{5})/2, (-3+\sqrt{5})/2\leq x$

答 73 (1) 左辺 $=(x+1/2)^2+3/4$。これは x がどんな実数値でも正の値をとる。従って，この不等式は，すべての実数値 x について成り立つ。(2) 前問と同様に考えれば，この不等式はどんな実数値にも成り立たない（解を持たない）。(3)（略解）$x<-1, 1<x$ (4)（略解）解なし。(5)（略解）$x=2$ (6)（略解）全ての実数。

(7)（略解）2 以外の全ての実数。

答 74 略。「グラフが何々に関して対称」はダメ。

答 75 グラフは図 4.14 参照。(1) 偶関数。$y=(x+1)(2x+1)(2x-1)(x-1)$ だから，x 軸との交点は $x=-1,-1/2,1/2,1$。$x\to\pm\infty$ で，$y\to\infty$。
(2) どちらでもない。$y=(1+x)x$ だから，x 軸との交点は $x=-1,0$。$y=(x+1/2)^2-1/4$ だから，$y=x^2$ のグラフを左に $1/2$，下に $1/4$ 移動。(3) 奇関数。$y=-(x+1)x(x-1)$ だから，x 軸との交点は $x=-1,0,1$。$x\to\infty$ で，$y\to-\infty$。$x\to-\infty$ で，$y\to\infty$。（本文の例 4.9 の，$y=x^3-x$ のグラフ，つまり図 4.7 を，上下反転したものとも言える。）(4) 偶関数。$x\to\pm\infty$ で，$y\to 0$。つまり x 軸に漸近する。$x=0$ のとき $y=1$。ピークを尖らせたらダメ！

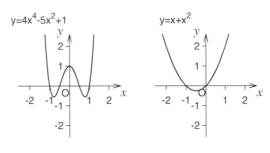

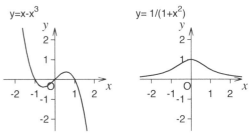

図 4.14 問 75 の答。

答 76 $f_1(x), f_2(x)$ を任意の偶関数，$g_1(x), g_2(x)$ を任意の奇関数とする。定義より，
$$f_1(-x)=f_1(x),\quad f_2(-x)=f_2(x)$$
$$g_1(-x)=-g_1(x),\quad g_2(-x)=-g_2(x)$$
である。さて，(1) $F(x)=f_1(x)f_2(x)$ とすると，$F(-x)=f_1(-x)f_2(-x)=f_1(x)f_2(x)=F(x)$。従って，$F(x)$ は偶関数。
(2) $F(x)=g_1(x)g_2(x)$ とすると，$F(-x)=g_1(-x)g_2(-x)=\{-g_1(x)\}\{-g_2(x)\}=g_1(x)g_2(x)=F(x)$。従って，$F(x)$ は偶関数。
(3) $F(x)=f_1(x)g_1(x)$ とすると，$F(-x)=$

$f_1(-x)g_1(-x) = f_1(x)\{-g_1(x)\} = -f_1(x)g_1(x) = -F(x)$。従って，$F(x)$ は奇関数。

(4) $F(x) = f_1(x)+f_2(x)$ とすると，$F(-x) = f_1(-x)+f_2(-x) = f_1(x)+f_2(x) = F(x)$。従って，$F(x)$ は偶関数。

(5) $F(x) = g_1(x)+g_2(x)$ とすると，$F(-x) = g_1(-x)+g_2(-x) = -g_1(x)-g_2(x) = -\{g_1(x)+g_2(x)\} = -F(x)$。従って，$F(x)$ は奇関数。

(6) たとえば偶関数 $y = 1$ と奇関数 $y = x$ の和：$y = 1+x$ は，偶関数でも奇関数でもない。

答 77 略解：$f(-x) = f(x)$ となることは自明（暗算でわかる）なので偶関数。注：$f(-x) = f(x)$ を満たせば偶関数だから（定義），それを確認すれば十分。グラフを描く必要はない。

答 78 $g(f(x)) = 1+x$（ただし $x \geq 0$），$f(g(x)) = \sqrt{1+x^2}$

答 79 (1) x, y を交換し $x = 2y+1$。即ち $y = (x-1)/2$。(2) x, y を交換し $x = 1/(y-1)$。即ち $y = 1+1/x$。(3) x, y を交換し $x = a/y$。即ち $y = a/x$。(4) x, y を交換し $x = -y+b$。即ち $y = -x+b$。注：(3), (4) では逆関数が自分自身であることに注意！

答 80 $g(f(x)) = \sqrt{f(x)} = \sqrt{x^2} = |x|$。$x$ は 0 以上だから，これは x に恒等的に等しい。また，$f(g(x)) = (g(x))^2 = (\sqrt{x})^2 = x$。

答 81 三平方の定理より x^2+y^2 は，原点から点 (x, y) までの距離の 2 乗。与式より，これが r^2 に常に等しいので，原点から各点までの距離は常に一定値 r。従ってこれらの点は原点を中心とする半径 r の円をなす。 ■

答 82 原点中心，半径 2 の円の陰関数は $x^2+y^2-2^2 = 0$（式 (4.36) より）。これを x 方向に 3, y 方向に -1 だけ移動すると，$(x-3)^2+(y+1)^2-4 = 0$。

第 5 章

微分

5.1 グラフの傾きと微分

今から学ぶ「微分」は、関数を扱う上で極めて強力な道具であり、また、実際の自然や社会の現象を数学で解析する上で不可欠な概念である。

といっても、微分の素朴なイメージは簡単だ。何か適当な関数 $y = f(x)$ を考えよう。そのグラフはどんな形でもよいが、図 5.1 の太い曲線のように、なめらかにつながっているとしよう。今、$y = f(x)$ のグラフの上の点 P をひとつ選び、その点における接線（$y = f(x)$ のグラフに接する直線；図 5.1 の細い実線）を考える。先回りしてざっくり言えば、**微分というのは、この直線（曲線の接線）の傾きのことだ**。

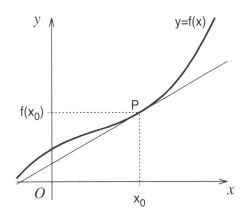

図 5.1 点 P を通る接線（直線）の傾き a が、$x = x_0$ における $f(x)$ の微分係数。

もうすこし丁寧に言おう。点 P の座標を $(x_0, f(x_0))$ とし、この直線の傾きを a とする。a を「関数 $f(x)$ の、$x = x_0$ における微分係数」と呼ぶのだ（ただし、この定義は後で別の形で書き換える）。

では、「接線の傾き a」の値はどのように求められるだろうか？以下、ちょっと長い話だが、「微分」をきちんと理解するために、丁寧に読もう。

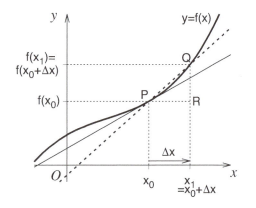

図 5.2 接線の傾き a を、直線 PQ の傾きから求める。

ここで、x_0 に近い（けど x_0 ではない）実数 x_1 を考え、点 $(x_1, f(x_1))$ を点 Q と名付ける（図 5.2 参照）。点 P と点 Q の両方を通る直線（図 5.2 の太い点線）を考えよう。その直線の傾きは、図上の QR/PR なので、$(f(x_1) - f(x_0))/(x_1 - x_0)$ である。当然、この直線 PQ（点線の直線）と「点 P における接線」（実線の直線）は一致するとは限らない。しかし、もしも点 Q が十分に点 P に近ければ、この 2 つの直線はほぼ一致するということが直感的にわかるだろう。そのとき、「点 P における接線」の傾き a は、「点 P と点 Q を通る直線」の傾きにほぼ一致する。すなわち、

$$a \fallingdotseq \frac{f(x_1) - f(x_0)}{x_1 - x_0} \tag{5.1}$$

である（$\fallingdotseq$ は「ほぼ（近似的に）等しい」を意味する）。慣習的に $x_1 - x_0$ を Δx と書く（Δ はギリシア文字の「デルタ」の大文字で、Δ と x は別々の

数ではなく，"Δx" でひとつの数を表す）。すると $x_1 = x_0 + \Delta x$ なので，式 (5.1) は次式になる：

$$a \fallingdotseq \frac{f(x_0 + \Delta x) - f(x_0)}{\Delta x} \tag{5.2}$$

ここで Δx を限りなく 0 に近づける（つまり x_1 を x_0 に限りなく近づける）ような極限では，この左辺と両辺は一致する。つまり，

$$a = \lim_{\Delta x \to 0} \frac{f(x_0 + \Delta x) - f(x_0)}{\Delta x} \tag{5.3}$$

である。[*1]。

5.2 微分の定義

前節では「関数 $f(x)$ の $x = x_0$ における微分係数」を a と書いたが，慣習的には a のかわりに $f'(x_0)$ と書く。というのも，a の値は点 P の位置（それは x_0 で指定される）によって違うし，関数が複数あるときにはどの関数の話なのかをはっきりさせたいのだ。この記法を使えば，たとえば $g'(x_3)$ は，「関数 $g(x)$ の $x = x_3$ における微分係数」を意味する（わかりやすい！）。まとめると，

> **微分係数の定義 (1)**
>
> 関数 $f(x)$ の $x = x_0$ における微分係数を $f'(x_0)$ と書き，以下のように定義する：
>
> $$f'(x_0) := \lim_{\Delta x \to 0} \frac{f(x_0 + \Delta x) - f(x_0)}{\Delta x} \tag{5.5}$$

これはどの教科書にも載っている有名な式である（高校教科書では Δx のかわりに h という記号が使われるのが普通）。ところが，この式とは別の視点で「微分」の本質に迫る考え方がある。それを説明しよう。

図 5.1 における「点 P での接線」は，「$(x_0, f(x_0))$ を通り，傾き $f'(x_0)$ の直線」という条件から，

$$y = f(x_0) + f'(x_0)(x - x_0) \tag{5.6}$$

[*1] Δx を導入せず，式 (5.1) をそのまま使って

$$a = \lim_{x_1 \to x_0} \frac{f(x_1) - f(x_0)}{x_1 - x_0} \tag{5.4}$$

としてもよい。これは式 (5.3) と同じ意味である。

という方程式で表される（式 (4.18) の応用）。そしてこの接線のグラフは，点 P の近くで $y = f(x)$ のグラフにほぼ重なっている（実際，この図で点 P から紙上の数 mm 程度の範囲では，2 つのグラフの線はほとんど重なっているではないか！）。

そこで，「点 P の近く」に限定すれば，式 (5.6) は関数 $y = f(x)$ とほとんど等しいと言えよう。つまり，次式が成り立つ：

$$f(x) \fallingdotseq f(x_0) + f'(x_0)(x - x_0) \tag{5.7}$$

"$\fallingdotseq$" は前述のように「ほぼ（近似的に）等しい」を意味する。ここで，改めて $x - x_0 = \Delta x$ と置こう（この Δx は先程に出てきた Δx とは無関係と考えてよい）。つまり $x = x_0 + \Delta x$ である。これを代入すると，

$$f(x_0 + \Delta x) \fallingdotseq f(x_0) + f'(x_0)\Delta x \tag{5.8}$$

となる。この状況をグラフで示すと，図 5.3 の上で，点 S を点 S' で近似するということである。

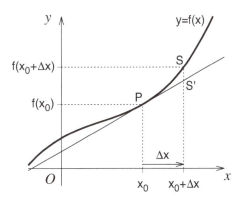

図 5.3 $y = f(x)$ 上の点 S を，接線上の点 S' で近似する。

さて，$x = x_0 + \Delta x$ と x_0 が限りなく近い状況を考えよう。Δx を限りなく 0 に近づけると，究極には Δx は 0 になってしまいそうだが，その寸前で踏みとどまって，「0 ではないけれど，限りなく 0 に近い」という状態（極限）を想定する。そのときの Δx を，慣習的に dx と書く（d と x は別々の数ではなく，"dx" でひとつの数を表す）。この場合，式 (5.8) は，以下のようになる：

$$f(x_0 + dx) = f(x_0) + f'(x_0)\,dx \tag{5.9}$$

ここで，"$\fallingdotseq$" だったところが "$=$" に変わってしまっ

たことに注意しよう。それはこういうことである：Δx が 0 に近づくとき、つまり点 S が点 P に近づく際、点 S と点 S' も互いに近づきあうのだが、それらは点 P でガチャンとぶつかりあうのでなく、互いに寄り沿いながら点 P に向かって行く。すなわち、S や S' が P に近づくよりも速く、S と S' が近づきあう。だから、式 (5.8) の左辺と右辺の誤差（点 S と点 S' の距離）は、Δx が 0 に近づくよりもずっと速く 0 に近づく。従って、極限では、誤差は実質的に 0 になる、つまり "≒" だったところを "=" と書いてよい、と考えるのだ[*2]。

この「0 ではないが、限りなく 0 に近い」という仮想的な微小量 dx を、<u>無限小</u>という。実際の数は、0 でない限り 0 との間に必ず有限な差が存在する。そのような現実の微小量を<u>有限小</u>という。これまでの話では、Δx が有限小である。ちなみに、dx や Δx の "d" や "Δ" は、"difference" つまり「差」とか「違い」を意味する（ギリシア文字の Δ は由来としては英語の D に相当）。$x = x_0$ から「わずかに違うところ」として $x = x_0 + dx$ とか $x = x_0 + \Delta x$ に着目するのだ。

さて、式 (5.9) によると、微分係数 $f'(x_0)$ は、関数 $f(x)$ を「微小量 dx の 1 次式」で近似した時の、dx の<u>係数</u>である。これは「接線の傾き」とは別の視点での答であり、「微分とは何か？」に答える大切な考え方である。

よくある質問 32 それって結局は「接線の傾き」と同じじゃないですか？… （この話題はちょっと高度なので読み飛ばしても構いません）$y = f(x)$ が、ひとつの実数 x をひとつの実数 y に対応させる関数ならば、そのとおりです。しかし、x や y がベクトル（複数の数の組み合わせ；後で学びます）の場合は、図 5.1 のようなグラフを描くことはできないので、「接線」や「傾き」は無意味になります。しかもこの場合、Δx や dx がベクトルになり、「ベクトルで何かを割る」ことはできないので、式 (5.5) が行き詰まります。しかし、そのような場合でも、式 (5.9) は素直に拡張できるのです。後で「全微分」という概念を学ぶときに理解できるでしょう。

[*2] このあたり、厳密には微妙なことが多い。しかし初学者は、とりあえず Δx と dx や、この後に出てくる Δf と df は、それぞれ互いに「同じようなもの」と思ってよい。形式的には、極限では Δ が d になり、≒ が = になるのだ。

我々は、式 (5.9) も「微分係数の定義」として採用する。つまり、

> **微分係数の定義 (2)**
>
> 関数 $f(x)$ と微小量 dx に関して、次式を満たす数 $f'(x_0)$ を、$x = x_0$ における $f(x)$ の<u>微分係数</u>と定義する：
>
> $$f(x_0 + dx) = f(x_0) + f'(x_0)\, dx \quad (5.10)$$

よくある質問 33 ちょっと待って下さい！ 微分係数は既に式 (5.5) で定義したのに、なぜ式 (5.10) で定義し直すのですか？… まず、世間的には式 (5.5) の方がよく使われる定義なので、それを最初に紹介しました。しかし、前の「質問」でも答えたように、式 (5.10) の方が拡張性が優れていますし、何よりも、これから説明しますが、実用上は式 (5.10) の方が使いやすいのです。

よくある質問 34 なぜ世間では式 (5.5) の方がよく使われるのですか？… 実は、式 (5.10) は厳密に考えるとやっかいで微妙な点があるのです。「無限小」というのがそれです。数学者は厳密さを何よりも大切にしますので、数学者目線で厳密な議論がやりやすい式 (5.5) を優先するのです。でも、我々は数学者になるわけではないので、より実用的な式 (5.10) を主に使います。

問 83 式 (5.10) と式 (5.5) をそれぞれ 5 回ずつ書いて記憶せよ。

よくある質問 35 微分って、もっと難しいことかと思ったら、出てくるのは直線の式と傾きだけですね。… そうです。直線の式（1 次関数）を中学高校でたくさん勉強したのは、微分の伏線でもあったのです。

さて、式 (5.8) と式 (5.9) はそれぞれ以下のように書き換えられる：

$$f(x_0 + \Delta x) - f(x_0) \fallingdotseq f'(x_0) \Delta x \quad (5.11)$$

$$f(x_0 + dx) - f(x_0) = f'(x_0)\, dx \quad (5.12)$$

ここで $f(x_0 + \Delta x)$ と $f(x_0 + dx)$ も、$f(x_0)$ からみれば「わずかに違う」値であるので、これらと $f(x_0)$

との差を，それぞれ Δf と df と書こう。すなわち，

$$\Delta f := f(x_0 + \Delta x) - f(x_0) \tag{5.13}$$
$$df := f(x_0 + dx) - f(x_0) \tag{5.14}$$

と定義する。すると，式 (5.11) と式 (5.12) はそれぞれ以下のように書ける：

$$\Delta f \fallingdotseq f'(x_0)\Delta x \tag{5.15}$$
$$df = f'(x_0)dx \tag{5.16}$$

これらは「Δf と Δx は（近似的に）比例する」「df と dx は比例する」という考え方を表す。複雑な関数 $f(x)$ でも，特定の x_0 のすぐそばに限定すれば 1 次関数になり，微小量どうしは比例関係になり，その比例係数が微分係数なのだ。

1 次関数や比例関係は単純だから扱いやすいので，難しい問題も，1 次関数や比例関係の話に持ち込めばなんとかなる。その武器が微分である。

よくある質問 36 微分と微分係数は同じものですか？… 同じものを指すことが多いです。本来は，微分は dx や df などの微小量のことです。でも多くの本で，微分係数や，このあと学ぶ導関数を「微分」と呼びます。特に，「微分せよ」という指示は，ほぼ間違いなく微分係数や導関数を求めよという意味です。

ところで式 (5.16) の両辺を dx で割れば，

$$f'(x_0) = \frac{df}{dx} \tag{5.17}$$

となる。この右辺を

$$\frac{d}{dx}f \tag{5.18}$$

と書くこともある。この場合，$\frac{d}{dx}$ という記号は，「その右側に来る関数を微分する」という意味である。

さて，ここで注意したい大切なことがある。微分の本質は，その定義である式 (5.5) と式 (5.10) に全て込められている。なんと，そこには**「グラフ」「接線」「傾き」などの言葉は全く使われていなかった**！要するに，グラフは話をわかりやすくするためのもので，本当は無くてもかまわないのだ。

これは「抽象化」と言って，数学という学問の著しい特徴のひとつである。発想の原点にグラフなど

の具体的なイメージがあっても，数学の概念として定義するときには，あえてイメージや具体性を消し去って，抽象的な数式と言葉だけで確立するのだ。これが抽象化である。

関数がどのようなグラフになるかが想像できなくても，式 (5.5) や式 (5.10) が適用できればその関数を微分という数学で扱うことができる。それが抽象化の効用である。抽象化された概念は，イメージを失うかわりに，大きな汎用性を手に入れるのだ。

ただ，初学者がいきなり式 (5.5) と式 (5.10) だけで「これが微分係数だ」と教えられても，理解できない。だからグラフを使ったのだ。でも，グラフにとらわれ過ぎると，発想が限定されてしまう。それは自転車練習の「補助輪」のようなものだ。補助輪をつけたままでは速くは走れない。いつか自転車から補助輪を外すように，あるいは水泳を覚えるときにプールの壁や浮き輪から手を離すように，数学を学ぶ際はどこかの時点でイメージから離れて，定義に基づく抽象化を受け入れてこそ，数学の大きな力が手に入るのだ。

よくある質問 37 結局，「微分とは接線の傾きである」と言ったらダメなんですか？…「定義」としてはダメなのです。数学の論理では，そもそも「接線」の定義に微分が必要なのです。

さて，関数 $f(x)$ の，様々な点における微分係数を集めてならべた関数を導関数と呼び，$f'(x)$ と書く。微分係数や導関数を求めることを「微分する」と言う。

では具体的にいくつかの関数を微分してみよう。以後，定義式 (5.10) の x_0 を x と簡単に書き直す。

例 5.1 関数 $f(x) = 2x + 1$ を微分してみよう：

$$f(x + dx) = 2(x + dx) + 1 = 2x + 1 + 2dx$$
$$= f(x) + 2\,dx$$

式 (5.10) と較べると，dx の係数が導関数 $f'(x)$ だから，$f'(x) = 2$ となる。（例おわり）

例 5.1 の問題と解は次のように書いてもよい：

$$(2x + 1)' = 2 \tag{5.19}$$

式 (5.19) の左辺のように，何かの関数の微分（導関数）を表すには，その関数をカッコ ( ) で囲って，ダッシュ (′) をつける。あるいは，

$$\frac{d}{dx}(2x+1) = 2 \tag{5.20}$$

のように，微分したい関数の前に d/dx という記号を書いてもよい（式 (5.18) 参照）。

よくある質問 38 導関数と微分係数の違いがよくわかりません。… 導関数は関数。その 1 箇所での値が微分係数。たとえば例 5.2 で学ぶように，$f(x) = x^2$ という関数の導関数は $f'(x) = 2x$。そいつの $x = 3$ での値 $f'(3) = 6$ が，「$x = 3$ における微分係数」です。

問 84 p, q を任意の定数とする。1 次関数 $f(x) = px + q$ を微分すると，$f'(x) = p$ となること，つまり

$$(px+q)' = p \tag{5.21}$$

を示せ。特に，定数関数 $y = q$ を微分すると，恒等的に 0 になること（次式）を示せ：

$$(q)' = 0 \tag{5.22}$$

定数関数のグラフは，x 軸と平行な直線だから，どの場所でも傾きは 0 である。そのことからも，定数関数の導関数が恒等的に 0 であることが納得できるだろう。

また，1 次関数 $px + q$ のグラフは，切片 q，傾き p の直線である。従って，どの場所でも傾きは p である。そのことからも，$px + q$ の導関数が恒等的に p であることが納得できるだろう。

例 5.2 関数 $f(x) = x^2$ を微分してみよう。

$$f(x + dx) = (x + dx)^2$$
$$= x^2 + 2x\,dx + dx^2$$
$$= f(x) + 2x\,dx + dx^2$$

ここで，dx^2 は，$d \times x^2$ ではなく，$(dx)^2$ である。というのも，既に述べたように，dx は $d \times x$ ではなく dx のひとまとまりでひとつの数（微小量）を表すからだ。さて，dx は 0 に近い量だから，**その 2 乗である dx^2 は，さらに，はてしなく 0 に近い**は

ずだ。そこで，この dx^2 の項は無視しよう！ そうすると，

$$f(x + dx) = f(x) + 2x\,dx \tag{5.23}$$

となる。式 (5.10) と較べると，dx の係数は $2x$ だから，$f'(x) = 2x$ となる。（例おわり）

この例の dx^2 は**無視する**という考え方は極めて重要である。換言すれば，「Δx は無視できないが Δx^2 は無視できる」くらいに Δx が 0 に近づく状況が，これまで述べてきた「Δx が限りなく 0 に近づく」ということ，つまり「Δx が dx になること」，つまり「極限」の，具体的な意味である。そのような状況では，多くの関数で，Δf と Δx の関係が，df と dx の単なる比例関係になる（とみなせる）。その比例係数が微分係数（または導関数）である。

よくある質問 39 高校で微分係数を習った時は，どこが係数なのかと思っていましたが，本当に係数だったのですね。… そうです。dx の係数が「微分係数」です。

よくある質問 40 dx^2 を 0 とする等の基準がわからなくて不安です。… dx と dx^2 が混在している時は，dx^2 は dx よりはるかに小さいので無視する，ということです。もし dx が 0.01 なら dx^2 は 0.0001 になり，dx よりもはるかに小さいですよね（dx は限りなく 0 に近い微小量なので，このように具体的な値を例に挙げるのは本当は間違っているのですが）。

例 5.3 関数 $f(x) = x^n$ を微分しよう（n は 1 以上の整数の定数）。二項定理（p.31）より，

$$f(x + dx) = (x + dx)^n$$
$$= {}_nC_0 x^n + {}_nC_1 x^{n-1} dx + {}_nC_2 x^{n-2} dx^2 + \cdots$$
$$= x^n + nx^{n-1} dx + {}_nC_2 x^{n-2} dx^2 + \cdots$$
$$= f(x) + nx^{n-1} dx + {}_nC_2 x^{n-2} dx^2 + \cdots$$

ここで dx^2 以降の項は無視。式 (5.10) と較べると，dx の係数は nx^{n-1} だから，次式のようになる：

$$f'(x) = nx^{n-1} \tag{5.24}$$

この公式にたとえば $n = 2$ を入れると，

$$(x^2)' = 2x \tag{5.25}$$

となり，例 5.2 に一致する（例おわり）。

例 5.4 関数 $f(x) = 1/x$ を微分しよう。まず，

$$f(x+dx) = \frac{1}{x+dx} \tag{5.26}$$

ここで，分子と分母の両方に $x - dx$ を掛けると，

$$f(x+dx) = \frac{x-dx}{(x+dx)(x-dx)} = \frac{x-dx}{x^2-dx^2}$$

ここで，分母の dx^2 を無視すると，

$$f(x+dx) = \frac{x-dx}{x^2} = \frac{1}{x} - \frac{1}{x^2}dx$$
$$= f(x) - \frac{1}{x^2}dx$$

式 (5.10) と較べると，dx の係数は $-1/x^2$ だから，

$$f'(x) = -\frac{1}{x^2} \tag{5.27}$$

となる。ところでこれは，式 (5.24) で $n = -1$ とおいた場合に一致する。もともと式 (5.24) では，定数 n を 1 以上の整数としたが，$n = -1$ のときも成り立つことがわかった。

5.3 数値微分

これから具体的な関数の微分を学んでいくのだが，まず，計算機で関数を微分するやり方を学ぼう。それを数値微分という。数値微分は原理が単純で，微分のアイデアを理解するのに良い題材だ。また，実際に世の中で数値微分は様々な場で使われている。

式 (5.5) より，微分は次式で定義される：

$$f'(x) := \lim_{\Delta x \to 0} \frac{f(x+\Delta x) - f(x)}{\Delta x} \tag{5.28}$$

実際は，Δx が「限りなく 0 に近く」なくても，ある程度まで 0 に近づければ，このリミットを無視しても，そこそこ正確に計算できるだろう：

$$f'(x) \fallingdotseq \frac{f(x+\Delta x) - f(x)}{\Delta x} \tag{5.29}$$

これが，計算機に微分をさせるときの発想だ。表計算ソフトでは，$f(x)$ について隣り合うセルどうしの差を求め（$f(x+\Delta x) - f(x)$），それを x について隣り合うセルどうしの差（つまり Δx，つまり刻み幅）で割ればよい。

たとえば $f(x) = x^2$ を微分してみよう。スプレッドシートで，x の値を -1 から 1 まで 0.05 刻みで A 列に与え，$f(x)$ の値を B 列に与える：

	A	B	C
1	x	f(x)=x^2	f'(x)
2	-1	1	
3	-0.95	0.9025	
4	-0.9	0.81	
5	-0.85	0.7225	
…	…	…	

ここで右端の列（C 列）で微分 $f'(x)$ を計算するには，セル C2 に，「=(B3−B2)/(A3−A2)」という式を書き込む。ここで B3−B2 というのは $f(x+\Delta x) - f(x)$ に相当し，A3−A2 というのが Δx に相当する。厳密には，このような計算式で与えられる微分の値（つまり微分係数）は，$x = -1$ のときではなく，$x = -1$ と $x = -0.95$ の中間付近のものだが，どうせ x の刻み（$\Delta x = 0.05$）は小さいから，あまり気にしない。気になるなら，刻みをもっと小さくとればよい。

そして，C2 セルの内容を，C3 以降の C 列全体にコピーペーストすれば，C 列に，近似的ではあるが，導関数 $f'(x)$ ができる。こうして計算機で関数の微分を近似的に行うことを，<u>数値微分</u>と呼ぶ。

問 85 表計算ソフトで，関数 $f(x) = x^2$ を，$-1 \leq x \leq 1$ の範囲で数値微分し，その結果を，$f(x)$ と，式 (5.25) で求めた解析的[*3]な結果 $f'(x) = 2x$ とともに，グラフに描け。Δx は各自で適当に定めよ。結果は図 5.4 のようになるはず！

5.4 グラフから導関数を直感的に作る

導関数を，グラフで直感的に考えてみよう。例として図 5.5 を考える。ある関数 $y = f(x)$ のグラフが上段に描いてある。$y = f(x)$ のグラフ上の点 A, B, C, D, E を考えよう。各点における接線を，点線

[*3] 理論的に厳密な計算（式変形）で答えを導くことを<u>解析的</u>という。「数値的」の対義語である。

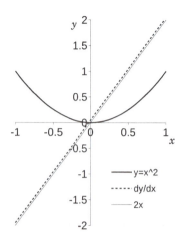

図5.4 $y=x^2$ とその数値微分 (dy/dx), そして $y=2x$。x の刻みは 0.05。数値微分と $y=2x$ は, 刻みを小さくすればもっと近くなる。例 5.2 の結論を数値微分でも確認できた！

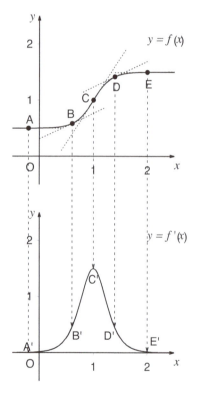

図5.5 関数 $y=f(x)$ とその導関数 $y=f'(x)$。$y=f(x)$ のグラフは点 C 付近で傾き最大。従って, そのとき導関数 $y=f'(x)$ は最大値をとる（点 C'）。

で描いてある。これらの接線は, 点 A と点 E ではほぼ水平だが, 点 B, C, D では右上がりだ。特に, 点 C での接線の傾きはかなり急だ。

従って,「接線の傾き」という観点では, 点 A, E ではほぼ 0 であり, 点 B, D では「そこそこ」の大きさ, そして点 C で最も大きい。このような各点での「接線の傾き」をグラフにすると, ひとつの山型のグラフができる。それが下段の $y=f'(x)$ である。

このように, 関数の導関数のグラフを描くには, 関数上の各点での「接線の傾き」を考えて, それを別のグラフにプロットすればよい。

5.5 微分の公式

実際に関数を微分するときは, 微分係数（導関数）の定義式 (5.10) まで遡ることは少ない。複雑な関数の場合は前節でやったように数値微分を使うし, そうでなければ, 以下に示すような, いくつかの便利な定理（公式）を駆使してやってしまうのだ。以下, $f(x), g(x)$ を, 任意の（微分可能な）関数とする。

> **微分の公式1：足し算はバラせる**
> $$\{f(x)+g(x)\}' = f'(x)+g'(x) \quad (5.30)$$

証明：$F(x) = f(x) + g(x)$ とおくと,

$$\begin{aligned}
F(x+dx) &= f(x+dx) + g(x+dx) \\
&= f(x) + f'(x)dx + g(x) + g'(x)dx \\
&= f(x) + g(x) + \{f'(x) + g'(x)\}dx \\
&= F(x) + \{f'(x) + g'(x)\}dx \quad (5.31)
\end{aligned}$$

ここで, dx の係数に着目すると, 微分係数の定義から, $F'(x) = f'(x) + g'(x)$。 ∎

例 5.5 $f(x) = x^2 + 2x$ を微分しよう。公式1を使うと, $f'(x) = (x^2 + 2x)' = (x^2)' + (2x)'$ となる。例 5.2 から, $(x^2)' = 2x$ であり, 式 (5.21) から, $(2x)' = 2$ である。従って, $f'(x) = 2x + 2$ となる。（例おわり）

> **微分の公式 2：定数倍は前に出せる**
> a を定数として，
> $$\{af(x)\}' = af'(x) \tag{5.32}$$

証明：$F(x) = af(x)$ とおくと，

$$F(x + dx) = af(x + dx) = a\{f(x) + f'(x)dx\}$$
$$= af(x) + af'(x)dx$$
$$= F(x) + af'(x)dx \tag{5.33}$$

ここで，dx の係数に着目すると，微分係数の定義から，$F'(x) = af'(x)$。 ■

微分の公式 1 と 2 は，要するに，「足し算の微分」は「微分どうしの足し算」にバラせるし，微分の中の定数倍は微分の外に出せるのだ。これは<u>線型性</u>と呼ばれる，重要な性質である（同様の性質が数列の和 $\sum$ にもあったこと（p.37）を覚えているだろうか？）。

例 5.6 $f(x) = 3x^2$ を微分しよう。公式 2 を使うと，$f'(x) = (3x^2)' = 3(x^2)'$ となる。例 5.2 から，$(x^2)' = 2x$ である。従って，$f'(x) = 3(2x) = 6x$ となる。

例 5.7 $f(x) = x^3 + 2x^2 + 3x + 1$ を微分しよう。公式 1, 2 より，$f'(x) = (x^3)' + 2(x^2)' + 3(x)' + (1)'$。ここで，右辺の $(1)'$ とは定数関数 1（すべての x に対して定数 1 を対応させる関数）の微分であり，式 (5.22) より，もちろん 0 である。$(x^3)'$ や $(x^2)'$，$(x)'$ に式 (5.24) を使うと，答は $3x^2 + 4x + 3$ となる。

問 86 以下の関数を微分せよ：
(1) $f(x) = x^2 + x + 1$
(2) $f(x) = 4x^2 + 5x + 6$
(3) $f(x) = 3x^2 + 3x + 4$
(4) $f(x) = 5/x$（ヒント：例 5.4 を使う）
(5) $f(x) = x - 1/x$

> **微分の公式 3：積の微分**
> $$\{f(x)g(x)\}' = f'(x)g(x) + f(x)g'(x) \tag{5.34}$$

証明：$F(x) = f(x)g(x)$ とおくと，

$$F(x + dx) = f(x + dx)g(x + dx)$$
$$= \{f(x) + f'(x)dx\}\{g(x) + g'(x)dx\}$$
$$= f(x)g(x) + f'(x)g(x)dx$$
$$\quad + f(x)g'(x)dx + f'(x)g'(x)dx^2$$

ここで，dx^2 を無視し，さらに，dx の項を整理し，また，$f(x)g(x)$ を $F(x)$ で置き換えると，

$$F(x + dx) = F(x) + \{f'(x)g(x) + f(x)g'(x)\}dx$$

dx の係数に着目すると，微分係数の定義から，

$$F'(x) = f'(x)g(x) + f(x)g'(x) \tag{5.35}$$

■

例 5.8 関数 $F(x) = (x^2 + 2)(x^2 + x + 3)$ を微分しよう。$f(x) = x^2 + 2$，$g(x) = x^2 + x + 3$ として，公式 3 を使うと，

$$F'(x) = (x^2 + 2)'(x^2 + x + 3)$$
$$\quad + (x^2 + 2)(x^2 + x + 3)'$$
$$= 2x(x^2 + x + 3) + (x^2 + 2)(2x + 1)$$
$$= 4x^3 + 3x^2 + 10x + 2$$

となる。一方，先に因数を展開してしまって，

$$F'(x) = (x^4 + x^3 + 5x^2 + 2x + 6)'$$
$$= (x^4)' + (x^3)' + 5(x^2)' + 2(x)' + (6)'$$
$$= 4x^3 + 3x^2 + 10x + 2 \tag{5.36}$$

とすることもできる。どちらでやっても，答は一致する。このように，数学は色んなやり方で正解に到達できるものなのだ。

問 87 以下の関数：
$$f(x) = (x^2 + x + 1)(x^2 - x - 2) \tag{5.37}$$

について，
(1) 2つの関数：x^2+x+1 と x^2-x-2 の積とみなして，積の微分の公式を使って微分せよ。
(2) 因数を展開して（つまり掛け算を実行してカッコを外して）から微分し，前小問の結果と一致することを確認せよ。

「関数 $f(x)$」などの (x) を省略して書くことがよくある。式が単純になって見やすいし覚えやすい。公式 1, 2, 3 は，それぞれ以下のようになる：

$$(f+g)' = f' + g' \tag{5.38}$$
$$(af)' = af' \tag{5.39}$$
$$(fg)' = f'g + fg' \tag{5.40}$$

さて，多くの学生がつまずくのが次の公式である。といっても，しっかり説明を読めば難しくないはずだ。

微分の公式 4：合成関数の微分

$$\{g(f(x))\}' = g'(f(x))f'(x) \tag{5.41}$$

注：ここで $g'(f(x))$ は，$g(x)$ の導関数 $g'(x)$ の x の部分に $f(x)$ を代入したものであり，$g(f(x))$ の導関数ではない。

証明の前に例を示す：

例 5.9 関数 $(x^2+1)^3$ を微分しよう。この関数を，「$g(x) = x^3$ という関数の x の部分に，$f(x) = x^2+1$ という関数を入れたもの」とみなす。$g'(x) = 3x^2$ だから，公式 4 より，

$$\{(x^2+1)^3\}' = \{(f(x))^3\}' = 3(f(x))^2 f'(x)$$
$$= 3(x^2+1)^2 \{(x^2+1)'\} = 3(x^2+1)^2(2x)$$
$$= 6x(x^2+1)^2 \tag{5.42}$$

となる。これで完了としてよいのだが，ここではあえて式 (5.42) を展開すると，

$$6x^5 + 12x^3 + 6x \tag{5.43}$$

となる。一方，$(x^2+1)^3$ を先に展開してから微分すると，

$$\{(x^2+1)^3\}' = (x^6 + 3x^4 + 3x^2 + 1)'$$
$$= 6x^5 + 12x^3 + 6x \tag{5.44}$$

となる。式 (5.43)，式 (5.44) は一致している（つじつまが合っている）。（例おわり）

この例は，公式 4 を使わなくても式を展開してから普通に微分すれば解けた。しかし，次の例のように，公式 4 がどうしても必要になる場面もたくさんある：

例 5.10 $1/(2x^2+1)$ という関数を微分してみよう。$f(x) = 2x^2+1, g(x) = 1/x$ として，公式 4 を使う。式 (5.27) より $g'(x) = -1/x^2$。従って，

$$\left\{\frac{1}{2x^2+1}\right\}' = -\frac{1}{(f(x))^2} \times f'(x)$$
$$= -\frac{1}{(2x^2+1)^2} \times (2x^2+1)'$$
$$= -\frac{4x}{(2x^2+1)^2} \tag{5.45}$$

となる。（例おわり）

実際には，こういうふうに $g(x)$ や $f(x)$ をわざわざ作ったりしないで，頭の中でまず $2x^2+1$ をひとつの変数とみなして全体を微分し，さらに $2x^2+1$ を x で微分して掛け合わせ，いきなり式 (5.45) の最後の行を暗算で導出できるようになるのが望ましい。最初は難しいかもしれないが，慣れるまで練習しよう。

では公式 4 を証明しよう：$F(x) = g(f(x))$ とおくと，

$$F(x+dx) = g(f(x+dx))$$
$$= g(f(x) + f'(x)dx) \tag{5.46}$$

ここで，dx は 0 に限りなく近い微小量だから，それに $f'(x)$ を掛けた数，すなわち $f'(x)dx$ も，0 に限りなく近い微小量とみなせる。そこで，微分係数の定義式 (5.10) において，$f(x)$ を $g(x)$ とし，x_0 を $f(x)$ とし，dx を $f'(x)dx$ とすれば，式 (5.46) はさらに続けて

$$g(f(x) + f'(x)dx)$$

$$= g(f(x)) + g'(f(x))\{f'(x)dx\} \quad (5.47)$$

と変形できる。この右辺第一項の $g(f(x))$ は，無論 $F(x)$ である。従って，式 (5.46) 式 (5.47) より，

$$F(x+dx) = F(x) + g'(f(x))f'(x)dx \quad (5.48)$$

dx の係数に着目すると，微分係数の定義から，$F'(x) = g'(f(x))f'(x)$ となり，式 (5.41) が得られた。■

この公式は，一見，複雑そうに見えるが，式 (5.17) のような書き方を使うと，

$$\frac{dg}{dx} = \frac{dg}{df}\frac{df}{dx} \quad (5.49)$$

と表せる。右辺に現れる 2 つの微分の掛け算を，形式的に，微小量 dg, df, dx の分数の掛け算とみなせば，右辺を約分したものが左辺になるだけだ。

問 88 以下の関数を，合成関数の微分の公式を使って微分せよ：

(1) $F(x) = (3x^2 + 2)^3$
(2) $F(x) = (x^2 + x + 1)^3$
(3) $F(x) = (x^5 + x^4 + x^3 + x^2 + x + 1)^2$
(4) $F(x) = (1 + 1/x)^2$

問 89 関数 $u(x)$ の逆数で表される関数 $1/u(x)$ の導関数は，以下で与えられることを示せ（ただし $u(x)$ は 0 にならないものとする）[*4]：

$$\left(\frac{1}{u}\right)' = -\frac{u'}{u^2} \quad (5.50)$$

ヒント：$g(x) = 1/x, f(x) = u(x)$ として公式 4。

問 90 関数 $v(x)$ と $u(x)$ の比で作られる関数 $v(x)/u(x)$ の導関数は，以下で与えられることを示せ（ただし $u(x)$ は 0 にならないものとする）：

$$\left(\frac{v}{u}\right)' = \frac{v'u - vu'}{u^2} \quad (5.51)$$

問 91 以下の関数を微分せよ：

(1) $f(x) = \dfrac{1}{1+x^2}$ (2) $f(x) = \dfrac{x}{1+x^2}$

[*4] 式 (5.50), 式 (5.51) では関数 $u(x)$ の「(x)」を省略して書いていることに注意せよ。

ヒント：(1) は $u(x) = 1+x^2$ として式 (5.50)。(2) は $u(x) = 1+x^2, v(x) = x$ として式 (5.51)。

例 5.11 $1/x^n$ を微分してみよう（n は 1 以上の整数の定数とする）。この関数は，

$$g(x) = x^n \ \text{と}, f(x) = \frac{1}{x}$$

の合成関数とみなせる。実際

$$g(f(x)) = \left(\frac{1}{x}\right)^n = \frac{1}{x^n} \quad (5.52)$$

となる。ところで，式 (5.24) より $g'(x) = nx^{n-1}$ であり，例 5.4 より $f'(x) = -1/x^2$ だから，式 (5.41) より，次式が成り立つ：

$$\begin{aligned}\left(\frac{1}{x^n}\right)' &= n\left(\frac{1}{x}\right)^{n-1}\left(\frac{1}{x}\right)' \\ &= n\left(\frac{1}{x}\right)^{n-1}\left(-\frac{1}{x^2}\right) \\ &= -\frac{n}{x^{n+1}}\end{aligned} \quad (5.53)$$

式 (5.53) は次のように書き換えられる。

$$(x^{-n})' = -nx^{-n-1} \quad (5.54)$$

これは，式 (5.24) で n を $-n$ と置き換えたものに一致する。もともと式 (5.24) では，n を 1 以上の整数としたが，これで，定数 n が負の整数のときも成り立つことがわかった。

次に学ぶ公式は，公式 4 の応用だ。これは p.9 で学んだ対数を微分したりするのに使う（その話は後の章に出てくる）。

微分の公式 5：逆関数の微分

$g(x)$ を $f(x)$ の逆関数とすると

$$g'(x) = \frac{1}{f'(g(x))} \quad (5.55)$$

注：ここで $f'(g(x))$ は，$f(x)$ の導関数 $f'(x)$ に $g(x)$ を代入したものだ。$f(g(x))$ の導関数ではない。

証明：合成関数の微分より，

$$\{f(g(x))\}' = f'(g(x))g'(x) \quad (5.56)$$

である。ところで，$g(x)$ は $f(x)$ の逆関数だから，p.55 の式 (4.33) より，恒等的に $f(g(x)) = x$ である。従って，

$$\{f(g(x))\}' = (x)' = 1 \tag{5.57}$$

式 (5.56) と式 (5.57) より，$f'(g(x))g'(x) = 1$。この両辺を $f'(g(x))$ で割れば，$g'(x) = 1/f'(g(x))$ となり，式 (5.55) に一致する。■

例 5.12 $f(x) = x^{1/n}$ を微分してみよう。ただし n は 1 以上の整数とする。$g(x) = x^n$ とすると，$g(f(x)) = x$ だから，$g(x)$ と $f(x)$ は互いに逆関数。一方，$g'(x) = nx^{n-1}$ である。式 (5.55)（逆関数の微分）より，

$$f'(x) = \frac{1}{g'(f(x))} = \frac{1}{n(f(x))^{n-1}} = \frac{1}{n(x^{1/n})^{n-1}}$$
$$= \frac{1}{nx^{(n-1)/n}} = \frac{1}{n}x^{-(n-1)/n}$$
$$= \frac{1}{n}x^{(1-n)/n} = \frac{1}{n}x^{(1/n)-1} \tag{5.58}$$

（例おわり）

式 (5.58) は，式 (5.24) で n を $1/n$ と置き換えたものに一致する。これで，式 (5.24) は，定数 n が正の整数の逆数のときも成り立つことがわかった。

式 (5.24)，式 (5.54)，式 (5.58) からわかったように，定数 α が正の整数または負の整数または正の整数の逆数のとき，

$$(x^\alpha)' = \alpha x^{\alpha-1} \tag{5.59}$$

が成り立つ。そのことと合成関数の微分の公式を使えば，α が負の整数の逆数のときや，0 以外の有理数（整数どうしの比で表される数）のときもこれが成り立つことが証明できる。実数は有理数の極限として表されるので（このあたりは高度な数学になるので，詳細はわからなくてもよい），有理数で成り立てば，実数でも成り立つ。従って，以下の公式が成り立つことがわかった：

微分の公式 6：べき関数の微分
定数 α が 0 以外の実数であれば，

$$(x^\alpha)' = \alpha x^{\alpha-1} \tag{5.60}$$

例 5.13 もういちど関数 $f(x) = 1/x$ を微分してみよう。$1/x = x^{-1}$ だから，式 (5.60) で $\alpha = -1$ とすれば，

$$f'(x) = (x^{-1})' = -1 \cdot x^{-2} = -\frac{1}{x^2} \tag{5.61}$$

これは式 (5.27) と一致する。

例 5.14 $\sqrt{x}$ を微分してみよう。

$$(\sqrt{x})' = (x^{1/2})' = \frac{1}{2}x^{1/2-1} = \frac{1}{2}x^{-1/2} = \frac{1}{2\sqrt{x}}$$

問 92 以下の関数を微分せよ。
(1) $3/x$ (2) $1/\sqrt{x}$ (3) $x^{2/3}$
(4) x^{-5}

問 93 微分の公式 1〜5 の証明を再現せよ。

これらの公式を体得して駆使するには，たくさんの計算練習が必要である。がんばろう！

例 5.15 $\sqrt{x^2+1}$ を微分してみよう。$g(x) = \sqrt{x}$ と $f(x) = x^2+1$ の合成関数 $g(f(x))$ とみなして，

$$(\sqrt{x^2+1})' = \frac{1}{2\sqrt{x^2+1}} \times (x^2+1)'$$
$$= \frac{2x}{2\sqrt{x^2+1}} = \frac{x}{\sqrt{x^2+1}} \tag{5.62}$$

例 5.16 $x\sqrt{x^2+1}$ を微分してみよう。

$$(x\sqrt{x^2+1})' = x'\sqrt{x^2+1} + x(\sqrt{x^2+1})'$$
$$= \sqrt{x^2+1} + x \times \frac{x}{\sqrt{x^2+1}}$$
$$= \sqrt{x^2+1} + \frac{x^2}{\sqrt{x^2+1}} \tag{5.63}$$

最初の変形では積の微分（公式 3）を使った（x と $\sqrt{x^2+1}$ の積）。それ以降は式 (5.62) の結果を使った。

よくある間違い 11 微分記号を省略し，微分する前の関数と微分した後の関数をイコールで結んでしまう。たとえば，$(x^2+x)' = 2x+1$ と書くべきところを，$x^2+x = 2x+1$ と書いてしまう。

問 94 微分の公式を駆使して，以下の関数を微

分せよ：
(1) $\sqrt{2x+3}$ (2) $\sqrt{1-x^2}$ (3) $x^2\sqrt{1+x^2}$
(4) $\dfrac{1}{\sqrt{1+x^2}}$ (5) $\dfrac{1}{1+\sqrt{x}}$ (6) $\sqrt{1+\dfrac{1}{x}}$
(7) $\dfrac{x-1}{x+1}$ (8) $\dfrac{1}{1+\dfrac{1}{x}}$

5.6 線型近似

微分はもともと，関数のグラフを直線（1次式）で近似することが発想の原点だった。その発想を素直に使えば，複雑な関数を単純な1次式で近似できる。それを<u>線型近似</u>とか1次近似という。これは数学の実用において，とても便利で重要な考え方である。

式 (5.8) で述べたように，関数 $f(x)$ の，$x=x_0$ における微分係数 $f'(x_0)$ は，

$$f(x_0 + \Delta x) \fallingdotseq f(x_0) + f'(x_0)\Delta x \quad (5.64)$$

を満たす。Δx が 0 に近くなるほど，近似等号 "$\fallingdotseq$" は等号 "$=$" に近づくので，Δx がたとえ有限小であってもそこそこ 0 に近ければ，この式の右辺は**概ね**左辺に等しいと考えられる。これが線型近似である。

よくある質問 41 それって，数値微分の考え方に似てません？… そうです。数値微分は，線型近似の考え方を使っているのです。

特に，$x_0 = 0$ とし，0 に近い範囲でしか x を考えないという前提で，Δx を x と置き換えることで，式 (5.64) は

$$f(x) \fallingdotseq f(0) + f'(0)x \quad (5.65)$$

となる。実用上は，このタイプの近似式がよく使われる。では実際に線型近似をやってみよう。

例 5.17 $f(x) = \sqrt{1+x}$ を線型近似する：$f'(x) = 1/(2\sqrt{1+x})$ だから，$f(0) = 1, f'(0) = 1/2$。これを式 (5.65) に入れると，$x=0$ 付近で

$$\sqrt{1+x} \fallingdotseq 1 + \dfrac{x}{2} \quad (5.66)$$

となる。試しに，実際にいくつかの値を計算してみよう。

$\sqrt{1.1} = 1.04880\ldots$ だが，式 (5.66) より，$\sqrt{1.1} = \sqrt{1+0.1} \fallingdotseq 1 + 0.1/2 = 1.05$。

$\sqrt{1.01} = 1.004987\ldots$ だが，式 (5.66) より，$\sqrt{1.01} = \sqrt{1+0.01} \fallingdotseq 1 + 0.01/2 = 1.005$。

なかなか良い精度で近似できている。

問 95 $x=0$ 付近で，以下の式が成り立つことを示せ（ただし a は任意の実数）。

$$(1+x)^a \fallingdotseq 1 + ax \quad (5.67)$$

問 96 前問を利用して，以下の関数を $x=0$ 付近で線型近似せよ：
(1) $1/(1+x)$ (2) $1/(1-x)$ (3) $1/\sqrt{1+x}$

例 5.18 $(1.01)^{10}$ の近似値を求めよう。これがもし 1^{10} なら楽である。そこで，$1.01 = 1+0.01$ というふうに考える：$(1+0.01)^{10} \fallingdotseq 1 + 10 \times 0.01 = 1.1$。正確には $(1.01)^{10} = 1.1046\cdots$ であり，有効数字 3 桁まで合っている。

例 5.19 $\sqrt{26}$ の近似値を求めよう。2 乗して 26 に近い数は何かな？ と考えると，$5^2 = 25$ である。そこで，$26 = 25 + 1$ と考える。

$$\sqrt{26} = \sqrt{25+1} = \sqrt{25\left(1+\dfrac{1}{25}\right)} = 5\sqrt{1+\dfrac{1}{25}}$$
$$\fallingdotseq 5\left(1+\dfrac{1}{50}\right) = 5.1$$

正確には $\sqrt{26} = 5.0990\cdots$ であり，有効数字 3 桁まで合っている（4 桁目を四捨五入すると一致）。この式展開で，25 を先に $\sqrt{}$ の外に追い出し，$\sqrt{}$ の中を $1+1/25$ の形にしたところがコツだ。$1/25$ は 0 にそこそこ近いので，式 (5.67) が使えたのだ。このように，まずざっくり簡単な近似値（この場合は 5）を勘で見つけることが大事だ。それをもとに，線型近似で精度を上げるのだ。

問 97 線型近似を利用して，以下の値を近似的に求めよ（電卓を使わないで筆算で。できれば暗算で！）：
(1) $(0.99)^{10}$ （正確には $0.9043\cdots$ となる）
(2) $10^{1/3}$ （正確には $2.1544\cdots$ となる）

線型近似では物足らない，もっと精度の良い近似が欲しい，という場合は，1次式ではなく，2次式，3次式と，高次の多項式で関数を近似すればよい。その考え方は「テーラー展開」といって，後に学ぶ。

5.7 高階導関数

ところで，関数 $f(x)$ を，2回続けて微分することを考えよう。それを，2階微分とか2階導関数（回ではなく階という字を使う）と呼び，$f''(x)$ と書く（定義）。2階導関数 $f''(x)$ は，式 (5.18) の書き方で書けば，

$$\frac{d}{dx}\Bigl(\frac{d}{dx}f(x)\Bigr) \tag{5.68}$$

とも書けるので，形式的に縮めて，

$$\frac{d^2}{dx^2}f(x) \quad \text{とか}, \quad \frac{d^2f}{dx^2}(x) \quad \text{とか}, \quad \frac{d^2f}{dx^2}$$

と書くこともある。分母と分子で「2乗」のつく位置が異なることに注意。

これと同様に考えて，「3階導関数」「4階導関数」…「n 階導関数」など（n は 1 以上の整数）も考えることができ，それらはまとめて高階導関数と呼び，

$$f^{(n)}(x) \tag{5.69}$$

$$\frac{d^n}{dx^n}f(x) \tag{5.70}$$

$$\frac{d^nf}{dx^n}(x) \tag{5.71}$$

$$\frac{d^nf}{dx^n} \tag{5.72}$$

などと書く。独立変数 x やその値が文脈上，明らかであれば，式 (5.72) のように，(x) は省略してもかまわない。式 (5.69) については，n 個のダッシュ「$'$」を書きたいところだが，$f''''''(x)$ とか書くのは格好が悪いので，3階以上になったら，(3) とか (n) というふうに書く。

問 98 以下の関数について，$f'(x)$, $f''(x)$, $f^{(3)}(x)$ をそれぞれ求めよ。
(1) $f(x) = x^5 + 2x^3$ (2) $f(x) = 1/(1-x)$

よくある質問 42 d^2x/dt^2 の，dt^2 や d^2x はどういう状態？… 既に述べたように，dt^2 は dt かける dt です。d^2x は，t が2段階で変化するときの「x の変化の変化」と思えばよろしい。つまり，t が $t+dt$ に変化した時の dx と，t が $t+dt$ から $t+2dt$ に変化した時の dx との差（後者引く前者）が d^2x です。丁寧に書くと，$d(dx)$ です。dx 自体が微小量だから，微小量どうしの差はすごく小さい微小量になるということが直感できるでしょう。dt^2 や d^2x を「2次の微小量」と言います。2次の微小量は dt や dx という1次の微小量よりはるかに小さいので，普通，無視します（0とみなします）が，この場合は，2次の微小量どうしの比を考えているので，無視できないのです。

よくある質問 43 高校で，dx/dt はそれ全体でひとつの記号であり，「dx わる dt」ではない，と習ったのですが。… 厳密にはそうです。しかし，多くの応用的な学問では dx/dt を「dx わる dt」と考えてもさしつかえないし，その方が理解も応用も容易なので，本書ではその立場をとります。「気になる！」という人は，数学科の学生が読む微分積分の教科書を見て下さい。

5.8 微分ができない場合

ここまで読んで，君は，どんな関数でも微分できるような気がしているかもしれない。でも，世の中には微分ができない（導関数や微分係数が存在しない）場合もたくさんある。

例 5.20 関数 $f(x) = 1/x$ は，$x = 0$ 以外では微分できて，導関数は $f'(x) = -1/x^2$ だ。$x = 0$ ではどうだろうか？ 微分の定義（式 (5.5)，式 (5.10)）に戻ると，微分には $f(x_0)$ の値が必要だ。今は $x_0 = 0$ を考えているので $f(0)$ が必要。でもこの関数に $f(0)$ は存在しない（0 での割り算は禁じ手である。$1/0 = \infty$ と思うかもしれないが，∞ というのは数ではない）。従って，$1/x$ は $x = 0$ では微分できない。（例おわり）

この例 5.20 では，微分したい位置でそもそも関数の値が定まっていなかった。そういう場合，微分はできない。分数で表される関数で分母が 0 になるときにこのような状況になることが多い。

例 5.21 次のような関数 $f(x)$ の微分を考えよう。

$$f(x) = |x| \tag{5.73}$$

これは，

$$f(x) = \begin{cases} -x & (x < 0 \text{ のとき}) \\ x & (0 \leq x \text{ のとき}) \end{cases}$$

ということだ。従って，導関数は

$$f'(x) = \begin{cases} -1 & (x < 0 \text{ のとき}) \\ 1 & (0 \leq x \text{ のとき}) \end{cases} \tag{5.74}$$

だと思うかもしれない。これはおおむね正しいが，**$x = 0$ のところで間違っている**。微分の定義式 (5.10) に戻ってみよう（式 (5.5) に戻っても結論は同じ）。$x_0 = 0$ とすれば，式 (5.10) は

$$f(0 + dx) = f(0) + f'(0)dx \tag{5.75}$$

となる。ここで式 (5.73) より，$f(0) = 0$ だから，式 (5.75) は

$$f(dx) = f'(0)dx \tag{5.76}$$

となる。もし，式 (5.74) が正しければ，$f'(0) = 1$ となり，従って式 (5.76) は

$$f(dx) = dx \tag{5.77}$$

となるはず。ところが dx は 0 に近い任意の微小量だから，$dx < 0$ となる場合もあるだろう。その場合，式 (5.77) から，$f(dx) < 0$ となる。ところが式 (5.73) より，この関数は決して負の値をとることはあり得ない。従って矛盾する。従って，式 (5.74) は $x = 0$ で正しくない[*5]。同様に考えれば，$f'(0)$ をどのような値にしても矛盾が生じることがわかるだろう。従って，$f'(0)$ は存在しない，すなわちこの関数は $x = 0$ では微分できない。（例おわり）

この例で出てきた式 (5.73) のグラフを図 5.6 に示す。微分したい位置（$x = 0$）でグラフが尖っている。詳細は省くが，一般にグラフが尖っている箇所では関数は微分はできない。式に絶対値記号が入っていて，絶対値記号の内側が 0 になるときにこのような状況になることが多い[*6]。

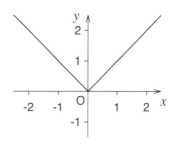

図 5.6 関数 $y = |x|$ のグラフ。$x = 0$ で微分不可能（尖っている）。

例 5.22 以下の関数

$$f(x) = \begin{cases} 0 & (x < 0 \text{ のとき}) \\ 1 & (0 \leq x \text{ のとき}) \end{cases} \tag{5.78}$$

の微分を考えよう。定数関数の微分は 0 だから，

$$f'(x) = \begin{cases} 0 & (x < 0 \text{ のとき}) \\ 0 & (0 \leq x \text{ のとき}) \end{cases} \tag{5.79}$$

つまり，$f'(x) = 0$ のように思うかもしれない。これも，おおむね正しいが，**$x = 0$ のところで間違っているのだ**！再び微分の定義式 (5.10) に戻って考えてみよう。$x_0 = 0, f(x_0) = f(0) = 1$ とすれば，式 (5.10) は

$$f(dx) = 1 + f'(0)dx \tag{5.80}$$

となる。もし，式 (5.79) が正しければ，$f'(0) = 0$ となり，従って式 (5.80) は

$$f(dx) = 1 \tag{5.81}$$

となるはずだ。ところが dx は 0 に近い任意の微小量だから，$dx < 0$ となる場合もあるだろう。その場合，式 (5.78) より，$f(dx) = 0$ となるはずで，これは式 (5.81) に矛盾する。従って，$f'(0) = 0$ は $x = 0$ では成り立たない。実は，$f'(0)$ にどのような値を与えても，これらのつじつまを合わせることはできないのだ。（例おわり）

式 (5.78) のグラフを図 5.7 に示す。$x = 0$ でグラフがつながっていない。詳細は省くが，一般に，グラフがつながっていない[*7]ようなところでは，関数は微分できない。

[*5] このような論法を「背理法」という。第 12 章参照。

[*6] ただしそうでないときもある。$f(x) = |x|^3$ は $x = 0$ で絶対値記号内が 0 になるが，$x = 0$ で微分可能。

[*7] グラフがつながっていない，ということはどういうことかを，数学的に定義するのは，実は簡単ではない。

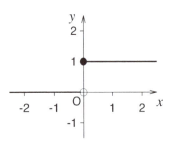

図 5.7 式 (5.78) の $y = f(x)$ のグラフ。$x = 0$ で微分不可能（つながっていない）。

例 5.23 以下の関数の微分を考えよう：

$$f(x) = x^{1/3}$$

機械的に導関数を計算すると，

$$f'(x) = \frac{1}{3x^{2/3}} \tag{5.82}$$

となる。これは正しいのだが，この式では $x = 0$ での値が定まらない。つまり，この関数は $f'(0)$ を持たないので $x = 0$ で微分不可能。（例おわり）

この例 5.23 では，微分したい位置（$x = 0$）で，関数の値は定まるが導関数の値が定まらない（∞ になってしまう）。グラフ（図 5.8）を見ると，$x = 0$ での傾きが無限大（接線が x 軸に垂直）になりそうだ。詳細は省くが，グラフが垂直に立つようなところでは，関数は微分できない。

では，どのような場合なら微分可能なのだろうか？ 数学的には，式 (5.5) や式 (5.10) によって f' が一意的に定義できる場合，微分可能である。とはいえ，いちいち式 (5.5) や式 (5.10) に戻るのは大変だ。さしあたって実用的には，場合分けや絶対値記号が無く，導関数の式を導くことができ，微分したい位置の x の値をもとの関数と導関数の両方に代入

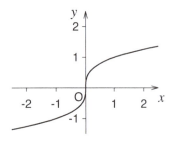

図 5.8 $y = x^{1/3}$ のグラフ。$x = 0$ で微分不可能（傾きが ∞ になる）。

してそれぞれ値が定まるようならば，ほとんどの場合で微分できると思ってよい。

5.9 速度・加速度

さて，微分は物理学で非常によく使われる。そもそも，微分という概念は物理学上の必要に迫られて発明されたのだ（それが今では，化学・生物学・経済学・統計学等の広範な学問に不可欠な道具になっている）。物理学で最初に出てくる微分は，速度や加速度という考え方である。それを学ぶために，まず準備として，いくつかの言葉を確認しておこう：

いま，x 軸上を移動する点 P があるとする。時刻 t のときの P の位置（x 座標）を $x(t)$ とする。ある時刻 t_0 では P は $x(t_0)$ にあり，別の時刻 t_1 では P は $x(t_1)$ にある。

2 つの時刻の差，すなわち $t_1 - t_0$ を「時刻差」という[*8]。$t_1 > t_0$ なら時刻差 $t_1 - t_0$ は正の値をとるし，$t_1 < t_0$ なら時刻差 $t_1 - t_0$ は負の値をとる。時刻差 $t_1 - t_0$ の絶対値，すなわち $|t_1 - t_0|$ を「時間」という。時間は常に 0 以上の値をとる。

2 つの位置の差を変位（displacement）という。今の場合，$x(t_1) - x(t_0)$ が変位である。$x(t_1) > x(t_0)$ なら変位は正の値をとるし，$x(t_1) < x(t_0)$ なら変位は負の値をとる。変位の絶対値を「距離」（distance）という。今の場合，$|x(t_1) - x(t_0)|$ が距離である。当然ながら，距離は常に 0 以上の値をとる。

まとめると，

- t ... 時刻
- $t_1 - t_0$ ... 時刻差（時刻の差）
- $|t_1 - t_0|$ ... 時間（時刻差の絶対値）
- $x(t)$ ... 位置
- $x(t_1) - x(t_0)$ ... 変位（位置の差）
- $|x(t_1) - x(t_0)|$ ... 距離（変位の絶対値）

である。

さて，「時刻 t_0 から t_1 の間の P の平均速度 $\bar{v}$」を，次式で定義する：

$$\bar{v} := \frac{x(t_1) - x(t_0)}{t_1 - t_0} \tag{5.83}$$

[*8] 実際は「時刻差」という言葉はめったに使わないが，ここでは時刻や時間と区別するために導入する。

すなわち，平均速度とは変位を時刻差で割ったものだ。式 (5.83) で，もし時刻差が正で変位が負ならば，平均速度は負の値になる。このとき，P は x 軸の負の向きに進んでいる。このように，平均速度の正負は移動の向きを表す。

さて，式 (5.83) で定義した「平均速度」は，時刻 t_0 と時刻 t_1 の間で物体の運動が勢いを増したり減らしたり，刻々と変化するような様子を表現できない。そのような細かな変化も表現するには，時刻 t_0 と時刻 t_1 の間をできるだけ短くして表現しなければならない。そこで，式 (5.83) の t_1 が，限りなく t_0 に近い場合（極限）を考えよう。そのような極限は，次式のようになる：

$$v(t_0) := \lim_{t_1 \to t_0} \frac{x(t_1) - x(t_0)}{t_1 - t_0} \tag{5.84}$$

あるいは $t_1 - t_0 = \Delta t$ と書いて，

$$v(t_0) := \lim_{\Delta t \to 0} \frac{x(t_0 + \Delta t) - x(t_0)}{\Delta t} \tag{5.85}$$

と書く。この式を式 (5.5) と比べてみるとわかるように，これは $x(t)$ という関数の，$t = t_0$ での微分係数である。これを「時刻 t_0 での速度（velocity）」と言う。要するに速度とは位置を時刻で微分したものである（定義）。このように定義した速度を，上述の「平均速度」と区別するためにわざわざ「瞬間の速度」と言うこともある。

時刻 t における速度 $v(t)$ は，定義より，$x'(t)$ と書ける。物理学では，$x'(t)$ のことを $\dot{x}$ と表すこともある（上付きのドットが「時刻による微分」を表すのだ）。つまり，

$$v(t) = \frac{dx}{dt} = x'(t) = \dot{x} \tag{5.86}$$

である。このように，同じことを様々な記法で表すことがある。

さて，平均速度の正負が運動の方向を表したように，（瞬間の）速度にも正負があり，それは運動の方向を表す。

ここで，速度の絶対値のことを速さ（speed）と呼ぶ（定義）。たとえば式 (5.83) の左辺と右辺のそれぞれ絶対値をとると，

$$|\bar{v}| = \frac{|x(t_1) - x(t_0)|}{|t_1 - t_0|} \tag{5.87}$$

となる。これを平均速さという。右辺の $|x(t_1) -$ $x(t_0)|$ は距離，$|t_1 - t_0|$ は時間だから，式 (5.87) は，

「平均速さ ＝ 距離÷時間」

となる。ところが小学校では

「速さ ＝ 距離÷時間」

と習った。つまり，小学校で習った「速さ」は，正確に言うと「平均速さ」だったのだ。式 (5.87) で t_1 を t_0 に近づける極限は，（瞬間の）速度の絶対値であり，それを（瞬間の）速さという。

「速さ」は「速度」の大きさ（絶対値）だから，必ず 0 以上の値である。負の値をとることはない。つまり速さには「向き」の概念が無い。逆に言えば，速さと向きをセットにした概念が速度である。

よくある間違い 12 「速度は距離を時刻で微分したものである」「速度は位置を微分したものである」など… 前者は，距離ではなくて位置。後者は間違いではありませんが，どういう量について（この場合は時刻）微分するのかもきちんと言わねばなりません。

式 (5.10), 式 (5.86) より，次式のようにも書ける：

$$x(t + dt) = x(t) + v(t)dt \tag{5.88}$$

ここで dt は微小な時刻差である。この式 (5.88) によれば，dt だけ時刻が変化したときの位置（つまり $x(t+dt)$）は，現在の位置（つまり $x(t)$）から，$v(t)dt$ だけ変化する（速度も，時刻とともに変わるかもしれないが，t と $t+dt$ の間では，ほとんど一定とみなすことができるだろう。というよりむしろ，速度がほぼ一定とみなせるくらいに短い dt を考える）。つまり，時刻差が微小な場合は，変位は速度と時刻差の積に等しい。それは，式 (5.88) を

$$x(t+dt) - x(t) = v(t)dt \tag{5.89}$$

と変形すれば，より明らかだろう。ここで，式 (5.89) について両辺の絶対値をとると，

$$|x(t+dt) - x(t)| = |v(t)||dt| \tag{5.90}$$

となる。左辺は距離，右辺は速さと時間の積である（速度の絶対値を「速さ」というのだから，$|v(t)|$ が「速さ」である）。これは，小学校で習った，

$$距離 = 速さ \times 時間 \tag{5.91}$$

と整合的である。

速度を時刻で微分したものを加速度（acceleration）と言う（定義）。すなわち，時刻 t における加速度 $a(t)$ とは，

$$a(t) = v'(t) \tag{5.92}$$

である。式 (5.10) を使って式 (5.92) を書き換えれば，

$$v(t+dt) = v(t) + a(t)dt \tag{5.93}$$

となる。また，式 (5.86) を使えば，式 (5.92) は，

$$a(t) = v'(t) = x''(t) \tag{5.94}$$

となる。すなわち，加速度は位置を時刻で二階微分したものでもある。

よくある質問 44 物理で，速度は「単位時間あたりの変位」と習いましたが… それでも OK です。それを数学的に言えば，位置を時刻で微分したもの，となります。一般に，「単位…あたりの—の変化」とは，数学的には「—を…で微分したもの」です。

問 99 点 P が直線上を運動している。時刻 t のとき P の位置（ある基準点から測った距離）を x とすると，次式のように書けるとする（a, b, c は t によらない適当な定数）：$x = at^2 + bt + c$
(1) 時刻 t における P の速度は？
(2) 時刻 t における P の加速度は？

さて，物理量を物理量で微分すると，次元が変わることに注意しよう。たとえば，位置の次元は「長さ」だが，位置を時刻で微分して速度にすると，その次元は「長さ/時間」となる。なぜ次元が変わるのだろう？ それは式 (5.85) を見ればわかる。分母に Δt がある。つまり，時刻で微分するときは，「時間で割っている」のだ。一般に，量 p を量 q で微分して得られる量の次元は「p の次元」/「q の次元」になる。従って，速度をさらに時刻で微分すると，次元は「長さ/時間^2」になる。

問 100 上の問 99 において，a, b, c はそれぞれどのような次元を持つべきか？

問 101 上の問 99 において，$a = 4.9\,\mathrm{m\,s^{-2}}$, $b = 1\,\mathrm{m\,s^{-1}}$, $c = 3\,\mathrm{m}$ のとき，$t = 10\,\mathrm{s}$ での，位置，速度，加速度をそれぞれ求めよ。

5.10 極大・極小と微分係数

関数 $f(x) = x^2 + 1$ を考えよう。$f'(x) = 2x$ となるから，$f'(0) = 0$ である。つまり $x = 0$ での微分係数は 0 である。グラフを考えると，$x = 0$ のとき $y = f(x)$ は最小値をとっている。このように，**なめらかな関数が最小値や最大値をとるところでは，微分係数は 0 になる**のだ。なぜか？

一般に，関数 $f(x)$ が，$x = x_0$ で最小値をとるとしよう。微分係数の定義式 (5.10) から，任意の微小量 Δx に対して，

$$f(x_0 + \Delta x) \fallingdotseq f(x_0) + f'(x_0)\Delta x \tag{5.95}$$

である。仮に $f'(x_0)$ が正の値をとっていれば，Δx として負の微小量をとると $f'(x_0)\Delta x < 0$ となるから，式 (5.95) より $f(x_0 + \Delta x) < f(x_0)$ となり，$f(x_0)$ が最小値であるという前提が崩れる[*9]。また仮に $f'(x_0)$ が負の値をとっていれば，Δx として正の微小量をとると $f'(x_0)\Delta x < 0$ となるから，この場合も式 (5.95) より $f(x_0 + \Delta x) < f(x_0)$ となり，$f(x_0)$ が最小値であるという前提が崩れる。従って，$f'(x_0)$ は正でも負でもいけない。従って，$f'(x_0) = 0$ でなければならない。

最大値の場合も同様である。

グラフで考えれば，$y = f(x)$ のグラフの，$x = x_0$ での傾きが $f'(x_0)$ である。従って，$f'(x_0) = 0$ ということは，そこの傾きが 0，つまりそこでグラフ（の接線）は水平になるということである。グラフがなめらかにつながっていれば，最大値（山頂）や最小値（谷底）の部分で接線が水平になるのは，直感的に明らかだろう。

さて，このことを利用して，関数の最大値や最小値を求めることができる。

例 5.24 関数 $f(x) = 2x^4 - x$ の最小値を求めよう。$f'(x) = 8x^3 - 1$。$f'(x) = 0$ となるのは，$8x^3 - 1 = 0$ より，$x = 1/2$。このとき，$f(1/2) = -3/8$。（例おわり）

[*9] このような論法を「背理法」という。第 12 章参照

以上の話は，何も，関数 $f(x)$ の定義域全体にわたる最大値や最小値に限ったことではない。x の限られた範囲の中で，ある点での値が，その周辺での値に比べて最大だったり最小だったりするときにも成り立つ。そのような状況を，極大や極小と呼ぶ（最大は極大の一種，最小は極小の一種）。たとえば，関数 $f(x) = x^3 - x$ は，図 4.7 のようなグラフ（p.50）になるが，その導関数は，$f'(x) = 3x^2 - 1$ となるので，$x = -1/\sqrt{3}$ と $x = 1/\sqrt{3}$ のとき 0 になる。前者はグラフの左側の山（極大），後者は右側の谷（極小）に対応している。しかし，明らかに，これらは最大でも最小でもない（この関数は x がどんどん大きくなると ∞ に発散するので最大値を持たない。最小値も同様）。極大における関数の値を極大値という。同様に，極小における関数の値を極小値という。極大値と極小値のことを極値という。

さて，以上を利用すると，関数のグラフを楽に描ける。

例 5.25 $y = x^4 - x^2$ のグラフを描いてみよう。まずこれは偶関数である。また，x 軸との共有点 ($y = 0$) は，$x = 0, \pm 1$ である。

次に極大と極小を求める。$f'(x) = 4x^3 - 2x$ だから，$x = 0, \pm 1/\sqrt{2}$ で $f'(x) = 0$ となる。それぞれ極大・極小のどちらだろう？

$x = -1/\sqrt{2}$ については，それより少し小さな x では $f'(x) < 0$（つまり $f(x)$ は減少傾向），それより少し大きな x では $f'(x) > 0$（つまり $f(x)$ は増加傾向）となるから，そこでは極小値 $f(-1/\sqrt{2}) = -1/4$ をとる。$x = 1/\sqrt{2}$ についても同様である。

一方，$x = 0$ については，それより少し小さな x では $f'(x) > 0$（つまり $f(x)$ は増加傾向），それより少し大きな x では $f'(x) < 0$（つまり $f(x)$ は減少傾向）となるから，そこでは極大値 $f(0) = 0$ をとる。

$x \to \infty$ で $f(x) \to \infty$ であることを併せて考えると，図 5.9 のようなグラフになる。（例おわり）

以上でわかったように，なめらかな関数のグラフが極大値や極小値をとる場所では，微分係数は 0 である。しかし，その逆は必ずしも成り立たないことに注意しよう。つまり，微分係数が 0 であっても，極大にも極小にもならない，という場合が存在する

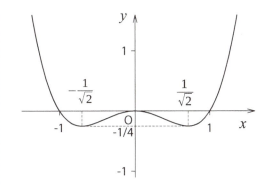

図 5.9　$y = x^4 - x^2$ のグラフ（実線）。

のだ。たとえば関数 $y = x^3$ は，$x = 0$ での微分係数は 0 だが，p.50 の図 4.7 の点線で示されるように，そのグラフは $x = 0$ で極大にも極小にもならない。

5.11 偶関数や奇関数の微分

関数 $f(x)$ が偶関数であるとする。すなわち，$f(-x) = f(x)$ が恒等的に成り立つ。この両辺を x で微分すると，$-f'(-x) = f'(x)$ となる（左辺は合成関数の微分！）。すなわち，$f'(-x) = -f'(x)$ が恒等的に成り立つ，すなわち $f'(x)$ は奇関数である。偶関数の導関数は奇関数なのだ！

問 102 奇関数の導関数は偶関数であることを示せ。

問 103 n を 0 以外の任意の整数とする。以下の関数について導関数を求め，偶関数の導関数が奇関数になり，奇関数の導関数が偶関数になることを実際に示せ。
(1) $f(x) = x^{2n}$ 　　　(2) $f(x) = x^{2n+1}$
(3) $f(x) = 1/(1+x^2)$ (4) $f(x) = x/(1+x^2)$

ヒント：(3), (4) は問 91 に出てきた。

よくある質問 45　無限大 × 無限小は？… 場合によります。x が無限大になるときには，$x \times (1/x)$ や $x^2 \times (1/x)$, $x \times (1/x^2)$ などは，いずれも「無限大 × 無限小」になりますが，最初のは 1 になり，2 番めのは無限大になり，最後のは 0 になります。

問の解答

答84 $f(x+dx) = p(x+dx)+q = px+q+p\,dx = f(x)+p\,dx$。ここで dx の係数に着目して，$f'(x) = p$。特に，$f(x)$ が定数関数の場合は，$p=0$ だから $f'(x)$ は恒等的に 0。 ∎

答86
(1) $f'(x) = 2x+1$ (2) $f'(x) = 8x+5$
(3) $f'(x) = 6x+3$ (4) $f'(x) = -5/x^2$
(5) $f'(x) = 1 + 1/x^2$

答87 (1) $f'(x) = (x^2+x+1)'(x^2-x-2)+(x^2+x+1)(x^2-x-2)' = (2x+1)(x^2-x-2)+(x^2+x+1)(2x-1) = 4x^3-4x-3$ (2) $f(x) = x^4-2x^2-3x-2$, $f'(x) = 4x^3-4x-3$

答88
(1) ($g(x) = x^3$, $f(x) = 3x^2+2$ とみなせばよい) $F'(x) = 3(3x^2+2)^2(3x^2+2)' = 3(3x^2+2)^2(6x) = 18x(3x^2+2)^2$

(2) ($g(x) = x^3$, $f(x) = x^2+x+1$ とみなせばよい) $F'(x) = 3(x^2+x+1)^2(x^2+x+1)' = 3(x^2+x+1)^2(2x+1)$

(3) ($g(x) = x^2, f(x) = x^5+x^4+x^3+x^2+x+1$ とみなせばよい) $F'(x) = 2(x^5+x^4+x^3+x^2+x+1) \times (x^5+x^4+x^3+x^2+x+1)' = 2(x^5+x^4+x^3+x^2+x+1) \times (5x^4+4x^3+3x^2+2x+1)$

(4) ($g(x) = x^2, f(x) = 1+1/x$ とみなせばよい。)
$$F'(x) = 2\left(1+\frac{1}{x}\right)\left(1+\frac{1}{x}\right)'$$
$$= -2\left(1+\frac{1}{x}\right)\frac{1}{x^2} = -2\left(\frac{1}{x^2}+\frac{1}{x^3}\right)$$

答89 関数 $1/u(x)$ は，関数 $1/x$ と関数 $u(x)$ の合成関数である。$(1/x)' = -1/x^2$ だから，
$$\left(\frac{1}{u}\right)' = \left(-\frac{1}{u^2}\right)u' = -\frac{u'}{u^2}$$

答90 関数 $v(x)/u(x)$ は，関数 $v(x)$ と関数 $1/u(x)$ の積である。
$$\left(v \times \frac{1}{u}\right)' = v'\left(\frac{1}{u}\right) + v\left(\frac{1}{u}\right)'$$
$$= v'\left(\frac{1}{u}\right) + v\left(-\frac{u'}{u^2}\right) = \frac{v'u-vu'}{u^2}$$

答91 (1) $-2x/(1+x^2)^2$
(2) $(1-x^2)/(1+x^2)^2$

答92 (1) $-3/x^2$ (2) $-1/(2x^{3/2}) = -x^{-3/2}/2$
(3) $2x^{-1/3}/3$ (4) $-5x^{-6}$

答94 略解。
(1) ヒント：$g(x) = \sqrt{x}, f(x) = 2x+3$ として公式 4 を使う。$g'(x) = 1/(2\sqrt{x})$ だから，
$$(\text{与式})' = \frac{f'(x)}{2\sqrt{f(x)}} = \frac{(2x+3)'}{2\sqrt{2x+3}}$$
$$= \frac{2}{2\sqrt{2x+3}} = \frac{1}{\sqrt{2x+3}}$$

(2) ヒント：$g(x) = \sqrt{x}, f(x) = 1-x^2$ として公式 4 を使う。$g'(x) = 1/(2\sqrt{x})$ だから，
$$(\text{与式})' = \frac{f'(x)}{2\sqrt{f(x)}} = \frac{(1-x^2)'}{2\sqrt{1-x^2}}$$
$$= \frac{-2x}{2\sqrt{1-x^2}} = -\frac{x}{\sqrt{1-x^2}}$$

(3) ヒント：まず x^2 と $\sqrt{1+x^2}$ の積と考えて公式 3 を使う。その上で例 5.15 を使う。
$$(\text{与式})' = (x^2)'\sqrt{1+x^2} + x^2(\sqrt{1+x^2})'$$
$$= 2x\sqrt{1+x^2} + \frac{x^3}{\sqrt{1+x^2}}$$

(4) ヒント：$g(x) = x^{-1/2}, f(x) = 1+x^2$ として公式 4 を使う。
$$(\text{与式})' = \frac{-1}{2}(f(x))^{-3/2}f'(x)$$
$$= \frac{-1}{2}(1+x^2)^{-3/2}(2x) = -\frac{x}{(1+x^2)^{3/2}}$$

(5) ヒント：$g(x) = 1/x, f(x) = 1+\sqrt{x}$ として公式 4 を使う。
$$(\text{与式})' = -\frac{(1+\sqrt{x})'}{(1+\sqrt{x})^2}$$
$$= -\frac{\frac{1}{2\sqrt{x}}}{(1+\sqrt{x})^2} = -\frac{1}{2\sqrt{x}(1+\sqrt{x})^2}$$

(6) ヒント：$g(x) = \sqrt{x}, f(x) = 1+1/x$ として公式 4 を使う。
$$(\text{与式})' = \frac{1}{2\sqrt{1+\frac{1}{x}}}\left(1+\frac{1}{x}\right)' = \frac{-1}{2x^2\sqrt{1+\frac{1}{x}}}$$

(7) ヒント：$x-1$ と $1/(x+1)$ の積と考えて公式 3 を使う。
$$(\text{与式})' = (x-1)'\frac{1}{x+1} + (x-1)\left(\frac{1}{x+1}\right)'$$
$$= \frac{1}{x+1} - (x-1)\frac{1}{(x+1)^2} = \frac{2}{(x+1)^2}$$

別解：与式 $= 1 - 2/(x+1)$ と変形してから微分しても，同じ結果になる。

(8) ヒント：$g(x) = 1/x, f(x) = 1+1/x$ として公式

4 を使ってもよいのだが，与式を変形してから微分するほうが簡単。与式の分母分子に x をかけて，(与式) $= x/(x+1) = 1 - 1/(x+1)$。従って，
$$(与式)' = \left(1 - \frac{1}{x+1}\right)' = \frac{1}{(x+1)^2}$$

答 95 $f(x) = (1+x)^a$ と置くと，$f(0) = 1$。また，$f'(x) = a(1+x)^{a-1}$ だから，従って $f'(0) = a$。これを式 (5.65) に入れると，与式を得る。

答 96 (1) 式 (5.67) で $a = -1$ とすれば，$1/(1+x) \fallingdotseq 1 - x$。(2) 前小問の x を $-x$ に置き換えて，$1/(1-x) \fallingdotseq 1 + x$。(3) 式 (5.67) で $a = -1/2$ とすれば，$1/\sqrt{1+x} \fallingdotseq 1 - x/2$。

答 97
(1) $(0.99)^{10} = (1 - 0.01)^{10} \fallingdotseq 1 - 10 \times 0.01 = 0.9$
(2) 3 乗して 10 に近い簡単な数は何かな？ と考えると，2 が思いつく。$2^3 = 8$ であることに注目し，
$$10^{1/3} = (8+2)^{1/3} = \left\{8\left(1 + \frac{2}{8}\right)\right\}^{1/3}$$
$$= 8^{1/3}\left(1 + \frac{2}{8}\right)^{1/3} = 2\left(1 + \frac{1}{4}\right)^{1/3}$$
$$\fallingdotseq 2\left(1 + \frac{1}{3 \times 4}\right) = 2 + \frac{1}{6} = 2.166\cdots$$

答 98
(1) $f'(x) = 5x^4 + 6x^2$
$f''(x) = 20x^3 + 12x$
$f^{(3)}(x) = 60x^2 + 12$

(2) $f'(x) = \dfrac{1}{(1-x)^2}$
$f''(x) = \dfrac{2}{(1-x)^3}$
$f^{(3)}(x) = \dfrac{6}{(1-x)^4}$

答 99 (1) 位置を時刻で微分する：$(at^2 + bt + c)' = 2at + b$。(2) 再度時刻で微分する：$(2at + b)' = 2a$。

答 100 問 99(2) で，$2a$ が加速度だから，a は加速度の次元（SI では m s^{-2}）。問 99(1) で，$2at + b$ が速度だから，b は速度の次元（SI では m s^{-1}）。もともと $x = at^2 + bt + c$ だったので，c は x と同じ次元（長さ；SI では m）。

答 101 （略解）位置は 503 m。速度は 99 m s^{-1}。加速度は 9.8 m s^{-2}。

答 102 略。

答 103 (1) $f(-x) = (-x)^{2n} = (-1)^{2n}x^{2n} = x^{2n} = f(x)$。よって $f(x)$ は偶関数。$f'(x) = 2nx^{2n-1}$。$f'(-x) = 2n(-x)^{2n-1} = (-1)^{2n-1}2nx^{2n-1} = -2nx^{2n-1} = -f'(x)$。よって $f'(x)$ は奇関数。(2) 以下略。

第6章

指数・対数

6.1 指数関数

これから，自然現象や社会現象を表すのによく使われる関数をいくつか学ぶ。最もよく使われる関数のひとつは，おそらく「指数関数」だろう。指数関数は，$f(x) = a^x$ という関数（a は正の定数）である。

たとえば $a = 2$ のときは，2^x であり，これは $x = 0, 1, 2, 3, 4$ のときはそれぞれ，1, 2, 4, 8, 16, ...と，急速に大きくなる。パソコンを使って $y = 2^x$ をグラフに描くと，図 6.1 の実線のようになる。ここで，$y = 2^x$ を数値微分した結果（つまり導関数）も点線で描いた。これを見ると，$y = 2^x$ とその導関数は，両方とも右肩上がりのグラフで，なんとなく似ている。

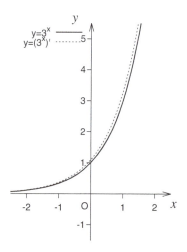

図 6.2 $y = 3^x$ のグラフ（実線）と $y = (3^x)'$ のグラフ（点線）

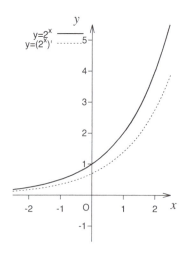

図 6.1 $y = 2^x$ のグラフ（実線）と $y = (2^x)'$ のグラフ（点線）

では，同じようなことを $y = 3^x$ についてやってみたらどうだろう？ 結果は，図 6.2 のようになる。やはり，$y = 3^x$ は右肩上がりのグラフになり，その導関数も似ている。図 6.1 と図 6.2 を比べてみると，図 6.2 の方が，もとの関数（実線）と導関数（点線）はずっと近い。しかし，図 6.1 ではもとの関数（実線）よりも導関数（点線）の方が下にあったのが，図 6.2 ではやや上にある。ということは，a が 3 よりも若干小さい数では，$y = a^x$ とその導関数がぴったり一致するのではないだろうか？ 実はそうなのだ。いろいろ試すと，a が 2.71828... のときにそうなるのだ。これが，p.9 で出てきたネイピア数 e の正体である。すなわち，

$$(e^x)' = e^x \tag{6.1}$$

となるような数 e をネイピア数と言うのだ（ただし $e \neq 0$）。e^x のことを，エクスポーネンシャル（exponential）と呼ぶ。なお，第 1 章で述べたように，e^x を，$\exp x$ と書くことも多い。

問 104 表計算ソフトで，$y = 2.718^x$ のグラフと，$y = 2.718^x$ を数値微分したグラフを，重ねて描け。x の刻みは 0.01 くらいでよい。x の範囲は -2 以上 2 以下としよう。

実は，ネイピア数 e は，次式を満たす：[*1]
$$e = \lim_{h \to 0}(1+h)^{1/h} \tag{6.2}$$
あるいは，$1/h$ を n と置き換えて，
$$e = \lim_{n \to \infty}\left(1+\frac{1}{n}\right)^n \tag{6.3}$$

問 105 式 (6.3) の lim の内側を，$n=2$, $n=10$, $n=100$, $n=1000$, $n=10000$ の各場合について，関数電卓で計算せよ。

問 106 式 (6.2)，式 (6.3) をそれぞれ 5 回書いて記憶せよ。

よくある間違い 13 式 (6.3) で，n を ∞ ではなく 0 に近づける極限と勘違いして覚えてしまう… 仮に n を 0.01 や 0.001 などとして式 (6.3) の lim の内側を電卓で計算してみてください。2.718… ではなく 1 に近づいて行ってしまいます。

実は，e^x は，次のようにも表される（証明は煩雑なので省略）：
$$e^x = \lim_{n \to \infty}\left(1+\frac{x}{n}\right)^n \tag{6.4}$$

問 107 式 (6.4) の lim の内側を，$x=2$, $n=10000$ について電卓で計算せよ。e^2 も電卓で計算し，それらを比べよ。$x=-1$, $n=10000$ についても同様の比較を行え。

式 (6.4) は式 (6.3) を拡張した形の式になっている。これを使うと，以下のような問題が楽に扱える：

例 6.1 貯金すると，お金に利子がつく。一年間の利率が r の場合，x 円のお金を銀行に預けると一年後には rx 円の利子がついて，お金は $(1+r)x$ 円になる。つまり，$(1+r)$ 倍になる。もう一年預ける

と，お金はさらに $(1+r)$ 倍になり，$(1+r)^2 x$ 円になる。そういうふうに考えれば，n 年後には，お金は $(1+r)^n$ 倍になることがわかる。

問 108 以下の値を，電卓を使って小数第 4 位まで求めよ（5 位を四捨五入せよ）。
(1) 年間の利率が 1%，すなわち $r=0.01$ のとき，預けたお金は 100 年間で何倍になるか？
(2) 年間の利率が 0.01%，すなわち $r=0.0001$ のとき，預けたお金は 10000 年間で何倍になるか？（それまで人類が滅亡しなければ！）

前問で，お金の倍率は，2.718… という，e に近い値になっていった。なぜだろう？ n を年数と考えると，この問題では，$r = 1/n$ である。そして，ここで行った計算は，式 (6.3) の lim 内を様々な n の値について求めたのと同じである。n が大きければ大きいほど式 (6.3) が使えるわけだ。

問 109 金利 2% で 100 年間，お金を借りたとき，お金は元金の何倍になるか？ 式 (6.4) を使って近似的に計算せよ。

問 110 ある地域で大災害をもたらす豪雨が，平均的に n 年に 1 回の頻度でランダムに起きていることが過去の記録からわかった（n はある自然数）。豪雨は 1 年間に 2 回以上は起きないとする
(1) その豪雨が，今からの 1 年間に 1 回も発生しない確率を求めよ。
(2) その豪雨が，今からの 2 年間に 1 回も発生しない確率を求めよ。
(3) その豪雨が，今からの n 年間に 1 回も発生しない確率を求めよ。
(4) n が大きな値になると，前小問の確率はどのような値に近づくか？
(5) 平均的に 1000 年に 1 回起きる豪雨が，1000 年間に 1 回以上発生する確率は？ 有効数字 4 桁で。

この問題は，災害リスク等を評価・解析する上で，最も基礎となる考え方でもある。

よくある質問 46 ネイピア数 e というやつの不思

[*1] dx を微小量とする。e が $(e^x)' = e^x$ を満たすなら，微分の定義より，$e^{x+dx} = e^x + e^x dx$ のはず。従って，$e^{x+dx} = e^x(1+dx)$。一方，指数法則より，$e^{x+dx} = e^x e^{dx}$。これらを比べて，$e^{dx} = 1+dx$。両辺を $1/dx$ 乗して，$e = (1+dx)^{1/dx}$。dx を h に置き換えたら式 (6.2) になる。

議さに驚きました。いったいどんな人が考えたんでしょうか？… ベルヌーイとかオイラーらしいです。ネイピアというスコットランド人（対数を発明した人）の名前がついていますが、ネイピアが発見したのではないそうです。ちなみにネイピア数の神秘は、さらにもっと続きがあるのです。

さて、改めて $y = e^x$ のグラフを見てみよう。どんな数も 0 乗は 1 だから、$e^0 = 1$ である。従ってこのグラフは $(0, 1)$ を通る。また、$x = 1$ のときは $y = e = 2.718\cdots$ だから、$(1, 2.718\cdots)$ を通る。x が 1 増えるたびに y は $2.718\cdots$ 倍になるので、x が大きくなるにつれてこのグラフは急速に上に伸びていくだろう。一方、$x = -1$ のときは、$y = e^{-1} = 1/e = 1/2.718\cdots$ となる。x が 1 小さくなるたびに y は $1/2.718\cdots$ 倍になるので、x が負のほうに行くにつれて、グラフは急激に x 軸に近づいて来るだろう。そう考えると、$y = e^x$ のグラフは図 6.3 の実線のようになる。

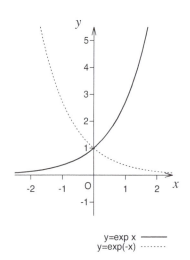

図 6.3 $y = \exp x$ と $y = \exp(-x)$ のグラフ

図 6.3 には、$y = e^{-x}$ のグラフも示した。これは $y = e^x$ のグラフを y 軸に関して対称移動したものだ（わからない人は p.45 の 4.2 節を参照せよ）。

問 111 以下の関数のグラフを描け。
(1) $y = 1 - e^{-x}$ (2) $y = 2(1 - e^{-3x})$

さて、指数関数を含む関数の微分を学ぼう。

例 6.2 $f(x) = e^{-2x}$ を微分してみよう。これを e^y と $y = -2x$ の合成関数と見れば（合成関数の微分を忘れた人は p.68 へ！）、式 (6.1) に注意して、

$$f'(x) = e^{-2x}(-2x)' = -2e^{-2x} \quad (6.5)$$

例 6.3 $f(x) = xe^{-2x}$ を微分してみよう。まずこれを x と e^{-2x} の積とみなして、積の微分の公式 (p.67) より、

$$f'(x) = e^{-2x} + x(e^{-2x})' \quad (6.6)$$

右辺第二項の中の $(e^{-2x})'$ は、上の例より $-2e^{-2x}$ となる。これらを組み合わせて、

$$f'(x) = e^{-2x} - 2xe^{-2x} = (1 - 2x)e^{-2x}$$

例 6.4 $f(x) = e^{-a/x}$ を微分してみよう（a は 0 以外の定数）。これを e^y と $y = -a/x$ の合成関数と見れば、

$$f'(x) = e^{-a/x}\left(-\frac{a}{x}\right)' = e^{-a/x}\left(\frac{a}{x^2}\right) = \frac{ae^{-a/x}}{x^2}$$

問 112 次の関数を微分せよ。
(1) $f(x) = e^x$ (2) $f(x) = e^{2x}$
(3) $f(x) = \exp(-x^2)$ (4) $f(x) = x\exp(-x^2)$

6.2 対数

第 1 章で学んだが、正の実数 a, x について ($a \neq 1$)、「a を何乗すると x になるか」の指数を求める操作を、$\log_a x$ と表す。これが対数の定義だった。ここで a を<u>底</u>、x を<u>真数</u>と呼ぶのだった。この定義より、

$$\log_a x = y \quad (6.7)$$

とは、

$$x = a^y \quad (6.8)$$

と同じことである。式 (6.7) を使って、式 (6.8) 右辺の y を $\log_a x$ で置き換えられる。すると、

$$x = a^{\log_a x} \quad (6.9)$$

となる。式 (6.9) は対数の定義の言い換えにすぎな

いのだが，これが「わからない」人が意外に多い。落ち着いて考えよう。$\log_a x$ は，「a を何乗すると x になるか」である。式 (6.9) の右辺は，その数で a を実際に「何乗かする」ことを意味する。その結果が x になる（式 (6.9) の左辺になる）のは当然である。

注意：対数を考える時は，通常，底と真数は正の実数とする。それらが負の状況は，話が不必要にややこしくなるからである。たとえば，無理矢理に $\log_{-2}(-8)$ を考えれば，それは 3 だろう（$(-2)^3 = -8$ だから）。しかし，$\log_2(-8)$ とか，$\log_{-2} 8$ は？ と聞かれると困ってしまう。また，通常，1 は底として認めない。たとえば $\log_1 2$ は？ と聞かれると困ってしまうからだ。

問 113 a, b, c を正の実数として，以下を示せ。ただし $a \neq 1$ とし，また，(8), (9) では $b \neq 1$ とし，(10) では $c \neq 1$ とする。

(1) $a^{\log_a b} = b$ (6.10)

(2) $\log_a a = 1$ (6.11)

(3) $\log_a 1 = 0$ (6.12)

(4) $\log_a b + \log_a c = \log_a bc$ (6.13)

(5) $\log_a \left(\dfrac{1}{b}\right) = -\log_a b$ (6.14)

(6) $\log_a \left(\dfrac{b}{c}\right) = \log_a b - \log_a c$ (6.15)

(7) $\log_a b^c = c \log_a b$ (6.16)

(8) $\log_a b \times \log_b c = \log_a c$ (6.17)

(9) $\log_a b = \dfrac{1}{\log_b a}$ (6.18)

(10) $\log_a b = \dfrac{\log_c b}{\log_c a}$ (6.19)

式 (6.19) は，<u>底の変換公式</u>と呼ばれる。これを使えば，どのような底の対数も，特定の数を底とする対数の計算に変換できる。これは，電卓やパソコン等による対数計算にしばしば有用である。

例 6.5 パソコンのソフトや関数電卓の多くは，対数といえば常用対数や自然対数しか計算できないので，たとえば底が 3 である $\log_3 5$ は直接は計算できない（ことが多い）。しかし，底の変換公式を使えば，$\log_3 5 = \dfrac{\ln 5}{\ln 3}$ とできる。$\ln 5 = 1.609\cdots$ や $\ln 3 = 1.098\cdots$ はパソコンのソフトや関数電卓で計算できる。従って，

$$\log_3 5 = \frac{\ln 5}{\ln 3} = \frac{1.609\cdots}{1.098\cdots} = 1.464\cdots \quad (6.20)$$

と求まる。これを常用対数でやっても同じ結果になる：

$$\log_3 5 = \frac{\log_{10} 5}{\log_{10} 3} = \frac{0.698\cdots}{0.477\cdots} = 1.464\cdots (6.21)$$

問 114 以下をパソコンや関数電卓で有効数字 4 桁で求めよ。

(1)　$\log_2 7$ (2)　$\log_{0.3} 5$

問 115 x を任意の正の実数とする。次式を示せ：

(1)　$\log_{10} x \fallingdotseq 0.4343 \ln x$ (6.22)

(2)　$\ln x \fallingdotseq 2.3026 \log_{10} x$ (6.23)

ヒント：式 (6.17) を使う。(1) は $(\log_{10} e) \times (\ln x)$，(2) は $(\ln 10) \times (\log_{10} x)$。

世の中では，対数といえば，常用対数と自然対数がよく使われるので，常用対数を自然対数で表したり，その逆をしたり，というために，式 (6.22) や式 (6.23) がよく使われる。特に，ここで出てきた

$$\log_{10} e \fallingdotseq 0.4343 \quad (6.24)$$

$$\ln 10 \fallingdotseq 2.3026 \quad (6.25)$$

という 2 つの定数はよく現れる。

問 116

(1)　式 (6.24) と式 (6.25) の積が 1 になることを関数電卓を用いて確認せよ。

(2)　それを数学的に証明せよ。

ところで，$f(x) = e^x$ と，$g(x) = \ln x$ は，互いに逆関数である。これは対数の定義から明らかである。実際，

$$g(f(x)) = \ln e^x = \log_e e^x = x \log_e e = x$$

となるし，

$$f(g(x)) = \exp(\ln x) = e^{\log_e x} = x$$

となる（式 (6.10) より）。これは p.55 の式 (4.33)

と整合的である。図 6.4 で明らかなように, $y = e^x$ と $y = \ln x$ のグラフは直線 $y = x$ に関して互いに対称である（逆関数の性質。p. 56 参照）。

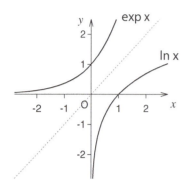

図 6.4 $y = e^x$ と $y = \ln x$ のグラフ。点線は, $y = x$ のグラフ。

ここで, $y = \ln x$ のグラフは $0 < x$ の範囲でしか描かれていないことに注意。つまり, $\ln x$ という関数は, $x \leq 0$ では定義されない（考えることができない）のだ。これは直感的にも明らかで, たとえば $\ln(-5)$ は何か？ などと言われても, $e = 2.718\cdots$ は, 何乗しようが必ず正の値であって, -5 のような負の値は, とりようがない。

問 117 以下の関数のグラフを重ねて描け。
(1) $y = \log_2 x$ (2) $y = \ln x$
(3) $y = \ln(1+x)$

次に, 対数関数の微分を考えよう。$f(x) = e^x$ と $g(x) = \ln x$ は互いに逆関数であり, かつ, $f'(x) = f(x)$ だから, 逆関数の微分（微分の公式 5；p. 69）により,

$$(\ln x)' = g'(x) = \frac{1}{f'(g(x))} = \frac{1}{f(g(x))} = \frac{1}{x} \tag{6.26}$$

である（ただし $0 < x$ とする）。つまり, $\ln x$ **の微分は $1/x$ になる**。このことは記憶せよ。

問 118 パソコンの表計算ソフトを使って, $\ln x$ を数値微分せよ（$0 < x$ とする）。その結果を, もとの関数 ($\ln x$) と, 解析的な微分結果 ($1/x$) とともに, 重ねてグラフに描け。ヒント：$x = 0$ や $x < 0$ の値では $\ln x$ の計算がエラーになるので, 微妙に 0

より大きい x から始めよう。結果は図 6.5 のようになるはず。

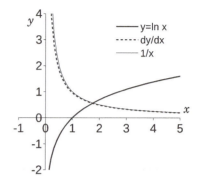

図 6.5 $y = \ln x$（太い実線）とその数値微分（点線）のグラフ。細い実線は $y = 1/x$。x は 0.05 くらいから始めて, 刻みは 0.1 くらいにするときれいに描ける。

問 119 以下の関数をそれぞれ微分せよ：
(1) $\ln(x+1)$ ただし $-1 < x$ とする。
(2) $\ln 2x$ ただし $0 < x$ とする。
(3) $\ln |x|$ ただし $x \neq 0$ とする。
(4) $\ln(x-1)$ ただし $x > 1$ とする。
(5) $\ln(1-x)$ ただし $x < 1$ とする。
(6) $\ln |1-x|$ ただし $x \neq 1$ とする。
(7) $\ln |(x-1)/(x+1)|$ ただし $x \neq \pm 1$ とする。
(8) $\log_{10} x$ ただし $0 < x$ とする。
ヒント：(3) は $x < 0$ と $0 < x$ で場合分け。(7) は合成関数の微分公式で処理するよりも, 式 (6.15) を使って変形すると楽。

これらの問題は,「積分」を学ぶときに重要な意味を持つ。また, (7) は, 生物の個体群変動を解析する理論で出てくる。

よくある質問 47 $\ln |x|$ を微分すると $1/x$ になって絶対値が消えるのが不思議です。… 場合分けしたのに, 結果は一緒って, ちょっと奇妙ですよね。でも, $\ln |x|$ は偶関数ですよね。p. 77 で学んだように, 偶関数の導関数は奇関数ですよね。実際, $1/x$ は奇関数。つじつまあってるでしょ！

6.3 ガウス関数

a を正の定数として,

$$f(x) = \exp(-ax^2) \tag{6.27}$$

という形の関数を<u>ガウス関数</u>（Gauss function）という。ガウス関数は，統計学をはじめ，様々な分野で重要な関数なので，ここでいくつか性質を調べておこう。

問 120 ガウス関数に関して，以下のことを示せ：
(1) 偶関数である。
(2) 常に 0 より大きい。
(3) $f'(0) = 0$ である（だから $x = 0$ での接線は水平）。
(4) x が ∞ に近づくと，0 に近づいていく。
(5) $x = 0$ で最大値をとる。

これらから，ガウス関数のグラフは，$x = 0$ を頂点とする，左右対称の山形のグラフ（図 6.6）になることが想像できる。

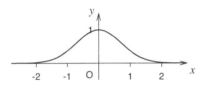

図 6.6 ガウス関数 $y = \exp(-x^2)$ のグラフ。常に $y > 0$ だから，本当は x 軸と重ならないのだが，x がある程度大きくなると，非常に速く x 軸に近づくので，$|x|$ が 3 や 4 くらいになったら x 軸にぴったり重ねて描いて OK（むしろその方が実情に近い）。

問 121 以上のことから，
(1) $a = 1$ のときのガウス関数のグラフを描け。
(2) a が 1 より大きくなるとグラフはどう変わるか？

よくある間違い 14　$y = \exp(-x^2)$ のグラフを，$y = e^{-x}$ のような左右非対称なグラフを描いてしまう。… 偶関数のグラフは左右対称でしょ？

よくある間違い 15　$y = \exp(-x^2)$ のグラフで，頂点を尖らせてしまう。… 問 120(3) より，この関数の頂点は平ら！

6.4 対数グラフ

実験データの解析等で，軸が対数で目盛られたグラフをよく使う。図 6.7 は，横軸は普通の目盛で縦軸が対数目盛のグラフである。このように片方の軸が対数目盛のグラフを<u>片対数グラフ</u>という。対数軸には，以下のような特徴がある：

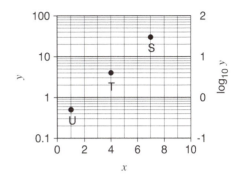

図 6.7 片対数グラフの例。左の軸に振られている目盛りは，対数にする前の値の目盛り（だから変な間隔になっている；グラフ上に点を打つときに便利）。右の軸に振られている目盛りは，対数にした後の値の目盛り。直線の傾きは右側の目盛りで求める。なお，世の中の多くの対数グラフでは，左のような軸か，右のような軸のどちらか片方だけが，左側に書かれている。

- "0" が存在しない。下に行くほど 0 に近づくが，決して 0 をグラフ上で表現することはできない。
- 太い目盛りをひとつ移動すれば値が 10 倍になる。
- 細い目盛りをひとつ移動すれば最上位の桁の値がひとつ増える。

たとえば図 6.7 で，点 S の値は $(7, 30)$ である。点 S よりひとつ上の細目盛り線は $y = 40$ の線である。点 T の値は $(4, 4)$ である。

問 122 点 U の値を読み取れ。

このような変なグラフを使う理由は 2 つある。まず，対数目盛りを使えば非常に範囲の広い値を程よくコンパクトに表現できること。たとえば，0.1, 1, 10, 100 の 4 つのデータをふつうの目盛りにプロットすると，"100" だけが飛び抜けて上の方に行ってしまう一方，"0.1" と "1" はほとんど固まって見分けづらい。しかし対数目盛りにプロットすると，これらのデータは等間隔に並ぶのだ。

もうひとつの理由は，そもそも自然界に多く存在する指数関数的な現象（細菌の増殖，光の減衰，化学物質の1次反応などなど）の様子を調べるのにこのグラフが好都合であることだ。というのも，ある現象が，

$$y = Ae^{ax} \tag{6.28}$$

という関数（それは式 (6.35)，式 (6.36) あたりで出てくる）で表されることが確実な場合，実験データによって定数 A, a を決定したい，ということがよくある。その場合，上の式の両辺の常用対数をとると，

$$\log_{10} y = \log_{10} A + ax(\log_{10} e) \tag{6.29}$$

となる。この場合，$\log_{10} y$ は x の1次関数（直線関係）になる。これを片対数グラフにプロットすると，その傾き ($a \log_{10} e$) から a の値がわかり，切片 ($\log_{10} A$) から A の値がわかるのだ。

ただし，この方法で傾きを求めるには注意が必要だ。傾きは，縦軸方向の変化量を横軸方向の変化量で割れば求まるが，その時，縦軸（対数軸）方向の変化量は，実際の変化量（対数を取る前の y の変化量）でなくて，いったん対数に変換した後の変化量（$\log_{10} y$ の変化量）だ。たとえば図 6.7 では，点 T と点 S では，実際の変化量（y の変化量）は，左側の軸で値を読み取って，$30 - 4 = 26$。しかし，対数としての変化量（$\log_{10} y$ の変化量）は，右側の軸の値で考えねばならない。それにはまず，点 T から点 S までの高さを定規で測り，一方で，太い目盛り線の間隔（右側の軸で 1 に相当する変化量；左側の軸では「10 倍」に相当する変化量）も定規で測り，前者を後者で割り算する。そうやって得たのが「縦軸の変化量」だ。そして，

$$\text{傾き} = \frac{\text{縦軸の変化量}}{\text{横軸の変化量}} = a \log_{10} e \tag{6.30}$$

が成り立つ。従って，

$$a = \frac{1}{\log_{10} e} \frac{\text{縦軸の変化量}}{\text{横軸の変化量}} \fallingdotseq 2.3026 \frac{\text{縦軸の変化量}}{\text{横軸の変化量}} \tag{6.31}$$

によって a の値が求まる。ちなみに，もしも式 (6.28) ではなく $y = A \times 10^{ax}$ のような関数を想定していれば，式 (6.31) の $1/\log_{10} e$ や 2.3026 とい

う数は必要ない。

問 123 図 6.7 のグラフについて，3 点 S, T, U を最もうまく結ぶようなひとつの直線を引いて，その傾きと切片から，$y = Ae^{ax}$ の定数 A と a の値を推定せよ。その際，定規で測定して得た数値と，それをもとに行った計算式も明記せよ。また，推定された A と a の値を用いて，3 つの点 S, T, U は，うまく再現されるか？

図 6.8 は，横軸と縦軸が対数目盛になったグラフ用紙である。このようなグラフを<u>両対数グラフ</u>という。

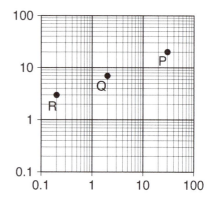

図 6.8 両対数グラフの例。

たとえばこのグラフで，点 P の座標は $(30, 20)$ である。

問 124 点 Q と点 R の座標をそれぞれ読み取れ。

両対数グラフを使う理由は，まず，片対数グラフと同様に，非常に範囲の広い値を，ひとつのグラフにコンパクトに表現するためである。

もうひとつの理由は，指数関数に劣らぬくらいに自然界に多く存在する，べき関数的な現象[*2]を調べるには，このグラフが好都合だというものだ。というのも，ある現象が，

$$y = Ax^a \tag{6.32}$$

[*2] たとえば，本川達雄「ゾウの時間 ネズミの時間」（中公新書）参照。ある種の現象がべき関数で表現できることを，power law とか scaling と呼ぶ。power とは「べき」のこと。

という関数（べき関数）で表される場合，実験データによって定数 A, a を決定したい，ということがよくある。その場合，式 (6.32) の両辺の常用対数をとると，

$$\log_{10} y = \log_{10} A + a \log_{10} x \tag{6.33}$$

となる。従って，もし現象がべき関数的であるならば，そのデータを両対数グラフにプロットすると，直線になり，その直線の傾き（適当な 2 点の間の，グラフ用紙上での横の距離と縦の距離を定規で測って，後者を前者で割ればよい）が a の値であり，切片（$\log_{10} x = 0$ となるとき，つまり $x = 1$ のときの y の値）が A の値なのだ[*3]。

問 125 図 6.8 のグラフについて，3 つの点 P, Q, R を最もうまく結ぶようなひとつの直線を引いて，その傾きと切片から，$y = Ax^a$ の定数 A と a の値を推定せよ。その際，定規で測定して得た数値と，それをもとに行った計算式も明記せよ。また，推定された A と a の値を用いて，3 つの点 P, Q, R は，うまく再現されるか？

6.5 指数関数の微分方程式

ところで，唐突ではあるが，

$$\frac{d}{dx} f(x) = 3 f(x) \tag{6.34}$$

という式を考えよう。この式 (6.34) は，関数 $f(x)$ に関する方程式とみなせる。一般に，関数に関する方程式で，その関数の導関数も含むようなものを<u>微分方程式</u>という。式 (6.34) は一種の微分方程式である。

第 3 章で学んだ代数方程式は，x などで表される「数」に関する方程式だった。つまり，その「解」は数値である。一方，微分方程式は，$f(x)$ などで表される「関数」に関する方程式である。つまりその「解」は関数である。

さて，たとえば関数「$f(x) = x^2$」は，式 (6.34) の解だろうか？ 式 (6.34) の左辺にこの関数を代入すると，$\frac{d}{dx} x^2 = 2x$ となるが，右辺にこの関数を代入すると，$3x^2$ となる。$2x = 3x^2$ は恒等的には成り立たない（$x = 1$ や $x = 2$ のときは成り立たない）。従って，関数「$f(x) = x^2$」は，式 (6.34) の解ではない！

問 126 以下の関数が，式 (6.34) の解であるかどうかを調べよ。注：(5)(6) は定数関数。
(1) $2x$ (2) $2e^{3x}$ (3) $3e^{2x}$
(4) $-5e^{3x}$ (5) 2 (6) 0

ここでわかったように，ひとつの微分方程式には，複数の解がありえるのだ。

ここでは証明しないが，式 (6.34) の解は「定数 × e^{3x}」という形の関数だということがわかっている。もっと一般的に言えば，以下のような定理が知られている：

定理

α を 0 でない定数として，

$$\frac{d}{dx} f(x) = \alpha f(x) \tag{6.35}$$

という微分方程式の解（その方程式を恒等的に成り立たせるような関数）は，

$$f(x) = \beta e^{\alpha x} \tag{6.36}$$

という関数である（β は任意の定数）。

問 127 式 (6.36) は式 (6.35) を満たすことを示せ。

よくある質問 48 式 (6.35) の解は式 (6.36) のような形の関数の他にはありえないのですか？… その理由はまだ説明できません（いずれ説明します）が，ありえません。

式 (6.34) は，式 (6.35) で $\alpha = 3$ としたケースだったのだ。その解が複数あったのは，式 (6.36) で β の値が何でもよかったからなのだ。

さて，β はどんな値でもよいのだが，式 (6.36) で $x = 0$ と置くと，

[*3] 片対数グラフのときと違って，両対数グラフは，底が e のときも 10 のときも，直線の傾きはかわらない。

$$f(0) = \beta e^0 = \beta \tag{6.37}$$

となる。つまり、$\beta = f(0)$ と表すことができる。これを式 (6.36) に入れると、

$$f(x) = f(0)e^{\alpha x} \tag{6.38}$$

となる。大事なことは、「式 (6.35) の形の微分方程式の解は式 (6.38) である」ということだ。なぜなら、この形の微分方程式が、数学以外の様々な科学でガンガン出てくるからである。

6.6 放射性核種（放射能）の崩壊

炭素には、原子量 12 の普通の炭素原子の他に、原子量 13 の炭素原子と原子量 14 の炭素原子がある。一般に、同じ元素（ここでは炭素）なのに互いに原子量が違う原子のことを、「同位体」(isotope) と呼ぶ。このうち、原子量 13 の炭素同位体 (^{13}C) は原子核崩壊しないが、原子量 14 の炭素同位体 (^{14}C) は徐々に原子核崩壊*4 をして、原子量 14 の窒素原子 (^{14}N) に変わってしまう。この崩壊の様子を数学的に考えてみよう。

^{14}C の個数を、時刻 t の関数 $C(t)$ で表すことにしよう。いま、時刻 0 で個数 C_0 の ^{14}C があるとする（つまり、$C_0 := C(0)$）。これがどんどん崩壊して減っていくのだが、時刻 t のとき個数が $C(t)$ であるとして、t から $t+dt$ の間（ごく短い時間を考える）に、その一部が放射性崩壊して別の元素（窒素）に壊変する。その変化は、まず、そのときの個数 $C(t)$ に比例する。これは常識的に明らかで、母数（崩壊するもとの原子の数）が倍になれば、一定時間内の崩壊回数も倍になる、というだけの話である。また、時間間隔 dt にも比例する。これも、時間が長いほど崩壊もたくさん起きるだろうという常識的な判断による。ただし、dt が長すぎると、その間にも個数 $C(t)$ がどんどん減ってくるので、この判断は成り立たない。あくまで、dt が十分に短いことを想定した判断である。以上の考察から、

$$C(t+dt) = C(t) - \alpha C(t) dt \tag{6.39}$$

と書ける。α はなんらかの定数である（$0 < \alpha$ とす

---

*4 この場合は、放射線（ベータ線：高速の電子線）を出しながら崩壊する「ベータ崩壊」。

る）。$C(t)$ は減る方向だから、右辺第二項の符号はマイナスである。この式を変形すれば、

$$C(t+dt) - C(t) = -\alpha C(t) dt \tag{6.40}$$

両辺を dt で割ると、

$$\frac{C(t+dt) - C(t)}{dt} = -\alpha C(t) \tag{6.41}$$

ここで dt が十分に小さいことを考えると、左辺は $C(t)$ の微分（導関数）である。従って次式を得る：

$$\frac{dC}{dt} = -\alpha C(t) \tag{6.42}$$

これが、放射性炭素の崩壊に関する微分方程式である。

式 (6.42) は、C を f、t を x、$-\alpha$ を α に読み替えると、式 (6.35) になる。従って、式 (6.42) の解は、式 (6.38) のようになるはずだから、

$$C(t) = C_0 e^{-\alpha t} \tag{6.43}$$

となる。従って、C_0、つまり $t=0$（つまり最初）のときの C の値がわかれば、式 (6.43) によって、その後の C がどのように変化するかが、予測できるのである。

問 128 放射性炭素の崩壊が式 (6.43) のように予測できることを説明せよ（上の議論を簡潔にまとめれば OK）。

ところで、放射性炭素の問題に戻ると、通常は、式 (6.43) のかわりに、次のような式がよく使われる：

$$C(t) = C_0 \left(\frac{1}{2}\right)^{\frac{t}{t_h}} \tag{6.44}$$

t_h は「半減期」と呼ばれる定数であり、^{14}C の場合、

$$t_h = 5730 \text{ 年} \tag{6.45}$$

であることが知られている。

問 129 式 (6.44) について、
(1) 式 (6.44) を、横軸 t、縦軸 $C(t)$ のグラフにかけ。
(2) $C(t_h)$ はもとの値 C_0 の半分であることを確かめよ。この故に、t_h を半減期と呼ぶ。
(3) 式 (6.44) を、式 (6.43) の形に変形せよ。ヒン

ト: $1/2 = \exp(-\ln 2)$

(4) 半減期は，式 (6.43) の定数 α とどのような関係にあるか？

(5) 式 (6.45) から，定数 α の値を求めよ．

上で，C_0 がわかればその先が予測ができると書いたが，実際にこの式を使う場面では，むしろ，「C_0 だけでなく現在の値 $C(t)$ もわかっているが，t がわからない」という状況が多い．それは，次のような状況である：生物体は，生きている間は大気の CO_2 の中の ^{14}C と同じ比率（全炭素原子中の ^{14}C 原子の割合）の ^{14}C を持っているが，死ぬと地球大気との交換が止まるので，^{14}C が減って行く．一方，地球大気の ^{14}C は，宇宙線によって生産されるのと崩壊するのがつりあって，概ね一定とみなせる（それが C_0 に相当する）．これらのことから，昔に生きていた生物体の遺骸の現在の ^{14}C の比率を調べることで，その生物が生きていた年代を推定するのだ[*5]．

問 130 昔の火山噴火によってできた火山灰の地層の中から木の枝が出てきた．その木の枝の ^{14}C の比率は，現在の 1/4 であった．その木が埋まって死んだ年代，つまり火山噴火の起きた年代はいつごろか？

6.7 化学反応速度論

前節で考えたのと似たような話に，「化学反応速度論」がある．様々な化学反応がどのくらい速く進むかを考える理論だ．ここでは単純に，一種類の化学物質 A が，別の化学物質 B と化学物質 C に分解するような場合：

$$A \longrightarrow B + C \tag{6.46}$$

の化学反応速度論を学ぼう．ただし反応は左から右に一方向にしか進まないとする．

A の量（モル濃度）を $[A]$ と書く．$[A]$ は時刻 t の関数だから，$[A](t)$ と書くべきだが，煩雑なので，基本的に「(t)」は省略する．dt を微小な時間間隔とする．この dt の間に A から B+C に変化する反応の回数を考える：まず，物質 A の全体の中のある割合が物質 B と物質 C に変わると考えられるから，反応の回数は，A の現存量，つまり $[A]$ と，時間間隔 dt に比例するだろう（このあたりの考え方は 6.6 節と同じである）．つまり，この回数は，ある正の定数 k を用いて，

$$k[A]\,dt \tag{6.47}$$

と書けるはず．この回数のぶんだけ，$[A]$ は減るわけだ．従って，

$$[A](t+dt) = [A](t) - k[A]\,dt \tag{6.48}$$

と書ける．式 (6.40)〜式 (6.42) と同様に考えれば，

$$\frac{d[A]}{dt} = -k[A] \tag{6.49}$$

となる．式 (6.49) の左辺は，$[A]$ の変化の速さ，すなわち「反応速度」を意味する．反応速度が式 (6.49) のように表現できるような化学反応を「1 次反応」という．k は「反応速度定数」と呼ばれ，主に反応の種類と温度，触媒の有無等によって決まる．

式 (6.49) は，$[A]$ を f，t を x，$-k$ を α に読み替えると，式 (6.35) になる．従って，式 (6.49) の解は，式 (6.38) のようになるはずだから，

$$[A](t) = [A](0)e^{-kt} \tag{6.50}$$

となる．$[A](0)$ は反応のスタート時点（実験開始の時点）での $[A]$ の値だから，実験者はわかっているはずだ（そういうのを調べないで実験を始める人は科学者ではない！）．従って，式 (6.50) によって，この反応中の物質 A の量がどう変化するかが，予測できるのである．

問 131 式 (6.46) のような化学反応が式 (6.50) のように予測できることを説明せよ．（上の議論を簡潔にまとめれば OK）．

農地に撒かれた農薬の残留性等も同様の理論で解析される．

[*5] 生物遺骸の年代推定は，防災科学において重要な情報を与えてくれる．たとえば，過去の火山噴火や津波等によって形成された堆積物の層の中に，木片などの生物遺骸を見つけることで，その年代を測ることで，その火山噴火や津波の起きた時期を知ることができる．そのような情報があれば，その地域で将来的に起こりうる災害の規模や頻度を想定することができ，それをもとに災害対策を立てることができる．

6.8 ランベルト・ベールの法則

化学物質が溶け込んでいる液体（水とか有機溶媒…エタノールやアセトンなど）の中の化学物質の量や濃度を測る方法のひとつに，吸光度測定というものがある。その原理を学ぼう：

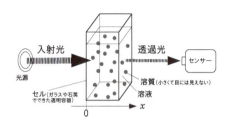

図 6.9 分光光度計の内部の概念図

図 6.9 は，吸光度測定に使う分光光度計という装置の概念図である。この装置は，光源・セル・センサーの 3 つの部分で構成される。光源から様々な波長の光がセルに当てられる。セルはガラスや石英でできた透明な容器であり，ユーザーが計測したい試料溶液を入れる（石英はガラスより高価だが，紫外光を使う場合に必要）。セルに当たった光（入射光）は，溶液の中を進むにつれて溶質に吸収され，減衰するので，セルを抜け出た光（透過光）は入射光より弱い。透過光の強さをセンサーで測る。

透過光が入射光に対してどのくらい弱まるかを，溶液の濃度と関連付けよう：光の進行方向に沿って x 軸をとり，位置 x での光の強さを $I(x)$ とする。光は，溶液の中を微小距離 dx だけ通過すると，溶液の濃度 c，進んだ距離 dx，そして光自身の強度 I に比例して強度を失うだろう。従って，位置 $x+dx$ における光の強さは，位置 x における光の強さから，$\kappa I c\, dx$ だけ弱くなっているはずだ（κ は溶質の種類や光の波長によって決まる適当な正の定数）。これを式で書けば，

$$I(x+dx) = I(x) - \kappa c I\, dx \tag{6.51}$$

となる。式 (6.51) を変形すると，

$$I(x+dx) - I(x) = -\kappa c I\, dx \tag{6.52}$$

となる。両辺を dx で割ると，

$$\frac{I(x+dx) - I(x)}{dx} = -\kappa c I \tag{6.53}$$

となる。dx を十分に小さい距離で考えれば，この左辺は $I(x)$ の微分（導関数）になるので，

$$\frac{dI}{dx} = -\kappa c I \tag{6.54}$$

となる。この式 (6.54) が，溶液中での光強度の変化（減衰）を説明する微分方程式だ。式 (6.54) と p. 87 の定理から次式が導かれる：

$$I(x) = I(0) \exp(-\kappa c x) \tag{6.55}$$

これらの式 (6.54) や (6.55) を，ランベルト・ベール（Lambert-Beer）の法則という。Lambert のことをランバートと言ったり，Beer のことをビアーと言ったりすることもあり，また，Lambert と Beer の順番をひっくり返して言うこともあるので，「ビアー・ランバートの法則」とか「ランバート・ビアーの法則」とか，いろんな風に呼ばれる。混乱しないように注意しよう。

問 132 次の 2 つの式を導け：

$$I(x) = I(0) \times 10^{-\kappa c x / \ln 10} \tag{6.56}$$

$$\frac{\kappa}{\ln 10} c x = -\log_{10}\left(\frac{I(x)}{I(0)}\right) \tag{6.57}$$

式 (6.57) の右辺の中の $I(x)/I(0)$ は，透過光の強さを入射光の強さで割ったもの，すなわち透過率であり，これは実験的に計測可能である。x を特定の値 d に設定するとき（化学実験では $d=1$ cm が一般的），式 (6.57) の右辺を「吸光度（absorbance）」と呼び，多くの場合，A と表記される。すなわち，吸光度 A は次式で定義される：

$$A := -\log_{10}\left(\frac{I(d)}{I(0)}\right) \tag{6.58}$$

問 133 以下の問に答えよ：
(1) 透過光 $I(d)$ が入射光 $I(0)$ の半分であるとき，吸光度 A はいくらか？
(2) 透過光 $I(d)$ が入射光 $I(0)$ の 1/10 であるとき，吸光度 A はいくらか？

よくある質問 49 吸光度の定義式 (6.58) には，なぜマイナスがついているのですか？… 一言で言えば，慣習。$I(d)$ は $I(0)$ 以下（透過光の強度は入射光の

強度以下）だから、$I(d)/I(0)$ は 1 以下になり、従って、$\log_{10}\{I(d)/I(0)\}$ は 0 以下になります。光がたくさん吸収されて透過光が弱くなればなるほど $I(d)/I(0)$ は 0 に近づきますが、そのとき $\log_{10}\{I(d)/I(0)\}$ は絶対値の大きな負の値になります。ところが「吸光度」は、その名のとおり、溶液が光を吸収する程度を表す指標だから、値が負だと直感的にわかりにくい。そこで、わかりやすくするために値を 0 以上にするために、マイナスの符号をつけるのです。

$x = d$ のとき、式 (6.57)、式 (6.58) によって、

$$\frac{\kappa}{\ln 10} cd = A \tag{6.59}$$

$$c = \frac{A}{(\kappa/\ln 10)d} \tag{6.60}$$

となる。$\kappa/\ln 10$ は、モル吸収係数と呼ばれ、既に多くの物質について多くの化学者が実験によって正確な値を決定し、公表している。d は前述のように既知（実験条件で設定する値）である。従って、式 (6.60) の右辺の A に対する係数 $(\ln 10/(\kappa d))$ は、実験条件で既に決まっている。それを K と書くと、

$$c = KA \tag{6.61}$$

となり、溶液の濃度 c と吸光度 A は比例する。これによって、吸光度の測定値から溶液の濃度を知ることができるのだ。普通、分光光度計で吸光度を測定するときは、1 cm × 1 cm の正方形の底面を持つ、角柱状のセルを用いる（それが $d = 1$ cm とする理由）。

問 134 アセトン 80% と純水 20% の混合液を溶媒とするとき、その中にあるクロロフィル a のモル吸収係数は、波長 663.3 nm の光に対して、76.8 mmol^{-1} dm^3 cm^{-1} である。ある、クロロフィル a だけが溶け込んだアセトン 80% と純水 20% の混合溶液において、波長 663.3 nm の光に対する吸光度 $(d = 1$ cm$)$ が、分光光度計によって、$A = 0.2$ と測定された。この溶液中のクロロフィル a の濃度を求めよ。注：mmol や dm^3 がわからない人は p.19 あたりを復習！

6.9 ロジスティック曲線

本章の最後に、指数関数が出てくる、応用上とても大切な曲線を学ぼう。a, b, c を正の定数として、

$$f(x) = \frac{1}{a + be^{-cx}} \tag{6.62}$$

という形の関数を、ロジスティック関数と呼ぶ。この関数は、生物学や統計学などでよく使う。どう使うかは先々のお楽しみにしておいて、ここではこの関数のグラフを描いてみよう。

問 135 以下の問に答えよ：
(1) $f(0) = 1/(a+b)$ であることを示せ。
(2) 分母、すなわち $a + be^{-cx}$ は、x が増えるにつれて減少することを示せ。
(3) $f(x)$ は、x が増えるにつれて増加することを示せ。
(4) $x \to \infty$ のとき、$f(x)$ はどうなるか？
(5) $x \to -\infty$ のとき、$f(x)$ はどうなるか？
(6) $f'(0)$ を求めよ。
(7) 以上を元に、$y = f(x)$ のグラフを手で描け。結果は図 6.10 のようになる。

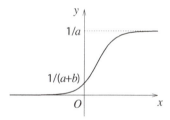

図 6.10 式 (6.62)（ロジスティック曲線）のグラフ。$x = 0$ での接線の傾きは $bc/(a+b)^2$

このグラフをロジスティック曲線と呼ぶ。特に、$a = b = 1$ のときは、式 (6.62) はシグモイド関数と呼ばれる。これは、生物の神経細胞の性質を表すのに使われ、「ニューラルネット」と呼ばれる技術（いわゆる「ディープ・ラーニング」とか「人工知能」の一部）の基礎である。

演習問題 4 福島第一原子力発電所の事故では、2011 年 3 月 15 日前後に、大量の放射性物質が放出されてしまい、各地に降下した。そのとき放出された放射性物質は、徐々に崩壊して減っている。以下の放射性物質は、現在、当初の何倍になったか？（有効数字 2 桁で答えよ。）

(1) ヨウ素 131 (^{131}I; 半減期 8.02 日)
(2) セシウム 134 (^{134}Cs; 半減期 2.07 年)
(3) セシウム 137 (^{137}Cs; 半減期 30.1 年)

ヒント：式 (6.44) を用いて $C(t)/C(0)$ を求めればよい。

演習問題 5 「ベクレル」(Bq) という単位を聞いたことがあるだろうか？ これは，放射性物質が 1 秒間に崩壊する個数[*6]を表し，その放射性物質がどのくらいあるかを間接的に表す指標になる。ある食品に含まれる ^{137}Cs は，200 Bq であった (1 秒間あたり 200 回の崩壊を起こした)。この食品には，何個の ^{137}Cs が含まれているか？（有効数字 2 桁で）ヒント：式 (6.40) を使う。左辺は変化した個数を表しているから，ここでは -200 個。右辺の $C(t)$ が未知数。$dt=1$ 秒。α は前問で示された半減期から求める。

演習問題 6 関数 a^x と関数 x^x をそれぞれ微分せよ ($1 < a$)。ヒント：$a = e^{\ln a}$ を使って，$a^x = (e^{\ln a})^x$ と変形。同様に，$x^x = (e^{\ln x})^x$。そして指数法則，そして合成関数の微分。

演習問題 7 森林や草原，農地では，植物の葉が地表を覆うことで土壌浸食を抑制する。この効果を調べるために，葉の量と地表面被覆率の関係を調べよう。面積 G の地表区画の上に，面積 a を持つ水平な葉が 1 枚あれば，その葉が地表を覆う割合は a/G であり，覆わない割合は $1 - a/G$ である。そのような葉が n 枚，ランダムにある場合 (n は自然数)，それらの葉が地表を覆わない割合は（葉がお互いに重なる場合も考慮して，平均的・確率的に考えて），$(1-a/G)^n$ である。

(1) このとき，地表面の被覆率（1 枚以上の葉に覆われる割合）を F とする。次式を示せ：
$$F = 1 - (1-a/G)^n \quad (6.63)$$

(2) このとき，葉の総面積は na である。それと地表面積の比，すなわち，na/G は無次元量であり，地表面の単位面積あたり，その上空にどのくらいの総面積の葉があるかを意味する。端的に言えば，葉が平均的に何枚重なっているかである。生態学・作物学ではこの量を「葉面積指数」と呼ぶ。いま，葉面積指数を L とする。すなわち，
$$L = na/G \quad (6.64)$$
である。F を n と L で表せ (a と G を消去せよ)。

(3) 葉の枚数が十分に多ければ，n は近似的に無限大とみなせる。そのとき，
$$F \fallingdotseq 1 - e^{-L} \quad (6.65)$$
となることを示せ。

(4) 葉面積指数が 1 のとき，葉による地表面被覆率 F の値はどのくらいか？

演習問題 8 地震のエネルギーは，マグニチュードという指標で表されることが多い。地震のエネルギーを E とすると，マグニチュード M は，次式で定義される：
$$\log_{10}\frac{E}{1 \text{ J}} = 4.8 + 1.5M \quad (6.66)$$

(1) 1995 年の兵庫県南部地震（いわゆる阪神大震災）では，$M = 7.2$ であったとされる。このときの地震のエネルギーはどのくらいか？
(2) マグニチュードが 1 増えると，地震のエネルギーは何倍になるか？
(3) 2011 年の東北地方太平洋沖地震（いわゆる東日本大震災）では，$M = 9.0$ であったとされる。このときの地震のエネルギーはどのくらいか？ それは，兵庫県南部地震の何倍か？
(4) 日本人は，平均的に，1 人あたり 1 kW の電力を消費する[*7]。東北地方太平洋沖地震で放出されたエネルギーは，日本人全員（約 1 億人）が使う電力量の何年分に相当するか？
(5) 地震の「震度」と「マグニチュード」は，どう違うか？

[*6] 崩壊するときに放射線が発せられるので，それを検知することによって，崩壊する個数は比較的容易に計測できる。

[*7] 「これは 1 日あたりですか，それとも 1 年あたりですか？」という質問がよく出る。そういう人は，kW の定義を再確認すべきである。

問の解答

答 105 略 ($n = 100$ のとき $2.70\cdots$ となる)。

答 107 略 ($n = 10000$ のとき $7.3875\cdots$ となる。それに対して, $e^2 = 7.3890\cdots$。)

答 108 略。どちらも最初の 2 桁は 2.7 になるはず。

答 109 $(1 + 0.02)^{100} = (1 + 2/100)^{100}$ の値を求めればよい。式 (6.4) より, これは $e^2 = 7.38\cdots$ に近いはず。ちなみに, 厳密に計算すれば, $(1 + 0.02)^{100} = 7.24\cdots$ 倍となる。

答 110 (1) n 年に 1 回起きるのだから, 今からの 1 年間がたまたまその 1 回にあたる確率は $1/n$。従って, あたらない (豪雨が起きない) 確率は $1 - 1/n$。(2) 「1 年間で 1 回も起きない」が 2 回続くと考えて, $(1-1/n)^2$。(3) 以降は略。

答 111 略。ヒント: $x = 0$ での y の値をまず考えてみよう。その次に, x が ∞ と $-\infty$ に行く時のそれぞれについて, y の値がどうなっていくか考えてみよう。

答 112 (1) e^x (2) $2e^{2x}$ (3) $-2x\exp(-x^2)$
(4) $(1-2x^2)\exp(-x^2)$

答 113 (略解)

(1) 対数の定義より自明。

(2) $a^1 = a$ より自明。

(3) $a^0 = 1$ より自明。

(4)
$$a^{\log_a b + \log_a c} = a^{\log_a b} a^{\log_a c} = bc = a^{\log_a bc}$$
従って, $\log_a b + \log_a c = \log_a bc$ ∎

(5) $0 = \log_a 1 = \log_a\{b \times (1/b)\} = \log_a b + \log_a(1/b)$
従って, $\log_a(1/b) = -\log_a b$ ∎

(6) (4)(5) より明らか。

(7) $\log_a b^c = x$ と置くと, 対数の定義より, $b^c = a^x$。この両辺を $1/c$ 乗すると, $(b^c)^{1/c} = (a^x)^{1/c}$。これは, 式 (1.41) より, $b = a^{x/c}$ となる。すなわち, $x/c = \log_a b$ である。この両辺に c をかけて, $x = c\log_a b$。ところが x は $\log_a b^c$ のことだったから, 与式が成り立つ。∎

(8) 左辺を指数として a の肩にのせると,
$$a^{\log_a b \log_b c} = \left(a^{\log_a b}\right)^{\log_b c} = b^{\log_b c} = c$$
一方, 右辺を指数として a の肩にのせると,
$$a^{\log_a c} = c$$
これらは等しいから, 左辺 = 右辺。∎

(9) 式 (6.17) で, c を a とおくと,
$$(\log_a b)(\log_b a) = \log_a a = 1$$
この両辺を $\log_b a$ で割ると, 与式を得る。∎

(10) 式 (6.17) で, a を c, b を a, c を b におきかえると,
$$(\log_c a)(\log_a b) = \log_c b$$
この両辺を $\log_c a$ で割ると, 与式を得る。∎

答 114

(1) $\log_2 7 = (\ln 7)/(\ln 2) \fallingdotseq 2.807$

(2) $\log_{0.3} 5 = (\ln 5)/(\ln 0.3) \fallingdotseq -1.337$

答 116 略。(2) は式 (6.17) を使う。

答 117 図 6.11 参照。

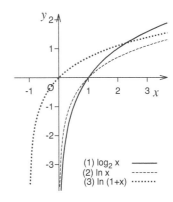

図 6.11 問 117 の答。

答 119

(1) $\frac{d}{dx}\ln(x+1) = \frac{1}{x+1} \times (x+1)' = \frac{1}{x+1}$

(2) $\frac{d}{dx}\ln(2x) = \frac{1}{2x} \times (2x)' = \frac{1}{x}$

(3) $0 < x$ のとき, $\frac{d}{dx}\ln|x| = \frac{d}{dx}\ln x = \frac{1}{x}$
$x < 0$ のとき, $\frac{d}{dx}\ln|x| = \frac{d}{dx}\ln(-x) = \frac{1}{-x} \times (-x)' = \frac{1}{-x} \times (-1) = \frac{1}{x}$
従って, $0 < x$ だろうが $x < 0$ だろうが,
$\frac{d}{dx}\ln|x| = \frac{1}{x}$

(4) $\frac{d}{dx}\ln(x-1) = \frac{1}{x-1} \times (x-1)' = \frac{1}{x-1}$

(5) $\frac{d}{dx}\ln(1-x) = \frac{1}{1-x} \times (1-x)' = \frac{1}{1-x} \times (-1) = \frac{1}{x-1}$

(6) $1 < x$ のとき, $\frac{d}{dx}\ln|1-x| = \frac{d}{dx}\ln(x-1) = \frac{1}{x-1}$
$x < 1$ のとき, $\frac{d}{dx}\ln|1-x| = \frac{d}{dx}\ln(1-x) = \frac{1}{x-1}$ (前小問より)。従って, $1 < x$ だろうが $x < 1$ だろうが, $\frac{d}{dx}\ln|1-x| = \frac{1}{x-1}$

(7) $\frac{d}{dx}\ln\left|\frac{x-1}{x+1}\right| = \frac{d}{dx}(\ln|x-1| - \ln|x+1|)$
$= \frac{d}{dx}\ln|x-1| - \frac{d}{dx}\ln|x+1| = \frac{1}{x-1} - \frac{1}{x+1} = \frac{2}{x^2-1}$

(8) (略解) $1/(x\ln 10)$

答 120 $f(x) = \exp(-ax^2)$ として (a は実数の定数),

(1) $f(-x) = \exp\{-a(-x)^2\} = \exp(-ax^2) = f(x)$。従って偶関数。

(2) $e = 2.718\cdots$ は 0 より大きいから,それを何乗しても 0 以下にはならない。

(3) $f'(x) = -2ax\exp(-ax^2)$。これに $x = 0$ を代入すると 0。

(4)
$$\lim_{x \to \infty} \exp(-ax^2) = \lim_{x \to \infty} \frac{1}{e^{ax^2}} \quad (6.67)$$

である。$0 < a$ だから,$x \to \infty$ のとき,$ax^2 \to \infty$ である。従って,$e^{ax^2} \to \infty$ である。すなわち,式 (6.67) の右辺の分母は ∞ に発散する。従って,式 (6.67) は 0 に収束する。

(5) $0 \leq x$ では,e^{-ax^2} は,減少関数である。従って,$x = 0$ のとき最大値をとる。e^{-ax^2} は偶関数だから,$x \leq 0$ でも $x = 0$ のとき最大値をとる。従って,e^{-ax^2} は $x = 0$ のとき,最大。

答 121
(1) 本文の図のとおり。
(2) $\exp(-ax^2) = \exp\{-(\sqrt{a}\,x)^2\}$ だから,a が大きくなると,グラフは x 軸方向に $1/\sqrt{a}$ 倍になる。つまり,山型の幅が狭くなる。

答 122 $(1, 0.5)$

答 123 略 ($a = 0.69$, $A = 0.25$ 程度になるはず (多少違っても構わない)。それを用いて S, T, U の y の値を計算してみること)。

答 124 点 Q：$(2, 7)$) 点 R：$(0.2, 3)$

答 125 略 ($a = 0.375$, $A = 5.5$ 程度になるはず (多少違っても構わない)。それを用いて P, Q, R の y の値を計算してみること。A を求めるときの「切片」は,このグラフの左端ではなく,$x = 1$ のところの縦線に交わるときの値であることに注意)。

答 126 (1) $f(x) = 2x$ として,式 (6.34) の左辺と右辺にそれぞれ代入すると,左辺 $= (2x)' = 2$,右辺 $= 3(2x) = 6x$ となり,左辺と右辺は恒等的には一致しない。従って,この関数は式 (6.34) を満たさない (解ではない)。(2) 以下は略。(解であるのは (2), (4), (6) だけ)

答 129
(1) 図 6.12 のとおり。
(2) 略。
(3) 略解：$C = C_0 \exp[-(\ln 2)t/t_h]$ (導出過程も書くこと)

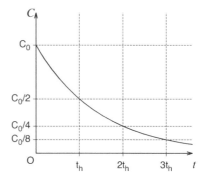

図 6.12　放射性炭素 14 の量の変化。

(4) $\alpha = (\ln 2)/t_h$
(5) $\alpha = (\ln 2)/(5730\,年) \fallingdotseq 1.21 \times 10^{-4}$/年…必ず単位を！

答 130 $C = C_0/4$ だから,$t = 2t_h = 11460$ 年くらい前 (11500 年でも可)。

答 132 略。ヒント：式 (6.55) の右辺の e を $10^{\log_{10} e}$ で置き換えて変形すれば式 (6.56) を得る。$\log_{10} e = 1/(\ln 10)$ であることに注意。式 (6.56) の両辺を $I(0)$ で割って常用対数をとって変形すれば,式 (6.57) を得る。

答 133
(1) 題意より,$I(d)/I(0) = 1/2$ となる。従って,式 (6.58) より,
$$A = -\log_{10}(1/2) = \log_{10} 2 = 0.301\cdots \quad (6.68)$$

(2) 題意より,$I(d)/I(0) = 1/10$ となる。従って,式 (6.58) より,
$$A = -\log_{10}(1/10) = \log_{10} 10 = 1 \quad (6.69)$$

注：吸光度は無次元量なので単位は不要。

答 134 (計算過程は省略) $2.6\ \mu\text{mol/dm}^3$

答 135 (6) $f'(x) = \frac{bce^{-cx}}{(a+be^{-cx})^2}$。したがって,$f'(0) = \frac{bc}{(a+b)^2}$。

第7章

三角関数

7.1 三平方の定理

まず，中学校で習った三平方の定理（ピタゴラスの定理）を復習しておこう。

問 136 三平方の定理を証明しよう。直角三角形 ABC を考える。角 C が直角であるとする。点 C から辺 AB に下ろした垂線の足を点 D とする。(図 7.1)

(1) 三角形 ABC と三角形 ACD は相似であることを示せ。
(2) そのことから，AB : AC = AC : AD, すなわち
AB × AD = AC² であることを示せ。
(3) 三角形 ABC と三角形 CBD は相似であることを示せ。
(4) そのことから，AB : BC = BC : BD, すなわち
AB × BD = BC² であることを示せ。
(5) 以上と AB = AD + BD より次式を示せ：

$$AB^2 = AC^2 + BC^2 \tag{7.1}$$

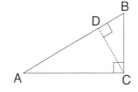

図 7.1 三平方の定理の証明に使う図

7.2 弧度法

高校初年級までの数学や，一般社会では，角の大きさを「度」で表現することが多い。「度」は，一周を 360 度とする表現である。360 という数字と円の本質的な性質の間には，数学的な必然性はない。たぶん，子だくさんの家族で，丸いケーキを分ける時に，いろんな数で割り切れる 360 という数が好まれたのだろう！

角を「度」で表すときは，細かい数字を小数で表す場合と，「分」「秒」という補助単位を使って表す場合（度分秒表記）がある。60 分 = 1 度，60 秒 = 1 分である。度，分，秒は，それぞれ ° ′ ″ という記号で表してもよい。たとえば，「36 度 6 分 42.5 秒」は，「36° 6′ 42.5″」と表す。

例 7.1 「36 度 6 分 42.5 秒」という角を，度だけで（分や秒を使わずに）表してみよう。60 秒 = 1 分だから，1 秒 = (1/60) 分である。
従って，42.5 秒 = 42.5 × (1/60) 分 ≒ 0.7083 分。
従って，6 分 42.5 秒 ≒ (6+0.7083) 分 = 6.7083 分。
また，60 分 = 1 度だから，1 分 = (1/60) 度である。
従って，6.7083 分 = 6.7083 × (1/60) 度 ≒ 0.11181 度
従って，36 度 6 分 42.5 秒 ≒ (36 + 0.11181) 度 = 36.11181 度。

例 7.2 「140.10217 度」という角を，度分秒表記してみよう。小数点以下の 0.10217 度は分や秒の単位で表されるはずだ。1 度 = 60 分だから，
0.10217 度 = 0.10217 × 60 分 = 6.1302 分
となる。従って，分の単位の値は 6 であり，小数点以下の 0.1302 分は秒単位で表されるはずだ。従って，
0.1302 分 = 0.1302 × 60 秒 = 7.812 秒
従って，140.10217 度 ≒ 140 度 6 分 7.81 秒。（例おわり）

一方，高校の上級（数II・数B以降）や大学の数学・物理学では，以下で定義される<u>ラジアン</u>（radian）という単位で角を表すことが多い：

半径 1 の円を切り取ってできる扇形において，その頂角を，扇形の弧の長さで表す（図 7.2）。これを<u>弧度法</u>と呼ぶ。弧度法での角度の単位を<u>ラジアン</u>という。

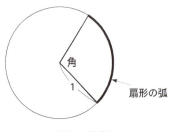

図 7.2 弧度法

例 7.3 円を 4 つの扇型で等分すると，1 つの扇形の頂角は 90 度。半径が 1 なら，その扇形の弧の長さは，$2\pi/4 = \pi/2$。従って，90 度 $= \frac{\pi}{2}$ ラジアンである。

例 7.4 半径 1，中心角 360 度の「扇形」は，円全体である。その「弧」は円周全体だから，長さは，2π である。従って，360 度 $= 2\pi$ ラジアン である。（例おわり）

弧度法（ラジアンで角度を表すこと）は，あまり直感的ではないが，数学的には自然である。後に学ぶが，たとえば，弧度法では，三角関数をうまく微分できたり，指数関数と三角関数を統一的に扱える。

度からラジアンへの換算法を学ぼう：半径 1 の円を切り取る扇形を考えると，扇形の頂角を度で表したものと弧長（ラジアン）は比例する。従って度とラジアンは比例する。ところで例 7.4 より，360 度は 2π ラジアンだから，

$$1 度 = \frac{2\pi}{360} ラジアン = \frac{\pi}{180} ラジアン \tag{7.2}$$

となる。この式の左辺と右辺をそれぞれ x 倍すれば，

$$x 度 = \frac{\pi}{180} x ラジアン \tag{7.3}$$

となる。また，この式 (7.3) の両辺を $180/\pi$ 倍して左辺と右辺を入れ替えれば，

$$x ラジアン = \frac{180}{\pi} x 度 \tag{7.4}$$

となる。式 (7.3)，式 (7.4) を使えば，「度」とラジアンを相互に変換できる。

ところで，角度をラジアンで表記するときは，多くの場合は，慣習的に「ラジアン」という単位を省略する。たとえば，「ある角は $\frac{\pi}{2}$ ラジアンである」という記述は「ある角は $\frac{\pi}{2}$ である」としてもよい。

よくある質問 50　単位は省略してはダメじゃなかったんですか？… ラジアンの定義の中で，「半径 1」とあったでしょ？ その 1 には単位はついていません。つまり無次元量です。従って，この円の大きさは無次元量で表しています。従って弧の長さも無次元量です。従って，「$\frac{\pi}{2}$ ラジアン」は無次元量であり，「ラジアン」という単位自体も無次元量なのです。本来，無次元量を表すのに単位は必要ありません。

よくある質問 51　うーん，よくわかりません。… では，こう考えましょう。円の半径を r とし，弧の長さを l とすると，l/r が，その扇型の頂角をラジアンで表したものになります。ところが，r も l も「長さ」という次元の量だから，その比は無次元量です。つまりラジアンで表した角は，無次元量です。

問 137 角の大きさの表現法「ラジアン」を定義せよ。また，「度」から「ラジアン」へ変換する式を示せ。

問 138 以下の角を，「度」からラジアンへ変換せよ。
(1) $90°$　　(2) $45°$　　(3) $180°$
(4) $30°$　　(5) $1°$

問 139 以下の角を，ラジアンから「度」へ変換せよ。
(1) π　　(2) $\pi/3$　　(3) 2π
(4) $\pi/4$　　(5) 1

前問で，1 ラジアンは $(180/\pi)$ 度であることがわかった。π は約 3 だから，1 ラジアンは約 60 度で

ある（57.2957⋯度）。このことは，弧度法の定義に戻れば直感的に理解できる：半径 1 で頂角 1 ラジアンの扇形では，弧度法の定義によって，半径と弧長がともに 1 である。この扇形は，正三角形の 1 つの辺を円弧に変形したものと考えることもできるから，頂角は正三角形の角 60 度に近いだろう（図 7.3）。

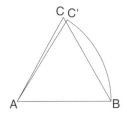

図 7.3 1 ラジアンの概念図。AB = BC = CA = 1 とする。正三角形 ABC を少し歪ませると，扇形 ABC′ になる。辺 BC と弧 BC′ は同じ長さ 1 である。角 BAC は $\pi/3$ ラジアン（60 度），角 BAC′ は 1 ラジアンである。この図から，1 ラジアンは 60 度に近い角であることが直感的に理解できるだろう。

そもそも，角は 0 以上 2π 以下なのだが，数学では便宜上，0 未満や 2π より大きい角を考えたりする。そういう角は，2π を適当に足し引きして，0 以上 2π 未満の範囲の角に帰着すればよい。たとえば 3π の角とは $2\pi + \pi$ の角，つまり 1 周してさらに π 回った角と考え，2π を余分とみなし，要するに π の角と同じ，と考える。

よくある質問 52 なら，要するに $3\pi = \pi$ と書いていいのですか？… それは微妙です。もしそれが許されるなら，両辺を 2 で割ってみましょう。$3\pi/2 = \pi/2$ になっちゃいますね。度で言えば，この左辺は 270 度，右辺は 90 度です。変ですよね。だから，「何周か余分に回った角」どうしを等号で結ぶのは，やめておきましょう。

問 140 以下の角と同じになるような，0 以上 2π 未満の角を述べよ。

(1) $-\pi$ (2) 3π (3) -6π

よくある間違い 16 角の大きさを，ラジアンで表してるのか度で表してるのか混乱する… テキストの問題等では，ラジアン表記の角にはたいてい π が入っているので混乱しにくいけど，電卓やパソコンで計算する時は，ラジアンも度も，一見，ただの数値ですので，この手のミスをしがちです。度で表す場合は数値に必ず「度」か「°」をつけねばなりません。

7.3 弧度法の応用：ビッターリッヒ法

問 141 ある林業家が森林調査に出かけた。その森の材積量（単位面積あたり，どのくらいの体積の木質が蓄積されているか）を推定するために，まず胸高断面積（人の胸のあたりの高さで木をぜんぶ切ったとして，その切口の面積の合計）を簡易的に推定することにした。

まず彼は，森林内の 1 箇所に立ち，片腕を水平に伸ばし，親指を立てて，ぐるっと 1 回転しながら，幹の太さが親指の陰に隠れない木の本数 N を数えた。片腕を水平に伸ばしたとき，彼の親指は，彼の水平方向の視角のうち θ ラジアンをさえぎるとする。彼の親指の幅を a，彼の腕の長さを l とする。

(1) $\theta \fallingdotseq a/l$ であることを示せ。
(2) 彼の立ち位置から距離 R にある，胸高直径 d の木の幹が，彼の親指にちょうどぴったり隠れるとき，

$$d \fallingdotseq R\theta \tag{7.5}$$

であることを示せ。

(3) 林の木は全て等しい胸高直径 d を持つとしよう。上の式で決まる R よりも遠いところにある木は，彼の親指に隠れてしまう。このことから，N は彼の立ち位置を中心とする半径 $R = d/\theta$ の円内の木の本数であることを示せ。

(4) この円内の面積を A，この円内にある木の胸高断面積の合計を B とすると，

$$A = \pi R^2 \tag{7.6}$$
$$B = N\pi d^2/4 \tag{7.7}$$

であることを示せ。ただし木の断面は全て円形であると仮定する。

(5) この円内で，単位面積あたりの胸高断面積は，

$$\frac{B}{A} = \frac{N\theta^2}{4} \tag{7.8}$$

となることを示せ。

(6) $a = 2$ cm, $l = 60$ cm, $N = 10$ のとき，単位面積あたりの胸高断面積はどのくらいか？

(7) この方法は，どんな太さの木からなる林についても有効であることを示せ。

(8) この方法は，さまざまな太さの木が混在する林についても有効であることを示せ。

注：この方法は，森林の胸高断面積を，驚くほどの簡便さで推定する方法であり，「ビッターリッヒ (Bitterlich) 法」という。一般に，森林の材積量などを現場で正確に見積もるのは容易ではない。それを研究する分野を「森林計測学」という。

7.4 三角関数

半径 1 の円を<u>単位円</u> (unit circle) と呼ぶ。

xy 平面上で，原点を中心とする単位円の上で，$(1, 0)$ から左回りに角 θ にある点の，x 座標を $\cos \theta$，y 座標を $\sin \theta$ と定義する。$\sin \theta / \cos \theta$ を $\tan \theta$ と定義する（図 7.4）。

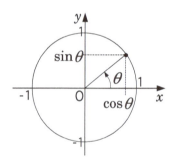

図 7.4　単位円による，$\cos \theta$, $\sin \theta$ の定義

$\cos \theta$, $\sin \theta$, $\tan \theta$ のことを，<u>三角関数</u> (trigonometry) と呼ぶ。cos は「コサイン」，sin は「サイン」，tan は「タンジェント」と読む。コサインを「余弦」，サインを「正弦」，タンジェントを「正接」と呼ぶこともある。

問 142 単位円とは何か？

問 143 角 θ について，$\cos \theta$, $\sin \theta$, $\tan \theta$ のそれぞれを定義せよ。

問 144 $\cos \theta$ や $\sin \theta$ は，全ての実数 θ について -1 から 1 の範囲の値をとることを示せ。ヒント：単位円の上の点の座標はどのような範囲を動くか？

問 145 以下の角 θ について，正弦（$\sin \theta$ のこと），余弦（$\cos \theta$ のこと），正接（$\tan \theta$ のこと）の値をそれぞれ求めよ（表にせよ）。最後の 4 問は，関数電卓を使う。(14)(15)(16) の単位はラジアン。

(1) $0°$　(2) $30°$　(3) $45°$　(4) $60°$
(5) $90°$　(6) $120°$　(7) $180°$　(8) $270°$
(9) $-30°$　(10) $\pi/6$　(11) $\pi/4$　(12) $\pi/3$
(13) $1°$　(14) 1　(15) 0.1　(16) 0.01

注：三角関数をパソコンソフトや関数電卓で計算するときは，**必ず，それらが角を「ラジアン」と「度」のどちらで解釈するのかを確認しよう**。手っ取り早いのは，「90」の sin を計算させてみることである。答が 1 なら「度」だし，答が 1 以外の変な値 (0.893⋯) なら「ラジアン」である。それに基づいて，必要に応じて式 (7.3) や式 (7.4) を使ってラジアンと度を変換して計算すればよい。

前問の (15), (16) の経験から，ラジアンで表現すれば，θ が 0 に近ければ近いほど，

$$\sin \theta \fallingdotseq \theta \quad \text{かつ}, \quad \tan \theta \fallingdotseq \theta \qquad (7.9)$$

が成り立ちそうだ。証明は p.108 演習問題 10 に譲るが，この式は確かに成り立つし，とても重要な式である。

よくある質問 53 重要な式なのになぜ証明しないのですか？… 証明は多少技巧的であり，初学者には負担が大きいからです。とりあえず経験的に飲み込んで，三角関数やその微積分に慣れてから，後でじっくり振り返るとよいと思います。

ちなみに，あまり使わないが，cos と sin の逆数には，sec（セカント）と cosec（コセカント）という名前がついている：

$$\sec \theta := \frac{1}{\cos \theta}, \quad \operatorname{cosec} \theta := \frac{1}{\sin \theta} \qquad (7.10)$$

7.5 三角関数の公式

三角関数には以下のように，たくさん公式（定理）がある。それらを覚えるのが嫌で，三角関数苦手！

という人も多いが，多くは定義に戻れば簡単にわかることであり，無理に暗記するものではない。忘れてもその場で自力で証明すればよいのだ。以下，θ を任意の角とする。

まず，次の式が成り立つ：

$$\cos^2\theta + \sin^2\theta = 1 \tag{7.11}$$

なぜか？ 原点から点 $(\cos\theta, \sin\theta)$ までの距離は，三平方の定理から，$\sqrt{\cos^2\theta + \sin^2\theta}$。一方，定義より $(\cos\theta, \sin\theta)$ で表される点は単位円上にあるので，原点からの距離は 1。従って，$\sqrt{\cos^2\theta + \sin^2\theta} = 1$。両辺を 2 乗すると式 (7.11) を得る。

角は 2π ラジアンでひとまわりだから，θ と $\theta+2\pi$ は同じ角を意味する。従って，次の 2 つの式が成り立つ：

$$\cos(\theta + 2\pi) = \cos\theta \tag{7.12}$$
$$\sin(\theta + 2\pi) = \sin\theta \tag{7.13}$$

すなわち，sin や cos は，2π ごとに，同じ値が繰り返し出てくるのだ。

さて，図 7.5 のように，$-\theta$ という角は，x 軸から逆まわり（右回り；時計回り）に θ だけ回った角である。それは，θ という角（x 軸から左回りで回った角）とは，x 軸に関して対称の位置にある。従って，$(\cos(-\theta), \sin(-\theta))$ と $(\cos\theta, \sin\theta)$ は，x 軸に関して対称の位置にある（図 7.5）。すなわち，x 座標は同じで y 座標は正負が逆。従って，次の 2 つの式が成り立つ：

$$\cos(-\theta) = \cos\theta \tag{7.14}$$
$$\sin(-\theta) = -\sin\theta \tag{7.15}$$

これらと同様に，次の問の各式を証明できる。コ

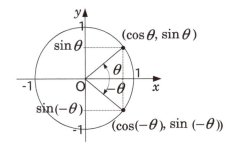

図 7.5 式 (7.14), 式 (7.15) を示す図

ツは，面倒でも毎回，図 7.5 みたいな図を描き，単位円上での点の位置関係（対称性）を使うことである。

問 146 三角関数の定義から，以下の式を導け。

$$\cos(\pi - \theta) = -\cos\theta \tag{7.16}$$
$$\sin(\pi - \theta) = \sin\theta \tag{7.17}$$
$$\cos(\pi + \theta) = -\cos\theta \tag{7.18}$$
$$\sin(\pi + \theta) = -\sin\theta \tag{7.19}$$
$$\cos\left(\frac{\pi}{2} - \theta\right) = \sin\theta \tag{7.20}$$
$$\sin\left(\frac{\pi}{2} - \theta\right) = \cos\theta \tag{7.21}$$
$$\cos\left(\frac{\pi}{2} + \theta\right) = -\sin\theta \tag{7.22}$$
$$\sin\left(\frac{\pi}{2} + \theta\right) = \cos\theta \tag{7.23}$$

ヒント：$\pi-\theta$ は，θ とは y 軸対称。$\pi+\theta$ は，θ とは原点対称。$\pi/2-\theta$ は，θ とは x 軸と y 軸を入れ替えた関係（直線 $y=x$ に関して対称）。言い換えれば，y 軸から右周り（時計回り）に θ だけ回った角。$\pi/2+\theta$ は，y 軸から左周り（反時計回り）に θ だけ回った角。

問 147 n を整数とする。三角関数の定義から，以下の式を導け。

$$\sin n\pi = 0 \tag{7.24}$$
$$\cos n\pi = (-1)^n \tag{7.25}$$

問 148 三角関数の定義から，以下の式を導け。

$$1 + \tan^2\theta = \frac{1}{\cos^2\theta} \tag{7.26}$$
$$\tan(-\theta) = -\tan\theta \tag{7.27}$$
$$\tan(\theta + \pi) = \tan\theta \tag{7.28}$$

ここで式 (7.28) に注意しよう。これを見ると，tan は，θ が π 増えるごとに，同じ値が繰り返し出てくるのだ。sin や cos は 2π ごとの繰り返しだったが，tan はその半分で繰り返しが来るのだ。このことは，あとで tan のグラフを見れば，よりはっきりわかるだろう。

問 149 $\cos\theta$, $\sin\theta$, $\tan\theta$ は，それぞれ，θ の

関数と見たとき，偶関数？ 奇関数？ あるいはそのどちらでもない？

7.6 加法定理

次に述べるのは，2 つの角の和の三角関数を，それぞれの角の三角関数で表す公式であり，「加法定理」と呼ばれる。三角関数の応用では頻繁に出てくる，重要な定理である。

問 150 単位円の上に，x 軸から角 α だけ離れたところに点 A をとり，x 軸から角 $-\beta$ だけ離れたところに点 B をとる。このとき，原点 O と点 A，点 B を頂点とする三角形 OAB を考える。一方，単位円と x 軸が交わる点 $(1,0)$ を A$'$ とし，単位円上で x 軸から角 $\alpha+\beta$ だけ離れたところに点 B$'$ をとる。このとき，原点 O と点 A$'$，点 B$'$ を頂点とする三角形 OA$'$B$'$ を考える。
(1) 三角形 OAB と三角形 OA$'$B$'$ をそれぞれ別の図として作図せよ。
(2) 三角形 OAB と三角形 OA$'$B$'$ が合同であることを示せ。
(3) 点 A，点 B の各座標を，α, β を用いて表せ。
(4) 辺 AB の長さの 2 乗 (AB^2) を，α, β を用いて表せ。
(5) 点 A$'$，点 B$'$ の各座標を，α, β を用いて表せ。
(6) 辺 A$'$B$'$ の長さの 2 乗 $(A'B'^2)$ を，α, β を用いて表せ。
(7) AB^2 = A$'$B$'^2$ より，次式を示せ。
$$\cos(\alpha+\beta) = \cos\alpha\cos\beta - \sin\alpha\sin\beta \quad (7.29)$$
(8) 式 (7.20) より $\sin(\alpha+\beta) = \cos(\pi/2-\alpha-\beta)$ が成り立つ。このことを利用して，次式を示せ：
$$\sin(\alpha+\beta) = \sin\alpha\cos\beta + \cos\alpha\sin\beta \quad (7.30)$$
ヒント：$\sin(\alpha+\beta)$ を $\cos((\pi/2-\alpha)+(-\beta))$ と考え，式 (7.29) を使う。

式 (7.29) と式 (7.30) は，α, β がどのような角であっても成り立つ。これらの式を三角関数の<u>加法定理</u>と呼ぶ。

加法定理の特別な場合として，以下のような公式が成り立つ。

問 151 以下の式を導出せよ：
$$\cos(\alpha-\beta) = \cos\alpha\cos\beta + \sin\alpha\sin\beta \quad (7.31)$$
$$\sin(\alpha-\beta) = \sin\alpha\cos\beta - \cos\alpha\sin\beta \quad (7.32)$$

問 152 以下の式を導出せよ（倍角公式）：
$$\cos 2\alpha = \cos^2\alpha - \sin^2\alpha \quad (7.33)$$
$$= 2\cos^2\alpha - 1 \quad (7.34)$$
$$= 1 - 2\sin^2\alpha \quad (7.35)$$
$$\sin 2\alpha = 2\sin\alpha\cos\alpha \quad (7.36)$$

問 153 以下の式を導出せよ：
(1) $\cos^2\alpha = \dfrac{1+\cos 2\alpha}{2}$ (7.37)
(2) $\sin^2\alpha = \dfrac{1-\cos 2\alpha}{2}$ (7.38)

式 (7.29)〜式 (7.38) は，いずれも重要な公式なので，少なくとも，自力で導出できるようになろう。できれば覚えるとよい。少しくらい忘れても，うろおぼえの状態から正しい式を思い出すコツがある。

例 7.5 式 (7.29)〜式 (7.32) を混同してしまい，右辺の符号 $(\pm)$ や sin と cos の順序を間違えることがよくある。そんなときは，$\alpha=\beta=0$ とか，$\alpha=0, \beta=\pi/2$ などの値を代入して，左辺と右辺が整合的になるかどうかを確かめればよい。たとえば，
$$\cos(\alpha+\beta) = \sin\alpha\sin\beta - \cos\alpha\cos\beta$$
$$\cdots（これは間違い）$$
だったっけ？ と考える。ここで $\alpha=\beta=0$ を代入すると，左辺は 1，右辺は -1 になるから，何かが違う！ なら，
$$\cos(\alpha+\beta) = \sin\alpha\cos\beta - \cos\alpha\sin\beta$$
$$\cdots（これも間違い）$$
かな？ と考える。ここで $\alpha=\beta=0$ を代入すると，左辺は 1，右辺は 0 になるから，やっぱり何かが違う！ そうやって，可能性を絞り込んでいくことができる。

例 7.6 式 (7.20) を忘れたら，式 (7.29) を用いて

導出できる：

$$\cos\left(\frac{\pi}{2} - \theta\right) = \cos\frac{\pi}{2}\cos\theta + \sin\frac{\pi}{2}\sin\theta$$

ここで, $\cos(\pi/2) = 0, \sin(\pi/2) = 1$ より, 上の式の右辺は, $\sin\theta$ となる。

7.7 三角関数のグラフ

次に, $y = \sin x$ や $y = \cos x$ 等のグラフを描けるようになろう。$y = \sin x$ のグラフは図 7.6 である。

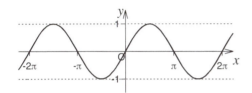

図 7.6 $y = \sin x$ のグラフ

このグラフには, 関数 $y = \sin x$ の, 次のような性質がよく現れている：

- $\sin 0 = 0$
- x が 2π だけ進むと, もとの値に戻る。
- y は -1 から 1 までの範囲の値だけをとる。
- $x = \pi/2$ のとき（直角のとき）, 最大値 1 をとる。
- 奇関数である。

図 7.6 は波っぽい形のグラフである。そこで, このような形（図 7.6 を拡大縮小したり平行移動した形）を「正弦曲線」という。

次に $y = \cos x$ のグラフを描こう。式 (7.23) から,

$$\sin\left(x + \frac{\pi}{2}\right) = \cos x \tag{7.39}$$

だから, $y = \sin x$ のグラフを左に（x 軸の負の方向に）$\pi/2$ だけ平行移動したものが $y = \cos x$ のグラフになる。従って図 7.7 のようになる。$\cos x$ が偶関数であることが, きちんと表現されている。

このグラフは図 7.6 のグラフを平行移動したものとみなせるから, 正弦曲線と言える（余弦なのに!?）。

次に $y = \tan x$ のグラフを描こう。まず, 定義より

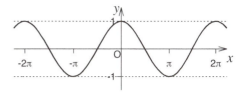

図 7.7 $y = \cos x$ のグラフ

$$\tan x = \frac{\sin x}{\cos x} \tag{7.40}$$

だから, $\tan 0 = 0$ である。また, $\tan(-x) = -\tan x$, つまり $\tan x$ は奇関数であることもわかる。また, x が 0 から次第に増加すると, 最初のうちは $\sin x$ は増加, $\cos x$ は減少するから, $\tan x$ は次第に増加する。$x = \pi/2$ に近づくと, 分母の $\cos x$ が 0 に近づくから, $\tan x$ はどんどん大きくなって ∞ に飛んでいく。ところが $x = \pi/2$ を少し越えると, $\cos x$ は 0 に近い負の値になり, $\sin x$ は正の値のままだから, $\tan x$ は, いきなり $-\infty$ に飛んで行ってしまう。

そういうふうに考えると, $y = \tan x$ のグラフが図 7.8 のようになることが, 納得できるだろう：

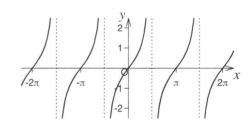

図 7.8 $y = \tan x$ のグラフ。点線は漸近線。

問 154 以下の関数のグラフをひとつに重ねて描け。
(1) $y = \sin x$ (2) $y = \cos x$
(3) $y = \tan x$ (4) $y = \sin 2x$

問 155 $y = \sin^2 x$ のグラフを書いてみよう。
(1) y は常に 0 以上, つまり x 軸よりも上にあることを示せ。
(2) y は 1 よりも大きくはならないことを示せ。
(3) このグラフは原点を通ることを示せ。
(4) このグラフは y 軸に関して対称（偶関数）であることを示せ。

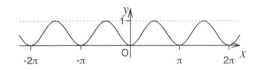

図 7.9　$y = \sin^2 x$ のグラフ。x 軸に接する部分がなめらかな曲線になっていることに注意。

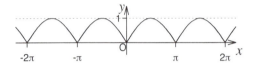

図 7.10　$y = |\sin x|$ のグラフ。この図は図 7.6 つまり $y = \sin x$ のグラフの x 軸より下の部分を上に折り返したものでもある。従って，x 軸に接する部分はとがっている。図 7.9 との違いをじっくり観察しよう。

(5)　式 (7.38) も参考にして，この関数のグラフを描け。

よくある間違い 17　$y = \sin^2 x$ のグラフを描けと言われて，図 7.10 のようなグラフを描いてしまう。

7.8　三角形と三角関数

以上は「三角関数」の話なのに三角形が登場せず，円ばかり出てきた。そう，実は，「三角関数」は三角形の関数よりもむしろ円の関数なのだ。それが「三角関数」と呼ばれるのは歴史的な帰結にすぎない。しかし，三角形と三角関数の関係も重要である。

問 156　図 7.11 の直角三角形 OAB について，次式を示せ:

(1)　$\sin\theta = \dfrac{AB}{OA}$　　　　　　　　　　(7.41)

(2)　$\cos\theta = \dfrac{OB}{OA}$　　　　　　　　　　(7.42)

(3)　$\tan\theta = \dfrac{AB}{OB}$　　　　　　　　　　(7.43)

高校の数学 II では，式 (7.41)，式 (7.42)，式 (7.43) を利用して三角関数を定義している。しかし，これらは $\pi/2$ 以上の角や負の角には適用できないので，大学レベルの数学では三角関数を単位円で定義するのだ。

よくある間違い 18　sin や cos を，いつまでも直角三角形の辺の比で定義する… 間違いとまでは言えないけど，それは一般性に欠ける不完全な定義です。単位円を使いましょう。

実用的には，式 (7.41)，式 (7.42)，式 (7.43) は，以下のような形で使われることが多い。

$$AB = OA \sin\theta \qquad (7.44)$$

$$OB = OA \cos\theta \qquad (7.45)$$

$$AB = OB \tan\theta \qquad (7.46)$$

問 157　傾斜 30 度の斜面を，斜距離で 100 m だけ登ると，高度は約何 m だけ上がるか？

問 158　傾斜 3 度の斜面を，斜距離で 100 m だけ登ると，高度は約何 m だけ上がるか？ 3 度を 0 に近い量とみなし，式 (7.9) を使って近似計算してみよ。

7.9　正弦定理と余弦定理

ここで，三角形の辺と角の間に成り立つ重要な定理を 2 つ学ぶ。これらは，土地の測量等で必要である。

問 159　図 7.12 のような三角形 ABC を考える。BC の長さを a, CA の長さを b, AB の長さを c とする。頂点 A, B, C をそれぞれ挟む角の大きさをそれ

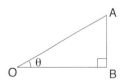

図 7.11　問 156 の説明図

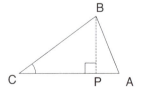

図 7.12　問 160 の説明図

ぞれ A, B, C とする（たとえば角 ACB の大きさが C）。B から辺 CA におろした垂線の足を P とする。

(1) 次式を示せ。
$$BP = a \sin C \tag{7.47}$$

(2) 三角形 ABC の面積を S とする。次式を示せ。
$$S = \frac{a\,b \sin C}{2} \tag{7.48}$$

(3) 同様に考えて次式を示せ。
$$S = \frac{b\,c \sin A}{2} \tag{7.49}$$
$$S = \frac{c\,a \sin B}{2} \tag{7.50}$$

(4) 式 (7.48)〜式 (7.50) から次式を示せ：
$$\frac{a}{\sin A} = \frac{b}{\sin B} = \frac{c}{\sin C} \tag{7.51}$$

式 (7.51) を<u>正弦定理</u>と呼ぶ。

問 160 前問の続きを考える。
(1) $CP = a \cos C$, $AP = |b - a \cos C|$ となることを示せ。
(2) 直角三角形 PAB について三平方の定理を考えて、次式を示せ：
$$c^2 = (a \sin C)^2 + (b - a \cos C)^2 \tag{7.52}$$
(3) 前小問より、次式を示せ：
$$c^2 = a^2 + b^2 - 2ab \cos C \tag{7.53}$$

この問題で、三角形 ABC の頂点と辺の名前付けを適当に変えると、以下の式も成り立つ：
$$a^2 = b^2 + c^2 - 2bc \cos A \tag{7.54}$$
$$b^2 = c^2 + a^2 - 2ca \cos B \tag{7.55}$$

また、式 (7.53)〜式 (7.55) を少し変形すると次式が成り立つ：
$$\cos C = \frac{a^2 + b^2 - c^2}{2ab} \tag{7.56}$$
$$\cos A = \frac{b^2 + c^2 - a^2}{2bc} \tag{7.57}$$
$$\cos B = \frac{c^2 + a^2 - b^2}{2ca} \tag{7.58}$$

式 (7.53)〜式 (7.58) を<u>余弦定理</u>と呼ぶ。

問 161 式 (7.53) は、角 C が直角の場合、三平方の定理に一致することを示せ。

このように、余弦定理は、その特別な場合として三平方の定理を含んでいる。いわば、三平方の定理の拡張版である。

よくある質問 54 式 (7.53)〜式 (7.58) は全部覚えるべきですか？… どれか 1 つだけでいいので、何も見ないで導出できるくらい何回も証明してみましょう。そうすれば、忘れても自力で導出できるし、残りは全部、そこから記号の置き換えと式変形で出てきます。

さて、多角形の面積を求める時、多角形を三角形に分割し、それぞれの三角形の面積を求めて足す、ということがよく行われる。その際、最も基本的なのは、「3 辺の長さがわかっている三角形の面積を求めよ」という問題だ。

問 162 3 辺の長さがそれぞれ $a = 4$ cm, $b = 3$ cm, $c = 2$ cm である三角形の面積を求めてみよう。θ を、a と b の各辺に挟まれた角とする。
(1) 式 (7.56) から $\cos \theta$ の値を求めよ。
(2) $\cos^2 \theta + \sin^2 \theta = 1$ から、$\sin \theta$ の値を求めよ。
(3) 式 (7.48) から、この三角形の面積を求めよ。

注：三角形の面積に関する「ヘロンの公式」というものがあり、それを使って問 162 を解く人がたまにいるが、ヘロンの公式は煩雑なのであまり便利ではない。式 (7.48) と余弦定理の組み合わせで十分に代用できる。

よくある間違い 19 問 162(3) の答に単位をつけない。… 当然、不正解です。

7.10 逆三角関数

cos, sin, tan のそれぞれの逆関数を、arccos（アークコサイン）, arcsin（アークサイン）, arctan（アークタンジェント）と呼ぶ。これらを逆三角関数という。

ただし、この定義はまだ不完全である。という

のも，たとえば $\cos\theta = 1/2$ となるような θ を arccos(1/2) というのだが，cos は周期的な関数だから，$\cos\theta = 1/2$ となるような θ の値は，$\pm\pi/3$ や $\pm 7\pi/3$ や $\pm 13\pi/3$ など，たくさんあるから，どれなのか迷ってしまう。そこで，arccos の値は，0 以上 π 以下に限定するのだ。すなわち，

「arccos x とは，$\cos\theta = x$ かつ $0 \le \theta \le \pi$ となるような θ のことである」

と定義する。従って，たとえば

$$\arccos \frac{1}{2} = \frac{\pi}{3} \tag{7.59}$$

である（$-\pi/3$ や $7\pi/3$ などはこの答に含めてはいけない）。

同様に，

「arcsin x とは，$\sin\theta = x$ かつ $-\pi/2 \le \theta \le \pi/2$ となるような θ のことである」

「arctan x とは，$\tan\theta = x$ かつ $-\pi/2 < \theta < \pi/2$ となるような θ のことである」

と定義する。

注 1: arcsin と arctan は，arccos とは値域（θ のとり得る範囲）が違うことに注意せよ。

注 2: arcsin x を Arcsin x とか $\sin^{-1} x$ と書くこともある。後者の場合は $1/\sin x$ と間違えないように。同様に，arccos x を Arccos x とか $\cos^{-1} x$ と書くこともある。後者の場合は $1/\cos x$ と間違えないように。同様に，arctan x を Arctan x とか $\tan^{-1} x$ と書くこともある。後者の場合は $1/\tan x$ と間違えないように。

注 3: θ がどんな値であっても $\cos\theta$ と $\sin\theta$ は -1 以上 1 以下の値しか取り得ない。従って，x が 1 より大きかったり -1 より小さかったりする場合は，$\sin\theta = x$ とか $\cos\theta = x$ となるような θ は存在しない。そのような x については，arccos x や arcsin x は存在しないのだ。一方，$\tan\theta$ は，どのような実数値もとり得る。従って，任意の実数 x について arctan x が存在する。

問 163 以下の値を求めよ。(5) は電卓で。

(1) arctan 1 　　(2) arctan 0
(3) arccos 0.5 　(4) arcsin(-0.5)
(5) arctan 5 　　(6) arcsin 2

よくある間違い 20 　上の問の (5) で，78.69 という間違い… 度とラジアンを混同してますね。

よくある質問 55 　えっ!? 電卓は確かに 78.69… と表示してます。なぜ 78.69 はダメなんですか？… その電卓は角の大きさを度で表しているのです。だから答案には 78.69 度とか，78.69° と書けば正解です。でもあなたは「78.69」とだけ書いて，単位を書かなかったでしょ？ 単位のついていない角の値は，ラジアンとして解釈されます。

問 164 筑波山（標高約 880 m）と筑波大学（標高約 30 m）は，約 12 km 離れている。筑波大学から見た筑波山頂は，どのくらいの仰角（水平からの角度）で見えるか？ ただし地球が丸いことは無視してよい。

7.11 三角関数の微分

次に三角関数の微分を学ぼう。

問 165 パソコンの表計算ソフトを用いて，
(1) $y = \sin x$ のグラフを，$0 \le x \le 7$ の範囲で描け。
(2) それを数値微分し，結果をグラフに描け。
(3) $y = \cos x$ のグラフを描け。

x の刻みは 0.1 程度で OK。(1), (2), (3) のグラフは重ねて描くこと。結果は図 7.13 のようになるはず。

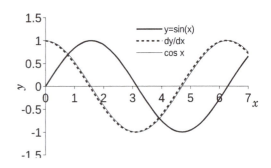

図 7.13 　$y = \sin x$（太い実線）とその数値微分（点線），そして $y = \cos x$（細い実線）のグラフ。x の刻みは 0.1。刻みをもっと小さくすると，$y = \sin x$ の数値微分と $y = \cos x$ はもっと近くなる。

なんとびっくり！上の問で，$\sin x$ の数値微分は，$\cos x$ のグラフにぴったり重なるではないか！つまり，$(\sin x)' = \cos x$ なのだ！

問 166　表計算ソフトを用いて，
(1) $y = \cos x$ のグラフを，$0 \leq x \leq 7$ の範囲で描け。
(2) それを数値微分し，結果をグラフに描け。
(3) $y = -\sin x$ のグラフを描け。

x の刻みは 0.1 程度で OK。(1), (2), (3) のグラフは重ねて描くこと。結果は図 7.14 のようになるはず。

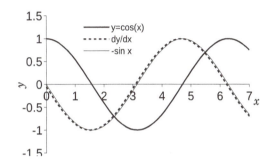

図 7.14　$y = \cos x$（太い実線）とその数値微分（点線），そして $y = -\sin x$（細い実線）のグラフ。x の刻みは 0.1。刻みをもっと小さくすると，$y = \cos x$ の数値微分と $y = -\sin x$ はもっと近くなる。

なんとまたびっくり！ 上の問で，$\cos x$ の数値微分は，$-\sin x$ のグラフにぴったり重なるではないか！ つまり，$(\cos x)' = -\sin x$ なのだ！

では $\tan x$ の導関数は？ $\tan x = \sin x / \cos x$ に p.69 の式 (5.51) をあてはめればよい。すなわち，$v = \sin x$, $u = \cos x$ として，

$$(\tan x)' = \left(\frac{v}{u}\right)' = \frac{v'u - vu'}{u^2}$$
$$= \frac{(\sin x)' \cos x - \sin x (\cos x)'}{\cos^2 x}$$
$$= \frac{\cos x \cos x - \sin x (-\sin x)}{\cos^2 x}$$
$$= \frac{\cos^2 x + \sin^2 x}{\cos^2 x} = \frac{1}{\cos^2 x} \quad (7.60)$$

となる。以上をまとめると，

$$(\sin x)' = \cos x \quad (7.61)$$
$$(\cos x)' = -\sin x \quad (7.62)$$
$$(\tan x)' = \frac{1}{\cos^2 x} \quad (7.63)$$

である。この 3 つの公式は必ず記憶しよう。

よくある質問 56　$\cos x$ を微分する問題で，$\cos x = -\sin x$ と書いたら不正解になりました。なぜ？… 君は微分する前の関数と微分した後の関数を等号で結んでしまっています。$(\cos x)' = -\sin x$ と書くべき。

よくある質問 57　でも，答えは合っているからよくないですか？… その等式に $x = 0$ を代入してごらん。$1 = 0$ になっちゃいますよ。それでも正解ですか？

ここで，式 (7.61) に $x = 0$ を代入すると，その値は $\cos 0 = 1$ となる。微分係数は，その関数のグラフの接線の傾きでもあるから，$y = \sin x$ のグラフ，つまり，p.101 の図 7.6 において，$x = 0$ での接線の傾きは 1 である。

式 (7.62) に $x = 0$ を代入してみると，$-\sin 0 = 0$ となる。つまり，$y = \cos x$ のグラフ，つまり，図 7.7 は，$x = 0$ での接線の傾きは 0，つまりそこでグラフは平坦になることがわかる（実際，図 7.7 でもそうなっている）。

式 (7.63) に $x = 0$ を代入してみると，$1/\cos^2 0 = 1$ となる。つまり，$y = \tan x$ のグラフ，つまり，図 7.8 は，$x = 0$ で接線の傾きは 1 である。

式 (7.61)〜式 (7.63) と，微分のいくつかの公式を組み合わせれば，三角関数を含む様々な関数を微分できる。

例 7.7

$$(\cos 3x)' = (-\sin 3x)(3x)' = -3\sin 3x$$

↑ $\cos x$ と $3x$ の合成関数の微分。

$$(\sin^3 x)' = \{(\sin x)^3\}' = 3\{(\sin x)^2\}(\sin x)'$$
$$= 3\sin^2 x \cos x$$

↑ x^3 と $\sin x$ の合成関数の微分。

$$(x^2 \sin 3x)' = (x^2)' \sin 3x + x^2 (\sin 3x)'$$
$$= 2x \sin 3x + x^2 (3\cos 3x)$$
$$= 2x \sin 3x + 3x^2 \cos 3x$$

↑ x^2 と $\sin 3x$ の積の微分。

例 7.8

$f(x) = x^3 \cos^2 3x$ を微分してみよう。$f(x)$ を x^3 と $\cos^2 3x$ の積とみて，積の微分の公

式より，
$$f'(x) = (x^3)' \cos^2 3x + x^3 \{(\cos^2 3x)'\}$$

右辺第一項の中の $(x^3)'$ は $3x^2$ である。右辺第二項の中の $(\cos^2 3x)'$ は，$\cos 3x$ の 2 乗の微分とみなして合成関数の微分の公式を使えば，$2\cos 3x (\cos 3x)'$ となる。$(\cos 3x)'$ は，$3x$ をひとつの変数とみなして合成関数の微分の公式により，$-3\sin 3x$ となる。これらをぜんぶ元に組み合わせれば，
$$f'(x) = 3x^2 \cos^2 3x - 6x^3 \cos 3x \sin 3x$$

問 167 次の関数を微分せよ。
(1) $\cos x$ (2) $\tan x$ (3) $\sin 2x$
(4) $x\cos x$ (5) $\cos^2 x$ (6) $\cos x^2$

問 168 「微分」の章で，奇関数の導関数は偶関数，偶関数の導関数は奇関数であることを学んだ。三角関数の導関数についてそれらが成り立っていることを確かめよ。

7.12 極座標

問 169 xy 平面上の任意の点 $P(x,y)$ について，原点からの距離を r とする。つまり $r = \sqrt{x^2+y^2}$ とする。点 P は，原点を中心とする半径 r の円周上にある。いま，θ を x 軸から点 P までの左回りの角とすると，
$$\begin{cases} x = r\cos\theta \\ y = r\sin\theta \end{cases} \quad (7.64)$$
と書けることを示せ（図 7.15）。

上のように，平面上の点の位置を，原点からの距離 r と x 軸からの角 θ で表すことを，<u>極座標</u> (polar coordinate) と呼ぶ。それに対して，君が慣れ親しんだ，x 軸と y 軸のそれぞれに沿った成分の大きさで表す (x,y) のような表しかたを，<u>デカルト座標</u>と呼ぶ[*1]。

問 170 以下のデカルト座標を極座標に，極座標

[*1] ちなみに 3 次元空間の点についても「極座標」は存在する（大学数学の範囲）。

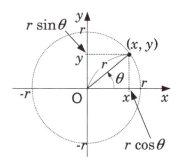

図 7.15 極座標の説明図。図 7.4 を r 倍に拡大したものと考えてもよい。

をデカルト座標に書き換えよ。(3), (5) は電卓で。
(1) $(1,1)$
(2) $(-\sqrt{3},1)$
(3) $(2,3)$ ヒント：$\theta = \arctan(3/2)$。
(4) $r=2$, $\theta = \pi/3$
(5) $r=3$, $\theta = 10°$

7.13 単振動

ばねに吊るされた重りの上下運動や，振り子の左右運動など，世の中には周期的に振動する現象が多くある。中でも，時刻 t での物体の位置 $x(t)$ が以下のような式：
$$x(t) = x_0 \cos(\omega t + \delta) \quad (7.65)$$
で表される場合，その振動運動を単振動という。ここで x_0, ω, δ はいずれも t によらない適当な定数であり（ω, δ はそれぞれギリシア文字の「オメガ」「デルタ」の小文字），$x_0 > 0$ とする。x_0 を振幅と呼び，ω を<u>角速度</u>と呼ぶ。

問 171 部屋の天井からバネをつるし，その末端に重りをつけて，つりあいの位置に静止させる。この位置を原点とし，バネに沿って上向きに x 軸を考えよう。つりあいの位置から重りを x_0 だけ持ち上げて静かに離すと，重りは上下に振動運動をする。そのとき重りの運動の様子は，次式で表現される[*2]：

[*2] その理由は物理学で学ぶだろう。角速度 ω が，重りの質量とバネの強さで決まることも学ぶだろう。なお，このような運動が実現するには，空気抵抗が無視でき，x_0 がバネの長さに比べて十分に 0 に近いことが必要である。

$$x(t) = x_0 \cos \omega t \tag{7.66}$$

ここで, t は, 重りを離してから経過した時間。$x(t)$ は, 時刻 t における重りの位置である。
(1) この運動の周期を, ω を使ってあらわせ。
(2) 時刻 t における速度を求めよ。
(3) 時刻 t における加速度を求めよ。
(4) 振動の振幅が変わらないままで ω が 2 倍になると, 速度や加速度の最大値はそれぞれ何倍になるか?

7.14 三角関数の合成

三角関数には他にも公式がたくさんある。それらを暗記する必要はないけれど, 自力で導出できるようにはなっておこう。そうすれば, たとえ忘れても, 必要に応じて思い出して活用できるだろう。

a, b を任意の実数として,

$$a \sin x + b \cos x \tag{7.67}$$

という形の式を, 適当な実数 A, p を使って (ただし $0 \leq A$, $0 \leq p < 2\pi$ とする)

$$A \sin(x + p) \tag{7.68}$$

という形の式にすることを<u>三角関数の合成</u>という。その方法を以下に述べる:

まず, 式 (7.68) は, 加法定理 (p. 100 の式 (7.30)) より, 次式のように変形できる:

$$A \sin(x + p) = A\{\sin x \cos p + \cos x \sin p\}$$
$$= A \cos p \sin x + A \sin p \cos x$$

これが式 (7.67) と等しくなるには,

$$\begin{cases} a = A \cos p \\ b = A \sin p \end{cases} \tag{7.69}$$

であればよい。これは式 (7.64) と似ている。すなわち, xy 平面上で (a, b) という座標で表される点を極座標で表したときの r を A, θ を p とすればよい。

例 7.9 $\sin x + \cos x$ について, 三角関数の合成をしよう。この場合, $a = b = 1$ である。点 $(1, 1)$ の極座標は, $r = \sqrt{2}$, $\theta = \pi/4$ である。従って以下のようになる:

$$\sin x + \cos x = \sqrt{2} \sin\left(x + \frac{\pi}{4}\right)$$

実際, 右辺の $\sqrt{2} \sin(x + \pi/4)$ を加法定理で展開してみると,

$$\sqrt{2} \sin\left(x + \frac{\pi}{4}\right) = \sqrt{2} \left(\sin x \cos \frac{\pi}{4} + \cos x \sin \frac{\pi}{4}\right)$$
$$= \sqrt{2} \left(\frac{\sqrt{2}}{2} \sin x + \frac{\sqrt{2}}{2} \cos x\right)$$
$$= \sin x + \cos x$$

となり, 左辺に等しくなっている。

例 7.10
(1) $\sin x - \cos x = \sqrt{2} \sin(x - \pi/4)$
(2) $\sqrt{3} \sin x + \cos x = 2 \sin(x + \pi/6)$
(3) $\sin x - \sqrt{3} \cos x = 2 \sin(x - \pi/3)$

三角関数の合成は, 物理学で出てくる「波の干渉」などで, 波長の等しい正弦波形の重ねあわせをするときに使う。

7.15 積和公式と和積公式

加法定理, すなわち p. 100 の式 (7.29), 式 (7.31) より,

$$\cos(\alpha + \beta) = \cos \alpha \cos \beta - \sin \alpha \sin \beta$$
$$\cos(\alpha - \beta) = \cos \alpha \cos \beta + \sin \alpha \sin \beta$$

これらの両辺を加えたり引いたりすると,

$$\cos(\alpha + \beta) + \cos(\alpha - \beta) = 2 \cos \alpha \cos \beta \tag{7.70}$$
$$\cos(\alpha + \beta) - \cos(\alpha - \beta) = -2 \sin \alpha \sin \beta \tag{7.71}$$

となる。すなわち,

$$\cos \alpha \cos \beta = \frac{\cos(\alpha + \beta) + \cos(\alpha - \beta)}{2} \tag{7.72}$$
$$\sin \alpha \sin \beta = \frac{\cos(\alpha - \beta) - \cos(\alpha + \beta)}{2} \tag{7.73}$$

となる。一方, p. 100 の式 (7.30), 式 (7.32) より,

$$\sin(\alpha + \beta) = \sin \alpha \cos \beta + \cos \alpha \sin \beta$$
$$\sin(\alpha - \beta) = \sin \alpha \cos \beta - \cos \alpha \sin \beta$$

これらの両辺を加えると,

$$\sin(\alpha+\beta) + \sin(\alpha-\beta) = 2\sin\alpha\cos\beta \quad (7.74)$$

となる。すなわち，次式が成り立つ：

$$\sin\alpha\cos\beta = \frac{\sin(\alpha+\beta) + \sin(\alpha-\beta)}{2} \quad (7.75)$$

式 (7.72)，式 (7.73)，式 (7.75) は，2 つの三角関数の積を，2 つの三角関数の和に変換する公式であり，「積和公式」と呼ばれる。

また，式 (7.70) において，

$$\alpha + \beta = A \quad (7.76)$$
$$\alpha - \beta = B \quad (7.77)$$

とすれば，

$$\cos A + \cos B = 2\cos\alpha\cos\beta \quad (7.78)$$

となる。ところが，式 (7.76)+ 式 (7.77) より，$2\alpha = A + B$。式 (7.76)− 式 (7.77) より，$2\beta = A - B$。従って，

$$\alpha = \frac{A+B}{2}, \quad \beta = \frac{A-B}{2}$$

であるから，式 (7.78) は，

$$\cos A + \cos B = 2\cos\frac{A+B}{2}\cos\frac{A-B}{2} \quad (7.79)$$

となる。同様に，式 (7.71)，式 (7.74) より，

$$\cos A - \cos B = -2\sin\frac{A+B}{2}\sin\frac{A-B}{2} \quad (7.80)$$
$$\sin A + \sin B = 2\sin\frac{A+B}{2}\cos\frac{A-B}{2} \quad (7.81)$$

となる。式 (7.79)，式 (7.80)，式 (7.81) は，2 つの三角関数の和（や差）を，2 つの三角関数の積に変換する公式であり，「和積公式」と呼ばれる。

和積公式は，物理学で出てくる「うなり」という現象などで，わずかだけ波長が違う正弦波の重ねあわせをするときに使う。

よくある質問 58 微分→指数・対数→三角関数の順番で勉強するのはなぜですか？… 指数・対数・三角関数の理解に微分が役立つので，微分を先にやります。

よくある質問 59 読めばわかるけど，自力では思いつきません。… それでいいじゃないですか。我々は偉い数学者が思いついたことを頂戴して，理解・再現できるようになればよいのです。

演習問題 9

(1) $y = \arccos x, y = \arcsin x, y = \arctan x$ のそれぞれの導関数を求めよ。

(2) $y = \arccos x, y = \arcsin x, y = \arctan x$ のそれぞれのグラフを描け。ヒント：定義を再確認し，y のとり得る値の範囲に注意。

演習問題 10

(1) 式 (7.9) は，多くの教科書では次式のような形で現れる。これを証明せよ。

$$\lim_{\theta \to 0} \frac{\sin\theta}{\theta} = 1 \quad (7.82)$$

ヒント：高校数学の教科書に載っている。

(2) それを用いて，$(\sin x)' = \cos x$ を証明せよ。ヒント：式 (7.81)。

(3) それを用いて，$(\cos x)' = -\sin x$ を証明せよ。ヒント：式 (7.21)。

問の解答

答 136

(1) 角 A は共通で等しく，かつ，A 以外の 1 つの角が直角で等しい。2 つの角が等しいので相似。

(2) △ABC と △ACD は相似なので，

AB : AC = AC : AD。従って，$AC^2 = AB \times AD$。

(3) 角 B は共通で等しく，かつ，B 以外の 1 つの角が直角で等しい。2 つの角が等しいので相似。

(4) △ABC と △CBD は相似なので，

AB : BC = BC : BD。従って，$BC^2 = AB \times BD$。

(5) (2) より，$AD = AC^2/AB$。一方，(4) より $BD = BC^2/AB$。これを AB = AD + BD に代入して，$AB = AC^2/AB + BC^2/AB$。両辺に AB を掛けて，式 (7.1) を得る。

答 137 「ラジアン」とは，角の大きさを，その角が半径 1 の円を切り取る扇型の弧の長さで表したもの。ラジアンで表された数値＝度で表された数値 × π/180

答 138 (1) $\pi/2$　(2) $\pi/4$　(3) π　(4) $\pi/6$
(5) $\pi/180$

答 139 (1) 180°　(2) 60°　(3) 360°　(4) 45°
(5) 180°/π

答 140 (1) π　(2) π　(3) 0

答 141

(1) 彼の目を中心として，腕の長さ (l) を半径とする円において，親指の幅 a が切り取る弧の角度は，$\theta \fallingdotseq a/l$ となる。

(2) 彼の目を中心として，半径 R の円において，胸高直径 d の木の幹が切り取る弧の角度はほぼ d/R である。幹が親指にちょうどぴったり隠れるとき，この角度と前問の角度が等しくなるから，$\theta = d/R$。よって，$d = R\theta$

(3) 前問より，親指に隠れない木は，すべて半径 R の円内にあり，かつ，半径 R の円内にある木はどれも親指からはみだして見える。従って，N は彼の立ち位置を中心とする半径 $R = d/\theta$ の円内の木の本数である。

(4) $A = \pi R^2$ は自明。この円内にある木の胸高断面積の合計は，それぞれの木の胸高断面積 $\pi(d/2)^2$ と N の積だから，$B = N\pi d^2/4$

(5) 前問より，
$$\frac{B}{A} = \frac{N\pi d^2/4}{\pi R^2}$$
ここで，(2) より $d = R\theta$ とすれば，この上の式の右辺は，$N\theta^2/4$ となる。

(6) $a = 2$ cm, $l = 60$ cm のとき，$\theta \fallingdotseq a/l = 1/30$。これと $N = 10$ を上の式に代入して，$B/A = 0.0028$。（地表面の 0.28 パーセントが木の幹で占められている。）

(7) 式 (7.8) は，木の太さ（胸高直径）d に依存しない。従って，この方法は，どんな太さの木からなる林についても有効である。

(8) 太さ $d_1, d_2, \ldots, d_n$ の木が混在しているとし，親指に隠れない本数は，太さ d_k の木について N_k 本だったとする（$1 \leq k \leq n$）。式 (7.8) より，太さ d_k の木に関する単位面積当たりの胸高断面積 C_k は，$C_k = N_k\theta^2/4$ となる。全ての木に関する，単位面積当たりの胸高断面積 C は，$C_1 + C_2 + \ldots + C_n = (N_1 + N_2 + \ldots + N_n)\theta^2/4 = N\theta^2/4$ となり，結局，$N = N_1 + N_2 + \ldots + N_n$，すなわち，さまざまな太さの木をぜんぶひとまとめにして親指に隠れない本数を数えたときの値だけで決まる。従って，さまざまな太さの木が混在する状況でも，この方法は有効である。

答 142 半径 1 の円。

答 143 略（本文に書いてある）。

答 144 定義より $(\cos\theta, \sin\theta)$ で表される点 P は xy 平面上の原点を中心とする単位円の上の，いかなる点もとりうる。よって，$\cos\theta$ すなわち P の x 座標と，$\sin\theta$ すなわち P の y 座標は，-1 から 1 の範囲のどんな値もとりうる。しかし，点 P はこの単位円上以外の点はとらない。従って $\cos\theta$ も $\sin\theta$ も，-1 より小さくなったり 1 より大きくなったりはしない。

答 145

角	sin	cos	tan
$0°$	0	1	0
$30°$	$1/2$	$\sqrt{3}/2$	$1/\sqrt{3}$
$45°$	$1/\sqrt{2}$	$1/\sqrt{2}$	1
$60°$	$\sqrt{3}/2$	$1/2$	$\sqrt{3}$
$90°$	1	0	解なし
$120°$	$\sqrt{3}/2$	$-1/2$	$-\sqrt{3}$
$180°$	0	-1	0
$270°$	-1	0	解なし
$-30°$	$-1/2$	$\sqrt{3}/2$	$-1/\sqrt{3}$
$\pi/6$	$1/2$	$\sqrt{3}/2$	$1/\sqrt{3}$
$\pi/4$	$1/\sqrt{2}$	$1/\sqrt{2}$	1
$\pi/3$	$\sqrt{3}/2$	$1/2$	$\sqrt{3}$
$1°$	$0.017\cdots$	$0.999\cdots$	$0.017\cdots$
1	$0.841\cdots$	$0.540\cdots$	$1.557\cdots$
0.1	$0.099\cdots$	$0.995\cdots$	$0.100\cdots$
0.01	$0.010\cdots$	$0.999\cdots$	$0.010\cdots$

答 147 $n\pi$ ラジアンの角は，n が偶数のときは 0 ラジアンの角と同じであり，n が奇数のときは π ラジアンの角と同じである。従って，単位円上で，x 軸から $n\pi$ ラジアンの角にある点 P の座標は，n が偶数のときは $(1, 0)$ であり，n が奇数のときは $(-1, 0)$ である。いずれのときも，その y 座標は 0 である。従って $\sin n\pi = 0$。同様の考察で点 P の x 座標を考えると，n が偶数のときは 1，n が奇数のときは -1。これは $(-1)^n$ と統一的に表現できる。従って，$\cos n\pi = (-1)^n$。

答 148 $\tan^2\theta = \sin^2\theta/\cos^2\theta$ だから，
$$1 + \tan^2\theta = 1 + \frac{\sin^2\theta}{\cos^2\theta} = \frac{\cos^2\theta + \sin^2\theta}{\cos^2\theta} = \frac{1}{\cos^2\theta}$$
また，$\cos(-\theta) = \cos\theta$, $\sin(-\theta) = -\sin\theta$ より，
$$\tan(-\theta) = \frac{\sin(-\theta)}{\cos(-\theta)} = \frac{-\sin\theta}{\cos\theta} = -\tan\theta$$
また，
$$\tan(\theta + \pi) = \frac{\sin(\theta + \pi)}{\cos(\theta + \pi)} = \frac{-\sin\theta}{-\cos\theta} = \frac{\sin\theta}{\cos\theta} = \tan\theta$$

答 149

式 (7.14) から，$\cos\theta$ は偶関数。

式 (7.15) から，$\sin\theta$ は奇関数。

式 (7.27) から，$\tan\theta$ は奇関数。

答 150 略（誘導に従う）。

答 151 式 (7.29), 式 (7.30) で β をあらたに $-\beta$ と置き直すと ($\cos(-\beta) = \cos\beta$, $\sin(-\beta) = -\sin\beta$ に注意！)，

$$\cos(\alpha - \beta) = \cos\alpha\cos(-\beta) - \sin\alpha\sin(-\beta)$$
$$= \cos\alpha\cos\beta + \sin\alpha\sin\beta$$
$$\sin(\alpha - \beta) = \sin\alpha\cos(-\beta) + \cos\alpha\sin(-\beta)$$
$$= \sin\alpha\cos\beta - \cos\alpha\sin\beta$$

答 152 式 (7.29) で $\beta = \alpha$ とおけば，式 (7.33)。また，$\cos^2\alpha + \sin^2\alpha = 1$ より，$\sin^2\alpha = 1 - \cos^2\alpha$。これを使って式 (7.33) の $\sin^2\alpha$ を消去すれば，式 (7.34)。同様に，$\cos^2\alpha = 1 - \sin^2\alpha$ を使って式 (7.33) の $\cos^2\alpha$ を消去すれば，式 (7.35)。式 (7.30) で $\beta = \alpha$ とおけば，式 (7.36)。

答 153
(1) 式 (7.34) より，$\cos 2\alpha = 2\cos^2\alpha - 1$。これを変形して与式を得る。
(2) 式 (7.35) より，$\cos 2\alpha = 1 - 2\sin^2\alpha$。これを変形して与式を得る。

答 154 (1)(2)(3) は，図 7.6, 図 7.7, 図 7.8 参照。(4) は，図 7.6 を横方向に半分に縮めたもの（グラフの縮小）。

答 155
(1) $\sin x$ は常に実数だから，その二乗である $\sin^2 x$ は常に 0 以上。
(2) 常に $-1 \leq \sin x \leq 1$ だから，$\sin^2 x \leq 1$。
(3) $x = 0$ のとき $y = \sin^2 x = 0$。従って原点を通る。
(4) $f(x) = \sin^2 x$ とすると，$f(-x) = \sin^2(-x) = (-\sin x)^2 = \sin^2 x = f(x)$。従って偶関数。
(5) 式 (7.38) より，この関数のグラフは，関数 $y = \cos 2x$ のグラフを y 軸方向に $-1/2$ 倍して y 軸方向に $1/2$ 移動したものだ。そのグラフは，図 7.9 参照。

答 156 単位円上に，x 軸から角 θ の位置に点 P をとる。点 P から x 軸におろした垂線の足を点 Q とする。三角形 OPQ は，直角三角形 OAB と相似である。OP = 1 だから，三角形 OPQ の OA 倍が三角形 OAB になる。
(1) PQ = $\sin\theta$ より，AB = PQ × OA = OA $\sin\theta$。よって $\sin\theta$ = AB/OA。
(2) OQ = $\cos\theta$ より，OB = OQ × OA = OA $\cos\theta$。よって $\cos\theta$ = OB/OA。
(3) これらより，

$$\tan\theta = \frac{\sin\theta}{\cos\theta} = \frac{\text{AB/OA}}{\text{OB/OA}} = \frac{\text{AB}}{\text{OB}}$$

答 157 式 (7.44) で，AB を高度，OA を斜距離と考えればよい。高度 = 100 m × sin (30 度) = 50 m。

答 158 高度 = 100 m × sin (3 度)。関数電卓で計算すると，sin (3 度) = 0.05233595··· だから，
高度 = 100 m × 0.05233595··· = 5.233··· m。
一方，3 度 = $\pi/60$ ラジアンは，0 に近いので，関数電卓を使わないでも，sin(3 度) = sin($\pi/60$) $\fallingdotseq \pi/60$ = 0.05235986··· となる。従って，高度の近似値は，100 m × 0.05235986··· = 5.235··· m。
誤差はわずか 2〜3 mm 程度である！

答 159
(1) 直角三角形 CBP で，BP = CB sin C = $a\sin C$。
(2) 三角形 ABC について，底辺を CA = b，高さを BP とすれば，前問より，

$$S = \frac{\text{CA} \times \text{BP}}{2} = \frac{ab\sin C}{2}$$

(3) 前小問によって，「三角形の面積は，2 辺の長さ × それらが挟む角の正弦/2」ということがわかった。これを，辺 CA と辺 AB に適用すると式 (7.49) を得るし，辺 AB と辺 BC に適用すると式 (7.50) を得る。
(4) 式 (7.48)〜式 (7.50) より，

$$S = \frac{ab\sin C}{2} = \frac{bc\sin A}{2} = \frac{ca\sin B}{2}$$

これらに $2/(abc)$ をかければ（いちばん左の S の項は落として），

$$\frac{\sin C}{c} = \frac{\sin A}{a} = \frac{\sin B}{b}$$

これらの逆数をとれば与式を得る。

答 160
(1) 直角三角形 CBP を考えれば CP = BC $\cos C$ = $a\cos C$。また，AP = |AC − CP| = |$b - a\cos C$|。注：絶対値は，P が線分 CA の外側にあるときに必要。
(2) 直角三角形 PAB を考える。斜辺 AB の長さは c。直角をはさむ 2 辺は AP と PB であり，前小問より AP = |$b - a\cos C$|。また，PB = $a\sin C$。これらに三平方の定理を適用して与式を得る。
(3) 前小問の与式を展開すると，

$$c^2 = a^2\sin^2 C + b^2 + a^2\cos^2 C - 2ab\cos C$$
$$= a^2(\sin^2 C + \cos^2 C) + b^2 - 2ab\cos C$$
$$= a^2 + b^2 - 2ab\cos C$$

答 162

(1) $\cos\theta = \dfrac{a^2+b^2-c^2}{2ab} = \dfrac{21}{24} = \dfrac{7}{8}$

(2) $\sin\theta = \sqrt{1-\cos^2\theta} = \sqrt{1-\left(\dfrac{7}{8}\right)^2} = \dfrac{\sqrt{15}}{8}$

(3) $S = \dfrac{ab\sin\theta}{2} = \dfrac{3\sqrt{15}}{4}\,\text{cm}^2$ （…単位必要！）

答 163

(1) $\pi/4$ (2) 0 (3) $\pi/3$
(4) $-\pi/6$ (5) $= 1.373\cdots$ (6) 存在しない。

答 164

有効数字 2 桁で計算すればよい。関数電卓を使って，$\arctan\{(880-30)/12000\} \fallingdotseq 0.071$ ラジアン $= 4.1$ 度

答 167

(1) $-\sin x$

(2) $1/\cos^2 x$

(3) $2\cos 2x$

(4) $\cos x - x\sin x$

(5) $-2\cos x\sin x$。または，$\sin$ の倍角公式 (7.36) を使って，$-\sin 2x$ としてもよい。

(6) $-2x\sin x^2$

答 169

単位円上に，x 軸から角 θ の位置に点 P_0 をとる。点 P_0 は線分 OP 上にあり，かつ，$\text{OP}=r$，$\text{OP}_0=1$ だから，点 P の座標 (x,y) は点 P_0 の座標 $(\cos\theta,\sin\theta)$ の r 倍。従って，$x=r\cos\theta$，$y=r\sin\theta$。

答 170

(1) $r = \sqrt{1^2+1^2} = \sqrt{2}$, $\theta = \pi/4$

(2) $r = 2$, $\theta = 5\pi/6$

(3) $r = \sqrt{2^2+3^2} = \sqrt{13}$, $\theta = \arctan(3/2) = 0.982\cdots$

(4) $x = r\cos\theta = 2\times\cos(\pi/3) = 1$
$y = r\sin\theta = 2\times\sin(\pi/3) = \sqrt{3}$
$\therefore (1, \sqrt{3})$

(5) 同様にして $(2.95\cdots, 0.520\cdots)$

答 171

(1) $\cos$ は 2π を周期とする関数だから，$x_0\cos\omega t$ は，$\omega t = 2\pi$ になるときにもとに戻る。従って，運動の周期を T とすると，$\omega T = 2\pi$。従って，$T = 2\pi/\omega$ である。

(2) $(x_0\cos\omega t)' = -x_0\omega\sin\omega t$

(3) $(x_0\cos\omega t)'' = -x_0\omega^2\cos\omega t$

(4) 速度の最大値は $x_0\omega$，加速度の最大値は $x_0\omega^2$ だから，ω が 2 倍になると，速度の最大値は 2 倍，加速度の最大値は 4 倍になる。

第8章 積分

8.1 グラフの面積と積分

積分は，微分と並んで大変重要で便利な概念である。積分をざっくり一言で説明すると，「関数に微小量をかけて足すこと」である。例として，図 8.1 のように，関数 $y = f(x)$ のグラフと x 軸，そして直線 $x = a$ と直線 $x = b$ で挟まれた部分の図形 ABCD の面積を求めることを考えよう（$a < b$ とする）。話を簡単にするため，グラフはどこにも途切れるところは無く，しかも常にグラフは x 軸より上にあるとする。

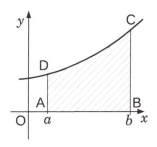

図 8.1 関数 $f(x)$ のグラフと x 軸，$x = a$, $x = b$ で囲まれた図形 ABCD

積分を初めて学ぶ人のために，思い切ってざっくり言えば，積分はこの図形 ABCD の面積を表す。それを「$x = a$ から $x = b$ までの $f(x)$ の定積分（もしくは単に積分）」と呼び，

$$\int_a^b f(x)\, dx \tag{8.1}$$

と書く。なぜわざわざこんな変な式で書くのかをこれから説明する。

もし辺 CD が直線なら，図形 ABCD の面積は台形の面積の公式で簡単に求まる。しかし辺 CD が曲線ならば，そういうわけにはいかない。そこで，以下のように考える：

まず，図形 ABCD を，y 軸に平行な n 本の細長い帯に分割する（図 8.2 参照。n は正の整数）。帯の境界を，x 軸上の座標で $x_0, x_1, \cdots, x_n$ としよう（x_0 は左端，すなわち a とし，x_n は右端，すなわち b とする。$x_0 < x_1 < \cdots < x_n$ とする）。

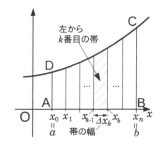

図 8.2 図形 ABCD を細長い帯に分割する

さて，左から k 番目の帯の面積を考える（図 8.2 で影をつけた箇所）。その面積は，ざっくり言えば帯の高さ×帯の幅だ。帯の幅を Δx_k とすると，$\Delta x_k = x_k - x_{k-1}$ である。帯のてっぺんは水平な直線ではなく，傾いた曲線なので，帯は細長い台形っぽい形（しかも 1 辺は曲線）をしている。従って「帯の高さ」としてどこをとればよいかは簡単にはわからない。しかし，**もし帯の幅が十分に狭ければ**，帯の幅の中のどこで「高さ」を測っても大差は無いだろう（図 8.3 参照）。その場所の x 座標を ξ_k とする（ξ はギリシア文字のひとつで，「クシー」や「グザイ」と呼ばれる）。そして，幅 Δx_k，高さ $f(\xi_k)$ の長方形でこの帯を近似するのだ。すると，この帯の面積は，以下のように近似的に求まる：

左から k 番目の帯の面積 $\fallingdotseq f(\xi_k)\, \Delta x_k$ (8.2)

このような帯が，$k = 1, k = 2, \cdots, k = n$ のそれぞれにあり，それを全てくっつけると図形 ABCD になるから，

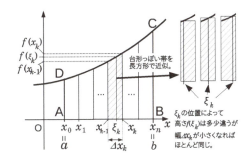

図 8.3　長方形で帯を近似する

図形 ABCD の面積 $\displaystyle \fallingdotseq \sum_{k=1}^{n} f(\xi_k)\,\Delta x_k$ 　　(8.3)

と近似できる。

　さて，分割の数（帯の数）n をどんどん大きくし，同時にそれぞれの帯の幅をどんどん小さくすると，式 (8.2) はどんどん正確になり，それに伴って，式 (8.3) もどんどん正確になるだろう。その極限，すなわち n を無限大，分割の幅 Δx_k（k は 1 から n までの全ての整数）を無限小にする状況で，式 (8.3) の右辺を式 (8.1) のように書くのだ。すなわち，「n を無限大に，そして分割の幅 Δx_k を無限小にする極限」を表すために，形式的に

- $\sum$ を $\int$ に
- ξ_k を x に
- Δx_k を dx に

置き換えるのだ[*1]。

よくある質問 60　ξ_k や Δx_k の k はどこに行ったのですか？…　k は分割の区切りが何番目かを表す背番号のようなものです。分割を無限に細かくすると，たとえば $k=12$ のとき x_k はどこで Δx_k はどのくらいの大きさ？　という質問が無意味になるので，k は削除するのです。それに伴って，Σ 記号の「$k=1$ から n まで」という範囲指定のかわりに，$\int$ 記号の a と b が現れるのです。$\int_a^b$ は，「$a \leq x \leq b$ の区間を無限に細かく分割して，それぞれに対応する量（それは $\int$ 記号の右側に来るもの）をぜんぶ足す」という意味です。

[*1] 後に学ぶように，計算機で積分を考えるときは，逆に $\int$ を Σ に，dx を Δx_k に置き換える。

よくある質問 61　$\int$ はどう読むのですか？…　インテグラルと読みます。「積分」を意味する英単語です。$\int$ は，"sum" つまり「和」の頭文字である S を形どった記号です。$\sum$ もそうです（ギリシア文字 Σ は言語学的にはアルファベット S の起源です）。つまり，$\sum$ も $\int$ も，「複数のものの和」を表す，互いに親戚のような記号なのです。

8.2　定積分の定義

　上で述べたことを，もう少しきちんと数学の言葉で定義しよう。

定積分の定義

関数 $f(x)$ の，$x=a$ から $x=b$ までの定積分は，次式で定義される：

$$\int_a^b f(x)\,dx := \lim_{\substack{n\to\infty \\ \Delta x_k \to 0}} \sum_{k=1}^{n} f(\xi_k)\Delta x_k \quad (8.4)$$

ただし，$a = x_0 < x_1 < x_2 < \cdots < x_n = b$, $\Delta x_k = x_k - x_{k-1}$ とし，ξ_k は x_{k-1} 以上 x_k 以下の任意の数。

　要するに，積分とは**一定区間を無数の微小区間に分割し，それぞれの微小区間での関数の値に微小区間の幅を掛けて足し合わせること**である。それをざっくり要約すると，前節で述べた「関数に微小量をかけて足すこと」となる。

　ここで，「関数の値」を定めるための ξ_k を微小区間の中のどこに置くかは自由である。というか，ξ_k を微小区間の中のどこに置いても，式 (8.4) の右辺が一定値に定まるようなときにのみ，「定積分」は定義されるのだ。

よくある質問 62　ξ_k を帯の中のどこにとっても式 (8.4) の右辺が同じ値になるのは直感的に当然の気がしますが。…　実用上はそう考えても構いません。$f(x)$ が変な関数のときにはそうならないこともありますが，そういうのはガチの数学者に任せておきましょう。

問 172 定積分の定義（「ただし」以下も含むよ！）を 5 回書いて記憶せよ。

よくある間違い 21 式 (8.4) の左辺を，
$$\int_a^b f(x)\,\Delta x_k \text{ とか}, \int_a^b f(x)\,dx_k \text{ とか}, \int_a^b f(x_k)\,dx$$
などと書く。… 先ほど述べたように，極限では k は消えます。

よくある間違い 22 式 (8.4) の左辺を，
$$\int_a^b f(x)$$
と書く。… dx を忘れちゃダメです。積分は「**微小量を掛けて足す**」ですから。

よくある間違い 23 式 (8.4) の下の「ただし」以下を，$a < x_0 < x_1 < x_2 < \cdots < x_n < b$ と書く。… それでは a から x_0 までの間や，x_n から b までの間に隙間ができちゃうでしょ？ そうしたら「a から b まで」を意味する $\int_a^b$ が無意味になってしまいます。

積分において，始点と終点を定め，その間で分割される量（変数）のことを，積分変数と呼ぶ。式 (8.4) では積分変数は x である。積分される関数を「被積分関数」という。式 (8.4) では被積分関数は $f(x)$ である。

さて，ここで奇妙なことがある。式 (8.4) には，前節で述べた「図形」とか「帯」とか「面積」という言葉がもはや入っていないではないか！ 実は，積分にはそのような「イメージ」は不要なのだ。積分の発想の原点には確かに図 8.1～8.3 のような，図形とその面積というイメージがあったが，それを式 (8.4) で抽象的に定義した瞬間に，そのようなイメージは無用となり，積分は図形以外の話題にも使える汎用的な道具になったのである。

よくある質問 63 え？「積分とはグラフの面積」じゃないんですか？… もしも，グラフが x 軸より下に来てしまったら，関数の値はマイナスになるので，積分の値もマイナスになります。「面積がマイナス」って変ですよね。だから，この場合は「積分はグラフの面積」とは言えないのです。上述したように，積分は関数に微小量を掛けて足し合わせること。それが「面積を求めること」になることもあれば，そうならないこともあります。いずれ，積分変数が複数個あったり，積分変数が複素数であったり，被積分関数がベクトルであるような積分も考えます。そういうとき，「面積を求めること」という理解は破綻しますが，「関数に微小量を掛けて足し合わせること」という定義は破綻しないのです（ただし，このような定義も，「ルベーグ積分」という，より普遍性の高い積分概念の前では破綻しますが）。

8.3 数値積分

これから具体的に関数を積分する方法を学ぶのだが，まず，計算機で積分するやり方を学ぼう。それを「数値積分」という。数値積分は原理が単純で，積分のアイデアを理解するのに良い題材だ。また，実際に世の中で数値積分は様々な場で使われている。というわけで，積分の勉強はまず計算機から入るのだ（同様のアイデアは微分にもあった！… p. 65 参照）。

式 (8.4) で学んだように，積分は，「関数に微小量を掛けて足すこと」である。ここで関数の値 $f(\xi_k)$ を与える ξ_k は，区間内のどこを選んでもよいのであった。ここでは，区間の右端 (x_k) を採用しよう。すると，式 (8.4) は近似的に以下のようになる：

$$\begin{aligned}\int_a^b f(x)dx &\fallingdotseq \sum_{k=1}^n f(x_k)\Delta x_k \\ &= f(x_1)(x_1 - x_0) \\ &\quad + f(x_2)(x_2 - x_1) \\ &\quad + f(x_3)(x_3 - x_2) \\ &\quad + \cdots \\ &\quad + f(x_n)(x_n - x_{n-1})\end{aligned}$$

（ただし，$x_0 = a, x_n = b, \Delta x_k = x_k - x_{k-1}$）

n が無限に大きく，Δx_k が無限小になるときだけ，近似等号 "$\fallingdotseq$" は等号 "$=$" になる。しかし，実際は，Δx_k が無限小でなくても，ある程度の小ささであれば，これがだいたい成り立つとして OK だろう。これが，数値積分だ。

では表計算ソフトで数値積分してみよう。例として，関数 $f(x) = 2x$ を，$0 \leq x \leq 3$ で数値積分してみよう。まず以下のように $f(x) = x$ の値をスプ

レッドシートに与える（ここでは x の刻みを 0.1 とした）：

	A	B	C
1	x	f(x)	sekibun
2	0.0	0	
3	0.1	0.2	
4	0.2	0.4	
5	0.3	0.6	
…	…	…	
32	3	6	

ここで右端の列（C 列）に積分を計算するには，まず積分の出発の値（初期値）としてセル C2 に 0 を書き込む。次に，セル C3 に，「=C2+B3*(A3-A2)」という式を書き込む。この式で B3 が $f(x_1)$ に相当し，A3-A2 が Δx_1 に相当する。

そして，セル C3 の内容を，セル C4 以降の C 列全体にコピーペーストすれば（ここで「相対参照」が役に立つ！），C 列に 0 から x までの積分ができあがる：

	A	B	C
1	x	f(x)	sekibun
2	0.0	0	0
3	0.1	0.2	0.02
4	0.2	0.4	0.06
5	0.3	0.6	0.12
…	…	…	…
32	3	6	9.3

たとえば，セル C5 には，$\int_0^{0.3} 2x\, dx$ の値が入っているし，セル C32 には $\int_0^3 2x\, dx$ の値が入っている。もっとも，これらの値には誤差が含まれている。刻みをもっと細かく，たとえば 0.01 などにしたら，もっと正確な結果が得られる。こうして計算機で関数の積分を**近似的に**やるのが数値積分だ。

よくある質問 64 セル C2 に 0 を入れるのはなぜですか？… まだ何も足していない状態を意味します（次節で学ぶ式 (8.11) に相当します）。

問 173 パソコンの表計算ソフトで，関数 $f(x) = 2x$ を，$0 \leq x \leq 3$ の範囲で数値積分し，その結果を，$f(x)$ とともに，グラフに描け。刻みは各自で適

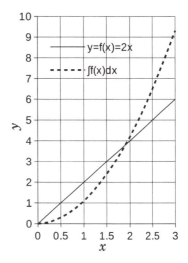

図 8.4 $y = 2x$ と，その数値積分

当に定めよ。回答は図 8.4 のようになるはず。

図 8.4 を見ると，$y = 2x$ の積分のグラフ（図 8.4 の点線）は，形からして放物線みたいだ。$x = 1$ で $y \fallingdotseq 1$，$x = 2$ で $y \fallingdotseq 4$，$x = 3$ で $y \fallingdotseq 9$ だから，$y = x^2$ か？ 実はそうなのだ（多少のズレは数値積分の誤差）。そして，$y = 2x$ と $y = x^2$ の関係って…そうだ！ 後者を微分したら前者になる！

そう，実は，積分と微分は逆の演算なのだ。それを感じられる問題をやってみよう。

問 174 前問の数値積分の結果を数値微分し，もとの関数 $f(x) = 2x$ と値を比較せよ。ヒント：前問の C 列を数値微分する。たとえば，セル D2 に「=(C3-C2)/(A3-A2)」と打ち込む。それをセル D3 からセル D31 までペーストすればよい。そして D 列を B 列（もとの関数 $2x$）と比べればよい。

なんと！ 数値積分を数値微分すると，もとの関数と同じになるではないか！ これは偶然ではない。$f(x)$ がどんな関数でも，それを積分して微分すれば，もとに戻るのだ。このことは，後で理論的に確認する。

よくある間違い 24 てことは，要するに「積分とは微分の逆」と定義して OK？… 今学んでいる 1 変数関数の積分に限れば，確かにそういう性質があります。そういうスタイルで定義される積分を「不定積分」と呼

びます（後で学ぶ）。しかし，積分の概念には，単なる「微分の逆」では捉えきれない広がりがあります。たとえばいずれ学ぶ「面積分」や「体積分」という種類の積分は，「微分の逆」では定義できません。何回も言いますが，積分は，あくまで「関数に微小量をかけて足しあわせる」ことです。「微分の逆」は，たまについてくるオマケみたいなものです。

問 175 表計算ソフトで，関数 $f(x) = \cos x$ を，$0 \leq x \leq 7$ の範囲で数値積分せよ。また，その結果を数値微分せよ。それらのグラフを重ねて描け。Δx は各自で適当に定めよ。回答は図 8.5 のようになるはず。

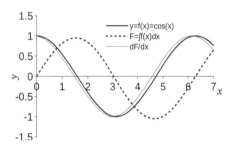

図 8.5 $y = \cos x$（太実線）と，その数値積分（点線），そしてその数値微分（細実線）。x の刻みは 0.1。この刻みを小さくすると，太実線と細実線はもっと近くなる。

8.4 積分の公式

実際に関数を積分するときは，積分の定義式 (8.4) に遡ってやることは少ない。複雑な関数の場合は前節でやったように数値積分を使うし，そうでなければ，以下に示すような，いくつかの便利な定理（公式）を活用してちゃっちゃとやってしまうのだ（似たような話は微分でもあった… p.66 参照）。

以下，a, b, c は実数の定数，$f(x), g(x)$ を，任意の（積分可能な）関数とする[*2]。また，以後，本章で出てくる変数や定数は全て実数とする（虚数は考えない）。

[*2] 詳しくは説明しないが，世の中には積分できない関数も存在する。たとえば次式のような積分はできない（∞ に発散する）：

$$\int_0^1 \frac{1}{x} dx$$

積分の公式 1：足し算はバラせる

$$\int_a^b \{f(x) + g(x)\} dx = \int_a^b f(x) dx + \int_a^b g(x) dx \quad (8.5)$$

証明：

$$\int_a^b \{f(x) + g(x)\} dx \fallingdotseq \sum_{k=1}^n \{f(\xi_k) + g(\xi_k)\} \Delta x_k$$

$$= \sum_{k=1}^n f(\xi_k) \Delta x_k + \sum_{k=1}^n g(\xi_k) \Delta x_k$$

$$\fallingdotseq \int_a^b f(x) dx + \int_a^b g(x) dx$$

1 行目から 2 行目にかけて p.37 の式 (3.71) を使った。 ∎

注：ここでの "≒" は，Δx_k を無限小に，n を無限大にする極限では等号 "=" になる。以下，同様。

よくある間違い 25 $\int_a^b f(x) + g(x) dx$ のように式 (8.5) の左辺を書く。… カッコを忘れちゃダメです。理由は，上の証明を見ればわかります。カッコがないと，$f(x)$ には微小量 dx がかかりません（dx がかかるのが $g(x)$ だけになってしまう）。

積分の公式 2：定数倍は前に出せる

$$\int_a^b cf(x) dx = c \int_a^b f(x) dx \quad (8.6)$$

証明：

$$\int_a^b cf(x) dx \fallingdotseq \sum_{k=1}^n cf(\xi_k) \Delta x_k$$

$$= c \sum_{k=1}^n f(\xi_k) \Delta x_k \fallingdotseq c \int_a^b f(x) dx$$

1 行目から 2 行目にかけて p.37 の式 (3.72) を使った。 ∎

> **積分の公式 3：積分区間は分割できる**
>
> $$\int_a^b f(x)\,dx + \int_b^c f(x)\,dx = \int_a^c f(x)\,dx \tag{8.7}$$

証明：a から c までの区間を m 個に分割し，途中，n 個めの分割（$n \leq m$ とする）の右端が b になるようにする。つまり $x_0 = a, x_n = b, x_m = c$ である。m, n が十分に大きければ，積分の定義から，

$$\int_a^b f(x)\,dx \fallingdotseq \sum_{k=1}^n f(\xi_k)\Delta x_k \tag{8.8}$$

$$\int_b^c f(x)\,dx \fallingdotseq \sum_{k=n+1}^m f(\xi_k)\Delta x_k \tag{8.9}$$

である。このとき，右辺どうしを足し合わせると，

$$\sum_{k=1}^n f(\xi_k)\Delta x_k + \sum_{k=n+1}^m f(\xi_k)\Delta x_k$$
$$= \sum_{k=1}^m f(\xi_k)\Delta x_k \tag{8.10}$$

となる。$x_0 = a, x_n = b, x_m = c$ を固定したまま，n と m を限りなく大きくして Δx_k を限りなく小さくすれば，この式は，積分の定義から

$$\int_a^b f(x)\,dx + \int_b^c f(x)\,dx = \int_a^c f(x)\,dx$$

■

さて，積分の定義によると，$\int_a^b f(x)\,dx$ は，$a < b$ が前提だった（式 (8.4) の「ただし」以下を見よ）。これを，$a \geq b$ の場合にも拡張しよう。それには，ここまで証明してきた公式が，$a \geq b$ の場合にも成り立つように，つじつまを合わせればよい。まずは $a = b$ の場合。積分の公式 3 で，$b = c = a$ とすれば，

$$\int_a^a f(x)\,dx + \int_a^a f(x)\,dx = \int_a^a f(x)\,dx$$

右辺を左辺に移項すれば，

$$\int_a^a f(x)\,dx = 0$$

よって，以下のように約束しよう：

> **積分の公式 4：始点＝終点なら積分は 0**
>
> $$\int_a^a f(x)\,dx = 0 \tag{8.11}$$

次に，$a > b$ の場合。積分の公式 3 で，$c = a$ とすれば，

$$\int_a^b f(x)\,dx + \int_b^a f(x)\,dx = \int_a^a f(x)\,dx$$

ここで積分の公式 4 より，この右辺は 0。従って，以下のように約束しよう：

> **積分の公式 5：積分区間の逆転は正負の逆転**
>
> $$\int_a^b f(x)\,dx = -\int_b^a f(x)\,dx \tag{8.12}$$

次に，積分と微分の関係を調べていこう。

> **積分の公式 6：微小区間の積分は単なる乗算**
>
> $f(x)$ を連続関数とする。h が微小量であれば，つまり $a \leq x \leq a+h$ の範囲で $f(x)$ がほとんど変化しなければ，
>
> $$\int_a^{a+h} f(x)\,dx \fallingdotseq f(a)h \tag{8.13}$$

証明：$x_0 = a, x_n = a+h$ として，積分の定義より，

$$\int_a^{a+h} f(x)\,dx \fallingdotseq \sum_{k=1}^n f(\xi_k)\Delta x_k \tag{8.14}$$

とできる。x_k を $a \leq x_k \leq a+h$ の範囲に限定すれば，h は微小量であるという前提から，$f(\xi_k) \fallingdotseq f(x_0) = f(a)$。従って，

$$\sum_{k=1}^n f(\xi_k)\Delta x_k \fallingdotseq \sum_{k=1}^n f(a)\Delta x_k = f(a)\sum_{k=1}^n \Delta x_k$$

ここで、Δx_k は、a から $a+h$ までの範囲を n 個の区間に刻んだものなので、その総和は h となる。従って、

$$f(a)\sum_{k=1}^{n}\Delta x_k = f(a)h \tag{8.15}$$

従って、与式が成り立つ。 ■

> **積分の公式 7：積分の微分は元の関数**
> $f(x)$ を連続関数とし、a を定数とする。
> $$\frac{d}{dx}\int_a^x f(t)\,dt = f(x) \tag{8.16}$$

証明：a を任意の定数とし、

$$F(x) := \int_a^x f(t)\,dt \tag{8.17}$$

とおくと、

$$F(x+dx) = \int_a^{x+dx} f(t)\,dt \tag{8.18}$$

となる（dx は無限小）。ここで積分の公式 3 から、

$$\begin{aligned}F(x+dx) &= \int_a^x f(t)\,dt + \int_x^{x+dx} f(t)\,dt \\ &= F(x) + \int_x^{x+dx} f(t)\,dt\end{aligned} \tag{8.19}$$

dx は微小量だから積分の公式 6 より、

$$\int_x^{x+dx} f(t)\,dt = f(x)dx \tag{8.20}$$

となる（dx は無限小だから $\fallingdotseq$ が $=$ になった）。従って、式 (8.19) 右辺は、

$$F(x) + \int_x^{x+dx} f(t)\,dt = F(x) + f(x)dx$$

となる。従って、式 (8.19) は、

$$F(x+dx) = F(x) + f(x)dx \tag{8.21}$$

となる。従って、導関数の定義式 (5.10) (p.62) より、$F'(x) = f(x)$ となり、与式が示された。 ■

この公式 7 は、問 174 で見たことを裏付けるものだ。

> **積分の公式 8：微分の積分は元の関数**
> $f(x)$ を微分可能な関数とする。
> $$\int_a^x \frac{d}{dt}f(t)\,dt = f(x) - f(a) \tag{8.22}$$

証明：まず、積分の定義より、

$$\int_a^x \frac{d}{dt}f(t)\,dt \fallingdotseq \sum_{k=1}^n f'(\xi_k)\Delta t_k \tag{8.23}$$

である。ここで $t_0 = a$, $t_n = x$, $\Delta t_k = t_k - t_{k-1}$ であり、ξ_k は t_{k-1} 以上 t_k 以下の任意の数。ここで、$\xi_k = t_{k-1}$ とする。Δt_k が微小なとき、微分係数の定義から、$f(t_k) \fallingdotseq f(t_{k-1}) + f'(t_{k-1})\Delta t_k$ が成り立つ。すなわち、

$$f'(\xi_k)\Delta t_k = f'(t_{k-1})\Delta t_k \fallingdotseq f(t_k) - f(t_{k-1})$$

である。従って、式 (8.23) 右辺は、

$$\begin{aligned}\sum_{k=1}^n \{f(t_k) - f(t_{k-1})\} = \ &f(t_1) &-f(t_0) \\ &+ f(t_2) &-f(t_1) \\ &+ \cdots \\ &+f(t_{n-1}) &-f(t_{n-2}) \\ &+ f(t_n) &-f(t_{n-1})\end{aligned}$$

となる。この式は、前後の行どうしで打ち消し合って、最初と最後、つまり $f(t_0)$ と $f(t_n)$ しか残らず、結局、$f(t_n) - f(t_0)$、すなわち $f(x) - f(a)$ になる。 ■

公式 7, 8 を<u>解析学の基本定理</u>と呼ぶ。ある関数をどこからか x まで積分して x で微分すれば、もとの関数になってしまう（公式 7）し、ある関数を微分して積分しても、もとの関数に戻ってしまう（公式 8）。つまり、微分と積分は、互いに逆の操作である（あくまで今学んでいる範囲では）。

8.5 原始関数と不定積分

ここで話はちょっと変わり、「原始関数」と「不定積分」というものを学ぼう。この話は、後で関数の積分を実際に計算する方法を学ぶための準備で

ある関数 $F(x)$ を微分したら関数 $f(x)$ になるようなとき，すなわち

$$\frac{d}{dx}F(x) = f(x) \tag{8.24}$$

となるとき，$F(x)$ を $f(x)$ の原始関数と呼ぶ（定義）。もちろん，このとき，$f(x)$ は $F(x)$ の導関数である。従って，原始関数は導関数の対義語である。

例 8.1

$$\frac{d}{dx}x^2 = 2x \tag{8.25}$$

従って，x^2 は $2x$ の原始関数である。（例おわり）

よくある間違い 26 原始関数を原子関数と書いてしまう。

よくある間違い 27 「$F(x)$ を微分して $f(x)$ になるとき $F(x)$ を原始関数と呼ぶ」… そう書いたら「$F(x)$ を $f(x)$ の原始関数と呼ぶ」と言わねばなりません。原始関数は単独で成立する概念ではありませんから。

ある関数 $f(x)$ の原始関数 $F(x)$ を一般的に求めることを<u>不定積分</u>とよび，以下のように書き表す：

$$\int f(x)\,dx \tag{8.26}$$

式 (8.26) は式 (8.4) の左辺とよく似た記号を使っているし，「不定」という語がついているものの「積分」という用語も使っている。しかし，不定積分は「原始関数を求めること」であり，式 (8.4) で定義される「積分」とは別物なのだ。式 (8.4) の積分を<u>定積分</u>とも呼ぶのは，この「不定積分」との区別を明示するためである。とは言うものの，後で学ぶように，定積分と不定積分の間には実は密接な関係がある。だから，慣習的には，不定積分も定積分もまとめて「積分」と呼ぶこともある。

よくある間違い 28 「$F(x) = \int f(x)dx$ となる $F(x)$ を $f(x)$ の原始関数と呼ぶ」… それは不定積分の式ですね。不定積分は「原始関数を求めること」です。この「定義」を言い換えると，「$f(x)$ の原始関数を求めたら $F(x)$ になるとき，$F(x)$ を $f(x)$ の原始関数という」

となります。定義として変でしょ？

さて，定数は微分したら 0 になるので，ある関数の原始関数に，定数を足したり引いたりしたものも原始関数になる。

例 8.2

$$\frac{d}{dx}(x^2 + 3) = 2x \tag{8.27}$$

従って，$x^2 + 3$ も $2x$ の原始関数である。（例おわり）

また，ある関数 $f(x)$ に 2 つの原始関数 $F(x)$, $G(x)$ があったとすると，その差 $F(x) - G(x)$ を微分すれば，

$$\frac{d}{dx}\{F(x) - G(x)\} = F'(x) - G'(x)$$
$$= f(x) - f(x) = 0$$

となるので，$F(x) - G(x)$ は定数である（微分して恒等的に 0 になる関数は定数関数しかないので）。つまり，

積分の公式 9：原始関数の不定性

関数 $f(x)$ の原始関数が $F(x)$ であるとき，それに任意の定数 C を足した関数 $F(x) + C$ も，$f(x)$ の原始関数である。また，逆に，$f(x)$ の任意の 2 つの原始関数の差は，定数である。

従って，原始関数は，定数の足し引きのぶんだけ，不確定である。その不確定な定数のことを<u>積分定数</u>と呼び，通常は C と書く。

不定積分は原始関数を<u>一般的に求める</u>ことなので，答には常に積分定数 C をつけねばならない。

例 8.3 $2x$ の原始関数は，一般的に，$x^2 + C$ と書ける（C は積分定数）。すなわち，

$$\int 2x\,dx = x^2 + C \tag{8.28}$$

（例おわり）

よくある間違い 29 不定積分して，積分定数をつ

け忘れる。

以後しばらく，不定積分において重要な公式をいくつか示す。これらの多くは，定積分でも似たようなものがあったことに君は気づくだろう：

> **積分の公式 10：x^a の不定積分**
> a を -1 以外の定数とすると，
> $$\int x^a \, dx = \frac{1}{a+1} x^{a+1} + C \tag{8.29}$$

証明：微分で学んだように，$a \neq -1$ ならば，実際，
$$\frac{d}{dx}\left(\frac{1}{a+1} x^{a+1}\right) = x^a \tag{8.30}$$
■

問 176 上の公式を利用して以下の不定積分を求めよ。

(1) $\int x^2 \, dx$ (2) $\int \frac{1}{x^2} \, dx$ (3) $\int dx$

また，積分の公式 1, 2 は，不定積分についても成り立つ。というのも，もし $f(x), g(x)$ の原始関数がそれぞれ $F(x), G(x)$ ならば，
$$(F(x) + G(x))' = F'(x) + G'(x) = f(x) + g(x)$$
$$(aF(x))' = aF'(x) = af(x)$$
であるから，$F(x) + G(x)$ は $f(x) + g(x)$ の原始関数であり，$aF(x)$ は $af(x)$ の原始関数である。従って，

> **積分の公式 11：線型性**
> a を任意の定数として，
> $$\int \{f(x) + g(x)\} \, dx$$
> $$= \int f(x) \, dx + \int g(x) \, dx \tag{8.31}$$
> $$\int a f(x) \, dx = a \int f(x) \, dx \tag{8.32}$$
> ただし，右辺に任意の定数（積分定数）がついてもかまわない。

よくある間違い 30 $\int f(x) + g(x) \, dx$ のように式 (8.31) の左辺を書いてしまう… これはダメ。定積分でも不定積分でも意味的・形式的には，dx は $f(x) + g(x)$ 全体にかかる乗算だから，$f(x) + g(x)$ は括弧 ( ) に入れなければいけません。

例 8.4 以下の不定積分を求めてみよう：
$$\int (2 + 3x) \, dx \tag{8.33}$$

積分の公式 11 より，与式は，
$$\int 2 \, dx + \int 3x \, dx = 2 \int dx + 3 \int x \, dx$$
となる。右辺の各項に積分の公式 10，つまり式 (8.29) を使えば，与式は，
$$= 2(x + C_1) + 3\left(\frac{x^2}{2} + C_2\right) \tag{8.34}$$
となる。ここで C_1, C_2 は，それぞれ $\int dx$ と $\int x \, dx$ から生じる積分定数であり，それぞれ任意の実数である。この式を整理すると，
$$= 2x + \frac{3x^2}{2} + 2C_1 + 3C_2 \tag{8.35}$$
となる。ところが，C_1, C_2 は任意の実数だから，$2C_1 + 3C_2$ も任意の実数である。従って $2C_1 + 3C_2$ を改めて C とおけば，与式は
$$= 2x + \frac{3x^2}{2} + C \tag{8.36}$$
となる。この例では説明のために積分定数のことを念入りに書いたが，結局最後には積分定数は一つにまとまってしまった。従って，いくつかの関数の定数倍や和であらわされる関数の不定積分は，それぞれの項を，積分定数をいったん忘れて不定積分し，最後に全体でひとつの積分定数をつけたせばよい。つまり，式 (8.33) という問に対して，式 (8.34)，式 (8.34)，式 (8.35) を省略していきなり式 (8.36) を答えてよい。(例おわり)

ここで注意：不定積分の結果は元の関数の原始関数のはずだから，結果を微分したら元の関数に戻るはずだ。だから，不定積分の結果に自信が持てない場合は，**その結果を微分して元の関数に戻るかどうか確かめる**とよい（ほとんどの場合，関数は不定積分するより微分する方が計算は簡単である）。不定

積分に慣れていない人には，特にそのことを**強く勧**めておく。

問 177 以下の不定積分を求めよ。

$$\int (1+x+x^2)\,dx \tag{8.37}$$

得られた原始関数を微分し，被積分関数に戻ることを確認せよ。

ところで，x^a の不定積分に関する公式 10 は，$a=-1$ のとき，つまり $1/x$ については使えない。なぜなら，このとき $a+1=0$ となって「0 での割り算」が発生してしまうからである。ここで，自然対数の微分，すなわち p.84 の式 (6.26) を思いだそう：

$$(\ln x)' = \frac{1}{x} \tag{8.38}$$

これを使えば，$1/x$ の不定積分は以下のようになりそうな気がする*3：

$$\int \frac{dx}{x} = \ln x + C \tag{8.39}$$

ただし，$\ln x$ という関数は，$0 < x$ でしか成立しない。しかし，$1/x$ という関数は，$x < 0$ でも成立する。では，$x < 0$ も含めた $1/x$ の不定積分はどうなるだろう？ 答えは，$\ln(-x) + C$ である（この場合，$x < 0$ だから，$\ln$ の内側の $-x$ は正である）。実際，これを微分してみると，合成関数の微分より，

$$\{\ln(-x)\}' = (-x)' \frac{1}{-x} = \frac{1}{x} \tag{8.40}$$

となり，確かに $1/x$ になる。つまり，

$$0 < x \text{ のとき}, \int \frac{dx}{x} = \ln x + C \tag{8.41}$$

$$x < 0 \text{ のとき}, \int \frac{dx}{x} = \ln(-x) + C \tag{8.42}$$

となる。いずれの場合も，右辺の $\ln$ の内側は正なので，いっそ統一的に $|x|$ と書いてしまおう。要するに，x が正だろうが負だろうが，次式が成り立つ：

---

*3 $\int \frac{1}{x} dx$ を $\int \frac{dx}{x}$ と書く。

積分の公式 12：$1/x$ の不定積分

$$\int \frac{dx}{x} = \ln|x| + C \tag{8.43}$$

よくある質問 65 なんで絶対値が出てきたのか，不思議です。… 似たような話が，問 119(3) で出てきたの，覚えてますか？

よくある間違い 31 $1/x$ の不定積分で，$\ln$ の中の絶対値記号を付け忘れる。… これは，多くの初学者が泣くミスです（後で「微分方程式」を学ぶときに痛い目に会うのです）。ちなみに $\ln|x|$ は偶関数なので，その導関数は奇関数になるはずですが，$1/x$ は確かに奇関数で，辻褄は合っています。

よくある質問 66 $1/x$ の不定積分は x^0 で 1 ではないのですか？… 式 (8.29) で，$a=-1$ のときですか？あそこには「a を -1 以外の定数とする」と書いてあったでしょ？ それに，もしも無理やり $a=-1$ としたら，

$$\int x^{-1}\,dx = \frac{1}{-1+1}x^{-1+1} + C$$
$$= \frac{1}{0}x^0 + C = \frac{1}{0} + C \quad (\text{これは間違い})$$

のように，「0 での割り算」が出てきて，うまくいかないのです。

科学技術の応用分野では，この公式 12 は，極めて重要である。というのも，様々な現象を微分方程式というツールで記述して解析しようとするとき，この形の不定積分が，頻繁に現れるからである。詳しくは第 9 章で学ぼう。

指数関数は，微分しても指数関数だから，不定積分も簡単である：

積分の公式 13：指数関数の不定積分

$$\int \exp x\,dx = \exp x + C \tag{8.44}$$

ところで，関数 $f(x)$ の原始関数が $F(x)$ であるとき，$F(ax+b)$ を x で微分すると（a,b は定数と

する），$af(ax+b)$ となる。従って，

$$f(ax+b) \text{ の原始関数は，} \frac{F(ax+b)}{a} \qquad (8.45)$$

となる。

例 8.5 式 (8.45) を使うと，

$$\int (3x+1)^4 \, dx = \frac{1}{3 \times 5}(3x+1)^{4+1} + C$$
$$= \frac{(3x+1)^5}{15} + C$$

（例おわり）

注：式 (8.45) は「合成関数の微分」を逆にしたような公式だが，あくまで $f(\ )$ の中が $ax+b$ という形のときにしか使えない。

よくある間違い 32 以下のような誤りをする人が多い：
$$\int \frac{dx}{1+x^2} = \frac{1}{2x}\ln|1+x^2| + C \quad \text{これは間違い！}$$
右辺を x で微分すると決して左辺には一致しない。この積分は，後に問 182 で学ぶ。

今まで学んだ公式を組み合わせれば，以下のような不定積分ができる。それぞれ，右辺を微分して確認せよ。

例 8.6

$$\int \frac{dx}{x-1} = \ln|x-1| + C \qquad (8.46)$$

$$\int \frac{dx}{(2x+1)^2} = -\frac{1}{2(2x+1)} + C \qquad (8.47)$$

$$\int \exp 2x \, dx = \frac{\exp 2x}{2} + C \qquad (8.48)$$

問 178 以下の不定積分を求めよ。得られた原始関数を微分し，被積分関数に戻ることを確認せよ。

(1) $\int (2x+1)^3 \, dx$ \quad (2) $\int \frac{dx}{x+1}$

(3) $\int \frac{dx}{1-x}$ \quad (4) $\int \exp(-x) \, dx$

(5) $\int \exp(x+1) \, dx$

よくある間違い 33 この問題の (3) を，$\ln|1-x|+C$ と答えてしまう。… これも，多くの初学者が陥るミスです。これを微分すると，$-1/(1-x)$ になってしまう！よくわからない，という人は，問 119(6) を復習しよう。

こんどは三角関数の不定積分を考えよう。p. 105 の式 (7.61)，式 (7.62) より，$(\sin x)' = \cos x$，$(\cos x)' = -\sin x$ だから，

積分の公式 14：三角関数の不定積分

$$\int \cos x \, dx = \sin x + C \qquad (8.49)$$

$$\int \sin x \, dx = -\cos x + C \qquad (8.50)$$

となることはすぐわかる。$\sin x$ や $\cos x$ の累乗や積を含むような関数は，倍角公式などを使ってシンプルな形に変形してから不定積分するとよい。

例 8.7

$$\int \cos x \sin x \, dx = \int \frac{\sin 2x}{2} \, dx = -\frac{\cos 2x}{4} + C$$

$$\int \cos^2 x \, dx = \int \frac{1+\cos 2x}{2} \, dx = \frac{x}{2} + \frac{\sin 2x}{4} + C$$

$$\int \sin^2 x \, dx = \int \frac{1-\cos 2x}{2} \, dx = \frac{x}{2} - \frac{\sin 2x}{4} + C$$

ここで，それぞれ p. 100 式 (7.36)，式 (7.37)，式 (7.38) を使った。（例おわり）

以上のような不定積分は，勘と慣れがあれば，なんとかできるだろう。しかし，一般に，どんな関数でもきれいに不定積分できるわけではない。ちょっと複雑な関数になると，その不定積分は不可能になるか，できても職人芸になる。不定積分できるのは，被積分関数が単純でラッキーな場合だけなのだ。

たとえば，$\exp(x)$ の不定積分は簡単だが，p. 85 で学んだガウス関数 $\exp(-x^2)$ の不定積分は，これまで学んだ数学では不可能である（ガンマ関数という，さらに進んだ数学が必要なのだ）。

定積分や不定積分も含めて，一般に，問題を，論

理的に厳密な式変形によって身近な関数（多項式や三角関数，指数関数，対数関数など）の組み合わせとして解くことを，解析的に解くという。上で述べたのは，「不定積分を解析的にできるのはラッキーなときだけ」ということである。

では解析的に解けない問題はどうするか？ 数値積分だ！ コンピューターにやらせるのだ！ しかし数値積分には，誤差とかいろいろ問題があるので，解析的に解けるに越したことはない。というわけで，不定積分を解析的にやる練習をもう少しやろう。

8.6 部分分数分解

例 8.8 以下の不定積分を考える：

$$\int \frac{dx}{x^2 + x} \tag{8.51}$$

被積分関数が，2 次式の逆数になっているので，このままでは不定積分できない。そこで，以下のように変形する：

$$= \int \frac{dx}{x(x+1)} \tag{8.52}$$

$$= \int \left(\frac{1}{x} - \frac{1}{x+1}\right) dx \tag{8.53}$$

$$= \int \frac{dx}{x} - \int \frac{dx}{x+1} \tag{8.54}$$

こうすると，被積分関数は，1 次式の逆数になる。1 次式の逆数は，$1/x$ を変形したものだから，$1/x$ の不定積分を応用することができる。すなわち，

$$= \ln|x| - \ln|x+1| + C \tag{8.55}$$

となる（積分定数を C とする）。ここで終えてもよいが，普通は，ln をひとまとめにして，

$$= \ln\left|\frac{x}{x+1}\right| + C \tag{8.56}$$

とする。（例おわり）

例 8.8 の式 (8.52) から式 (8.53) の変形のように，x の多項式が分数の分母になっているような関数は，x の 1 次式の分数に分解することができる。これを「部分分数分解」と呼ぶ。部分分数分解は，不定積分における重要なテクニックである。

部分分数分解は，通分の逆操作である。たとえば，

$$\frac{1}{x} - \frac{1}{x+1} = \frac{1}{x(x+1)} \tag{8.57}$$

という変形は「通分」だが，その逆：

$$\frac{1}{x(x+1)} = \frac{1}{x} - \frac{1}{x+1} \tag{8.58}$$

という変形が，部分分数分解である。通分は素直に計算すれば簡単にできるものだが，部分分数分解はそう簡単にはいかない。

例 8.9

$$\frac{5}{(2x+1)(x+3)} \tag{8.59}$$

を部分分数分解せよ，と言われて暗算でできる人は少ないだろう。これは以下のようにすればよい：まず，部分分数分解後の「こうなって欲しい」という形の式を，

$$\frac{a}{2x+1} + \frac{b}{x+3} \tag{8.60}$$

というふうに，未知数 a, b を使って表す。これを通分すると，

$$\frac{a}{2x+1} + \frac{b}{x+3} = \frac{a(x+3) + b(2x+1)}{(2x+1)(x+3)}$$
$$= \frac{(a+2b)x + 3a + b}{(2x+1)(x+3)}$$

となる。これが式 (8.59) と恒等的に等しくならねばならないから，

$$5 = (a+2b)x + 3a + b \tag{8.61}$$

が恒等的に成り立たねばならない。従って，

$$0 = a + 2b \tag{8.62}$$

$$5 = 3a + b \tag{8.63}$$

となり，これを解いて，$a = 2, b = -1$ となる。従って，

$$\frac{5}{(2x+1)(x+3)} = \frac{2}{2x+1} - \frac{1}{x+3} \tag{8.64}$$

である。

問 179 以下の不定積分を求めよ。得られた原始関数を微分し，もとの関数（被積分関数）に戻ることを確認せよ。

(1) $\displaystyle\int \frac{dx}{x^2-x}$ (2) $\displaystyle\int \frac{dx}{x^2-1}$ (3) $\displaystyle\int \frac{x\,dx}{x^2-1}$

よくある質問 67 なんか小難しいですが，これ，何に使うんですか？… 問 179(1) は，生物学の個体群動態理論で使います。

8.7 部分積分

積の微分の公式，すなわち p.67 式 (5.34):

$$(fg)' = f'g + fg' \tag{8.65}$$

の両辺を不定積分すると，p.120 式 (8.31) より，

$$\int (fg)'\,dx = \int f'g\,dx + \int fg'\,dx \tag{8.66}$$

となる。左辺，つまり $(fg)'$ の原始関数は，もちろん fg になる。従って，

$$fg = \int f'g\,dx + \int fg'\,dx \tag{8.67}$$

となる。右辺第 2 項を左辺に移項し，左辺と右辺を入れ替えれば，

積分の公式 15：部分積分

$$\int f'g\,dx = fg - \int fg'\,dx \tag{8.68}$$

となる。このテクニックを部分積分という。被積分関数が，何かの関数の微分（ここでは f'）と，何かの関数（ここでは g）との積になっている場合は，この公式を使うと便利である。

例 8.10

$$\int x\cos x\,dx \tag{8.69}$$

を考えよう。ここで，$\cos x = (\sin x)'$ だから，与式は，

$$\int x\,(\sin x)'\,dx \tag{8.70}$$

とできる。ここで $f = \sin x, g = x$ とみなして上の公式を使えば，

$$x\sin x - \int (x)'\sin x\,dx$$
$$= x\sin x - \int \sin x\,dx$$
$$= x\sin x + \cos x + C$$

とできる。（例おわり）

この例では，発想の順序としては，まず問題を見たときに $\cos x$ の前にかかっている x がじゃまだなあ，と思う。この x を微分してしまえば消えてしまうだろう。そのためには部分積分が使えるかもしれない。では，$\cos x$ が何かの関数の微分の形にできないか？ そうだ，$\cos x$ は $\sin x$ の微分だった，というふうに考えるのだ。

問 180 以下の不定積分を求めよ。ただし，(3) では $0 < x$ とする。得られた原始関数を微分し，もとの関数（被積分関数）に戻ることを確認せよ。

(1) $\displaystyle\int xe^x\,dx$ (2) $\displaystyle\int x\sin x\,dx$ (3) $\displaystyle\int \ln x\,dx$

8.8 置換積分

関数 $f(x)$ の原始関数が $F(x)$ であるとしよう。つまり，

$$\frac{d}{dx}F(x) = f(x) \tag{8.71}$$

である。この式は，次式と同じ意味である：

$$F(x) = \int f(x)\,dx \tag{8.72}$$

ここで，x が別の変数 t の関数だとしよう。すると，$F(x)$ は t の関数（合成関数）$F(x(t))$ とみなすこともできる。これを t で微分すると，

$$\frac{d}{dt}F(x(t)) = \left(\frac{d}{dx}F(x)\right)\frac{dx}{dt} \tag{8.73}$$

となることは，合成関数の微分の公式[*4]から明らかである。

ここで，$dF(x)/dx = f(x)$ に注意すれば，式 (8.73) は，

[*4] 式 (5.41) で，g を F，f を x，x を t に置き換えると式 (8.73) になる。

$$\frac{d}{dt}F(x(t)) = f(x)\frac{dx}{dt} \tag{8.74}$$

となる。この式は，

$$f(x)\frac{dx}{dt} \tag{8.75}$$

の，t による微分に関する原始関数は，$F(x(t))$ である，というふうに解釈できる。すなわち，

$$F(x(t)) = \int f(x)\frac{dx}{dt}\,dt \tag{8.76}$$

である。式 (8.72)，式 (8.76) より，

積分の公式 16：置換積分

$$\int f(x)\,dx = \int f(x)\frac{dx}{dt}\,dt \tag{8.77}$$

となる。この式は，変数 x による不定積分を，別の変数 t による不定積分に置き換えている。これを置換積分という。置換積分は，不定積分の重要なテクニックである。

例 8.11

$$\int x\cos x^2\,dx \tag{8.78}$$

を考えよう。ふつう，三角関数の中に x^2 なんかが入っていたら，なかなか不定積分はできない。そこで，

$$x^2 = t \tag{8.79}$$

と置く。すると，

$$\frac{dt}{dx} = 2x \tag{8.80}$$

であるから，

$$\frac{dx}{dt} = \frac{1}{2x} \tag{8.81}$$

である。ここで上の置換積分の公式を使えば，

$$\int x\cos x^2\,dx = \int (x\cos t)\frac{1}{2x}\,dt \tag{8.82}$$

となる。この右辺は簡単に計算できて，

$$= \int \frac{\cos t}{2}\,dt = \frac{\sin t}{2} + C \tag{8.83}$$

となる。最後に t を x に戻して（これをやり忘れる人が多い！），

$$= \frac{\sin x^2}{2} + C \tag{8.84}$$

が答えになる。

ここでは説明のために詳しく書いたが，実際は，形式的に式 (8.79) の両辺をそれぞれ x と t で微分してそれぞれに dx と dt を乗じて

$$2x\,dx = dt \tag{8.85}$$

と書き，

$$dx = \frac{dt}{2x} \tag{8.86}$$

と変形して，式 (8.78) の dx に代入する，という手順を踏めばよい。

問 181 以下の不定積分を求めよ。得られた原始関数を微分し，もとの関数（被積分関数）に戻ることを確認せよ。

(1) $\displaystyle\int \frac{2x}{1+x^2}\,dx$ (2) $\displaystyle\int xe^{-x^2}\,dx$

(3) $\displaystyle\int \cos x\,\sin x\,dx$ (4) $\displaystyle\int x\sqrt{1-x^2}\,dx$

問 182 以下の不定積分を求めてみよう：

$$\int \frac{dx}{1+x^2} \tag{8.87}$$

(1) $x = \tan\theta$ と置換することで，上の式は次のようになることを示せ：

$$\int \frac{d\theta}{(\cos^2\theta)(1+\tan^2\theta)} \tag{8.88}$$

ヒント：ここでは θ が式 (8.77) の t に相当する。

(2) $\cos^2\theta(1+\tan^2\theta) = 1$ であることを示せ。
(3) 式 (8.88) は，

$$\int d\theta$$

となることを示せ。明らかに，この不定積分は，

$$\theta + C \tag{8.89}$$

となる（C は積分定数）。
(4) 以上より，次式を示せ：

$$\int \frac{dx}{1+x^2} = \arctan x + C \qquad (8.90)$$

よくある質問 68 上の問題で，$x = \tan\theta$ と置換する，なんていう発想はどこから来るのですか？… 分母の $1+x^2$ という 2 つの項を 1 つにまとめてなおかつ分数を解消するには，$1+\tan^2\theta$ の公式が使えるんじゃね？ という発想ですが，アクロバチックというか職人芸ですよね。世の中にはそういうのを思い付く積分職人みたいな人がいるのです。我々は，そういう人の仕事を使わせてもらえるように，とりあえず式 (8.87) の考え方を理解すれば十分です。

8.9 定積分を求めるには

ここで，話は定積分に戻る。関数の定積分を解析的に求める時は，定積分の定義に戻るのではなく，原始関数，つまり不定積分を使うことがとても多いのだ。そのことを今から説明する。まず積分の公式 8 (p. 118) を思い出そう：

$$\int_a^x \frac{d}{dt}f(t)\, dt = f(x) - f(a) \qquad (8.91)$$

ここで，形式的に f を F と書き換えよう：

$$\int_a^x \frac{d}{dt}F(t)\, dt = F(x) - F(a) \qquad (8.92)$$

ここで，改めて形式的に

$$\frac{d}{dt}F(t) = f(t) \qquad (8.93)$$

とする。つまり，F は何らかの関数 f の原始関数とする（式 (8.93) の f と式 (8.91) の f は別物である）。すると，式 (8.92) は，

$$\int_a^x f(t)\, dt = F(x) - F(a) \qquad (8.94)$$

となる。形式的に x を b，t を x に書き換えると，

積分の公式 17

$$\int_a^b f(x)\, dx = F(b) - F(a) \qquad (8.95)$$

ここで，$F(x)$ は $f(x)$ の任意の原始関数。

となることがわかった。つまり，定積分（左辺）を求めるには，まず不定積分して，得られた原始関数に，積分区間の両端の値を入れて引き算すればいい（右辺）。

では，これを使った定積分の例を示そう：

例 8.12 $\int_1^2 x^2\, dx$ は何だろう？

$$\int x^2\, dx = \frac{x^3}{3} + C \qquad (8.96)$$

（C は積分定数）だから，式 (8.95) より，

$$\int_1^2 x^2\, dx = \frac{2^3}{3} - \frac{1^3}{3} = \frac{7}{3} \qquad (8.97)$$

（例おわり）

よくある質問 69 式 (8.97) の 2 番目の式で，原始関数が出てきたのはわかりましたが，その積分定数 C はどこに行ったのですか？… あえて積分定数 C も書くと，

$$\int_1^2 x^2\, dx = \left(\frac{2^3}{3} + C\right) - \left(\frac{1^3}{3} + C\right) \qquad (8.98)$$

となるでしょ？ C はどうせ引き算されて消えてしまいます。

よくある質問 70 なるほど。でも，そうであっても，ちゃんと C を書くべきでは？… いえ，これでよいのです。式 (8.95) の F は，f の原始関数であれば何でもよいのです。$x^3/3$ は x^2 の原始関数のひとつですから，それを式 (8.95) に入れたまでです。

ここで，便利な記号を紹介する。関数 $F(x)$ について，$F(b) - F(a)$ のことを，$\Big[F(x)\Big]_a^b$ と書くのだ。すると式 (8.97) は，

$$\int_1^2 x^2\, dx = \left[\frac{x^3}{3}\right]_1^2 = \frac{7}{3} \qquad (8.99)$$

と，少しシンプルに書ける。

ここで注意。式 (8.97) の積分変数 x は，積分の結果には，もはや現れていない。従って，積分変数を，x と書こうが t と書こうが p と書こうが何と書こうが，定積分の結果は同じである。つまり，

$\int_1^2 x^2\,dx$ を $\int_1^2 t^2\,dt$ とか $\int_1^2 p^2\,dp$ と書いても同じことなのだ。

問 183 以下の定積分を求めよ（a は実数の定数，n は自然数の定数とする）。

(1) $\displaystyle\int_0^1 a\,dx$ (2) $\displaystyle\int_0^1 ax\,dx$

(3) $\displaystyle\int_{-\pi}^{\pi} \sin x\,dx$ (4) $\displaystyle\int_{-\pi}^{\pi} \sin^2 x\,dx$

(5) $\displaystyle\int_{-\pi}^{\pi} x\sin x\,dx$ (6) $\displaystyle\int_{-\pi}^{\pi} x^2 \cos nx\,dx$

定積分で置換積分を使うときは，もとの積分変数にわざわざ戻したりしないで，積分区間の上端・下端を置換後の変数に変換して計算すればよい。

問 184 以下の定積分を求めよ（R は正の定数とする）。

$$\int_0^R \sqrt{R^2 - x^2}\,dx \tag{8.100}$$

問 185 a を正の実数，$f(x)$ を任意の（積分可能な）奇関数，$g(x)$ を任意の（積分可能な）偶関数として，以下の式が成り立つことを示せ：

(1) $\displaystyle\int_{-a}^a f(x)\,dx = 0 \tag{8.101}$

(2) $\displaystyle\int_{-a}^a g(x)\,dx = 2\int_0^a g(x)\,dx \tag{8.102}$

問 186 以下の積分を，計算せずに求めよ。

(1) $\displaystyle\int_{-\infty}^{\infty} xe^{-x^2}\,dx$ (2) $\displaystyle\int_{-8}^8 (x^5 + 3x^3 - x)\,dx$

8.10 微分と積分の関係

本章の最初の方で，微分と積分は逆の関係と述べた。ここでは少し違った見方を考えてみる。

「積分の公式 17」である式 (8.95) は，変形すると次式になる：

$$F(b) = F(a) + \int_a^b f(x)\,dx \tag{8.103}$$

ここで，F は f の原始関数なのだから，$f(x)$ を $F'(x)$ で置き換えてよい。また，$a = x_0$, $b = x_0 + \Delta x$ と置き換えよう：

$$F(x_0 + \Delta x) = F(x_0) + \int_{x_0}^{x_0+\Delta x} F'(x)\,dx$$

ここで形式的に $F(x)$ を $f(x)$ に置き換えると，

$$f(x_0 + \Delta x) = f(x_0) + \int_{x_0}^{x_0+\Delta x} f'(x)\,dx \tag{8.104}$$

となる。さて，式 (8.104) を p.62 の式 (5.10) や式 (5.8)：

$$f(x_0 + dx) = f(x_0) + f'(x_0)dx \tag{8.105}$$

$$f(x_0 + \Delta x) \fallingdotseq f(x_0) + f'(x_0)\Delta x \tag{8.106}$$

と比べてみよう。特に左辺と等号に注目。式 (8.104) と式 (8.105) は，Δx と dx が違うが，等号 "=" は同じだ。式 (8.104) と式 (8.106) は，左辺は同じだが，前者は等号 "="，後者は近似等号 "≒" を使っている点が違う。じつは式 (8.104) は，式 (8.106) を積分を使って拡張し，式 (8.105) と同じくらいの厳密さにした式なのだ。そのポイントは，式 (8.105) や式 (8.106) の右辺で「$f'(x_0)$ と微小量の積」だったところが，式 (8.104) では「f' を積分したもの」に置き換わったことだ。微分（掛ける微小量）では近くまでしか行けないが，積分（微小量を掛けて足すこと）では遠くまで行けるのだ。

これらの 3 つの式は，x_0 から離れたところの関数の値を，微分係数を使って求めるという点では同じであり，いわば「親戚」である。その中で，最も一般性が高い（遠くまで行ける）のは式 (8.104) である。実際の応用でも，式 (8.104) はよく出てくる。

8.11 円の面積

さて，積分は様々なことに応用される。2 つの量の関係を知りたいとき，2 つの量の微小量どうしの関係がわかれば，あとは積分で何とかなる。ここからは，その実例を学び，積分の便利さ・強さを君に納得してもらう。

図形の面積を知りたいとき，多くの小さな単純な図形に分解して，それぞれの小図形の面積を足し合わせる（積分する）ことで，もとの図形の面積がわかる。

まず円の面積の公式をオーソドックスな方法で求めてみよう。p.112 で学んだように，関数のグラフが x 軸より上にあるときは，その関数の定積分は，その関数と x 軸で囲まれた図形の面積になる。それを使うのだ。

例 8.13 2 次元平面上に，原点を中心とする半径 R の円を考え，その面積を S とする。この円が，$0 \leq x$ かつ $0 \leq y$ の範囲，つまり第一象限の範囲で，x 軸と y 軸とで囲む領域（つまり円板の 1/4）の面積を求めてみよう。この円周の上の点 (x,y) は，

$$x^2 + y^2 = R^2 \tag{8.107}$$

を満たすが，特にこの範囲では，

$$y = \sqrt{R^2 - x^2} \tag{8.108}$$

を満たす。

従って，この領域（円板の 1/4）の面積 X は，次式のようになる：

$$X = \int_0^R \sqrt{R^2 - x^2}\, dx \tag{8.109}$$

問 187 式 (8.109) を使って，
(1) 次式を示せ：

$$X = \frac{\pi R^2}{4} \tag{8.110}$$

(2) それを使って次式を示せ。

$$S = \pi R^2 \tag{8.111}$$

このアプローチは，図 8.1 のように，図形を縦長の短冊に分割するという作戦だ。ところが，円は四方八方に丸いので，もっとエレガントに求まるのだ：

例 8.14 半径 R の円板を，小さな幅の円環の集まりと考える（図 8.6）。すなわち，円を n 個の同心円で分割し，小さい円から順に，それぞれ半径 $r_1, r_2, \cdots, r_n$ とする。$r_0 = 0$ とし，$r_n = R$ とす

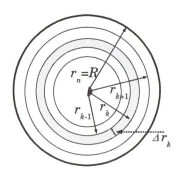

図 8.6 円板を細い円環で分割する。

る。k を 1 以上 n 以下の整数とし，半径 r_{k-1} の円と半径 r_k の円で挟まれた円環を考えよう。その幅を Δr_k とする。つまり $\Delta r_k = r_k - r_{k-1}$ である。Δr_k が十分に小さいなら，この円環の面積 ΔS_k は，

$$\Delta S_k \fallingdotseq 2\pi r_k \Delta r_k \tag{8.112}$$

となる（円周の長さと幅の積[*5]）。すると，円の面積 S は，ΔS_k を足しあわせたものにほぼ等しい：

$$S \fallingdotseq \sum_{k=1}^n \Delta S_k = \sum_{k=1}^n 2\pi r_k \Delta r_k \tag{8.113}$$

となる。この式を，p.113 式 (8.4) と見比べながら，n を十分大きく，Δr_k を十分小さくとれば，次式になる：

$$S = \int_0^R 2\pi r\, dr = [\pi r^2]_0^R = \pi R^2 \tag{8.114}$$

この積分は，式 (8.109) の積分よりもずっと簡単だ。なお，このような考え方を，とある高校の先生は「バウムクーヘン積分」と教えているらしい。なんかイメージわかるよね。

問 188 例 8.14 のやり方を再現して，円の面積の公式を導け。適当に省略・簡略化し，簡潔かつ論理的にまとめ直せ。

8.12 球の体積

次は球の体積の公式を求めてみよう。

[*5] 厳密に言えば，円環の面積を求めるには円環の外縁と内縁の中間に位置する円の半径を使わねばならないが，幅 Δr_k が十分に小さければ，これは外縁の円の半径や内縁の円の半径にほぼ一致する。

例 8.15 3 次元空間中に x, y, z の各軸を考え，原点を中心とする半径 R の球を考える。その体積を V とする。$-R \leq x \leq R$ の区間を $-R = x_0 < x_1 < \cdots < x_n = R$ となるように $x_0, x_1, \cdots, x_n$ という点で分割し，各点を通り x 軸に垂直な平面で球を刻む。すると，$x = x_k$ での切り口は，半径が $\sqrt{R^2 - x_k^2}$ の円になる。さて，x_{k-1} と x_k が十分に近ければ，$x = x_{k-1}$ での切り口と $x = x_k$ での切り口は，ほぼ同じ大きさの円とみなせる。従って，それらで挟まれた円盤（薄い円柱）の体積 ΔV_k は，

$$\Delta V_k = \pi \left(\sqrt{R^2 - x_k^2}\right)^2 \Delta x_k$$
$$= \pi(R^2 - x_k^2)\Delta x_k \qquad (8.115)$$

となる（底面積×高さ）。このような円盤を全ての k について考えて足し合わせれば，球が再現される。従って，その体積は，

$$V = \lim_{\substack{n \to \infty \\ \Delta x_k \to 0}} \sum_{k=1}^{n} \pi(R^2 - x_k^2)\Delta x_k \qquad (8.116)$$

$$= \int_{-R}^{R} \pi(R^2 - x^2)\,dx = \cdots = \frac{4\pi R^3}{3} \qquad (8.117)$$

よくある間違い 34 式 (8.117) で，

$$= \int_{-R}^{R} \pi(R^2 - x_k^2)\,dx = \cdots$$

と書いてしまう。…x_k の k を残してはダメです。$\sum$ が $\int$ になった瞬間，x_k の k は消えるのです。x_k と x_{k+1} の間隔が限りなく 0 に近づき，k という「背番号」が意味を失うからです。

問 189 例 8.15 を再現し，球の体積の公式を導け。丸写しにするのでなく，教育的な説明は省略して，計算すべきところはきちんと計算し，自分なりに整理して書くこと。

ところで，有限の微小量，つまり「Δ なんとか」で考えるのはめんどくさい。毎回毎回，結局は Δ が d になって $\sum$ が $\int$ になって添字の k が消えるのだ。そこで，これらの議論は，いきなり無限小（dx とか dV とか）を使って簡略的に書くことにしよう。

例 8.16（例 8.15 の書き直し）

3 次元空間中に x, y, z の各軸を考え，原点を中心とする半径 R の球を考える。その体積を V とする。球を，x 軸に垂直で厚み dx の円盤の集まりとみなす。

各円盤の半径は $\sqrt{R^2 - x^2}$ だから，その体積 dV は，次式になる：

$$dV = \pi(\sqrt{R^2 - x^2})^2 dx = \pi(R^2 - x^2)dx$$

これを積分して，

$$V = \int_{-R}^{R} \pi(R^2 - x^2)\,dx = \cdots = \frac{4\pi R^3}{3}$$

（例おわり）

さて，この球の体積の公式 $\left(\frac{4\pi R^3}{3}\right)$ は記憶せよ。語呂合わせは，「身の上に心配あるので参上」という。つまり，「3（身）の上に $4\pi r$（心配ある）ので 3 乗（参上）」。

ところで，例 8.15 は，例 8.13 によく似た発想である。例 8.13 では円を多くの狭い長方形で平行に刻んだが，ここでは球を多くの狭い円盤で平行に刻んだのだ。

一方，円を同心円で刻んだ例 8.14 のような発想でも球の体積は求まるのではないだろうか？ やってみよう！ まず，半径 r の球の表面積が $4\pi r^2$ であるのは既知とする。

例 8.17 半径 R の球（体積を V とする）を，小さな幅の球殻の集まりと考える。半径 r，厚さ dr の球殻の体積 dV は，半径 r の球面積と球殻の厚さの積，つまり

$$dV = 4\pi r^2 dr \qquad (8.118)$$

となる。これを積分して，

$$V = \int_0^R 4\pi r^2\,dr = \left[\frac{4\pi r^3}{3}\right]_0^R = \frac{4\pi R^3}{3} \qquad (8.119)$$

問 190 例 8.17 を再現して，球の体積の公式を導け。

ここで，面白いことに気付く。：半径 r を変数にとると，円の周長と面積の関係や，球の表面積と体積の関係は，一方が他方の微分（積分）となってい

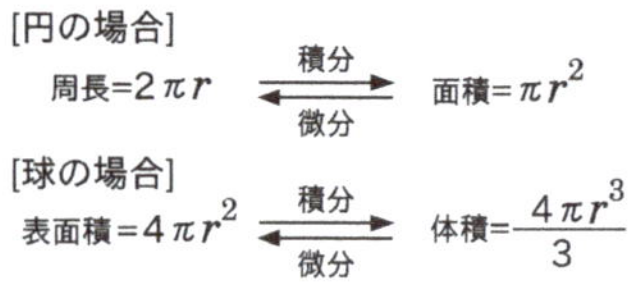

[円の場合]
周長 $=2\pi r$ ⇄(積分/微分) 面積 $=\pi r^2$

[球の場合]
表面積 $=4\pi r^2$ ⇄(積分/微分) 体積 $=\dfrac{4\pi r^3}{3}$

図 8.7 円の周長と面積，球の表面積と体積には，微分積分の関係がある。半径で微分すると「長さ」の次元がひとつ減り，半径で積分すると「長さ」の次元がひとつ増えることにも注意しよう。

るのだ（図 8.7）。

なぜだろう？ たとえば式 (8.118) を見てみよう。この両辺を dr で割れば，$dV/dr = 4\pi r^2$ が出てくるではないか！

これらを手がかりにすれば，球の体積や表面積の公式を思い出すことができる（p.25 の問 38 も参照せよ）。公式は，様々な観点から体系的に理解することが大事なのだ。

よくある質問 71 例 8.14 では円の周長の公式 ($2\pi r$) を，例 8.17 では球の表面積の公式（$4\pi r^2$）を，それぞれ既知として使いましたが，そもそもそれらはどうやって導出されるのですか？… 円の周長の公式 ($2\pi r$) は，ラジアンの定義と，平面図形の相似性（相似比に応じて長さも変わる）から出てきます。球の表面積の公式（$4\pi r^2$）は，実は球の体積の公式を微分して導くのです。つまり，例 8.15 で体積を求めて，それを半径で微分して表面積の公式を導くのです。つまり，例 8.17 を逆に辿るのが，本来の考え方です。

よくある質問 72 $\int$ は積分，d は微分を表すなら，$\int d\bigcirc = \bigcirc$ ですか？… ざっくり言えばそうです。$\int$ は Σ の極限で，d は微小な差を表します。○の細かい差をぜんぶ集めたら○自身になります。レンガをこまかく砕いてよせあつめたら，レンガになります。

8.13 速度・加速度

微分を使って学んだ速度と加速度（p.74）を，積分を使って振り返ろう。その前にひとつ準備をする。式 (8.104) を思い出そう。任意の関数 $f(x)$ について，

$$f(x_0 + \Delta x) = f(x_0) + \int_{x_0}^{x_0+\Delta x} f'(x)\,dx \tag{8.120}$$

だった。この式で，x を t に，x_0 を t_0 に，$x_0 + \Delta x$ を t_1 に形式的に置き換えると，

$$f(t_1) = f(t_0) + \int_{t_0}^{t_1} f'(t)\,dt \tag{8.121}$$

となる。これで準備 OK。

さて，ある点 P が x 軸上を運動しており，時刻 t で位置 $x(t)$，速度 $v(t)$，加速度 $a(t)$ であるとき，

$$\frac{dx}{dt} = v(t) \tag{8.122}$$

$$\frac{dv}{dt} = a(t) \tag{8.123}$$

だった（速度と加速度の定義）。ここで，式 (8.122) より，$x'(t) = v(t)$ ということを頭に置いて，式 (8.121) を $x(t)$ に適用すると（つまり f を x に形式的に置き換えると），

$$x(t_1) = x(t_0) + \int_{t_0}^{t_1} v(t)\,dt \tag{8.124}$$

となる。これは時刻 t_1 での位置を，時刻 t_0 での位置と，t_0 から t_1 までの間の速度の積分で表す式である。同様に，式 (8.123) より，$v'(t) = a(t)$ ということを頭に置いて，式 (8.121) を $v(t)$ に適用すると，次式になる：

$$v(t_1) = v(t_0) + \int_{t_0}^{t_1} a(t)\,dt \tag{8.125}$$

問 191 式 (8.124) から p.75 式 (5.88) を導け。

問 192 式 (8.125) から p.76 式 (5.93) を導け。

さて，**もし，加速度 a が時間によらず一定であれば**，式 (8.125) の定積分（定数関数の定積分，簡単！）より，

$$v(t_1) = v(t_0) + a(t_1 - t_0) \tag{8.126}$$

となる。$t_0 = 0$ とし，t_1 を改めて t と書き直せば，

$$v(t) = v(0) + at \tag{8.127}$$

となる。これを式 (8.124) に代入すれば，

$$x(t_1) = x(0) + \int_0^{t_1} \{v(0) + at\}\,dt$$
$$= x(0) + v(0)t_1 + \frac{1}{2}at_1^2 \tag{8.128}$$

となる。再び t_1 を改めて t と書き直せば，

$$x(t) = x(0) + v(0)t + \frac{1}{2}at^2 \quad (8.129)$$

となる。

式 (8.127) と式 (8.129) は，高校理科（物理）で習う式である。これを一生懸命に記憶した人もいるだろうが，この式の実体は定数関数 a を時刻で 2 回積分しただけである。その仕組みを知ってしまえば，わざわざ覚えるようなものではないことがわかるだろう。

よくある質問 73 高校ではなぜそう教えないのでしょう？… 高校物理は微積分を使いませんからね。

さて，注意してほしいのは，これらは**一定の加速度の運動（等加速度直線運動）でしか成り立たない！**ということ。というのも，式 (8.125) が式 (8.127) になるのは，a が定数だからだし，式 (8.128) の積分がこうなるのも a が定数だからだ。もし a が定数でない，つまり加速度 a が時間的に変化するなら，これらは成り立たない。そういうときは式 (8.124) と式 (8.125) に戻るしかない。しかしそういう「使用上の注意」も，この式の数学的な由来を理解すれば，覚えるまでもないことだ。

8.14 微分方程式

p. 87 で，簡単な微分方程式を学んだ。そのとき，

$$f'(x) = af(x) \quad (8.130)$$

という微分方程式の解は

$$f(x) = f(0)e^{ax} \quad (8.131)$$

となることを式 (6.38) で学んだ。式 (8.131) が式 (8.130) を満たすことは，代入してみればすぐにわかる。しかし，ここでは，そういう天下りなやり方を使わないで微分方程式の解を得る方法を学ぶ。

たとえば，関数 $f(x)$ について，

$$f'(x) - 2x - 1 = 0 \quad (8.132)$$

は，微分方程式である。といってもこれは $f'(x) = 2x+1$ と同じだから，$f(x)$ は $2x+1$ の原始関数である。従って，$2x+1$ を不定積分すれば解は求まる。従って，式 (8.132) の解は，一般に，

$$f(x) = \int (2x+1)\,dx = x^2 + x + C \quad (8.133)$$

となる。ここで C は任意の定数（要するに積分定数）である。だから，$x^2+x+1, x^2+x-5, x^2+x+100$ などは，いずれも式 (8.132) の解である。このように，一般に，微分方程式は複数の解を持つ。その「複数の解」は，式 (8.133) のように任意定数を含む式で一般的に書けることが多い。そのような解を<u>一般解</u>という。

式 (8.132) は，あまりに簡単な例である。この程度の話なら，わざわざ微分方程式という概念を持ち出さないでも「積分」で十分である。しかし，これから学ぶ微分方程式はそんなに単純な話ではない。たとえば，式 (8.130) という微分方程式は，

$$f(x) = \int af(x)\,dx \quad (8.134)$$

とできるはずだ。しかし，右辺の積分の中に，$f(x)$ そのものが入ってしまっている。$f(x)$ が欲しいのに，そのためには $f(x)$ を積分しなければならない。これは困った（注：もちろん我々は既にこの微分方程式の解は式 (8.131) であることを知っているのだが，ここではあえてそれを知らないという前提で話をしている）。

実は，式 (8.130) は，以下のような工夫で解くことができる：

まず，微分の定義を思い出そう。すなわち，十分 0 に近い Δx について，

$$f(x + \Delta x) \fallingdotseq f(x) + f'(x)\Delta x \quad (8.135)$$

である。これは，$f(x+\Delta x) - f(x) = \Delta f$ とおいて，

$$\Delta f \fallingdotseq f'(x)\Delta x \quad (8.136)$$

と書いても同じことである。ここで，式 (8.130) を使って $f'(x)$ を消去すると，

$$\Delta f \fallingdotseq af(x)\Delta x \quad (8.137)$$

となる。両辺を $f(x)$ で割ると（以下，$f(x)$ の "(x)" などは省略して書く），

$$\frac{\Delta f}{f} \fallingdotseq a\Delta x \quad (8.138)$$

となる。ここで，x が $x_0, x_1, x_2, \cdots, x_n$ のときに，f はそれぞれ $f_0, f_1, f_2, \cdots, f_n$ であるとする。つま

り，k を 0 から n までの整数として，f_k は $f(x_k)$ のことである．各 x_k と x_{k+1} の間隔は十分に小さいとする．

$$\Delta f_k = f_k - f_{k-1} \tag{8.139}$$

$$\Delta x_k = x_k - x_{k-1} \tag{8.140}$$

とすれば，上の式 (8.138) より，

$$\frac{\Delta f_1}{f_0} \fallingdotseq a\Delta x_1$$

$$\frac{\Delta f_2}{f_1} \fallingdotseq a\Delta x_2$$

$$\cdots$$

$$\frac{\Delta f_n}{f_{n-1}} \fallingdotseq a\Delta x_n$$

となる．これを辺々，足しあわせれば，

$$\sum_{k=1}^{n} \frac{\Delta f_k}{f_{k-1}} \fallingdotseq \sum_{k=1}^{n} a\Delta x_k \tag{8.141}$$

となる．これは，Δf_k や Δx_k を十分に小さくとれば，積分の定義式 (8.4) から[*6]，

$$\int_{f(x_0)}^{f(x)} \frac{df}{f} = \int_{x_0}^{x} a\, dx \tag{8.142}$$

となる．ここで，x_n をあらためて x とおいた．また，Δ が d に変わった瞬間に，近似等号 "$\fallingdotseq$" は等号 "$=$" に変わった．

上の式の両辺の積分をそれぞれ実行すると次式になる：

$$\ln|f(x)| - \ln|f(x_0)| = a(x - x_0) \tag{8.143}$$

この式は，以下のように変形できる：

$$\ln\left|\frac{f(x)}{f(x_0)}\right| = a(x - x_0) \tag{8.144}$$

$$\left|\frac{f(x)}{f(x_0)}\right| = \exp\{a(x - x_0)\} \tag{8.145}$$

$$\frac{f(x)}{f(x_0)} = \pm\exp\{a(x - x_0)\} \tag{8.146}$$

$$f(x) = \pm f(x_0)\exp\{a(x - x_0)\} \tag{8.147}$$

ここで $x = x_0$ のとき両辺が一致するには，右辺のマイナスはありえない．従って，

$$f(x) = f(x_0)\exp\{a(x - x_0)\} \tag{8.148}$$

これが，上の微分方程式 (8.130) の解である．特に，$x_0 = 0$ とすると，これは次式のようになる：

$$f(x) = f(0)e^{ax} \tag{8.149}$$

（無事に式 (8.131) が得られた！）

$f(0)$ の値が何であっても，式 (8.149) は解なので，解は無数にたくさんある．ところが，$f(0)$ の値があらかじめ具体的に決まっていれば，解はひとつに定まる．このように，特定の x での $f(x)$ の値が決まっていれば[*7]，それが条件となって，その条件を満たす解は一つだけに絞られる．このような条件を<u>初期条件</u>という．

ところで，もし君が注意深い人ならば，式 (8.138) で，「$f = 0$ のときは "0 での割り算" は許されないので，この変形は許されないのでは？」と思っただろう．その通りである．しかしそれは，結果的には，どうでもよくなる．というのも，ある x において $f(x) = 0$ ならば，式 (8.130) に戻ると，$f'(x) = 0$ である．従って，その x において，微小量 dx について，

$$f(x + dx) = f(x) + f'(x)dx = 0 + 0\, dx = 0$$

となる．つまり x のすぐそば ($x + dx$) でも $f = 0$ である．これを延々と繰り返して考えると，全ての x について，$f(x) = 0$ となる．つまり f は恒等的に 0 に等しい，定数関数となる．これは，式 (8.149) で $f(0) = 0$ とした場合になっている．結果的に，うまくつじつまがあっているのだ．そうだからといって，$f = 0$ の場合を無視して割り算をしてしまうのは，論理的に正しくは無いのだが，ここは結果オーライということで，特段 $f = 0$ の場合に言及することは不要としておこう．

上で述べた解法は，説明のために，まわりくどく記述した．ところが，$f'(x)$ を df/dx と書き換えれば，式 (8.130) は

$$\frac{df}{dx} = af(x) \tag{8.150}$$

と書くことができる．すると，式 (8.137) 以降の議論は，形式的には df/dx を分解して，df と dx をそ

[*6] 式 (8.141) 左辺について，Δf_k が式 (8.4) の Δx_k に相当し，f_{k-1} が式 (8.4) の ξ_k に相当し，$1/f_{k-1}$ が式 (8.4) の $f(\xi_k)$ に相当する．すると独立変数 f に関する関数 $1/f$ の，$f = f(x_0)$ から $f = f(x)$ までの積分となる．

[*7] 多くの場合，$x = 0$ での値．

れぞれ独立した変数のように演算し，積分に持ち込めるということがわかるだろう（わからない人は，とりあえずそういうものだと思ってほしい）。つまり，この微分方程式 (8.130) すなわち式 (8.150) は，左辺に f と df が，右辺に x と dx が，それぞれ集まるように整理して（係数 a はどちらにあっても良い），

$$\frac{df}{f} = a dx \tag{8.151}$$

として，両辺に積分記号をくっつけて，

$$\int \frac{df}{f} = \int a dx \tag{8.152}$$

として，あとは両辺の積分を実行すればよい。

このように，df や dx などの微小量まで含めて，2 つの変数（ここでは f と x）を式の左辺と右辺に分離して寄せ集めること（ここでは f は左辺に，x は右辺に寄せ集めた）を変数分離と呼ぶ*8。

変数分離したあとは，各辺を積分すればよいのだが，その積分区間をどう設定するかという問題が残る。しかし実際にはあまり気にせず，とにかく積分定数を残して不定積分してしまってもよい。そして最後に初期条件を代入することで，残った積分定数を決定すればよい。

そういう手順で上の微分方程式をもういちど解くと，以下のようになる（君が今後，このような微分方程式を解くときには，以下のように考えればよい）：

** 微分方程式の変数分離解法（例）**

$$\frac{df}{dx} = af \tag{8.153}$$

これを変数分離して，

$$\frac{df}{f} = a dx \tag{8.154}$$

両辺を不定積分して，

$$\int \frac{df}{f} = \int a dx \tag{8.155}$$

この不定積分を実行して，

$$\ln|f| = ax + C \tag{8.156}$$

---

*8 変数分離が可能な微分方程式のことを，「変数分離型微分方程式」と呼ぶ。変数分離ができない微分方程式もたくさん存在する。そういう微分方程式の場合は，別の解法を探さねばならない。

（ここで本来は両辺に積分定数が現れるが，それを右辺に C として集約した）従って，

$$|f| = e^{ax+C} = e^C e^{ax} \tag{8.157}$$
$$f = \pm e^C e^{ax} \tag{8.158}$$

これに $x = 0$ を代入すると（初期条件），

$$f(0) = \pm e^C \tag{8.159}$$

となる。式 (8.158) の右辺の $\pm e^C$ を $f(0)$ で置き換えて，

$$f(x) = f(0) e^{ax} \tag{8.160}$$

■

よくある間違い 35　式 (8.159) を，「$f(0) = e^C$ と $f(0) = -e^C$ のどちらでもよい」と解釈してしまう。… そういう人は，微分方程式の最終的な解を，式 (8.160) のかわりに

$$f(x) = \pm f(0) e^{ax} \tag{8.161}$$

としますが，**これは間違いです！** 試みに $x = 0$ をこの式に入れてみましょう。

$$f(0) = \pm f(0) \tag{8.162}$$

となります。明らかに，右辺にマイナスがつく必要はないし，むしろマイナスがついたら変です（マイナスがついたら，$f(0) = -f(0)$ となってしまい，右辺を左辺に移項したら $2f(0) = 0$，つまり $f(0) = 0$，それを式 (8.161) に入れると，$f(x)$ は恒等的に 0 になってしまう）。そもそも，指数関数の性質上，C がどんな値であっても，e^C は常に正だけど，$\pm e^C$ なら正の値も負の値もとれます。問題によっては $f(0)$ の値は正だったり負だったりしても，この $\pm$ が，そのつじつまをあわせてくれるのです。言い換えるとこういうこと：$\pm e^C$ は，「$+e^C$ と $-e^C$ のどちらもありえる」という意味ではあるけど，$f(0)$ の値が与えられたら，そのどちらか片方に決まってしまい，もう片方の可能性は無くなるのです。もし $f(0)$ が正なら，$\pm e^C$ は $+e^C$ に決まるし，もし $f(0)$ が負なら，$\pm e^C$ は $-e^C$ に決まるのです。

問 193　以下の微分方程式を変数分離法で解け：

$$f'(x) = 3f(x) \quad 初期条件：f(0) = -2 \tag{8.163}$$

問 194 以下の微分方程式を変数分離法で解け：

$$f'(x) - 3f(x)^2 = 0 \quad 初期条件：f(0) = 1 \tag{8.164}$$

問 195 以下の微分方程式を変数分離法で解け：

$$f'(x) + 2xf(x) = 0 \quad 初期条件：f(0) = 3 \tag{8.165}$$

8.15 ロジスティック方程式

ある空間に，ある種の生き物が生きているとしよう（孤島に棲むヤギとか）。その生き物の個体数 $N(t)$ を考える。生き物は普通，一定割合の個体が子を作るので，個体数の増加は個体数 N と時間 dt に比例する。すなわち，適当な正の定数 α を使って，

$$\alpha N \, dt \tag{8.166}$$

と書ける。

ところが，個体数 N があまりにも多くなると，資源（餌や住処）をめぐって争いが起きはじめる。争いは，2 つの個体が出会ったときに発生し，争いに負けた個体は死亡する[*9]。ある個体にとって，時間 dt の間に，自分以外の個体（$N-1$ 匹の個体）に出会う確率は，dt と $N-1$ に比例する。同様のことが，N 匹の全ての個体に言えるので，dt の間にどれか 2 つの個体が出会う確率（頻度）は，$N(N-1)dt$ に比例する。N が十分に大きければ，$N(N-1)dt$ は，$N^2 dt$ と近似できる。従って，dt の間に，争いによって死亡する個体数は，$N^2 dt$ に比例する。この比例係数（定数）を β と書く（$\beta \geq 0$）。すなわち，時間 dt の間に競争によって減少する個体数は次式になる：

$$\beta N^2 \, dt \tag{8.167}$$

生き物の個体数の変化 dN は，増えた分 − 減った分なので，式 (8.166)，式 (8.167) より，

$$dN = \alpha N dt - \beta N^2 dt \tag{8.168}$$

[*9] 出会ったけど争わないとか，引き分けでどちらも死亡しないとか，相打ちで両者死亡とか，そういうことはとりあえず考えない。

となる。両辺を dt で割ると，

$$\frac{dN}{dt} = \alpha N - \beta N^2 \tag{8.169}$$

となる。式 (8.169) をロジスティック方程式という。これは，生物学の「個体群動態」という分野（生態学の一部）の最も基本的な方程式である。

問 196 以上の議論を再現し，ロジスティック方程式を導け。

問 197 ロジスティック方程式 (8.169) を解こう。ただし初期条件を $N(0) = N_0$ とする。

(1) この方程式を変数分離し，左辺に N，右辺に t をまとめよ。

(2) それを部分分数分解すると，以下のようになることを示せ：

$$\frac{\beta}{\alpha}\left(\frac{1}{\beta N} + \frac{1}{\alpha - \beta N}\right)dN = dt \tag{8.170}$$

(3) これを積分すると，以下のようになることを示せ（C は積分定数）：

$$\ln\left|\frac{N}{\alpha - \beta N}\right| = \alpha t + C \tag{8.171}$$

(4) これを変形して次式を示せ：

$$\frac{N}{\alpha - \beta N} = \pm \exp(\alpha t + C) \tag{8.172}$$

(5) 初期条件を用いて，次式を示せ：

$$\pm e^C = \frac{N_0}{\alpha - \beta N_0} \tag{8.173}$$

(6) 以上より，以下を示せ：

$$N(t) = \frac{N_0 e^{\alpha t}}{1 + N_0 \beta (e^{\alpha t} - 1)/\alpha} \tag{8.174}$$

(7) 式 (8.174) より，以下を示せ：

$$N(t) = \frac{1}{\frac{\beta}{\alpha} + \left(\frac{1}{N_0} - \frac{\beta}{\alpha}\right)e^{-\alpha t}} \tag{8.175}$$

(8) 式 (8.175) は，p.91 の式 (6.62) と同じ形の関数である。式 (6.62) の a, b, c をどのように置けば式 (8.175) に一致するか？

(9) 図 6.10 を参考にして，式 (8.175) をグラフに描け。結果は図 8.8 のようになるはず。

これは高校生物学で学んだ「個体群の成長曲線」

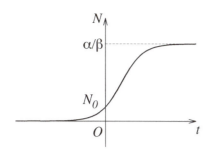

図 8.8 式 (8.175) のグラフ

である。グラフからわかるように，長く時間がたてば，$N(t)$ は一定値に収束する。このような状態を「定常状態」という。定常状態では N はほとんど増えないから $dN/dt = 0$ である。すると式 (8.169) より，$\alpha N - \beta N^2 = 0$ となり，$N = \alpha/\beta$ となる。これが，その空間に生物が末永く生息できる個体数の最大値である。生物学ではこれを「環境収容力」と呼び，K と表す。また，生物学では α を「内的自然増加率」と呼び，r と表す。

問 198 K と r を使って式 (8.169) を次式に変形せよ：

$$\frac{dN}{dt} = r\left(1 - \frac{N}{K}\right)N \tag{8.176}$$

よくある質問 74 $dN/dt = \alpha N - \beta N^2$ について，$\alpha N < \beta N^2$ となって個体数が減るようなことはないのですか？… 個体数が定常状態を上回った時（個体数が環境収容力を上回った時）にはそうなります。何かの異常事態で個体数が突然大きくなったり，環境変動のせいで環境収容力が小さくなってしまったときでしょう。その場合は，dN/dt が負なので N は減少し，やがて，$\beta N^2 = \alpha N$ となって，$dN/dt = 0$，つまり定常状態になります。

問 199 $\beta = 0$ のときは，ロジスティック方程式の解はどうなるか？それを生物学的に説明せよ。

よくある質問 75 生物学で出てきたグラフが微分方程式から出てきてびっくりしました。微分や積分って生物学にも使われるんですね。… まだ序の口。数学は，生物学を含めて，あらゆる科学で活躍します。

演習問題 11 $f(x) = \exp(-x^2)$ を考える。
(1) 表計算ソフトで，$y = f(x)$ のグラフを，$-4 \leq x \leq 4$ の範囲で描け。ヒント：セルに数式を記述するとき，$-x^2$ を「-x^2」のように表現するとうまくいかない。表計算ソフトは，この記述を $(-x)^2$ と解釈してしまうのだ。かわりに，「-x*x」とか，「-(x^2)」と表現するとよい。
(2) $f(x)$ を $x = -6$ から定積分してできる関数：

$$F(X) = \int_{-6}^{X} \exp(-x^2) dx \tag{8.177}$$

を，$-6 \leq X \leq 6$ の範囲で，表計算ソフトを使って数値積分によって求め，その結果をグラフに描け。刻み幅は 0.1 程度でよい。
(3) $F(6)$ の値を述べ，$\sqrt{\pi}$ の値と比較せよ。

注：$f(x) = \exp(-x^2)$ つまりガウス関数は，解析的な不定積分は困難である。ただし，$-\infty$ から ∞ までの定積分は，以下のようになることがわかっている：

$$\int_{-\infty}^{\infty} \exp(-x^2) dx = \sqrt{\pi} \tag{8.178}$$

これをガウス積分という。式 (8.178) は，統計学で使う重要な式である。

演習問題 12 植物の成長の速さについて考えよう。ある微小時間 dt の間に植物個体の乾燥重量[*10] w が dw だけ増加したとする。一概には言えないものの，大きな植物（つまり w が大きい植物）は，光合成のための生産器官も多く持つので，たくさん光合成ができる。そのぶん，dw は大きくなるのが自然だろう。そう考えると，植物の成長量は，ざっくり言って，植物の大きさに比例すると考えてよかろう。つまり，

$$dw = \alpha w \, dt \tag{8.179}$$

となる。α は適当な定数である。右辺に dt があるのは，成長量が時間に比例する，という，至極当然のことを表す。この式を変形すると，

[*10] 本当は「重量」ではなく「質量」と言うべきだが，生物学の慣習に従って，ここでは「重量」という。

$$\alpha = \frac{1}{w}\frac{dw}{dt} \tag{8.180}$$

となる。この α を「相対成長率」(relative growing rate) と呼び，RGR と書き表す。すなわち，

$$\text{RGR} := \frac{1}{w}\frac{dw}{dt} \tag{8.181}$$

である。$t = t_1$ と $t = t_2$ の間の RGR が一定であると仮定して次式を導け：

$$\text{RGR} = \frac{\ln w_2 - \ln w_1}{t_2 - t_1} \tag{8.182}$$

問の解答

以下，特に断らない限り，C を積分定数とする。

答 176 (1) $x^3/3 + C$ (2) $-1/x + C$ (3) $x + C$
注：$\int dx$ とは，$\int 1\,dx$，つまり 1 の原始関数（微分したら定数 1 になる関数）のこと。

答 177 $x + x^2/2 + x^3/3 + C$

答 178 (1) $(2x+1)^4/8 + C$ (2) $\ln|x+1| + C$
(3) $-\ln|1-x| + C$ (4) $-\exp(-x) + C$
(5) $\exp(x+1) + C$

答 179

(1) まず部分分数分解をしよう。
$\dfrac{1}{x^2 - x} = \dfrac{1}{x(x-1)} = \dfrac{a}{x} + \dfrac{b}{x-1}$ とおく。すると
$\dfrac{a(x-1) + bx}{x(x-1)} = \dfrac{(a+b)x - a}{x(x-1)} = \dfrac{1}{x(x-1)}$
これを満たす a, b を求める。分子の x の項から，$a + b = 0$。分子の定数項から，$-a = 1$。
従って，$a = -1, b = 1$。よって
$\dfrac{1}{x(x-1)} = \dfrac{1}{x-1} - \dfrac{1}{x}$
これで部分分数分解できた。従って，
$\int \dfrac{1}{x(x-1)} dx = \int \left(\dfrac{1}{x-1} - \dfrac{1}{x}\right) dx$
$= \ln|x-1| - \ln|x| + C = \ln\left|\dfrac{x-1}{x}\right| + C$
以下，部分分数展開の過程は省略する。

(2) $\int \dfrac{dx}{x^2 - 1} = \int \dfrac{dx}{(x-1)(x+1)}$
$= \int \dfrac{1}{2}\left(\dfrac{1}{x-1} - \dfrac{1}{x+1}\right) dx$
$= \dfrac{1}{2}\{\ln|x-1| - \ln|x+1|\} + C$
$= \dfrac{1}{2}\ln\left|\dfrac{x-1}{x+1}\right| + C$

(3) $\int \dfrac{x\,dx}{x^2 - 1} = \int \dfrac{x\,dx}{(x-1)(x+1)}$
$= \int \dfrac{1}{2}\left(\dfrac{1}{x-1} + \dfrac{1}{x+1}\right) dx$
$= \dfrac{1}{2}\{\ln|x-1| + \ln|x+1|\} + C$
$= \dfrac{1}{2}\ln|(x-1)(x+1)| + C = \dfrac{1}{2}\ln|x^2 - 1| + C$

答 180

(1) $\int xe^x\,dx = \int x(e^x)'\,dx$
$= xe^x - \int (x)'e^x\,dx = xe^x - \int e^x\,dx$
$= xe^x - e^x + C = (x-1)e^x + C$

(2) $\int x\sin x\,dx = \int x(-\cos x)'\,dx$
$= x(-\cos x) - \int (x)'(-\cos x)\,dx$
$= -x\cos x + \int \cos x\,dx$
$= -x\cos x + \sin x + C$

(3) $\int \ln x\,dx = \int (x)' \ln x\,dx$
$= x\ln x - \int x(\ln x)'\,dx$
$= x\ln x - \int x\left(\dfrac{1}{x}\right) dx$
$= x\ln x - \int dx = x\ln x - x + C$

答 181 (1) $1 + x^2 = t$ とおくと，$2x\,dx = dt$ より，
$\int \dfrac{2x}{1+x^2}\,dx = \int \dfrac{dt}{t}$
$= \ln|t| + C = \ln(1+x^2) + C$

$1 + x^2$ は常に正なので，絶対値記号は不要。

(2) $x^2 = t$ とおくと，$2x\,dx = dt$ より，
$\int xe^{-x^2}\,dx = \int \dfrac{e^{-t}}{2}\,dt$
$= -\dfrac{e^{-t}}{2} + C = -\dfrac{e^{-x^2}}{2} + C$

(3) $\sin x = t$ とおくと，$\cos x\,dx = dt$ より，
$\int \sin x \cos x\,dx = \int t\,dt = \dfrac{t^2}{2} + C$

$$= \frac{\sin^2 x}{2} + C$$

（別解）$\cos x = t$ とおくと，$-\sin x\, dx = dt$ より，

$$\int \sin x \cos x\, dx = -\int t\, dt$$
$$= -\frac{t^2}{2} + C = -\frac{\cos^2 x}{2} + C$$

注：式 (8.183) と式 (8.183) は，見かけは違うが，ともに原始関数である。実際，式 (8.183) について，$\cos^2 x + \sin^2 x = 1$ を使って $\cos^2 x$ を消去すると，定数部分を除けば式 (8.183) と同じになる。また，この問題は例 8.7 とも同じであり，結果は一見すると違うが，その違いも積分定数で吸収される（倍角公式を使って確かめてみよ）。

(4) $1 - x^2 = t$ とおくと，$-2x\, dx = dt$

$$\int x\sqrt{1-x^2}\, dx = \int -\frac{1}{2}\sqrt{t}\, dt$$
$$= -\frac{1}{2} \cdot \frac{2}{3} t^{3/2} + C = -\frac{1}{3}(1-x^2)^{3/2} + C$$

答 182 (1) $x = \tan\theta$ と置くと，$dx/d\theta = 1/\cos^2\theta$。よって $dx = d\theta/\cos^2\theta$。式 (8.87) の x に $\tan\theta$ を代入し，dx に上の式を代入すると，与式を得る。(2) $(\cos^2\theta)(1+\tan^2\theta) = (\cos^2\theta)(1+\sin^2\theta/\cos^2\theta) = \cos^2\theta + \sin^2\theta = 1$ (3) 略。(4) 略（$\theta = \arctan x$ より明らか）。

答 183

(1) $\int_0^1 a\, dx = \big[ax\big]_0^1 = a$

(2) $\int_0^1 ax\, dx = \big[ax^2/2\big]_0^1 = a/2$

(3) $\int_{-\pi}^{\pi} \sin x\, dx = \big[-\cos x\big]_{-\pi}^{\pi} = 0$
（$\sin x$ は奇関数だから当然とも言える。）

(4)
$$\int_{-\pi}^{\pi} \sin^2 x\, dx = \int_{-\pi}^{\pi} \frac{1-\cos 2x}{2}\, dx$$
$$= \left[\frac{1}{2}x - \frac{1}{4}\sin 2x\right]_{-\pi}^{\pi} = \pi$$

(5)（部分積分を使う）与式 =

$$\int_{-\pi}^{\pi} x(-\cos x)'\, dx = [-x\cos x]_{-\pi}^{\pi}$$
$$+ \int_{-\pi}^{\pi} (x)'\cos x\, dx = 2\pi + \int_{-\pi}^{\pi} \cos x\, dx = 2\pi$$

(6)（部分積分を 2 回使う。式 (7.24)，式 (7.25) を使う）
与式 =

$$\frac{1}{n}\int_{-\pi}^{\pi} x^2(\sin nx)'\, dx$$
$$= \frac{1}{n}\big[x^2 \sin nx\big]_{-\pi}^{\pi} - \frac{1}{n}\int_{-\pi}^{\pi} (x^2)'\sin nx\, dx$$
$$= -\frac{2}{n}\int_{-\pi}^{\pi} x\sin nx\, dx = \frac{2}{n^2}\int_{-\pi}^{\pi} x(\cos nx)'\, dx$$
$$= \frac{2}{n^2}\big[x\cos nx\big]_{-\pi}^{\pi} - \frac{2}{n^2}\int_{-\pi}^{\pi} \cos nx\, dx$$
$$= \frac{4\pi \cos n\pi}{n^2} = (-1)^n \frac{4\pi}{n^2}$$

答 184 $x = R\sin\theta$ と置こう（置換積分）。
$dx = R\cos\theta\, d\theta$ である。

$$\text{与式} = \int_0^R \sqrt{R^2 - x^2}\, dx$$
$$= \int_0^{\pi/2} \sqrt{R^2 - (R\sin\theta)^2}\, R\cos\theta\, d\theta$$
$$= \int_0^{\pi/2} R^2\sqrt{1 - \sin^2\theta}\, \cos\theta\, d\theta$$
$$= \int_0^{\pi/2} R^2\sqrt{\cos^2\theta}\, \cos\theta\, d\theta$$
$$= \int_0^{\pi/2} R^2 \cos^2\theta\, d\theta = \int_0^{\pi/2} R^2 \frac{1 + \cos 2\theta}{2}\, d\theta$$
$$= \left[R^2 \frac{\theta + (\sin 2\theta)/2}{2}\right]_0^{\pi/2} = \frac{\pi R^2}{4}$$

ここで，1 行目では積分の範囲が「$x = 0$ から $x = R$ まで」だったのが 2 行目では「$\theta = 0$ から $\theta = \pi/2$ まで」に変わったことに注意せよ。これは置換積分で変数変換したことによる。

答 185 (1) まず積分区間を分割すると，p. 117 式 (8.7) より次式のようになる：

$$\int_{-a}^{a} f(x)\, dx = \int_{-a}^{0} f(x)\, dx + \int_{0}^{a} f(x)\, dx \tag{8.183}$$

右辺第一項で $x = -t$ と置換する。$dx = -dt$ となり，積分区間は $t = a$ から $t = 0$ となるので，

$$\int_{-a}^{0} f(x)\, dx = \int_{a}^{0} f(-t)(-dt) = \int_{0}^{a} f(-t)\, dt$$

となる（最後の変形で積分の公式 5 を使った）。$f(x)$ が奇関数なら $f(-t) = -f(t)$ だからこの式は，$-\int_0^a f(t)\, dt$ となる。t を改めて x と書き換えればこの式は $-\int_0^a f(x)\, dx$ となる。従って，式 (8.183) は，

$$\int_{-a}^{a} f(x)\,dx = -\int_{0}^{a} f(x)\,dx + \int_{0}^{a} f(x)\,dx = 0$$

(2) 前問と同様にまず積分区間を分割する：

$$\int_{-a}^{a} g(x)\,dx = \int_{-a}^{0} g(x)\,dx + \int_{0}^{a} g(x)\,dx \tag{8.184}$$

前問と同様に，$x = -t$ と置換すれば，右辺の第一項は次式のようになる：

$$\int_{-a}^{0} g(x)\,dx = \int_{a}^{0} g(-t)(-dt) = \int_{0}^{a} g(-t)\,dt$$

$g(x)$ が偶関数なら $g(-t) = g(t)$ だから，この式は $\int_{0}^{a} g(t)\,dt$ となる。t を改めて x と書き換えれば，この式は $\int_{0}^{a} g(x)\,dx$ となる。従って式 (8.184) は

$$\int_{-a}^{a} g(x)\,dx = \int_{0}^{a} g(x)\,dx + \int_{0}^{a} g(x)\,dx$$
$$= 2\int_{0}^{a} g(x)\,dx$$

答 186 被積分関数が奇関数で，積分区間が正負対称だから，前問の (1) が適用され，（計算するまでもなく）いずれも 0。

答 187 (1) 略（式 (8.109) に問 184 の結果を適用）。
(2) X は円の 1/4 だから，$S = 4X = \pi R^2$

答 191 式 (8.124) で t_0 を t，t_1 を $t + dt$ と置き換えれば，

$$x(t+dt) = x(t) + \int_{t}^{t+dt} v(t)\,dt \tag{8.185}$$

となる。dt が微小量ならば，t から $t+dt$ までの間で $v(t)$ はほとんど変化しないと考えられ，

$$\int_{t}^{t+dt} v(t)\,dt = v(t)\{(t+dt) - t\} = v(t)\,dt$$

となる。従って，$x(t+dt) = x(t) + v(t)\,dt$ ■

答 192 式 (8.125) で t_0 を t，t_1 を $t + dt$ と置き換えれば，

$$v(t+dt) = v(t) + \int_{t}^{t+dt} a(t)\,dt \tag{8.186}$$

となる。dt が微小量ならば，t から $t+dt$ までの間で $a(t)$ はほとんど変化しないと考えられ，

$$\int_{t}^{t+dt} a(t)\,dt = a(t)\{(t+dt) - t\} = a(t)\,dt$$

となる。従って，$v(t+dt) = v(t) + a(t)\,dt$ ■

答 193

$$\frac{df}{dx} = 3f \quad \text{を変数分離して，} \quad \frac{df}{f} = 3\,dx$$

この両辺を不定積分して（積分定数を C とする），

$$\int \frac{df}{f} = \int 3\,dx \quad \text{よって，} \ln|f| = 3x + C$$
$$\text{よって，} f = \pm e^{3x+C} = \pm e^{C} e^{3x} \tag{8.187}$$

これに $x = 0$ を代入すると，

$$f(0) = \pm e^{C} = -2 \tag{8.188}$$

となる。従って，$f(x) = -2e^{3x}$。 ■

よくある間違い 36 式 (8.187) や式 (8.188) の $\pm$ をつけないで，式 (8.188) のかわりに「$e^C = -2$」と書いてしまう。… **これは間違いです**。C がどのような数であっても，e^C が負になることはありません。この場合は，$\pm$ は $-$ であり，$e^C = 2$ であることによって，初期条件が矛盾なく満たされるのです。このようなことが起こるから，$\pm$ は省略できないのです。

答 194 式 (8.164) を変形すると，

$$\frac{df}{dx} = 3f^2, \quad \frac{df}{f^2} = 3\,dx, \quad \int \frac{df}{f^2} = \int 3\,dx,$$
$$-\frac{1}{f} = 3x + C, \quad f = -\frac{1}{3x+C}$$

初期条件より $f(0) = -1/C = 1$。よって $C = -1$。よって，$f(x) = -1/(3x-1)$

答 195 式 (8.165) を変形すると，

$$\frac{df}{dx} = -2xf, \quad \frac{df}{f} = -2x\,dx,$$
$$\int \frac{df}{f} = \int (-2x)\,dx, \quad \ln|f| = -x^2 + C,$$
$$f = \pm(\exp C)\exp(-x^2)$$

初期条件より，$f(0) = \pm \exp C = 3$ だから，

$$f(x) = 3\exp(-x^2) \tag{8.189}$$

第9章 微分積分の発展

9.1 テーラー展開

p.71 で学んだ線型近似は,関数を 1 次式で近似する考え方である。そこで満足しないで,関数を 2 次式や 3 次式,いや,もっとたくさんの次数の多項式で近似できないだろうか。つまり,以下のように関数 $f(x)$ を多項式で近似することを考えよう:

$$f(x) = a_0 + a_1 x + a_2 x^2 + \cdots + a_n x^n + \cdots \quad (9.1)$$

この左辺と右辺が一致するなら,それぞれを $x=0$ において何回か微分したもの ($x=0$ での微分係数) も等しいはずなので,

$$f(0) = a_0$$
$$f'(0) = a_1 \times 1$$
$$f''(0) = a_2 \times 1 \times 2$$
$$f'''(0) = a_3 \times 1 \times 2 \times 3$$
$$\cdots$$
$$f^{(n)}(0) = a_n \times 1 \times 2 \times 3 \cdots \times n$$

となるはずだ。ここで,$f^{(n)}(x)$ は,$f(x)$ の n 階導関数である。(x^n) を n 階微分すると $1 \times 2 \times 3 \cdots \times n = n!$ となることに注意せよ。すると,

$$a_0 = f(0)$$
$$a_1 = f'(0)/1$$
$$a_2 = f''(0)/(1 \times 2)$$
$$a_3 = f'''(0)/(1 \times 2 \times 3)$$
$$\cdots$$
$$a_n = f^{(n)}(0)/n!$$

となることがわかる。すなわち,式 (9.1) は,次式のようになる[*1]:

[*1] $0!$ は 1 とする。

$$f(x) = \frac{f(0)}{0!} + \frac{f'(0)}{1!} x + \frac{f''(0)}{2!} x^2 + \cdots$$
$$= \sum_{n=0}^{\infty} \frac{f^{(n)}(0)}{n!} x^n \quad (9.2)$$

これを,関数 $f(x)$ の<u>マクローリン展開</u>という。

問 200 式 (9.2) は p.71 の式 (5.65) で出てきた線型近似の式「$f(x) \fallingdotseq f(0) + f'(0)x$」の拡張になっていることを説明せよ。

ここまでは $x=0$ での微分係数を考えたが,$x=a$ での微分係数を考えて,$f(x)$ を $(x-a)$ の多項式で表してみよう。

問 201 a を定数とする。関数 $f(x)$ を以下のように,$(x-a)$ の多項式で表すことを考える ($b_1, b_2, \cdots, b_n, \cdots$ は適当な定数):

$$f(x) = b_0 + b_1(x-a) + b_2(x-a)^2 + \cdots$$
$$+ b_n(x-a)^n + \cdots \quad (9.3)$$

この式が成り立つなら,$b_n = f^{(n)}(a)/n!$ が成り立つはずであり,すなわち,

$$f(x) = \frac{f(a)}{0!} + \frac{f'(a)}{1!}(x-a)$$
$$+ \frac{f''(a)}{2!}(x-a)^2 + \cdots$$
$$= \sum_{n=0}^{\infty} \frac{f^{(n)}(a)}{n!}(x-a)^n \quad (9.4)$$

であることを示せ。ヒント:式 (9.1) から式 (9.2) までの話を参考に!

式 (9.4) を関数 $f(x)$ の $x=a$ のまわりでの<u>テー</u>

ラー展開という[*2]。

マクローリン展開は，テーラー展開の一種である。$x=0$ のまわりのテーラー展開がマクローリン展開である。しかし，世間的にはテーラー展開と言えば，マクローリン展開のことを意味することも多い。

ところで，導関数の定義式 (5.10)（p.62）において，x_0 を a と書き換えれば，

$$f(a+dx) = f(a) + f'(a)dx \tag{9.5}$$

となる。さらに，$a+dx$ を改めて x と書き換えれば，$dx = x-a$ となり，この式は，

$$f(x) = f(a) + f'(a)(x-a) \tag{9.6}$$

となる。これは，線型近似の式であり，テーラー展開の式の最初の 2 項と一致する。ただしこの式は，$x-a$，つまり dx が十分に 0 に近いときにしか成り立たない。従って，テーラー展開の式は，導関数の定義式（あるいは線型近似）を，dx が 0 に近くなくても成り立つように，拡張したものだ，とも言える。

問 202 $e^x, \sin x, \cos x$ をそれぞれマクローリン展開（$x=0$ のまわりでテーラー展開）すると，以下の式になることを示せ：

$$e^x = \frac{1}{0!} + \frac{x}{1!} + \frac{x^2}{2!} + \frac{x^3}{3!} + \frac{x^4}{4!} + \cdots \tag{9.7}$$

$$\sin x = \frac{x}{1!} - \frac{x^3}{3!} + \frac{x^5}{5!} - \frac{x^7}{7!} + \cdots \tag{9.8}$$

$$\cos x = \frac{1}{0!} - \frac{x^2}{2!} + \frac{x^4}{4!} - \frac{x^6}{6!} + \cdots \tag{9.9}$$

問 203 $e^x, \sin x, \cos x$ のそれぞれのマクローリン展開を用いて，次式をそれぞれ確認せよ。

$$(e^x)' = e^x, \ (\sin x)' = \cos x, \ (\cos x)' = -\sin x$$

問 204 式 (9.7) から，次式を導け：

$$e = \frac{1}{0!} + \frac{1}{1!} + \frac{1}{2!} + \frac{1}{3!} + \cdots + \frac{1}{n!} + \cdots \tag{9.10}$$

これは，p.40 の例 3.13 でコンピュータが出した結

[*2] ただし，テーラー展開できない関数もある。また，特定の定義域（x の取りうる値の範囲）でしかテーラー展開できない場合もある。どのような関数が，どのような定義域でテーラー展開できるのか，ということは，本格的な大学の数学の教科書を参照せよ。

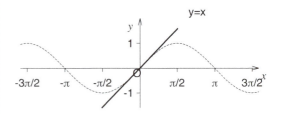

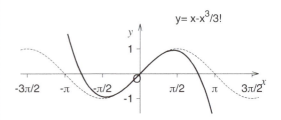

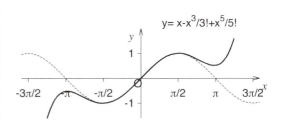

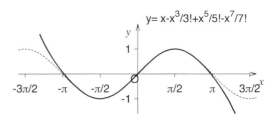

図 9.1 実線は $y = \sin x$ のマクローリン展開（1 次，3 次，5 次，7 次近似）。点線は $y = \sin x$

果を理論的に裏付けるものである。

よくある質問 76 なぜ近似する必要があるのですか。2 次近似，3 次近似，…と，どんどん近づけたら，元の関数にものすごく近くなって，近似する意味がよくわかんないんですけど… 多項式は加減乗除だけで計算できるので，近似式として有用です。たとえば $\sin 23$ 度 の値を求めるには，$\sin$ をテーラー展開した有限次数の近似式（多項式）に値を代入して計算機で計算すればよいのです。また，そもそもテーラー展開で表すしか手が無いというような関数もたくさんあります。たとえば，高度な物理学や工学では「ベッセル関数」と

いうのが出てきますが（その実体は今は理解しなくてもOKです），それらは三角関数や指数関数，対数関数等のよく知られている関数では表現できません。また，無限次のテーラー展開は，もとの関数との誤差がなくなるため，近似ではなく関数そのものと言えます。でもそれは，もとの関数の定義より扱いやすいのです。テーラー展開は多項式なので，もともと実数だけで定義された関数であっても，テーラー展開してしまえば，複素数や，後に学ぶ「行列」というものを「代入」できます。そうやって関数を拡張できるのです。そうやって得られるのが，ちょっと先で学ぶ「オイラーの公式」です。

ここで注意。どんな複雑な関数でもテーラー展開できるというわけではない。というのも，式 (9.2) のような式を作るには，$f(0)$ や $f'(0)$ などの値が必要で，これらの値が存在しない関数は，テーラー展開できない。たとえば，関数 $f(x) = 1/x$ や関数 $f(x) = \ln x$ は，$x = 0$ のまわりでテーラー展開（マクローリン展開）できない。なぜなら，$f(0)$ が存在しないからである。

ならば，$f(0), f'(0), f''(0), \ldots$ などが求められればテーラー展開できるのかというと，それも微妙である。次の問を考えて欲しい：

問 205

(1) テーラー展開を使って以下の式を証明せよ：
$$\frac{1}{1-x} = 1 + x + x^2 + \cdots + x^n + \cdots \quad (9.11)$$

(2) $x = 2$ のとき，式 (9.11) は成り立たないことを示せ。

(3) 等比数列 $\{1, x, x^2, x^3, \cdots\}$ の和を求めることで，式 (9.11) を証明し，これが成り立つ x の条件を述べよ。

前問で見たように，関数は x の限定的な範囲だけでテーラー展開できることがある。ここでは詳述しないが，そういう限定的な範囲は収束半径という概念で表現される。式 (9.11) の収束半径は 1 である（$x = 0$ を中心に，距離 1 未満の数について成立する）。ここでは証明はしないが，式 (9.7) や式 (9.8)，式 (9.9) の収束半径は ∞ である（どのような x の値についても成り立つ）。

テーラー展開された関数は，（収束半径の内側であれば）他の式を代入したり，微分や積分をしてもOK である。

9.2 複素数

p.33 の式 (3.45) で，虚数を学んだ。ここではそれをもう少し深めよう。まず復習。$i^2 = -1$ となるような数 i を虚数単位と呼ぶのだった。そして，虚数単位 i と任意の2つの実数 a, b によって以下のように表される数：

$$z = a + bi \quad (9.12)$$

を複素数というのだった。

このとき，a を実数部または実部，b を虚数部または虚部という。たとえば $2 + 3i$ の実数部は 2，虚数部は 3 である。

虚数部は虚数単位を含まないことに注意せよ。たとえば $2 + 3i$ の虚数部は $3i$ ではなく 3 である。

虚数は英語で "imaginary number" と言う。直訳は「空想上の数」である。虚数単位の記号 "i" はそこからとられた。「空想上」と言っても，実際は，虚数は数学や物理学の中で非常に重要な，確固たる存在である。虚数を考えないと説明できない物理現象もある（量子力学）。ちなみに実数は英語で "real number" という。直訳は「ホントの，現実的な数」である。

複素数は z という記号で表すことが多い。複素数 z の実数部を $\mathrm{Re}(z)$ と書き，z の虚数部を $\mathrm{Im}(z)$ と書くこともある（Re は real, Im は imaginary からとっている）。たとえば，$\mathrm{Re}(2+3i)=2$, $\mathrm{Im}(2+3i)=3$ である。

実数部と虚数部は，複素数をつくる，互いに独立した要素である。2つの複素数について，それぞれの実数部と虚数部が互いに等しいとき，2つの複素数は等しいという。つまり，複素数 $z = a + bi$ と複素数 $w = c + di$ について (a, b, c, d は実数)，$a = c$ かつ $b = d$ のときに限って，$z = w$ とする（定義）。

複素数 $z = a + bi$ について (a, b は実数)，$a - bi$ という複素数を，z の複素共役または共役複素数と呼び，$\bar{z}$ と表す（定義）。

例 9.1 $z = 1 + 2i$ の共役複素数は，$\bar{z} = 1 - 2i$ である。

問206 任意の複素数 z について次式を示せ：
$$\mathrm{Re}(z) = \frac{z + \overline{z}}{2}, \quad \mathrm{Im}(z) = \frac{z - \overline{z}}{2i} \quad (9.13)$$

9.3 オイラーの公式

次式は，オイラーの公式と呼ばれる，有名で重要な公式である（記憶しよう）：x を任意の実数として，
$$e^{ix} = \cos x + i \sin x \quad (9.14)$$

この公式は，複素数の世界では指数関数が三角関数と結びついてしまうことを示している。

問207 オイラーの公式を導いてみよう。
(1) e^z の $z = 0$ のまわりでのテーラー展開について，z に虚数 ix を代入し，実部と虚部をわけて整理せよ（i は虚数単位を表し，x は実数とする）。
(2) 前問の結果，実部は $\cos x$ に等しく，虚部は $\sin x$ に等しいことを，$\cos x$ と $\sin x$ のテーラー展開を参考にして示せ。すなわち，オイラーの公式が導かれる。
(3) オイラーの公式を使って，$e^{i\pi} + 1 = 0$ を示せ。

よくある質問77 e^{ix} と三角関数がつながったの，感動した！ オイラーさんすごすぎる！… オイラーの公式の凄さは，こんなもんじゃないです。実用的な数学で，オイラーの公式は大活躍します。オイラーの公式が無かったら現代の文明も無かったのでは？

問208 指数法則より，任意の数 a, b について，$e^a \times e^b = e^{a+b}$ である。ここで，$a = i\alpha$, $b = i\beta$ とすれば，$e^{i\alpha} \times e^{i\beta} = e^{i(\alpha+\beta)}$ となる（α, β は実数）。この両辺をオイラーの公式で展開し，実部・虚部をそれぞれくらべることで，三角関数の加法定理（次式）を示せ：
$$\cos(\alpha + \beta) = \cos\alpha\cos\beta - \sin\alpha\sin\beta \quad (9.15)$$
$$\sin(\alpha + \beta) = \sin\alpha\cos\beta + \cos\alpha\sin\beta \quad (9.16)$$

問209 x の関数 e^{ix} を，そのまま指数関数として x で微分せよ。また，$\cos x + i \sin x$ を x で微分せよ。両者が等しくなることを確認せよ。

問210 次式を示せ：
$$\cos x = \frac{e^{ix} + e^{-ix}}{2} \quad (9.17)$$
$$\sin x = \frac{e^{ix} - e^{-ix}}{2i} \quad (9.18)$$

問211 式 (9.17)，式 (9.18) をそれぞれ指数関数の微分によって微分すると，通常の $\sin x$ と $\cos x$ のそれぞれの微分の規則を満たすことを確かめよ。

問212 オイラーの公式を使って，三角関数の三倍角の公式を導いてみよう。
(1) 式 (9.17) を 3 乗することで次式を示せ：
$$\cos 3x = 4\cos^3 x - 3\cos x \quad (9.19)$$
(2) 式 (9.18) を 3 乗することで次式を示せ：
$$\sin 3x = -4\sin^3 x + 3\sin x \quad (9.20)$$

9.4 複素平面

ここでは，複素数を平面の上の点で表現することを学ぶ。先ほど学んだように，任意の複素数 z は，適当な実数 x, y によって，$z = x + yi$ と表される（複素数の定義）。そこで，平面上に座標軸をとり，$z = x + yi$ の x，すなわち $\mathrm{Re}(z)$ が横軸の座標で，y，すなわち $\mathrm{Im}(z)$ が縦軸の座標となるような点を考える（図 9.2）。すると，任意の複素数は，この平面上のどこかの点に対応する。従って，この平面上の点で複素数を表現できる。この平面を複素平面やガウス平面と呼ぶ。実数が数直線上の 1 点で表されるように，複素数は複素平面上の 1 点で表される。

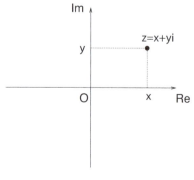

図 9.2 複素平面

そう考えると，複素平面は，実数における数直線という概念を複素数に拡張したものといえる。

複素平面の横軸を実軸または実数軸と呼び，Re と表記する。縦軸を虚軸または虚数軸と呼び，Im と表記する。

問 213 $z = 1 + 2i$ のとき以下を複素平面に図示せよ。
(1) z (2) $-z$ (3) $1 + z$ (4) $z - i$
(5) iz (6) z^2 (7) $1/z$

ところで，実数は数直線の上の点として，連続的に 1 列に 1 方向に並べることができ，「右に行くほど値は大きい」というふうに大小関係を定義できる。ところが複素数は，複素平面のように面的に並べられるものであり，実数のような大小関係は定義できない。従って，**虚数どうしの間とか，実数と虚数の間には，< や > で表される大小関係は存在しない**。たとえば，$1 - i$ と $-1 + i$ はどちらが大きいか？ という問は無意味である。

よくある質問 78 複素平面って，実部と虚部をプロットしただけですよね？ 何が嬉しいのですか？ … 本書のレベルを超える，解析関数，留数定理，解析接続などという，大学数学を理解すれば，複素平面の「凄さ」がわかります。興味ある人は検索してごらん！

9.5 複素数の絶対値

複素数 $x + iy$ について（x, y は実数），z の絶対値と呼ばれる量 $|x + iy|$ を次式のように定義する：

$$|x + iy| := \sqrt{x^2 + y^2} \quad (9.21)$$

例 9.2 $|1 + 2i| = \sqrt{1^2 + 2^2} = \sqrt{5}$

よくある間違い 37 上の例で，$1 + 2i = \sqrt{5}$ と書いてしまう。… 絶対値記号「| |」を忘れてるよ！

式 (9.21) で，$y = 0$ である場合，

$$|x| = \sqrt{x^2} \quad (9.22)$$

となる。これは実数の意味での絶対値 $|x|$ と等しい。

つまり複素数の絶対値は，実数の絶対値を素直に拡張している。だから，実数の絶対値記号と複素数の絶対値記号が同じ | | でかぶっていることに，何の問題もない。

例 9.3 -4 をあえて複素数とみなして，その絶対値を求めてみよう：

$$|-4| = |-4 + 0i| = \sqrt{(-4)^2 + 0^2} = \sqrt{16} = 4$$

これは -4 の，実数としての絶対値と同じ。（例おわり）

「ピタゴラスの定理」を使えば，$|z|$ は複素平面において原点から z までの距離である。この観点でも，1.5 節で学んだ，「実数の絶対値は原点からその実数までの距離」という考え方の素直な拡張になっている。

9.6 極形式

さて，複素平面上の点

$$z = x + iy \quad (x, y \text{ は実数}) \quad (9.23)$$

について，r を原点からその点までの距離，すなわち

$$r = |z| = \sqrt{x^2 + y^2} \quad (9.24)$$

とし（$0 \leq r$），θ を実軸からその点までの角度（$0 \leq \theta < 2\pi$）として，極座標の考え方（式 (7.64)）を使えば，

$$\begin{cases} x = \text{Re}(z) = r\cos\theta \\ y = \text{Im}(z) = r\sin\theta \end{cases} \quad (9.25)$$

と表すことができる。これを式 (9.23) に代入すれば，

$$\begin{aligned} z &= r\cos\theta + ir\sin\theta \\ &= r(\cos\theta + i\sin\theta) \end{aligned} \quad (9.26)$$

となる。ここで ( ) の中はオイラーの公式（式 (9.14)）より $e^{i\theta}$ と書くことができるので，結局，

$$z = re^{i\theta} \quad (9.27)$$

と表すことができる。このように，任意の複素数

は，0以上の実数 r と 0 から 2π までの実数 θ の組合せで表現することができる。この表現形式を極形式と呼ぶ。対照的に，これまで馴染み深かった，$z = x + iy$ のように表す表現形式を，座標形式と呼ぶ。同じ複素数を，座標形式と極形式という 2 通りの形式で表現できるのだ。

複素数の極形式 $re^{i\theta}$ について，r を動径，θ を偏角とか位相と呼ぶこともある。

例 9.4 複素数 $z = 3 + \sqrt{3}i$ を，極形式で表してみよう。この複素数を複素平面にプロットすると，図 9.3 のようになる。この場合，式 (9.24) より，動径は，

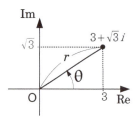

図 9.3 $z = 3 + \sqrt{3}i$ を複素平面にプロット。

$$r = |z| = \sqrt{3^2 + (\sqrt{3})^2} = \sqrt{12} = 2\sqrt{3}$$

となる。また，式 (9.25) より，

$$\mathrm{Re}(z) = 3 = r\cos\theta = 2\sqrt{3}\cos\theta$$
$$\mathrm{Im}(z) = \sqrt{3} = r\sin\theta = 2\sqrt{3}\sin\theta$$

なので，

$$\cos\theta = \frac{3}{2\sqrt{3}} = \frac{\sqrt{3}}{2}, \quad \sin\theta = \frac{\sqrt{3}}{2\sqrt{3}} = \frac{1}{2}$$

となる。これを満たすのは $\theta = \pi/6$ である。従って，

$$z = 2\sqrt{3}\, e^{i\pi/6} \tag{9.28}$$

となる。（例おわり）

注意：偏角は，必ずしも 0 から 2π までとは限らない。というのも，sin も cos も周期 2π の周期関数なのだから，何か特定の値が偏角なら，それに 2π の整数倍を足したものも偏角の資格がある。上の例では，偏角は $\pi/6$ としたが，たとえば $-11\pi/6$ や $13\pi/6$ などもあり得る。

しかし，多くの場合は，偏角は 0 から 2π までの間や，$-\pi$ から π までの値で表せば十分である。

極形式から座標形式に変換するには，式 (9.25) を使って x と y を求め，式 (9.23) のようにまとめればよい。

問 214 以下の複素数について，極形式は座標形式に，座標形式は極形式に変換せよ。
(1) $z = 1 + i$ (2) $z = \sqrt{3} + i$
(3) $z = -i$ (4) $z = e^{i\pi/4}$
(5) $z = 2e^{i\pi}$ (6) $z = 2e^{i\pi/3}$

問 215 以下の計算を行い，結果を極形式で示せ（指数法則を使ってよい）。
(1) $e^{i\pi/4} \times e^{i\pi/3}$ (2) $e^{i\pi/4}/e^{i\pi/3}$
(3) $e^{i\pi/4} \times i$ (4) $(e^{i\pi/4})^2$
(5) $(2e^{i\pi/3})^3$

問 216 極形式を用いて次式を証明せよ。
(1) $\quad |zw| = |z|\,|w| \tag{9.29}$
(2) $\quad |z/w| = |z|/|w| \tag{9.30}$

このように，極形式を使うと，座標形式に較べて，複素数の掛け算・割り算が非常にシンプルになる。すなわち，2 つの複素数の掛け算は動径どうしの掛け算と偏角どうしの足し算だし，2 つの複素数の割り算は動径どうしの割り算と偏角どうしの引き算である。そして，偏角の足し算や引き算は，原点を中心とする回転に相当する。

一方，複素数の足し算・引き算については，極形式は不便であり，座標形式のほうが簡単になる。問題の状況にあわせて，座標形式と極形式のどちらを使うか，適切に判断することが重要である。それができれば，複素数の扱いはとても楽になる。

問 217 複素数 z，実数 r, θ, α について，
(1) z に $e^{i\alpha}$ を掛けると，複素平面上の z の位置が，原点を中心に α だけ左向きに回転することを示せ。
(2) $z = re^{i\theta}$ とすると，$\bar{z} = re^{-i\theta}$ であることを示せ。

例 9.5 e 以外の数の虚数乗を考えてみよう。たとえば 4^i は何だろうか？ $4 = e^{\ln 4}$ なので，

$$4^i = (e^{\ln 4})^i = e^{(\ln 4)i} = \cos(\ln 4) + i\sin(\ln 4)$$
$$\fallingdotseq \cos(1.386) + i\sin(1.386) \fallingdotseq 0.1835 + 0.9830i$$

問 218 i^i を求めてみよう：
(1) $i = e^{\pi i/2}$ であることを示せ。
(2) $i^i = e^{-\pi/2}$ であることを示せ。
(3) (2) の結果と電卓を使って，$i^i \fallingdotseq 0.2079$ であることを示せ。

よくある間違い 38 極形式で表せという問に，$re^{i\theta}$ ではなく，$r(\cos\theta + i\sin\theta)$ の形で答える。… 高校数 III ではそう習うので，それに慣れた人がやりがちです。間違いではありませんが，オイラーの公式を使うことで，よりシンプルに書けるのですから，$re^{i\theta}$ と書いて下さい。そうすることで，掛け算や割り算を，指数法則を使ってやりやすくなります。

9.7 偏微分

多変数関数において，ある特定の変数についてのみ微分することを，偏微分（partial derivative）とか偏導関数と呼ぶ。そのとき，他の変数は定数とみなされる。

例 9.6 $f(x, y) = xy^2 + 3x$ を，x について偏微分すると，y を定数とみなして，

$$\frac{\partial f}{\partial x} = y^2 + 3$$

となる。y について偏微分すると，x を定数とみなして，

$$\frac{\partial f}{\partial y} = 2xy$$

となる。（例おわり）

∂ は偏微分を表現するための記号であり，「ラウンドディー」とか「ラウンド」などと呼ばれる。書く時は，数字の 6 を左右逆にすれば OK。

よくある間違い 39 偏微分記号 ∂ を正しく書けない。間違いでよくあるのが，δ とか σ とか 6。

問 219 以下の関数を x, y のそれぞれで偏微分せよ：
(1) $f(x, y) = x^2 + y^2$
(2) $f(x, y) = \exp(xy)$
(3) $f(x, y) = \sqrt{x^2 + y^2}$
(4) $f(x, y) = \dfrac{1}{\sqrt{x^2 + y^2}}$

よくある間違い 40 問 219(1) で，$\partial f/\partial x = 2x + y^2$ という間違い。… x で偏微分するときは y は定数扱いなので，y^2 は定数とみなします。定数の微分は 0 です。従って，y^2 の項は消えてしまい，$\partial f/\partial x = 2x$ が正解です。

偏微分を，何回も繰り返すことがある。それを高階の偏微分という。高階の偏微分は，複数の変数について行うことがある。

例 9.7 $f(x, y) = \exp(xy)$ について，

$$\frac{\partial f}{\partial x} = y\exp(xy)$$
$$\frac{\partial^2 f}{\partial x^2} = y^2 \exp(xy)$$
$$\frac{\partial^2 f}{\partial y \partial x} = \frac{\partial}{\partial y}\frac{\partial f}{\partial x} = xy\exp(xy) + \exp(xy)$$

（例おわり）

ところで，興味深いことに，多くの関数について次式が成り立つ：

$$\frac{\partial^2 f}{\partial y \partial x} = \frac{\partial^2 f}{\partial x \partial y} \tag{9.31}$$

問 220 $f(x, y) = \exp(xy)$ について，式 (9.31) が成り立つことを確認せよ。

問 221 $f(x, y) = (e^y + e^{-y})\cos x$ について，
(1) $\partial^2 f/\partial x^2$ を求めよ。
(2) $\partial^2 f/\partial y^2$ を求めよ。
(3) 以下の式が成り立つことを示せ：

$$\frac{\partial^2 f}{\partial x^2} + \frac{\partial^2 f}{\partial y^2} = 0 \tag{9.32}$$

式 (9.32) は，ラプラス方程式という，重要な偏微分方程式である。特定の条件下での，空間の温度や電位，地下水位などはラプラス方程式を満たす。

よくある質問 79　式 (9.31) が成り立たないのはどんな関数ですか？… たとえば，$f(x,y) = x + |y|$ は，

$$\frac{\partial f}{\partial x} = 1, \quad \frac{\partial^2 f}{\partial y \partial x} = 0$$

となりますが，$y=0$ では $\partial f/\partial y$ が存在しないので，$\partial^2 f/\partial x \partial y$ も存在しません。従って，この関数について式 (9.31) は $y=0$ で成り立ちません。

9.8　全微分

1 変数関数の微分は，p. 62 式 (5.10) で定義される。これを多変数関数に拡張しよう。

2 つの変数 x, y の関数 $f(x,y)$ について，(x,y) と，それに非常に近い点 $(x+dx, y+dy)$ の間で，f はどのような関係にあるだろうか？

まず，$f(x,y)$ を x だけの関数だとみなし，$\partial f/\partial x$ を f_x とかけば，微分の定義から，

$$f(x+dx, y+dy) = f(x, y+dy) + f_x(x, y+dy)dx \quad (9.33)$$

となる。また，この右辺の $f(x, y+dy)$ を y だけの関数とみなし，$\partial f/\partial y$ を f_y とかけば，y による微分の定義から，

$$f(x, y+dy) = f(x,y) + f_y(x,y)dy \quad (9.34)$$

従って，

$$f(x+dx, y+dy) = f(x,y) + f_x(x, y+dy)dx + f_y(x,y)dy$$

となる。この右辺第 2 項について，再び y に関する微分を考えると，

$$f_x(x, y+dy)dx = f_x(x,y)dx + f_{xy}(x,y)dxdy$$

となる（f_{xy} は $\frac{\partial^2 f}{\partial y \partial x}$ のこと）。ところが，dx も dy も微小量だから，その積である $dxdy$ は極めて小さく，0 とみなす。従って，$f_x(x, y+dy)dx$ を $f_x(x,y)dx$ で置き換えて，

$$f(x+dx, y+dy)$$
$$= f(x,y) + f_x(x,y)dx + f_y(x,y)dy$$

となる。すなわち（以後，$\frac{\partial f}{\partial x}$ や $\frac{\partial f}{\partial y}$ は (x,y) での f の偏微分とする），

$$f(x+dx, y+dy) = f(x,y) + \frac{\partial f}{\partial x}dx + \frac{\partial f}{\partial y}dy \quad (9.35)$$

と書ける。これを<u>全微分公式</u>もしくは簡単に<u>全微分</u>と呼ぶ。この式は，1 変数関数の微分係数の定義式，すなわち p. 62 式 (5.10) を，形式的に素直に 2 変数関数に拡張した形になっていることがわかるだろう。

ここで，

$$df = f(x+dx, y+dy) - f(x,y) \quad (9.36)$$

とすれば，式 (9.35) は

$$df = \frac{\partial f}{\partial x}dx + \frac{\partial f}{\partial y}dy \quad (9.37)$$

となる。この式は p. 63 式 (5.16) を 2 変数関数に拡張した形をしている。

全微分公式は，もっとたくさん変数を持つ関数にも拡張される。すなわち，$f(x,y,z,\cdots)$ に対して，

$$df = f(x+dx, y+dy, z+dz, \cdots)$$
$$\quad - f(x,y,z,\cdots)$$

とすれば，

$$df = \frac{\partial f}{\partial x}dx + \frac{\partial f}{\partial y}dy + \frac{\partial f}{\partial z}dz + \cdots \quad (9.38)$$

となる。こうなる理由は，上の 2 変数の場合から類推できるだろう。

全微分は，多変数関数を dx や dy の 1 次式で近似すること，すなわち「線型近似」の多変数バージョンである。全微分はとても実用的な公式だ。ある関数の変化や誤差が，各変数の変化や誤差にどのように依存するかを，教えてくれるのだ。

よくある質問 80　∂ は偏微分の記号ですが，ならば全微分を表す記号は無いのですか？… 全微分は言葉（というか式）だけで，「全微分を表す記号」はありません。

問 222 理想気体の状態方程式 $P = \rho RT$ を考える。ρ はモル密度（単位体積あたりのモル数），R

は気体定数（$8.31\,\mathrm{J\,mol^{-1}\,K^{-1}}$）である．摂氏0度（273 K），1000 hPa の状態から，温度を摂氏1度，圧力を 1001 hPa にすると，モル密度はどのくらい変わるか調べよう．

(1) 最初の状態での ρ を，そのときの T, P から計算せよ（電卓！）．
(2) 次の状態での ρ を，そのときの T, P から計算せよ（電卓！）．
(3) それらの差を求めよ．
(4) これを全微分でやってみよう．まず次式を示せ：
$$d\rho = \frac{1}{RT}dP - \frac{P}{RT^2}dT \tag{9.39}$$
(5) T, P は最初の状態とし，$dT = 1\,\mathrm{K}$, $dP = 1\,\mathrm{hPa} = 10^2\,\mathrm{Pa}$ として，上の式を計算して $d\rho$ を求めよ．

よくある質問 81 1変数の微分では直線の式が出てきて，2変数の全微分では平面の式が出てくるということ？… そうです．式 (9.35) の左辺を改めて z と書くと，以下の式になりますね：
$$z = F(x,y) + \frac{\partial F}{\partial x}dx + \frac{\partial F}{\partial y}dy$$

dx, dy, z を変数，残りを定数とみなせば，これは平面を表す式です（後で「ベクトル」の章でやります）．

9.9 面積分と体積分

ここで，ちょっと変わった積分を学ぼう．それは，微小量が面積や体積になるような積分である．どういうものなのか，以下の例を見て欲しい：

例 9.8 広くて平坦で長方形の農場を考える．図 9.4 のように地面に xy 座標系を設定し，

$$0 \le x \le X \quad \text{かつ，} \quad 0 \le y \le Y$$

の範囲がこの農場であるとしよう．農場の面積 S は，もちろん $S = XY$ となる．

さて，この農場に雨が降る．広いので雨の強さは場所ごとに違う．すると，農場全体に，単位時間あたりに降る雨量（つまり雨水の体積/時間）R をどうやって見積もればよいだろう？ 図 9.4 のように農場を x 方向に n 列，y 方向に m 列ができるような格

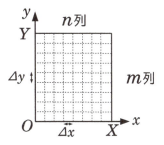

図 9.4 広くて平坦で長方形の農場

子状に分割すると，合計 mn 個の小さな長方形の農地ができる．分割の境界の x 座標を $x_0, x_1, \cdots, x_n$ とし，分割の境界の y 座標を $y_0, y_1, \cdots, y_n$ とする（$x_0 = 0$, $x_n = X$, $y_0 = 0$, $y_m = Y$）．x 方向に i 番め，y 方向に j 番めにある小農地に降る単位時間あたりの雨量を $\Delta R_{i,j}$ としよう．すると，全農場に降る単位時間あたりの雨量 R は，各小農地に降る単位時間あたりの雨量の合計だから，

$$R = \sum_{j=1}^{m}\sum_{i=1}^{n} \Delta R_{i,j} \tag{9.40}$$

となる（当たり前である）．さて，分割の数，つまり m や n をたくさんとれば，各小農地はいくらでも小さくできる．すると，それぞれの小農地の中では，雨の強さがほとんど均一とみなせるだろう．点 (x, y) の付近で，単位時間あたり，単位面積あたりに降る雨量を $F(x, y)$ とすると，$F(x, y)$ は2つの独立変数 (x, y) に関する関数である．すると，

$$\Delta R_{i,j} \fallingdotseq F(\xi_i, \zeta_j)\Delta S_{ij} \tag{9.41}$$

となる．ここで ΔS_{ij} は，この小農地の面積とする（ξ_i は x_{i-1} と x_i の中間，ζ_j は y_{i-1} と y_i の中間の適当な値[*3]）．すると式 (9.40) は，

$$R \fallingdotseq \sum_{j=1}^{m}\sum_{i=1}^{n} F(\xi_i, \zeta_j)\Delta S_{ij} \tag{9.42}$$

となる．ここで分割を限りなく細かくすると，n と m は ∞ に行き，$\sum$ は $\int$ に変わり，ΔS_{ij} は dS に変わり，ξ_i は x に，ζ_j は y に変わり，$\fallingdotseq$ は $=$ に変わる：

$$R = \iint_{農場} F(x, y)\,dS \tag{9.43}$$

[*3] ζ はゼータというギリシア文字（小文字）．

ここで積分記号の下に「農場」と書いたのは，農場全体で分割と和を行う，という意味である（積分区間を書く代わり）。

これでもいいのだが，式 (9.41) に戻ってもう少し考えてみよう。小農地の x 方向の長さを Δx_i，y 方向の長さを Δy_j とすると，もちろん

$$\Delta S_{ij} = \Delta x_i \Delta y_j \tag{9.44}$$

である。すると，式 (9.42) は，

$$R \fallingdotseq \sum_{j=1}^{m} \sum_{i=1}^{n} F(\xi_i, \zeta_j) \Delta x_i \Delta y_j \tag{9.45}$$

となり，Δx_i と Δy_j を 0 に，n と m を無限大に持っていけば，

$$R = \int_0^Y \int_0^X F(x,y)\, dx\, dy \tag{9.46}$$

になる。（例おわり）

式 (9.43) や式 (9.46) のように，積分記号が 2 つ以上出てくるような積分のことを重積分とか多重積分とよぶ。特に，この例のように，平面図形を無数の小さな図形に分割し，それぞれの微小面積を関数にかけて足し合わせる場合は 2 重積分になり，そのことを特に面積分と呼ぶ。同様に，立体を無数の小さな立体に分割し，それぞれの微小体積を関数にかけて足し合わせる場合は 3 重積分になり，そのことを特に体積分と呼ぶ。

面積分や体積分は，積分範囲（上の例では，畑の形）が単純な長方形や直方体であり，なおかつ被積分関数が x と y（と z）の簡単な関数で表される場合は，それぞれの変数で順番に計算していけばよい（そうでない場合は難しくなる）。

問 223 以下の面積分を計算せよ。ヒント：まず被積分関数を x だけの関数とみなして（y は定数とみなして）x で定積分し（その結果は x を含まない y だけの式になる），次に y で定積分する。

$$\int_{-2}^{2} \int_0^3 (x^2 + xy)\, dx\, dy \tag{9.47}$$

よくある質問 82　重積分って難しそうです。ただの積分も難しいのに，それがダブルで来たりしたらもう… そんなに難しく考えなくて OK！ ふつうの積分は，関数に，線（数直線）を分割した微小量をかけて足すことで，面積分は，面（平面図形）を分割した微小量をかけて足すことです。概念的には大差ない。

よくある質問 83　でも，重積分の計算ってどうやるのですか？… 面積分や体積分を実際に「計算せよ」ということは少なく，むしろ面積分や体積分は，現象を語る表現手段として現れることの方が多いです。その例が式 (9.46)。この式は，「畑に降った雨の総量」を表現しているけど，実際にその値をここでは求めてはいません。もちろん，具体的な $F(x,y)$ がわかるなら，その積分を実行すれば雨量は求まりますが，それには普通，コンピュータを使います。しかし式 (9.46) は，それ自体が「ある概念を表す」という点で，十分に意味ある式なのです。

問 224 ある直方体状のお菓子の砂糖の濃度は，部位によって異なる。場所 (x,y,z) における砂糖の濃度（単位体積あたりに含まれる砂糖の質量）を $C(x,y,z)$ とする。このお菓子全体に含まれる砂糖の量 S を表す式を述べよ。直方体は，$0 \leq x \leq a$, $0 \leq y \leq b$, $0 \leq z \leq c$ の領域とする。

9.10　関数と無次元量

既に学んだように，$\sin x$ は，以下のように無限次の多項式でマクローリン展開できる：

$$\sin x = \frac{x}{1!} - \frac{x^3}{3!} + \frac{x^5}{5!} - \frac{x^7}{7!} + \cdots \tag{9.48}$$

ここで，もし x に何らかの次元があれば，困ったことになる。たとえば x が長さという次元を持つなら，m という単位で表される。すると x^3 は m^3 という単位で表される。ところが，m と m^3 という互いに異なる単位を持つ量どうしは足せない（異なる次元の量は足せない）。従って，式 (9.48) の右辺が意味を持つのは，x が無次元量のときに限る。つまり $\sin x$ のような関数の引数は，無次元量でなければ意味がないのだ。そこで，現実的な量をこのような関数に入れるときは，その量に定数を掛けたり割ったりして無次元にする必要がある。

例 9.9 p.106 では，単振動の式：

$$x(t) = x_0 \cos(\omega t + \delta) \tag{9.49}$$

を学んだ（t は時刻，ω は角速度，δ は適当な定数）。既に学んだように，$\cos\theta$ も θ に関する無限次の多項式でマクローリン展開されるので，引数 θ は無次元量でなくてはならない。ところが t は「時間」という次元を持ち，「秒」などの単位で表される。そこで，それを無次元にする（単位を消す）ために，ω という係数が必要なのだ。このことから，ω が「1/時間」の次元を持ち，s^{-1} などの単位で表されるということがすぐわかる。同様に δ も無次元量である（「初期位相」と呼ばれる）。（例おわり）

もちろん，ω は角速度という，明確な意味を持つ量であり，単なるつじつまあわせの為だけに存在するのではない。しかし，数学的な形式と，量の次元（単位）の整合性だけに着目しても，このようにいろいろなことがわかるのである。

問 225 以下の関数で，x が無次元量でなければ意味を持たないものを選び，その理由を述べよ。ヒント：1 は無次元量である。(7) については p. 136 の式 (8.182) にも留意せよ。

(1) x^2 (2) $1/x$ (3) $1+x$
(4) $1/(1-x)$ (5) $\tan x$ (6) $\exp x$
(7) $\ln x$

演習問題 13 あるお菓子は半径 R の球形をしており，中の方が甘い。砂糖の濃度 C は，中心で最大値 C_0，表面で 0 であり，その間は中心からの距離 r に関する 1 次関数で表される。このお菓子に含まれる砂糖の全質量を式で表せ。それは，このお菓子と同じ形・大きさで，砂糖が濃度 C_0 で均一に存在するような別のお菓子に含まれる砂糖の全量の何倍か？ ヒント：中心から半径 r，厚さ dr の球殻に含まれる砂糖の質量は？それを足し合わせれば（積分すれば）よい。

演習問題 14 テーラー展開を用いて次式を示せ：
$$\arctan x = x - \frac{x^3}{3} + \frac{x^5}{5} - \frac{x^7}{7} + \frac{x^9}{9} - \cdots \tag{9.50}$$
これに $x = 1$ を代入して式 (1.15) を示せ。

問の解答

答 200 式 (9.2) で，x^2 以降の項を無視すると，線型近似の式に一致する。すなわち，式 (9.2) は，線型近似の式に，さらに高次の項を付け加えたものと見ることができる。

答 202 $f(x) = e^x$ と置くと，$f(0) = e^0 = 1, f'(0) = e^0 = 1, f''(0) = e^0 = 1, \cdots$ であるので，これらを式 (9.4) に代入すると，

$$e^x = \frac{1}{0!} + \frac{1}{1!}x + \frac{1}{2!}x^2 + \frac{1}{3!}x^3 + \frac{1}{4!}x^4 + \cdots$$
$$= \frac{1}{0!} + \frac{x}{1!} + \frac{x^2}{2!} + \frac{x^3}{3!} + \frac{x^4}{4!} + \cdots$$

$f(x) = \sin x$ と置くと，$f(0) = \sin 0 = 0, f'(0) = \cos 0 = 1, f''(0) = -\sin 0 = 0, f'''(0) = -\cos 0 = -1, f''''(0) = \sin 0 = 0 \cdots$ であるので，これらを式 (9.4) に代入すると，

$$\sin x = \frac{0}{0!} + \frac{1}{1!}x + \frac{0}{2!}x^2 + \frac{(-1)}{3!}x^3 + \frac{0}{4!}x^4$$
$$+ \frac{1}{5!}x^5 + \cdots = \frac{x}{1!} - \frac{x^3}{3!} + \frac{x^5}{5!} - \frac{x^7}{7!} \cdots$$

$f(x) = \cos x$ と置くと，$f(0) = \cos 0 = 1, f'(0) = -\sin 0 = 0, f''(0) = -\cos 0 = -1, f'''(0) = \sin 0 = 0, f''''(0) = \cos 0 = 1 \cdots$ であるので，これらを式 (9.4) に代入すると，

$$\cos x = \frac{1}{0!} + \frac{0}{1!}x + \frac{(-1)}{2!}x^2 + \frac{0}{3!}x^3 + \frac{1}{4!}x^4$$
$$+ \frac{0}{5!}x^5 \cdots = \frac{1}{0!} - \frac{x^2}{2!} + \frac{x^4}{4!} - \frac{x^6}{6!} + \cdots$$

答 203 式 (9.7) の両辺を x で微分すると，

$$(e^x)' = 0 + \frac{1}{1!} + \frac{2x}{2!} + \frac{3x^2}{3!} + \frac{4x^3}{4!} + \cdots$$
$$(e^x)' = \frac{1}{0!} + \frac{x}{1!} + \frac{x^2}{2!} + \frac{x^3}{3!} \cdots$$
$$(e^x)' = e^x$$

式 (9.8) の両辺を x で微分すると，

$$(\sin x)' = \frac{1}{1!} - \frac{3x^2}{3!} + \frac{5x^4}{5!} - \frac{7x^6}{7!} + \cdots$$
$$= \frac{1}{0!} - \frac{x^2}{2!} + \frac{x^4}{4!} - \frac{x^6}{6!} + \cdots = \cos x$$

式 (9.9) の両辺を x で微分すると，

$$(\cos x)' = 0 - \frac{2x}{2!} + \frac{4x^3}{4!} - \frac{6x^5}{6!} + \cdots$$
$$= -\frac{x}{1!} + \frac{x^3}{3!} - \frac{x^5}{5!} + \cdots = -\sin x$$

答 204 式 (9.7) に $x=1$ を代入すれば与式。

答 205 $f(x) = 1/(1-x)$ とする。

(1) 合成関数の微分によって，

$$f(x) = (1-x)^{-1}$$
$$f'(x) = (-1)(1-x)^{-1-1}(1-x)' = (1-x)^{-2}$$
$$f''(x) = (-2)(1-x)^{-2-1}(1-x)' = 2(1-x)^{-3}$$
$$f^{(3)}(x) = 2(-3)(1-x)^{-3-1}(1-x)'$$
$$= 2 \times 3(1-x)^{-4}$$
$$\vdots$$
$$f^{(n)}(x) = \cdots = n!(1-x)^{-(n+1)}$$

となる。これらに $x=0$ を代入して，$f(0)=1$, $f'(0)=1$, $f''(0)=2$, $f^{(3)}(0)=3!$, $f^{(4)}(0)=4!$, $\cdots$, $f^{(n)}(0)=n!$ となる。これを式 (9.2) に代入すると，

$$f(x) = 1 + x + \frac{2}{2}x^2 + \frac{3!}{3!}x^3 + \cdots + \frac{n!}{n!}x^n \cdots$$
$$= 1 + x + x^2 + x^3 + \cdots + x^n + \cdots$$

となる。

(2) $x=2$ とすると，左辺 $= 1/(1-2) = -1$ だが，右辺は $1+2+4+8+\cdots$ であり，無限大に発散する。従ってこの式は成り立たない。

(3) 式 (3.82) で $r=x$ とすると，

$$1 + x + x^2 + \cdots + x^n = \sum_{k=0}^{n} x^k = \frac{1-x^{n+1}}{1-x} \tag{9.51}$$

となる。ここで n が無限大に行くときを考える。右辺の分子の x^{n+1} は，$|x|<1$ のときであれば，0 に収束するので，右辺は $1/(1-x)$ に収束する。$|x|>1$ であれば，x^{n+1} は発散する（$1<x$ なら正の無限大に発散するし，$x<-1$ なら正負に振動しながら正か負の無限大に発散する）ので，右辺は収束しない。$x=-1$ ならば，x^{n+1} は 1 と -1 の間を振動するので，右辺は収束しない。$x=1$ なら右辺の分母が 0 になるので式 (9.51) は無意味になる。以上のことから，式 (9.51) の右辺が収束する（もしくは意味を持つ）のは $|x|<1$ のときだけである。

答 206 $z = a+bi$ とする（a,b は実数）。

$$z = a + bi \tag{9.52}$$
$$\bar{z} = a - bi \tag{9.53}$$

これらの辺々を足せば，$z+\bar{z}=2a$ となる。従って，$a=(z+\bar{z})/2$ となる。すなわち式 (9.13) の第 1 式が成り立つ。一方，式 (9.52) から式 (9.53) を辺々引けば，$z-\bar{z}=2bi$ となる。従って，$b=(z-\bar{z})/(2i)$ となる。すなわち式 (9.13) の第 2 式が成り立つ。

答 207 (1)(2) 略。(3) $e^{i\pi} = \cos\pi + i\sin\pi = -1 + 0i = -1$。従って，$e^{i\pi}+1=0$。

答 208

$$e^{i\alpha} \times e^{i\beta} = (\cos\alpha + i\sin\alpha)(\cos\beta + i\sin\beta)$$
$$= \cos\alpha\cos\beta + i(\sin\alpha\cos\beta + \cos\alpha\sin\beta)$$
$$+ i^2\sin\alpha\sin\beta$$
$$= \cos\alpha\cos\beta - \sin\alpha\sin\beta$$
$$+ i(\sin\alpha\cos\beta + \cos\alpha\sin\beta)$$

これは $e^{i(\alpha+\beta)} = \cos(\alpha+\beta) + i\sin(\alpha+\beta)$ と等しいので，実数部と虚数部をそれぞれ比べて，与式を得る。

答 209 $f(x) = e^{ix}$, $g(x) = \cos x + i\sin x$ とする。

$$f'(x) = ie^{ix} = i(\cos x + i\sin x) = i\cos x - \sin x$$
$$g'(x) = -\sin x + i\cos x$$

従って，$f'(x) = g'(x)$。

答 210

$$e^{ix} = \cos x + i\sin x \tag{9.54}$$
$$e^{-ix} = \cos x - i\sin x \tag{9.55}$$

辺々を足せば，$e^{ix} + e^{-ix} = 2\cos x$。従って，

$$\frac{e^{ix} + e^{-ix}}{2} = \cos x \tag{9.56}$$

一方，式 (9.54)，式 (9.55) より，$e^{ix} - e^{-ix} = 2i\sin x$。従って，

$$\frac{e^{ix} - e^{-ix}}{2i} = \sin x \tag{9.57}$$

答 211

$$(\sin x)' = \left(\frac{e^{ix} - e^{-ix}}{2i}\right)' = \frac{ie^{ix} + ie^{-ix}}{2i}$$
$$= \frac{e^{ix} + e^{-ix}}{2} = \cos x$$

$\cos$ の微分も同様（略）。

答 212

(1) $\cos^3 x = \{(e^{ix} + e^{-ix})/2\}^3$
$$= (e^{3ix} + 3e^{ix} + 3e^{-ix} + e^{-3ix})/8$$

$$= \frac{e^{3ix}+e^{-3ix}}{8}+3\times\frac{e^{ix}+e^{-ix}}{8}$$
$$= \frac{1}{4}\times\frac{e^{3ix}+e^{-3ix}}{2}+\frac{3}{4}\times\frac{e^{ix}+e^{-ix}}{2}$$
$$= (\cos 3x+3\cos x)/4$$

従って，$\cos 3x = 4\cos^3 x - 3\cos x$。

(2) 略（上と同様）。

答 213 図 9.5 のとおり。注：(2) は原点対称。(5) は 90 度だけ左回り。

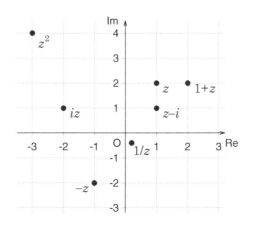

図 9.5 問 213 の答。

答 214
(1) $\sqrt{2}\exp\left(\frac{\pi}{4}i\right)$ (2) $2\exp\left(\frac{\pi}{6}i\right)$ (3) $\exp\left(\frac{3\pi}{2}i\right)$
(4) $\frac{1}{\sqrt{2}}+\frac{i}{\sqrt{2}}$ (5) -2 (6) $1+\sqrt{3}i$

答 215
(1) $e^{i7\pi/12}$ (2) $e^{i23\pi/12}$ (3) $e^{i3\pi/4}$
(4) $e^{i\pi/2}$ (5) $8e^{i\pi}$

答 216 (1) $z=r_1 e^{i\theta_1}, w=r_2 e^{i\theta_2}$ とする（$r_1, r_2, \theta_1, \theta_2$ は実数。r_1 と r_2 は 0 以上）。式 (9.24) と式 (9.27) より，絶対値と動径は同じである。従って，$|z|=r_1$, $|w|=r_2$ である。

$$zw = r_1 e^{i\theta_1}r_2 e^{i\theta_2} = r_1 r_2 e^{i\theta_1}e^{i\theta_2} = r_1 r_2 e^{i(\theta_1+\theta_2)} \tag{9.58}$$

この最後の項を極形式とみれば，その動径は $r_1 r_2$ である。絶対値と動径は同じなので，$|zw|=r_1 r_2 = |z||w|$，すなわち式 (9.29) が成り立つ。(2) は略。

答 217 複素数 z, w について，
(1) $z=re^{i\theta}$ とする。$e^{i\alpha}z = re^{i(\theta+\alpha)}$ となる。これはもとの z に対して，偏角が α だけ増えた式なので，複素平面上では，原点を中心に α だけ左向きに回転することに対応する。

(2) $z=re^{i\theta}=r\cos\theta + ir\sin\theta$ だから，
$$\overline{z} = r\cos\theta - ir\sin\theta$$
$$= r\{\cos(-\theta)+i\sin(-\theta)\} = re^{-i\theta}$$

答 218
(1) 複素平面に i をプロットすると，動径 1，偏角 $\pi/2$ であることは明らかなので，極形式で表現して $i = e^{\pi i/2}$。
(2) 前問の結果の両辺を i 乗すれば，$i^i = (e^{\pi i/2})^i = e^{\pi i^2/2} = e^{-\pi/2}$。
(3) $i^i = e^{-\pi/2} \fallingdotseq e^{-1.5708} \fallingdotseq 0.2079$。

答 219
(1) $\frac{\partial f}{\partial x} = 2x$, $\frac{\partial f}{\partial y} = 2y$
(2) $\frac{\partial f}{\partial x} = y\exp xy$, $\frac{\partial f}{\partial y} = x\exp xy$
(3) $\frac{\partial f}{\partial x} = \frac{x}{\sqrt{x^2+y^2}}$, $\frac{\partial f}{\partial y} = \frac{y}{\sqrt{x^2+y^2}}$
(4) $\frac{\partial f}{\partial x} = -\frac{x}{(x^2+y^2)^{3/2}}$, $\frac{\partial f}{\partial y} = -\frac{y}{(x^2+y^2)^{3/2}}$

答 220 $\partial f/\partial x = y\exp(xy)$ より，
$$\frac{\partial}{\partial y}\frac{\partial f}{\partial x} = \exp(xy) + xy\exp(xy)$$
また，$\partial f/\partial y = x\exp(xy)$ より，
$$\frac{\partial}{\partial x}\frac{\partial f}{\partial y} = \exp(xy) + xy\exp(xy)$$
よって，
$$\frac{\partial^2 f}{\partial y\partial x} = \frac{\partial^2 f}{\partial x\partial y} = \exp(xy) + xy\exp(xy)$$

答 221
(1) $\partial^2 f/\partial x^2 = -(e^y+e^{-y})\cos x$
(2) $\partial^2 f/\partial y^2 = (e^y+e^{-y})\cos x$
(3) (1)(2) より明らか。

答 222
(1) $\rho = P/RT$ に値を代入し $\rho = 44.08$ mol m^{-3}。
(2) $\rho = 43.96$ mol m^{-3}。
(3) それらの差を $d\rho$ と書くと，
$$d\rho = 43.96\,\text{mol}\,\text{m}^{-3} - 44.08\,\text{mol}\,\text{m}^{-3} = -0.12\,\text{mol}\,\text{m}^{-3}\text{。}$$
(4)
$$\frac{\partial \rho}{\partial P} = \frac{1}{RT}, \quad \frac{\partial \rho}{\partial T} = -\frac{P}{RT^2}$$

従って，全微分公式から，
$$d\rho = \frac{\partial \rho}{\partial P}dP + \frac{\partial \rho}{\partial T}dT = \frac{1}{RT}dP - \frac{P}{RT^2}dT$$

(5) $dT = 1\,\text{K}$, $dP = 1\,\text{hPa} = 10^2\,\text{Pa}$ として上の式に代入すると，$d\rho = -0.12\,\text{mol m}^{-3}$。

答 223
$$\int_{-2}^{2}\left(\int_{0}^{3}(x^2+xy)dx\right)dy = \int_{-2}^{2}\left[\frac{x^3}{3}+\frac{x^2y}{2}\right]_{0}^{3}dy$$
$$= \int_{-2}^{2}\left(9+\frac{9y}{2}\right)dy = \left[9y+\frac{9y^2}{4}\right]_{-2}^{2} = 36$$

答 224 位置 (x,y,z) にある，体積 $dx\,dy\,dz$ の直方体の中に含まれる砂糖の量 dS は，$C\,dx\,dy\,dz$。これを積分して，
$$S = \int_{0}^{c}\int_{0}^{b}\int_{0}^{a}C\,dx\,dy\,dz$$

第10章 線型代数学1：ベクトル

10.1 ベクトルの素朴な定義

平面や空間の中で，大きさと向きをもつ量（速度とか力とか）をベクトルと呼ぶ。

ベクトルは矢印で図示する。「大きさ」を矢印の長さで表現し，「向き」を矢印の向きで表現するのだ。

ベクトルが空間の中のどこにあるか，ということは考えない（というか，問題にしない）。たとえば，風速 $1.0\,\mathrm{m\,s^{-1}}$ の風が北から南向きに吹く，という現象（風速）をベクトルとして表現すると，その風がどこの場所で吹いているか，ということは問題にしない。

例 10.1 以下に描いた3つのベクトルは，いずれも互いに等しいベクトルである（描かれた場所は違っても，矢印の長さと向きは同じだから）。

（例おわり）

数を a や x のような記号で表すように，ベクトルも記号で表すことが多い。高校数学では

$$\vec{a}, \vec{b}, \vec{c}, \cdots, \vec{x}, \vec{y}, \vec{z}, \vec{A}, \vec{B}, \vec{C}, \cdots, \vec{X}, \vec{Y}, \vec{Z}$$

のように，矢印が上に載ったアルファベットでベクトルを表す。しかし大学では，

$$\mathbf{a}, \mathbf{b}, \mathbf{c}, \cdots, \mathbf{x}, \mathbf{y}, \mathbf{z}, \mathbf{A}, \mathbf{B}, \mathbf{C}, \cdots, \mathbf{X}, \mathbf{Y}, \mathbf{Z}$$

のように，太字のアルファベットで表すことが多い。手書きすると図 10.1 のようになる（高い筆圧でぐりぐり書くのではなく部分的に二重線にする）。

問 226 図 10.1 を参考にして，太字のアルファ

小文字の太字

a b c d e f g h i j k l m n
o p q r s t u v w x y z

大文字の太字

A B C D E F G H I J K L M N
O P Q R S T U V W X Y Z

注：小文字と大文字を，字の大きさだけでなく，形ではっきり区別できるように書くこと。例えば，小文字のヴイを 𝕍 と書く人がいるが，その形では大文字の 𝕍 と区別できない。𝕌 と書くべきである。

注：大文字には，C̄, S̄ のように，適宜，「ひげ」をつけるとよい。

図 10.1 太字のアルファベットの手書き例。大切なのは，1：太字だとわかること，2：何の字かわかること，3：大文字と小文字を形で区別できること。この3つを全て満たしていれば，どう書いてもかまわない。特に 3 について，注意が必要なのは，**C** と **c**，**O** と **o**，**P** と **p**，**S** と **s**，**V** と **v**，**W** と **w**，**X** と **x**，**Z** と **z** である。また，**h** と **n** も容易に紛らわしくなるので注意。

ベットを全て（小文字・大文字ともに），3回ずつ書け。

ベクトルを記号で表すやりかたとして，もうひとつ便利なのがある。下図のように空間に点 A, B がある場合...

点 A を始点とし，点 B を終点とするようなベクトルを扱いたいことがよくある。そういうとき，そのベクトルを $\overrightarrow{AB}$ と書くのだ。

よくある質問 84 さっき，「ベクトルが空間の中のどこにあるか，ということは考えない」とありましたよね。でも，そのベクトル $\overrightarrow{AB}$ は，点 A と点 B（の

間) にあります。なんか矛盾してません？… 確かに $\overrightarrow{AB}$ は特定の場所 A, B を使って定義されましたが，それをどの場所に持って行ってもいいのです。たとえばもしも別の場所に点 C と点 D があって，$\overrightarrow{CD}$ が $\overrightarrow{AB}$ と同じ向きで同じ大きさ（長さ）なら $\overrightarrow{AB} = \overrightarrow{CD}$ だから，$\overrightarrow{CD}$ のことを $\overrightarrow{AB}$ と呼んでもいいのです（紛らわしいけど間違いではない）。

ベクトル $\mathbf{a}$ の大きさを $|\mathbf{a}|$ と表す。大きさが 0 であるようなベクトルを $\mathbf{0}$ と書く。すなわち $|\mathbf{0}| = 0$ である。

さて，「向きを持たず，大きさだけを持つ量」をスカラーと呼ぶ。要するに普通の実数（2 とか 3.14 とか −5 など）のことだ。

よくある質問 85 なら，スカラーなんて言葉を使わないで，単に実数と呼べばいいじゃないですか？ … それはそうですが，「ベクトルでない量」という意味合いを含ませるためにあえてスカラーと呼ぶのです。

α をスカラー，$\mathbf{a}$ をベクトルとする。$\mathbf{a}$ と同じ向きで大きさが α 倍であるようなベクトルを，「ベクトル $\mathbf{a}$ の α 倍」，もしくは $\alpha \mathbf{a}$ と定義する。ただし，マイナス倍は，向きを逆にする。

スカラーを表す変数は，普通の数の変数と同じように，細字の斜字体で表記する。スカラーとベクトルの表記の違いをよく見比べてみよう：
スカラー：
$a, b, c, \cdots, x, y, z, A, B, C, \cdots, X, Y, Z$
ベクトル：
$\mathbf{a}, \mathbf{b}, \mathbf{c}, \cdots, \mathbf{x}, \mathbf{y}, \mathbf{z}, \mathbf{A}, \mathbf{B}, \mathbf{C}, \cdots, \mathbf{X}, \mathbf{Y}, \mathbf{Z}$
両者は見た目に明らかに違う。字の太さだけでなく，形も違う。この違いをよく覚えて，スカラーとベクトルを混同しないようにして欲しい。

よくある間違い 41 ベクトルを普通の（矢印もつけない）細字，つまり $a, b, c, \cdots$ 等と書いてしまう。… これは，多くの大学生が何回も何回もやらかします。あまりに深刻なので，大きく書いておこう！

> **約束**
> ベクトルは太字で書くか，上付き矢印を書くこと！ 単なる細字で書いてはいけない！

また，太字で書くと決めたベクトルを上付き矢印で書いたり，その逆をしたりしてはいけない。たとえば，あるベクトルを $\mathbf{a}$ と書くと決めたなら，それを $\vec{a}$ と書いてはいけない。

2 つのベクトル $\mathbf{a}, \mathbf{b}$ が，スカラー α によって，

$$\alpha \mathbf{a} = \mathbf{b} \tag{10.1}$$

と書けるとき，$\mathbf{a}$ と $\mathbf{b}$ は互いに平行である，という（定義）。これは直感的に明らかだろう。というのも，式 (10.1) は，$\mathbf{a}$ を伸ばしたり縮めたり方向逆転させたら $\mathbf{b}$ に一致する，というのである。そういう状況は，$\mathbf{a}$ と $\mathbf{b}$ の向きが揃っている（または真逆な）ときだろう。

ここで，ベクトル同士の足し算（和）を定義しよう：2 つのベクトル $\mathbf{a}, \mathbf{b}$ について，$\mathbf{a}$ の終点に $\mathbf{b}$ の始点を置いたときに，$\mathbf{a}$ の始点から $\mathbf{b}$ の終点までを結ぶベクトルを，「$\mathbf{a}$ と $\mathbf{b}$ の和」，もしくは $\mathbf{a} + \mathbf{b}$ と定義する。

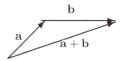

または，こう考えてもよい：$\mathbf{a}, \mathbf{b}$ の各始点を共有させるときに，$\mathbf{a}, \mathbf{b}$ が張る平行四辺形の対角線（始点は各ベクトルの始点）に対応するベクトルが，$\mathbf{a} + \mathbf{b}$ である。中学校の理科でやった，平行四辺形を使った力の合成を思い出せばよい。

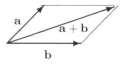

これらの 2 つの考え方（定義）は，同じである。
次に，ベクトル同士の引き算（差）を定義しよう：2 つのベクトル $\mathbf{a}, \mathbf{b}$ について，

$$\mathbf{a} = \mathbf{b} + \mathbf{x} \text{ を満たすベクトル } \mathbf{x} \text{ を求めること} \tag{10.2}$$

を「**a** から **b** を引く」と呼び，**a** − **b** と書く。これは，形式的には式 (1.12) とほとんど同じだ。図では以下のようになる：

初心者はこの話で，**a** − **b** の向きを混乱することがよくある。そういうときは式 (10.2) を思い出そう。**b** に何を足すと **a** になるか？ と考えればよいのだ。すると，**a** − **b** の終点は **a**（の終点）であり，**a** − **b** の始点は **b**（の終点）であることがわかるだろう。これを縮めて，「ベクトルの引き算は終点引く始点」と覚えるとよい。

問 227 以下の 2 つのベクトル **a**, **b** について，**a** + **b**, **a** − **b**, 2**a** + 3**b** を，それぞれ作図せよ。

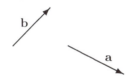

さて，ベクトルを表す時にいつも矢印を作図するのは面倒くさくて仕方ない。そこで便利なのが「座標」という考えである。これは，図 10.2 のように，ベクトルを座標平面（x 軸と y 軸があるような平面；ただしここでは x 軸と y 軸は直交しているとする）の上に，始点が原点 O に来るように[*1]置き，終点（矢印の先端）から x 軸と y 軸のそれぞれに垂直に線をおろして（方眼紙のように），原点からそれぞれへの長さを，(3, 2) のように並べたものである。

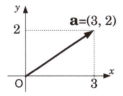

図 10.2 ベクトルを座標で表す。

これは平面上のベクトルの場合だが，空間のベクトルの場合は，さらに高さ方向の軸（z 軸）があるような座標空間を考えて，(3, 2, 1) のように 3 つの数値を並べることで表現できる。こういうのを「座標」と呼ぶ。ベクトルは矢印で表しても，座標で表してもよいのである。

座標の利点は，「計算が楽」ということだ。あるベクトルをスカラー倍したりベクトル同士を足したり引いたりするとき，矢印ならいちいち作図しなければならないが，座標なら数値の計算で済む。

例 10.2 $\mathbf{a} = (1, 2)$ と $\mathbf{b} = (-3, 4)$ について，$5\mathbf{a} + \mathbf{b} = 5(1, 2) + (-3, 4) = (5 \times 1 - 3, 5 \times 2 + 4) = (2, 14)$

10.2 位置ベクトル

前述したように，ベクトルは大きさ（長さ）と向きを持つ量であり，本来は，それが空間のどこにあるかは問わない。でも，空間内のどこかに原点 O を定めれば，空間内の点 P の位置は，ベクトル $\overrightarrow{\mathrm{OP}}$ によって表現できる。このように，空間の点の位置を表すベクトルのことを，位置ベクトルという。位置ベクトルを考えるときは，空間内のどこかに原点があって，そこを始点とするベクトルを考えているのだという意識を持とう。ただし，その原点が具体的にどこなのかは，多くの場合は問題にされない。どこかは知らなくても，どこかにあるのだ。

位置ベクトルは，次の例のように使う：

例 10.3 空間内に 2 つの点 A, B があり，それぞれの位置ベクトルを **a**, **b** とする。その意味は，どこかに適当な原点 O があって（どこでもよい），$\mathbf{a} = \overrightarrow{\mathrm{OA}}$, $\mathbf{b} = \overrightarrow{\mathrm{OB}}$ である，ということだ。このとき，$\overrightarrow{\mathrm{AB}} = \mathbf{b} - \mathbf{a}$ である（終点ひく始点！）。

では，線分 AB を $m : n$ に内分する点 P（つまり，線分 AB 上にあって，AP : PB = $m : n$ になるような点 P）は，どこにあるだろうか？ P の位置ベクトルを **p** としよう（図 10.3）。明らかに，$\mathbf{p} = \overrightarrow{\mathrm{OP}} = \overrightarrow{\mathrm{OA}} + \overrightarrow{\mathrm{AP}}$ である。また，$\overrightarrow{\mathrm{AP}}$ は $\overrightarrow{\mathrm{AB}}$ を $m/(m+n)$ 倍したものである。従って，

$$\mathbf{p} = \overrightarrow{\mathrm{OA}} + \overrightarrow{\mathrm{AP}} = \mathbf{a} + \frac{m}{m+n}\overrightarrow{\mathrm{AB}}$$

$$= \mathbf{a} + \frac{m}{m+n}(\mathbf{b} - \mathbf{a}) = \frac{n\mathbf{a} + m\mathbf{b}}{m+n} \quad (10.3)$$

[*1] 原点を表す O は「零」ではない。origin の頭文字の「オー」の大文字である。

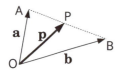

図 10.3 点 A と点 B の間を内分する点 P。

である。特に、この式の最右辺で $m=n=1$ とすると、P は線分 AB の中点に来る。すなわち、線分 AB の中点 C の位置ベクトル $\mathbf{c}\,(=\overrightarrow{OC})$ は、次式のようになる：

$$\mathbf{c} = \frac{\mathbf{a}+\mathbf{b}}{2} \tag{10.4}$$

（例おわり）

問 228 点 A, B の位置ベクトルがそれぞれ $(4,5)$ と $(3,6)$ であるとき、
(1) AB を $1:2$ に内分する点の座標を求めよ。
(2) AB を $2:1$ に内分する点の座標を求めよ。

よくある質問 86 ベクトルは太字よりも上付き矢印を使ったほうが分かりやすいです。… そのうち太字に慣れますよ。

10.3 ベクトルの書き方

ベクトルを記号や座標で表すとき、多くの大学生はちょいちょい間違える。ここで正しい書き方を確認しておこう：

例 10.4 ベクトルの記号と座標の書き方

$$\text{正しい：} \mathbf{a} = (2,-1) \tag{10.5}$$
$$\text{正しい：} \mathbf{b} = (x,y) \tag{10.6}$$
$$\text{間違い：} a = (2,-1) \tag{10.7}$$
$$\text{間違い：} \mathbf{a}(2,-1) \tag{10.8}$$
$$\text{間違い：} b = (x,y) \tag{10.9}$$
$$\text{間違い：} \mathbf{b} = (\mathbf{x},\mathbf{y}) \tag{10.10}$$
$$\text{間違い：} b = (\mathbf{x},\mathbf{y}) \tag{10.11}$$

式 (10.7) は細字の a がダメ。式 (10.8) は $=$ が入っていないのがダメ。式 (10.9) は細字の b がダメ。式 (10.10) は成分まで太字で書いたところがダメ（ベクトルといえば何でもかんでも太字で書けばよい、というものではない）。式 (10.11) は全部ダメである。

よくある質問 87 なぜベクトルは太字や上付き矢印で書くのですか？ … スカラーと区別するためです。スカラーとベクトルは、本質的に違う量です。たとえば a,b,c がスカラーの場合、$ab=c$ なら、両辺を b で割って、$a=c/b$ とできますね（b は 0 でないとする）。ところが、a がスカラーで $\mathbf{b},\mathbf{c}$ がベクトルの場合、$a\mathbf{b}=\mathbf{c}$ だからといって、$a=\mathbf{c}/\mathbf{b}$ としてはいけないのです（理由は後述）。「ベクトルでの割り算」は許されないのです。そのように、ベクトルはスカラーとは違った扱いをする必要があるために、「要注意記号」として、太字や上付き矢印で書くのです。

10.4 幾何ベクトルと数ベクトル

ベクトルを矢印として扱うときは、それを特に幾何ベクトルと呼ぶ。また、ベクトルを、座標で表すとき、つまり $(3,2)$ とか $(3,2,1)$ のように、複数個の数（スカラー）を並べた形で表すときは、それを特に数ベクトル[*2]と呼ぶ。

数ベクトルを構成する数（スカラー）のことを成分と呼ぶ。幾何ベクトルと数ベクトルは、表すスタイルは違うものの、同じもの（ベクトル）を表す。

数ベクトルの成分の数を次元という。

平面上のベクトルを「平面ベクトル」と言う。平面は x 座標と y 座標という 2 つの座標軸で表されるから、平面ベクトルの座標は $(2,-1)$ のように 2 次元の数ベクトルである。

空間内のベクトルを「空間ベクトル」と言う。空間は x 座標、y 座標、z 座標という 3 つの座標軸で表されるから、空間ベクトルの座標は $(2,-1,4)$ のように 3 次元の数ベクトルである。

ベクトルを座標で書き表す際（つまり数ベクトル）、高校では $(2,-1,4)$ のように、数（成分）を横に並べた。このように成分を横に並べた数ベクトルを行ベクトルと言う。一方、大学では、数を縦に並べて、

[*2] 「すうべくとる」と読む。

$$\begin{bmatrix} 2 \\ -1 \\ 4 \end{bmatrix} \tag{10.12}$$

のようにも書く。このように，成分を縦に並べた数ベクトルを列ベクトルと言う。数ベクトルは行ベクトルで書いても列ベクトルで書いてもよいのだが，ある数ベクトルを，一旦，列ベクトルか行ベクトルのどちらかで書いたら，それ以降はなるべく同じ表記を使おう。というのも，両者の意味を区別することもあるからだ[*3]。

あれ？ 横に書くのが行ベクトルだっけ？ 列ベクトルだっけ？ と迷わないように，良い覚え方がある。「行」という漢字の右上には平行な 2 本の横線（二の字）があるので，「行」は横。一方，「列」という漢字のつくりには平行な 2 本の縦線（リの字）があるので，「列」は縦。図 10.4 を参照せよ。

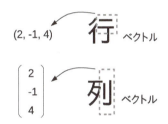

図 10.4 数ベクトルの成分の並べ方

本章では，特に理由の無い限り，行ベクトルで書く。

さて，座標（数ベクトル）を使うと，ベクトルの計算が楽にできる。まず，ベクトルのスカラー倍は，座標の各成分（座標を構成する個々の数値）をスカラー倍すれば OK。たとえば $\mathbf{a} = (2, -1, 3)$ とすれば，$\mathbf{a}$ の 5 倍は，

$$5\mathbf{a} = 5(2, -1, 3) = (5 \times 2, 5 \times (-1), 5 \times 3)$$
$$= (10, -5, 15) \tag{10.13}$$

である。

ベクトルどうしの和（足し算）は，成分どうしの和で OK。たとえば，$\mathbf{a} = (2, -1, 4)$ と $\mathbf{b} = (1, 6, 0.2)$ の和は，

$$\mathbf{a} + \mathbf{b} = (2, -1, 4) + (1, 6, 0.2)$$

[*3] 大学の数学でテンソルというものを学ぶとわかる。

$$= (2+1, -1+6, 4+0.2) = (3, 5, 4.2)$$

である。

問 229 2 つのベクトル：$\mathbf{a} = (1, 2)$, $\mathbf{b} = (2, 3)$ について，以下の数ベクトルを求めよ。
(1) $2\mathbf{a}$ (2) $\mathbf{a} - \mathbf{b}$

問 230 $\mathbf{a} = (1, 2, -1)$, $\mathbf{b} = (2, -1, -2)$ について，$2\mathbf{a}$ と $3\mathbf{a} - 2\mathbf{b}$ をそれぞれ求めよ。

さて，p.154 で学んだように，2 つのベクトル $\mathbf{a}$, $\mathbf{b}$ が，0 でないスカラー α によって，

$$\alpha \mathbf{a} = \mathbf{b} \tag{10.14}$$

と書けるとき，$\mathbf{a}$ と $\mathbf{b}$ は互いに**平行**である，という。たとえば，$(1, 2)$ と $(2, 4)$ は，$2(1, 2) = (2, 4)$ と書けるから，互いに平行である。

問 231 2 つのベクトル：$\mathbf{a} = (1, 2, 6)$, $\mathbf{b} = (x, y, -2)$ について，これら 2 つのベクトルが互いに平行なとき，x と y の値を求めよ。

10.5 ベクトルの大きさ

ベクトル $\mathbf{a}$ の大きさを，$|\mathbf{a}|$ と表す（縦棒で挟む）。平面ベクトル (x, y) の大きさは，

$$|(x, y)| = \sqrt{x^2 + y^2} \tag{10.15}$$

である。これは三平方の定理から明らかだ。同様に，空間ベクトル (x, y, z) の大きさは，

$$|(x, y, z)| = \sqrt{x^2 + y^2 + z^2} \tag{10.16}$$

である。

問 232 以下のベクトルの大きさを求めよ：
(1) $(1, 1, 1)$ (2) $(3, -4)$ (3) $(0, 0)$

問 233 任意のベクトル $\mathbf{a}$ とスカラー α について，次式を示せ：

$$|\alpha \mathbf{a}| = |\alpha||\mathbf{a}| \tag{10.17}$$

大きさが 0 のベクトルを零ベクトルと言って，$\mathbf{0}$ と書く約束だった。もし平面ベクトル (x, y) が零ベ

クトルなら，$|(x,y)| = \sqrt{x^2+y^2} = 0$，すなわち，$x^2+y^2=0$ である。これを満たすのは，$x=y=0$ しかない。つまり，平面の零ベクトルは $(0,0)$ である。

同様に，空間の零ベクトルは $(0,0,0)$ である。

大きさが 1 のベクトルを<u>単位ベクトル</u>と呼ぶ。

問 234 以下は全て単位ベクトルであることを示せ。ヒント：式 (10.15) を使う。(5) では式 (10.17) を使う。

(1) $(1,0)$
(2) $(-1/\sqrt{2}, -1/\sqrt{2})$
(3) $(1/\sqrt{3}, 1/\sqrt{3}, 1/\sqrt{3})$
(4) 任意の実数 θ について，$(\cos\theta, \sin\theta)$
(5) 零ベクトルでない任意のベクトル $\mathbf{a}$ について，$\mathbf{a}/|\mathbf{a}|$

10.6 内積

2 つのベクトル $\mathbf{a}, \mathbf{b}$ について，成す角を θ とするとき，

$$|\mathbf{a}||\mathbf{b}|\cos\theta \qquad (10.18)$$

という量を，$\mathbf{a}$ と $\mathbf{b}$ の<u>内積</u>と呼び，$\mathbf{a}\bullet\mathbf{b}$ と表す（定義）[*4]。

この式から明らかなように，内積の結果はスカラーである。（ちなみに後で「外積」という演算が出てくるが，外積の結果はベクトルである。）

問 235 任意のベクトル $\mathbf{a}$ について次式を示せ：

$$\mathbf{a}\bullet\mathbf{a} = |\mathbf{a}|^2 \qquad (10.19)$$

問 236 $\mathbf{0}$ でないベクトル $\mathbf{a}, \mathbf{b}$ について，

$$\mathbf{a}\bullet\mathbf{b} = 0 \qquad (10.20)$$

ならば $\mathbf{a}$ と $\mathbf{b}$ は互いに垂直であることを示せ。

問 237 $\mathbf{0}$ でないベクトル $\mathbf{a}, \mathbf{b}$ について，その成す角を θ とするとき，次式を示せ。

$$\cos\theta = \frac{\mathbf{a}\bullet\mathbf{b}}{|\mathbf{a}||\mathbf{b}|} \qquad (10.21)$$

[*4] 内積は「<u>スカラー積</u>」とも呼ばれる。

さて，内積の定義（式 (10.18)）には，座標のことが書かれていない。そこで，座標で内積を計算するにはどうすればいいかを考えよう。まずとりあえず平面ベクトルに関して考えよう。

$\mathbf{a} = (a_1, a_2)$, $\mathbf{b} = (b_1, b_2)$ とする。$\mathbf{a}\bullet\mathbf{b}$ がどのように a_1, a_2, b_1, b_2 で表されるかを知りたいのだ。そこで，$\mathbf{a}, \mathbf{b}$ をそれぞれ位置ベクトルとする点を A, B とする。三角形 OAB について，余弦定理より，

$$\text{AB}^2 = \text{OA}^2 + \text{OB}^2 - 2\text{OA}\,\text{OB}\cos\theta \qquad (10.22)$$

が成り立つ（ここで θ は角 AOB，すなわち $\mathbf{a}$ と $\mathbf{b}$ がなす角）。これを変形して，

$$\text{OA}\,\text{OB}\cos\theta = \frac{\text{OA}^2 + \text{OB}^2 - \text{AB}^2}{2} \qquad (10.23)$$

となる。OA$=|\mathbf{a}|$, OB$=|\mathbf{b}|$ より，上の式の左辺は $\mathbf{a}\bullet\mathbf{b}$ である。右辺を座標で求めるために，まず，

$$\text{OA}^2 = |\mathbf{a}|^2 = a_1^2 + a_2^2 \qquad (10.24)$$

$$\text{OB}^2 = |\mathbf{b}|^2 = b_1^2 + b_2^2 \qquad (10.25)$$

$$\text{AB}^2 = |\overrightarrow{\text{AB}}|^2 = |\mathbf{b}-\mathbf{a}|^2$$
$$= |(b_1-a_1, b_2-a_2)|^2 = (b_1-a_1)^2 + (b_2-a_2)^2$$
$$= a_1^2 + a_2^2 + b_1^2 + b_2^2 - 2(a_1b_1 + a_2b_2) \qquad (10.26)$$

である。これらを式 (10.23) の右辺に代入すると，

$$= \frac{2(a_1b_1 + a_2b_2)}{2} = a_1b_1 + a_2b_2 \qquad (10.27)$$

となる。従って，

$$\mathbf{a}\bullet\mathbf{b} = a_1b_1 + a_2b_2 \qquad (10.28)$$

となる。なんと！ 座標で内積を求めるには，成分同士をかけて足すだけでいいのだ！ これは空間ベクトル（座標成分が 3 つある場合）でも同様である。すなわち，$\mathbf{a} = (a_1, a_2, a_3)$, $\mathbf{b} = (b_1, b_2, b_3)$ について，

$$\mathbf{a}\bullet\mathbf{b} = a_1b_1 + a_2b_2 + a_3b_3 \qquad (10.29)$$

となる。

問 238 式 (10.29) を導け。ヒント：式 (10.28) を導いたのとほぼ同じ手順。

ここでは証明しないが，内積には以下のような性質がある（$\mathbf{a}, \mathbf{b}, \mathbf{a}_1, \mathbf{a}_2$ は任意のベクトルであり，α は任意のスカラー）：

> **内積の性質**
> (1) $\mathbf{a} \bullet \mathbf{a} \geq 0$
> (2) $\mathbf{a} \bullet \mathbf{a} = 0$ となるのは $\mathbf{a} = \mathbf{0}$ のときに限る。
> (3) $\mathbf{a} \bullet \mathbf{b} = \mathbf{b} \bullet \mathbf{a}$
> (4) $(\alpha \mathbf{a}) \bullet \mathbf{b} = \alpha(\mathbf{a} \bullet \mathbf{b})$
> (5) $(\mathbf{a}_1 + \mathbf{a}_2) \bullet \mathbf{b} = \mathbf{a}_1 \bullet \mathbf{b} + \mathbf{a}_2 \bullet \mathbf{b}$

(1), (2), (3), (4) は定義から自明だろう。(5) は、式 (10.28) を利用して成分で考えれば簡単に証明できる。

問 239 $\mathbf{a} = (1, 2)$, $\mathbf{b} = (2, 3)$ について、$\mathbf{a} \bullet \mathbf{b}$ を求めよ。

問 240 $\mathbf{a} = (1, 2, -1)$, $\mathbf{b} = (3, -4, 5)$ について、$\mathbf{a} \bullet \mathbf{b}$ を求めよ。

問 241 $\mathbf{a} = (1, 1)$, $\mathbf{b} = (-1, 3)$ について、成す角 θ の余弦、つまり $\cos \theta$ を求めよ。

問 242 三角形 OAB を考える。O を始点、A を終点とするベクトルを $\mathbf{a}$ とし、O を始点、B を終点とするベクトルを $\mathbf{b}$ とする。いま、$\mathbf{b}$ と同じ方向で、長さ 1 であるベクトル（単位ベクトル）を $\mathbf{e}_b$ とすると、

$$\mathbf{a} \bullet \mathbf{e}_b \qquad (10.30)$$

は、A から辺 OB におろした垂線の足 P と点 O の距離（ただし角 AOB が鈍角の場合は負）であることを示せ。これを、「$\mathbf{a}$ から $\mathbf{b}$ に落とした<u>正射影の長さ</u>」と呼ぶ。

問 243 $\mathbf{a} = (1, 1)$, $\mathbf{b} = (-1, 3)$ について、$\mathbf{a}$ から $\mathbf{b}$ に落とした正射影の長さを求めよ。

問 244 三角形 OAB を考える。O を始点、A を終点とするベクトルを $\mathbf{a}$ とし、O を始点、B を終点とするベクトルを $\mathbf{b}$ とする。このような三角形を、「$\mathbf{a}$ と $\mathbf{b}$ が張る三角形」という。その面積を s とする。

(1) 次式を示せ：
$$s = \frac{1}{2} \sqrt{|\mathbf{a}|^2 |\mathbf{b}|^2 - (\mathbf{a} \bullet \mathbf{b})^2} \qquad (10.31)$$

(2) $\mathbf{a} = (a, b)$, $\mathbf{b} = (c, d)$ とする。次式を示せ。
$$s = \frac{|ad - bc|}{2} \qquad (10.32)$$

(3) $\mathbf{a} = (1, 2)$, $\mathbf{b} = (3, 4)$ のとき s を、式 (10.31) と式 (10.32) のそれぞれで求めよ。どちらが楽か？

(4) $\mathbf{a}$ と $\mathbf{b}$ の張る平行四辺形（$\mathbf{a}$ と $\mathbf{b}$ を 2 辺とする平行四辺形）の面積 S について次式を示せ：
$$S = |ad - bc| \qquad (10.33)$$

問 244 で見たように、2 つのベクトルが張る三角形の面積を求める式は、式 (10.31) と式 (10.32) の 2 つがある[*5]。高校数学では式 (10.31) が有名だが、それを変形して得られる式 (10.32) や、その平行四辺形版である式 (10.33) はほとんど出てこない。しかし、大学での数学では、式 (10.32) や式 (10.33) は後に学ぶ「行列式」という概念につながる、とても重要な式である。それを抜きにしても、式 (10.32) の方が式 (10.31) よりもずっと計算が楽だ。

よくある質問 88 **なぜ高校では式 (10.32) よりも式 (10.31) を使わせるのでしょうか？…** ホントに謎ですね。一つありえるのは、式 (10.31) は空間ベクトル（成分が 3 つの場合）にも使えるけど、式 (10.32) は平面ベクトル（成分が 2 つ）にしか使えない、という理由です。式 (10.32) を空間に拡張することはできるのですが（それが後で学ぶ「外積」というやつ）、高校では範囲外です。

よくある間違い 42 **内積を表す「●」という記号を省略したり、× という記号で代用してしまう。…** 普通の数（スカラー）の積であれば、そのようなことは許されるけど、内積では許されません。内積は普通の数（スカラー）の積とは全く別の概念。たとえば、普通の数 a, b について、その積は、

$$ab \qquad a \bullet b \qquad a \times b$$

という 3 通りの書き方のいずれもが許され、これらは同

[*5] これ以外にも様々な式がある。有名なのはヘロンの公式という式であるが、ヘロンの公式はあまり実用的ではない。

じ意味です。しかし, ベクトル $\mathbf{a}, \mathbf{b}$ について,

$$\mathbf{ab} \quad \mathbf{a} \bullet \mathbf{b} \quad \mathbf{a} \times \mathbf{b}$$

という 3 つの式は, 意味が互いに違います。すなわち, $\mathbf{ab}$ という式は意味がありません*6。$\mathbf{a} \bullet \mathbf{b}$ は内積を表します。$\mathbf{a} \times \mathbf{b}$ は内積ではなく, 後に学ぶ「外積」というものを表します。

よくある質問 89 ベクトルは割り算はできないのですか？… ベクトルをスカラーで割ることはできます。しかし, スカラーやベクトルをベクトルで割ることはできません（定義されない, すなわち意味がない）。たとえば $(1,2), (3,4)$ という 2 つのベクトルについて, $(1,2)/(3,4)$ というような「割り算」は不可能です。

たとえば, $(2,4)/(1,2) = 2$ とかはダメですか？… 言いたいことはわかる！でも, そういうのもやらないのです。その式は $(2,4) = 2(1,2)$ と書けるし, それで十分です。

10.7 平面の中の直線と法線ベクトル

すでに君は, 次の方程式が, xy 平面上で直線を表すことを知っているだろう（わからなければ, これを $y =$ の式に変形してみればよい）。

$$ax + by + c = 0 \tag{10.34}$$

（ただし a, b, c は実数の定数とし, a, b のうち少なくとも片方は 0 以外の数とする。）

さて, ここで面白い, そしてとても便利な事実がある。x と y の係数を並べてできるベクトル (a, b) は, この直線に直交するのだ！

なぜかを考えよう。まず直線上の任意の 2 点: $A(x_0, y_0)$, $B(x_1, y_1)$ を考える。これらは次式を満たす:

$$ax_0 + by_0 + c = 0 \tag{10.35}$$
$$ax_1 + by_1 + c = 0 \tag{10.36}$$

辺々引き算して,

$$a(x_1 - x_0) + b(y_1 - y_0) = 0 \tag{10.37}$$

となる。これは次式と同じことだ:

$$(a, b) \bullet (x_1 - x_0, y_1 - y_0) = 0 \tag{10.38}$$

ここで, $(x_1 - x_0, y_1 - y_0)$ は $\overrightarrow{AB}$ である。従って, $(a, b) \bullet \overrightarrow{AB} = 0$ となり, (a, b) は $\overrightarrow{AB}$ と直交していることがわかる。$\overrightarrow{AB}$ は直線に沿った（直線に平行の）ベクトルなので, 結局, この直線はベクトル (a, b) と垂直である。■

一般に, 線や面に垂直なベクトルのことを法線ベクトル (normal vector) という。(a, b) は, 直線 $ax + by + c = 0$ の法線ベクトル（のひとつ）である。

問 245 $(1, 2)$ を通り, ベクトル $(3, -1)$ に垂直な直線を表す式を示せ。ヒント：法線ベクトル（の一つ）が $(3, -1)$ とわかっているので, 求める式は $3x - y + c = 0$ のような形に書ける。あとは c を決めれば OK。

例 10.5 点 $(2, 1)$ を通り, ベクトル $(3, -5)$ に平行な直線を表す式は？ まず法線ベクトルを求めよう。それには $(3, -5)$ に垂直なベクトル（内積したら 0 になるベクトル）をテキトーに決めればよい。$(5, 3)$ がそうだ。これが直線の法線ベクトルだから, 求める直線の式は $5x + 3y + c = 0$ の形に書けるだろう（c は未知の定数）。これに点 $(2, 1)$ を入れると, $13 + c = 0$, よって $c = -13$。よって, 求める式は,
$$5x + 3y - 13 = 0$$
■

問 246 $(1, 2)$ を通り, ベクトル $(1, -1)$ に平行な直線を表す式を示せ。（ヒント：上の例を参考に！）

よくある質問 90 例 10.5 で, 法線ベクトルを「テキトーに」決めましたが, そんなんでいいのですか？ 法線ベクトルは他にもありえますよね。… その通り。法線ベクトルは $(5, 3)$ 以外にもたくさんあります。でも, どの法線ベクトルも互いに平行だから, $(5, 3)$ の何倍か, つまり $k(5, 3)$ という形で表されます（k は 0 以外の任意の実数）。それを使って, 直線の式を $5kx + 3ky + c' = 0$ と表し（c' は c とは別の未知数）, $(2, 1)$ をこれに代入すれば, $c' = -13k$ になり, 直線の式は $5kx + 3ky - 13k = 0$ となります。両辺を k で割れば, 結局同じ式が出てきます。というわけで, 法線ベクトルは, (零ベクトルでさえなければ) 本当にテキトー

---

*6 ただし, 大学の数学ではテンソル積というものをこの式で表すこともある。

に決めていいのです。どんなふうに決めても，結論は一緒です。

10.8 空間の中の平面と法線ベクトル

前節で考えた平面の中の直線の話は，空間の中の平面の話に拡張できる。まず，次式を考えよう：

$$ax + by + cz + d = 0 \tag{10.39}$$

(ただし a, b, c, d は実数の定数とし，a, b, c のうち少なくとも 1 つは 0 以外の数とする。)

これは式 (10.34)，すなわち平面内の直線の式に似ている。実は式 (10.39) は，空間内の平面を表す式であり，(a, b, c) はその平面の法線ベクトルなのだ！

そのことを今から示そう。まず，式 (10.39) を満たす任意の 2 点：$A(x_0, y_0, z_0)$, $B(x_1, y_1, z_1)$ を考える。当然ながら次式が成り立つ：

$$ax_0 + by_0 + cz_0 + d = 0 \tag{10.40}$$
$$ax_1 + by_1 + cz_1 + d = 0 \tag{10.41}$$

両辺引き算して，

$$a(x_1 - x_0) + b(y_1 - y_0) + c(z_1 - z_0) = 0 \tag{10.42}$$

これは次式と同じことである：

$$(a, b, c) \bullet (x_1 - x_0, y_1 - y_0, z_1 - z_0) = 0 \tag{10.43}$$

ここで，明らかに $(x_1 - x_0, y_1 - y_0, z_1 - z_0) = \overrightarrow{AB}$ である。また，ベクトル (a, b, c) を $\mathbf{n}$ と置く。すると式 (10.43) は，

$$\mathbf{n} \bullet \overrightarrow{AB} = 0 \tag{10.44}$$

となる。つまり，$\mathbf{n}$ と $\overrightarrow{AB}$ は互いに直交する。これの意味するところは何だろうか？ 今，点 A を固定して考える。B は様々な点を動くことができるのだが，式 (10.44) によると，固定点 A から点 B へのベクトルが，ひとつのベクトル $\mathbf{n}$ と必ず直交していなければならない。そのような点 B の「動ける範囲」は，点 A を通る平面で，なおかつ $\mathbf{n}$ に垂直な平面である（直感的にわかるだろう）。つまり，式 (10.39) は，3 次元空間の中の平面を表す方程式であり，x と y と z の係数を並べてできるベクトル $\mathbf{n} = (a, b, c)$ は，この平面の法線ベクトルである。

問 247 $(0, 0, 1)$ を通り，ベクトル $(1, 2, -1)$ に垂直な平面の方程式を求めよ。

ここまでは，前節でやった，平面内の直線の話と大きくは違わない。上の問も，問 245 と似たようなものだ。しかし，例 10.5 や問 246 のように，「なんちゃらに平行な直線を求めよ」の平面版はどうだろう？ たとえば，「$(0, 0, 0)$ を通り，ベクトル $(1, 0, 0)$ に平行な平面を求めよ」みたいな問題はどうだろう？

これは困る。解けないのだ。なぜかというと，「$(0, 0, 0)$ を通り，ベクトル $(1, 0, 0)$ に平行な平面」というのはたくさんあって，一つに決まらないのだ。これは要するに「原点を通り，x 軸に平行な平面」ということだから，たとえば「x 軸と y 軸を含む平面」や，「x 軸と z 軸を含む平面」や，その中間など，たくさんある。「ひとつのベクトルに平行」という条件だけでは，平面の向きは決まらないのだ。

しかし，「ふたつのベクトルのどちらにも平行」という条件なら平面の向きは決まる。たとえば，「$(0, 0, 0)$ を通り，2 つのベクトル $(1, 0, 0)$ と $(0, 1, 0)$ に平行な平面」と言われれば，「x 軸と y 軸を含む平面」に決まる（式で書けば $z = 0$）。

では，次の問題をやってみよう：

問 248 $(0, 0, 1)$ を通り，2 つのベクトル $\mathbf{a} = (1, 1, -3)$, $\mathbf{b} = (1, 2, 1)$ の両方に平行な平面を求めよう。まず法線ベクトルを $\mathbf{n} = (p, q, r)$ と置く（p, q, r は未知の定数）。

(1) 次式を示せ：$p + q - 3r = 0$（ヒント：$\mathbf{n}$ と $\mathbf{a}$ が垂直）。
(2) 次式を示せ：$p + 2q + r = 0$（ヒント：$\mathbf{n}$ と $\mathbf{b}$ が垂直）。
(3) p と q を r だけで表せ。
(4) $(p, q, r) = r(7, -4, 1)$ であることを示せ。（これで法線ベクトルが求まった！）
(5) 平面を表す式を求めよ。

難しくはないが，そこそこ面倒だ。次節で，もっと簡単にできる，魔法のような道具を紹介する。

10.9 外積

2つの3次元の数ベクトル

$$\mathbf{a} = \begin{bmatrix} a_1 \\ a_2 \\ a_3 \end{bmatrix}, \quad \mathbf{b} = \begin{bmatrix} b_1 \\ b_2 \\ b_3 \end{bmatrix} \quad (10.45)$$

から，以下のように別の3次元の数ベクトルを導き出す操作を $\mathbf{a}$ と $\mathbf{b}$ の外積または「ベクトル積」と呼び，$\mathbf{a} \times \mathbf{b}$ と書く。すなわち，

$$\mathbf{a} \times \mathbf{b} = \begin{bmatrix} a_1 \\ a_2 \\ a_3 \end{bmatrix} \times \begin{bmatrix} b_1 \\ b_2 \\ b_3 \end{bmatrix} := \begin{bmatrix} a_2 b_3 - a_3 b_2 \\ a_3 b_1 - a_1 b_3 \\ a_1 b_2 - a_2 b_1 \end{bmatrix}$$
(10.46)

と定義する。たとえば，$\mathbf{a} = (1,2,3)$, $\mathbf{b} = (4,5,6)$ の場合，以下のようになる：

$$\mathbf{a} \times \mathbf{b} = \begin{bmatrix} 1 \\ 2 \\ 3 \end{bmatrix} \times \begin{bmatrix} 4 \\ 5 \\ 6 \end{bmatrix} = \begin{bmatrix} 2 \times 6 - 3 \times 5 \\ 3 \times 4 - 1 \times 6 \\ 1 \times 5 - 2 \times 4 \end{bmatrix} = \begin{bmatrix} -3 \\ 6 \\ -3 \end{bmatrix}$$
(10.47)

よくある質問 91 こんなのややこしくて覚えられません！… 誰もが最初はそう思います。でも慣れれば大丈夫。まず式 (10.47) を何回か紙の上で再現して，外積の計算に慣れてください。

よくある間違い 43 式 (10.46) の右辺を，

$$\begin{bmatrix} a_1 b_2 - a_2 b_1 \\ a_2 b_3 - a_3 b_2 \\ a_3 b_1 - a_1 b_3 \end{bmatrix} \text{とか，} \begin{bmatrix} a_3 b_1 - a_1 b_3 \\ a_2 b_3 - a_3 b_2 \\ a_1 b_2 - a_2 b_1 \end{bmatrix} \quad (10.48)$$

と間違える。… 成分の順番に注意してください。外積の結果の x 成分 ($a_2 b_3 - a_3 b_2$) は，もとのベクトルの y 成分 (a_2 や b_2) と z 成分 (a_3 や b_3) から求まります。同様に，y 成分はもとのベクトルの z 成分と x 成分から，z 成分はもとのベクトルの x 成分と y 成分から求まるのです。また，同じ位置の成分どうしの掛け算 ($a_2 b_2$ とか) は現れません。「求めたい成分以外の成分で計算する。自分とは違う位置の成分と掛ける」と覚えておきましょう。

よくある間違い 44 外積と内積を混同してしまう。… 外積と内積は全く別物！それぞれの定義を確認しよう。

よくある間違い 45 外積を表す "×" という記号を，省略したり "•" という記号で代用してしまう。… それはダメ。"×" と "•" の混用や省略が許されるのは，数どうしの積だけ。それ以外の「積」，すなわちベクトルの内積や外積，行列の積，集合の直積などは，数どうしの積とは根本的に違うものなので，それぞれに決まった書き方を守らねばなりません。

さて，この外積はなかなか強いヤツである。

問 249
(1) 式 (10.46) において，次式を証明せよ：

$$(\mathbf{a} \times \mathbf{b}) \bullet \mathbf{a} = 0 \quad (10.49)$$
$$(\mathbf{a} \times \mathbf{b}) \bullet \mathbf{b} = 0 \quad (10.50)$$

(2) それが実際に式 (10.47) において成り立っていることを確認せよ。

すなわち，次の定理が成り立つ：
外積の定理 1) $\mathbf{a} \times \mathbf{b}$ は，$\mathbf{a}$ と $\mathbf{b}$ の両方に垂直である。

てことは，問 248 ではわざわざ方程式を解いて求めた法線ベクトルが，一発で求まるのだろうか？それをやってみよう：

問 250 問 248 の $\mathbf{a} = (1,1,-3)$, $\mathbf{b} = (1,2,1)$ について，$\mathbf{a} \times \mathbf{b}$ を計算せよ。

注：「外積の定理 1」は外積の計算結果のチェックに便利である。たとえば，式 (10.47) について，もとの2つのベクトルと内積をとって0になることを確かめるのだ：

$$\begin{bmatrix} 1 \\ 2 \\ 3 \end{bmatrix} \bullet \begin{bmatrix} -3 \\ 6 \\ -3 \end{bmatrix} = -3 + 12 - 9 = 0$$

$$\begin{bmatrix} 4 \\ 5 \\ 6 \end{bmatrix} \bullet \begin{bmatrix} -3 \\ 6 \\ -3 \end{bmatrix} = -12 + 30 - 18 = 0$$

首尾よく 0 になっていて，一安心である。0 に

なったからといって計算が正しいとまでは言えないが、0にならなければ、どこかで必ず計算ミスをしている。

というわけで、外積は便利だ。しかもこれは外積の強さのまだ一部だ。もっとすごいのは次の定理だ:

外積の定理 2) $|\mathbf{a} \times \mathbf{b}|$ は $\mathbf{a}$ と $\mathbf{b}$ が張る平行四辺形の面積に等しい[*7]。

これは、式 (10.33) を拡張したものと言える。証明はちょっとめんどくさいので、章末の演習問題にまわす。この定理を使う問題を解いてみよう：

問 251 以下の各場合について、$\mathbf{a} \times \mathbf{b}$ を求め、$\mathbf{a}, \mathbf{b}$ の張る平行四辺形の面積を求めよ。
(1) $\mathbf{a} = (1, 2, 0)$, $\mathbf{b} = (1, 1, -1)$
(2) $\mathbf{a} = (1, 0, 1)$, $\mathbf{b} = (-1, 1, 2)$

他にも、こういう定理がある:

外積の定理 3) 外積の順序を変えると符号が反転する。すなわち、

$$\mathbf{b} \times \mathbf{a} = -\mathbf{a} \times \mathbf{b} \tag{10.51}$$

問 252 式 (10.51) を証明せよ。ヒント：式 (10.46) の $\mathbf{a}$ と $\mathbf{b}$ をひっくり返して計算してみよう。

問 253 任意のベクトル $\mathbf{a}$ について、次式が成り立つことを示せ：

$$\mathbf{a} \times \mathbf{a} = 0 \tag{10.52}$$

ヒント：式 (10.51) の $\mathbf{b}$ を $\mathbf{a}$ にすると…？

さて、ここでは証明はしないが、もうひとつ、以下のような定理がある（図 10.5 も参照！）：

外積の定理 4) $\mathbf{a} \times \mathbf{b}$ は、$\mathbf{a}$ から $\mathbf{b}$ に右ネジをまわすときにネジが進む方を向く[*8]。

よくある質問 92 右ネジって何ですか？… ネジと

[*7] それは $|\mathbf{a}||\mathbf{b}|\sin\theta$ でもある（θ は $\mathbf{a}$ と $\mathbf{b}$ のなす角）。
[*8] ただしこれは、x 軸から y 軸に向けて右ネジを回すときにネジが進む方を z 軸が向いている場合。

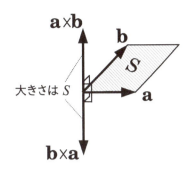

図 10.5 外積（ベクトル積）の幾何学的な概念図。$\mathbf{a} \times \mathbf{b}$ と $\mathbf{b} \times \mathbf{a}$ は、ともに $\mathbf{a}, \mathbf{b}$ が張る平行四辺形の面積 S をその大きさとするベクトルで、$\mathbf{a}, \mathbf{b}$ の両方に垂直。ただし、$\mathbf{a} \times \mathbf{b}$ と $\mathbf{b} \times \mathbf{a}$ は互いに逆方向。$\mathbf{a}$ から $\mathbf{b}$ に右ネジをまわすときにネジが進む側にあるのが $\mathbf{a} \times \mathbf{b}$。

かボルトはわかりますね。あれをドライバーで回すと、穴に入って行ったり穴から出てきたりするでしょ？ 世の中のほとんどのネジは、ドライバーを右に（つまり時計回りに）まわすと、ネジは穴に入っていきます。それが右ネジです。ごく稀に、逆、つまり左に回すと入っていくネジもあり、そういうのは左ネジです。

問 254 $\mathbf{e}_1 = (1, 0, 0)$, $\mathbf{e}_2 = (0, 1, 0)$, $\mathbf{e}_3 = (0, 0, 1)$ とすると、以下の式が成り立つことを示せ：

$$\mathbf{e}_1 \times \mathbf{e}_2 = \mathbf{e}_3 \tag{10.53}$$
$$\mathbf{e}_2 \times \mathbf{e}_3 = \mathbf{e}_1 \tag{10.54}$$
$$\mathbf{e}_3 \times \mathbf{e}_1 = \mathbf{e}_2 \tag{10.55}$$
$$(\mathbf{e}_1 \times \mathbf{e}_1) \times \mathbf{e}_2 = 0 \tag{10.56}$$
$$\mathbf{e}_1 \times (\mathbf{e}_1 \times \mathbf{e}_2) = -\mathbf{e}_2 \tag{10.57}$$

問 255 任意の空間ベクトル $\mathbf{a}, \mathbf{b}, \mathbf{c}$ と任意の実数 p に関して、以下の式が成り立つことを、外積の定義に戻って示せ：

$$(p\mathbf{a}) \times \mathbf{b} = p(\mathbf{a} \times \mathbf{b}) \tag{10.58}$$
$$(\mathbf{a} + \mathbf{b}) \times \mathbf{c} = \mathbf{a} \times \mathbf{c} + \mathbf{b} \times \mathbf{c} \tag{10.59}$$

問 256 空間ベクトル $\mathbf{a}, \mathbf{b}, \mathbf{c}$ に関して、以下の式は一般的に成り立つか？ 成り立たないなら反例や理由を述べよ。

$$\mathbf{a} \times (\mathbf{b} \times \mathbf{c}) = (\mathbf{a} \times \mathbf{b}) \times \mathbf{c}$$
$$\mathbf{a} \bullet (\mathbf{b} \times \mathbf{c}) = (\mathbf{a} \bullet \mathbf{b}) \times \mathbf{c}$$

よくある質問 93 外積と内積の違いがわかりません。… 定義が全く違います。その他に端的な違いとして、

- 内積の結果はスカラーだが，外積の結果はベクトル。
- 内積は順序を入れ替えても結果は変わらないが，外積は順序を入れ替えると符号が反転する。
- 内積は平面ベクトルでも空間ベクトルでも存在するが，外積は空間ベクトルだけに存在する。
- 内積は $ab\cos\theta$ だが，外積の**大きさ**は $ab\sin\theta$。

などが挙げられます（全て定義から導出可能）。

10.10 物理学とベクトル

さて，物理学では，微積分とベクトルが渾然一体となって活躍する。まず，速度や加速度を，ベクトルを使って表現してみよう。

2次元平面や3次元空間の中を，時刻とともに移動する点を考える。時刻 t のときの点の位置を，位置ベクトル $\mathbf{r}(t)$ で表そう。これは時刻と共に次第に変化していくベクトルである。この位置ベクトルを，$\mathbf{r}(t) = (x(t), y(t), z(t))$ というふうに座標で表すと，その各成分は時刻 t の関数である。各成分の微分を考えると，式 (5.10) より，

$$\begin{cases} x(t+dt) = x(t) + x'(t)dt \\ y(t+dt) = y(t) + y'(t)dt \\ z(t+dt) = z(t) + z'(t)dt \end{cases} \quad (10.60)$$

である。ここで，

$$\mathbf{r}'(t) = (x'(t), y'(t), z'(t)) \quad (10.61)$$

と定義すれば，上の3つの式は，まとめて

$$\mathbf{r}(t+dt) = \mathbf{r}(t) + \mathbf{r}'(t)\, dt \quad (10.62)$$

と書ける。これは式 (5.10) によく似ている。これはいわば，「ベクトルの微分」である。ベクトルを値にとるような関数 $\mathbf{r}(t)$ は，式 (10.62) によって，その微分係数 $\mathbf{r}'(t)$ が定義されるのだ。

よくある質問 94 ちょっと混乱してきました。微分って，グラフの接線の傾きですよね。ベクトルを値にとるような関数 $\mathbf{r}(t)$ の「グラフ」とか，その「接線の傾き」はどうイメージすればいいのですか？

… そういうことになるから，「微分はグラフの接線の傾き」というイメージを持ち過ぎないように，と言ったのです！ この場合は「グラフの接線の傾き」はイメージできないし，する必要もありません。微分のイメージは，「微小量どうしの比例関係の比例係数」です。式 (10.62) で言えば，$\mathbf{r}(t+dt) - \mathbf{r}(t)$ を微小なベクトル量 $d\mathbf{r}$ とすれば，$d\mathbf{r} = \mathbf{r}'(t) dt$ となっており，$d\mathbf{r}$ と dt が比例してるでしょ？ その比例係数 $\mathbf{r}'(t)$ が $\mathbf{r}(t)$ の微分なのです。

さて，位置ベクトル $\mathbf{r}(t)$ を時刻 t で微分したものを，「速度ベクトル」あるいは単に「速度」と言う（定義）。速度は，その英語 "velocity" の頭文字をとって，$\mathbf{v}(t)$ と表すことが多い。すなわち，

$$\mathbf{v}(t) := \mathbf{r}'(t) = (x'(t), y'(t), z'(t)) \quad (10.63)$$

である。

速度ベクトルを時刻で微分したものを，「加速度ベクトル」あるいは単に「加速度」という（定義）。すなわち，

$$\mathbf{a}(t) := \mathbf{v}'(t) = \mathbf{r}''(t) = (x''(t), y''(t), z''(t)) \quad (10.64)$$

が加速度である。

実は，p.22 で出てきたニュートンの運動方程式 (2.23) で，力と加速度は本来，ベクトルである。すなわち，式 (2.23) は，本当は

$$\mathbf{F} = m\mathbf{a} \quad (10.65)$$

と書くべきなのである。$\mathbf{F}$ は力を表すベクトルで，$\mathbf{a}$ は加速度ベクトル，すなわち，位置ベクトルを時刻で 2 階微分したものだ（m は物体の質量）。このような自然の摂理を表すのに，微分とベクトルという数学は不可欠なのだ。

問 257 xy 座標平面上の動点 P が，時刻 t で位置ベクトル $\mathbf{r}(t) = (v_0 t, -gt^2/2)$ にある（v_0, g は正の定数）。
(1) 点 P はどのような軌跡を描くか？
(2) 時刻 t における P の速度ベクトル $\mathbf{v}(t)$ は？
(3) 時刻 t における P の加速度ベクトル $\mathbf{a}(t)$ は？

問 258 xy 座標平面上で，原点を中心とする半径 r の円周上を，左回りに回転運動する点 P を考える。時刻 $t = 0$ のとき P の位置は $(r, 0)$ であっ

たとする。すると，時刻 t のとき，点 P の位置は，以下の位置ベクトル $\mathbf{r}(t)$ で表される（r, ω は定数）：

$$\mathbf{r}(t) = (r\cos\omega t, r\sin\omega t) \qquad (10.66)$$

これは，原点からの距離 r を保ったまま，x 軸から左回りに角 ωt だけ回転した位置である（p.106 の極座標！）。このように，ある点（ここでは原点）からの距離が一定で，ある方向（ここでは x 軸）からの角が時間に比例して変化するような回転運動を，「等速円運動」と言う。このとき ω を角速度と呼ぶ。

(1) P の速度 $\mathbf{v}(t)$ と，その大きさを求めよ。
(2) P の加速度 $\mathbf{a}(t)$ と，その大きさを求めよ。
(3) 位置ベクトルと速度は直交していることを示せ（ヒント：内積）。
(4) 速度ベクトルと加速度は直交していることを示せ。
(5) 位置ベクトルと加速度は平行で逆向きであることを示せ。
(6) 角速度が 2 倍になると，速度や加速度の大きさはそれぞれ何倍になるか？

こんなかんじで，ちょっとした運動を考えるだけでも，ベクトルとその微分がガンガン出てくる。

内積も物理で使う。それは「仕事」だ。p.23 で（というか中学校で）学んだように，物体に力をかけて移動させるとき，力と，その力の方向に動いた距離との積を，「仕事」という。これは，実はベクトルの内積で表現すべきことなのだ。それを説明しよう。

移動前と移動後のそれぞれの位置ベクトルを $\mathbf{r}_0$, $\mathbf{r}_1$ とすると，$\Delta\mathbf{r} := \mathbf{r}_1 - \mathbf{r}_0$ は「移動した方向と距離」を持つベクトルである。そういうのを「変位ベクトル」とか，単に「変位」という。また，かかる力を $\mathbf{F}$ とする。$\Delta\mathbf{r}$ と $\mathbf{F}$ のなす角を θ と呼ぼう。すると，「その力の方向に動いた距離」は，$\Delta\mathbf{r}$ を $\mathbf{F}$ に落とした正射影の長さであり，それは，$|\Delta\mathbf{r}|\cos\theta$ である。従って，仕事は $|\mathbf{F}||\Delta\mathbf{r}|\cos\theta$ となる…ちょっと待て！ それって，結局，$\mathbf{F} \bullet \Delta\mathbf{r}$ じゃないか！ そうなのだ。仕事とは，要するに「力と変位の内積」なのだ。「仕事＝力かける距離」とよく言うが，その「かける」は内積なのだ。

外積も物理で使う。以下のような物理量は，外積を使わないと表現できない：

- 力のモーメント（トルク）：$\mathbf{r} \times \mathbf{F}$
- 角運動量：$\mathbf{r} \times \mathbf{p}$
- 磁力：$q\mathbf{v} \times \mathbf{B}$

ここで，$\mathbf{r}$ は質点の位置ベクトル，$\mathbf{F}$ は質点にかかる力，$\mathbf{p}$ は質点の運動量（＝質量と速度の積），q は電荷量，$\mathbf{B}$ は磁束密度という量である。

これらの量や式が意味するところは，いずれ「物理学」で学ぶだろう。その準備のためにも，今ここで，外積についてしっかり学んでおこう。

よくある質問 95 中 3 のとき「右ネジの法則」を習いましたが，外積と関係あるのですか？… フレミングの法則ですね。そういうのは本来，全て外積で書くものです。それを理解すれば，親指が何で人差し指が何で…と覚える必要ありません。また，「てこの原理」も外積で書けます。

問 259 2 つのベクトル：

$$\mathbf{a}(t) = \begin{bmatrix} a_1(t) \\ a_2(t) \\ a_3(t) \end{bmatrix}, \quad \mathbf{b}(t) = \begin{bmatrix} b_1(t) \\ b_2(t) \\ b_3(t) \end{bmatrix}$$

が，ともに変数 t の関数であるとする。以下の式を証明せよ：

$$(\mathbf{a} \bullet \mathbf{b})' = \mathbf{a}' \bullet \mathbf{b} + \mathbf{a} \bullet \mathbf{b}' \qquad (10.67)$$
$$(\mathbf{a} \times \mathbf{b})' = \mathbf{a}' \times \mathbf{b} + \mathbf{a} \times \mathbf{b}' \qquad (10.68)$$

ヒント：$(\mathbf{a} \bullet \mathbf{b})$ や $(\mathbf{a} \times \mathbf{b})$ を成分で表して，愚直に積の微分の公式を適用していけばよい。

10.11 ベクトルの応用

科学では「重心」という言葉をよく耳にする。重心は，感覚的には，物体を 1 点で支える時，その点で支えれば重力がバランスして，傾いたり転げ落ちたりしないような点のことである。実は，そういうのを含むようなきちんとした数学的な定義がある。それがこれだ：

物体を n 個の質点（質量はあるが形や大きさの無い点）が構成する時，

$$\mathbf{G} := \frac{m_1 \mathbf{r}_1 + m_2 \mathbf{r}_2 + \cdots + m_k \mathbf{r}_k + \cdots + m_n \mathbf{r}_n}{m_1 + m_2 + \cdots + m_k + \cdots + m_n} \tag{10.69}$$

を位置ベクトルにとるような点を重心という（定義）。ここで，m_k は k 番目の質点の質量，$\mathbf{r}_k$ は k 番目の質点の位置ベクトルである。

このように定義された点で物体を支えると物体は転ばないことは，数学的に証明できる。

例 10.6 同じ質量 m の 4 個の質点（位置ベクトルをそれぞれ $\mathbf{r}_1 \sim \mathbf{r}_4$ とする）がつながってできている物体を考える。その重心の位置ベクトルは，

$$\begin{aligned}\mathbf{G} &:= \frac{m\mathbf{r}_1 + m\mathbf{r}_2 + m\mathbf{r}_3 + m\mathbf{r}_4}{m + m + m + m} \\ &= \frac{\mathbf{r}_1 + \mathbf{r}_2 + \mathbf{r}_3 + \mathbf{r}_4}{4}\end{aligned} \tag{10.70}$$

となる。

例 10.7 異なる質量を持つ 2 個の質点がつながってできている物体を考える。質点 1 の質量と位置ベクトルを $m_1, \mathbf{r}_1$ とし，質点 2 の質量と位置ベクトルを $m_2, \mathbf{r}_2$ とする。重心の位置ベクトルは，

$$\mathbf{G} := \frac{m_1 \mathbf{r}_1 + m_2 \mathbf{r}_2}{m_1 + m_2} \tag{10.71}$$

となる。これを式 (10.3) と比べると，この重心は，質点 1 と質点 2 を結ぶ線分を，$m_2 : m_1$ の比に内分する点だとわかる。（例おわり）

さて，重心を利用して，化学で出てくる重要な問題を解いてみよう。

正四面体は，有機物を作る骨格，つまり炭素原子の配位に関する最も単純な幾何学的モデルであり，タンパク質や糖類などの巨大分子の機能や性質は，その立体的な幾何学構造から理解される。ベクトルを使って，正四面体の中心から頂点に伸びる線分どうしのなす角の大きさ（正四面体角）を求めてみよう。

問 260 図 10.6 のような正四面体を考える。一つの頂点を原点 O とし，残りの 3 つの頂点を点 A，点 B，点 C とする。一辺の長さを L とする。すなわち，OA = OB = OC = AB = BC = CA = L である。この正四面体の各頂点に同じ質量の質点がある

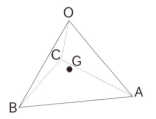

図 10.6　正四面体 OABC。問 260 参照。

と考え，その重心を点 G とする。式 (10.70) から，

$$\overrightarrow{OG} = \frac{\overrightarrow{OA} + \overrightarrow{OB} + \overrightarrow{OC}}{4} \tag{10.72}$$

である。

(1) 次式を示せ：

$$\overrightarrow{OA} \bullet \overrightarrow{OB} = \overrightarrow{OB} \bullet \overrightarrow{OC} = \overrightarrow{OC} \bullet \overrightarrow{OA} = \frac{L^2}{2} \tag{10.73}$$

（ヒント：三角形 OAB は一辺 L の正三角形）

(2) 式 (10.72)，式 (10.73) を使って次式を示せ：

$$OG = \frac{\sqrt{6}}{4} L \tag{10.74}$$

（ヒント：まず式 (10.72) を使って $\overrightarrow{OG} \bullet \overrightarrow{OG}$ を計算する。）

(3) 正四面体角を θ とする。式 (10.74) を使って次式を示せ：

$$\overrightarrow{GO} \bullet \overrightarrow{GA} = \frac{3}{8} L^2 \cos \theta \tag{10.75}$$

（ヒント：内積の定義を素直に使う。GO = GA に注意せよ。）

(4) 次式を示せ：

$$\overrightarrow{GA} = \frac{3\overrightarrow{OA} - \overrightarrow{OB} - \overrightarrow{OC}}{4} \tag{10.76}$$

（ヒント：$\overrightarrow{GA} = \overrightarrow{OA} - \overrightarrow{OG}$）

(5) 式 (10.72)，式 (10.76) を使って次式を示せ：

$$\overrightarrow{GO} \bullet \overrightarrow{GA} = -\frac{L^2}{8} \tag{10.77}$$

（ヒント：$\overrightarrow{GO} = -\overrightarrow{OG}$）

(6) 式 (10.75)，式 (10.77) を使って，$\cos \theta$ の値を求めよ。

(7) 関数電卓を使って，θ の値を，ラジアンと度分秒で表せ。

ベクトルの応用例をもうひとつ（しかも全く違う話題）やってみよう。

問 261 ある農地において，防風林（風を遮るために農地近辺に作られる林）を造成するために，気象観測を行った。その結果，風向と風速に関する，以下の表のようなデータを得た。風は主にどちらの方向から吹いていたか？

表 10.1 ある日の風向風速観測結果

時刻	風向（北からの角度）	風速（m/s）
00:00	15	3.0
06:00	40	5.2
12:00	320	1.5
18:00	260	2.0

ヒント：風向と風速は，一種の極座標である（式 (7.64)）。各時刻の風をベクトルとしてあらわし，その成分を平均する。電卓等を使うこと。なお，一般的に，「風向」とは，風が吹いて来る方向を表す。たとえば「北よりの風」とは，北から吹いてくる風であり，北へ吹いていく風ではない。風向は「北より」を 0 度とし，北→東→南→西の時計回り順に増えるとする。たとえば風向 45 度は北東よりの風，風向 90 度は東よりの風である。

10.12 4次元以上の数ベクトル

10.4 節で，「ベクトルを座標で複数個の数（スカラー）を並べた形で表すとき，それを数ベクトルと呼ぶ」と述べた。今，ここでそれを撤回する。実は，数ベクトルの本当の定義はもっとシンプルであり，ぶっちゃけ，「数（スカラー）を並べたもの」である。座標はそもそも数ベクトルの本質には関係ない。それがどのような幾何ベクトルを表すかはおかまいなしに，数を適当に並べたものが数ベクトルである。並べる数は何個でもよい。たとえば $(1, 3, 2, -6, 3, 5)$ も数ベクトルである。

先に，幾何ベクトルと数ベクトルは同じものを表すと言ったが，あれも撤回する。本来，両者は別の概念だ。というか，片方は矢印，もう片方は数字の羅列なのだから，それらが「同じ」という方が不自然である。

数ベクトルを構成するひとつひとつの数を，成分とい

い，成分の数を次元という。たとえば $(2, -1, 4, 3)$ は 4 次元の数ベクトルであり，その 2 番目の成分は -1 である[*9]。

よくある質問 96 4 次元の数ベクトルなんて，イメージできません。… 数を 4 つ並べただけですよ。

よくある質問 97 それがどういう図形というか空間の中の存在になるのかがわからないのです。… それは考える必要ないのです。数ベクトルは単に「数を並べたもの」です。図形とかをイメージしたくなるのは，数ベクトルと幾何ベクトルをまだごっちゃにして考えているからです。たまたま 2 次元や 3 次元のときは，幾何ベクトルと数ベクトルを区別せずに使うと便利だったからそうしただけです。4 次元以上では，幾何ベクトルのことは忘れて下さい。

4 次元以上の数ベクトルは，もはや平面や空間の図形を扱う道具ではない。それらとは全く異なる用途を持つのだ。

例 10.8 A 君は，大学入試センター試験で，英語，数学，国語，理科のそれぞれで，120 点，130 点，90 点，80 点という成績をとった。それを順に並べると，$\mathbf{a} = (120, 130, 90, 80)$ 点となる。これは A 君の得点を表すベクトルである。（例おわり）

このような例も，立派な数ベクトルである。そこにはもはや，「向き」とか「大きさ」は存在しない。A 君が「理系向き」とか「文系向き」みたいな意味での「向き不向き」はあるかもしれないが（笑）。

よくある質問 98 こんなの何の役に立つのですか？ わざわざ「数ベクトル」にする必要や意義って何ですか？… まあそう言わずに。どう役立つかは，勉強していればそのうちわかるとしか今は言えません。大事なことは，「ベクトル」を単に幾何学の道具と思っていてはダメだということです。

さて，4 次元以上の数ベクトルについては，もは

[*9] 数ベクトルでは，成分の並び順も大切である。たとえば $(2, -1, 4, 3)$ と $(2, 3, 4, -1)$ は違う数ベクトルである。

や「ベクトルどうしのなす角」など定義もイメージもできない。従って，式 (10.18) のような式で「内積」を考えることはできない。しかし！ 式 (10.28) を見てみよう。「成分どうしをかけて足す」ことならば，4 次元以上の数ベクトルでもできるではないか！ そう，実は 4 次元以上の数ベクトルの内積は，そうやって定義するのである。

例 10.9 A 君が志望する B 大学 C 学部は，英語をとても重視するところで，英語を 2 倍の点数で評価するが，なぜか理科には冷たくて，0.5 倍の点数で評価するとしよう。つまり，B 大学 C 学部の「大学入試センター試験の重み」は英語，数学，国語，理科の順に $\mathbf{c} = (2, 1, 1, 0.5)$ となる。この場合，A 君の得点は，B 大学 C 学部では，120 点 × 2 + 130 点 × 1 + 90 点 × 1 + 80 点 × 0.5 = 500 点 となる。これはなんと，$\mathbf{a}$ と $\mathbf{c}$ の内積，つまり $\mathbf{a} \bullet \mathbf{c}$ ではないか!!

<u>よくある質問 99</u> p.34 には，「数を適当な順番に並べたものを数列という」と書いてあります。でも，p.167 には，「数（スカラー）を並べたもの」が数ベクトルであるとも書いてあります。数列と数ベクトルってどう違うのですか？… 同じです。強いて言えば，数がだんだんどのように変わっていくかとか，並べ方の規則性に関心があるときは数列と言うし，そうでないときは数ベクトルと言います。

10.13　本当のベクトルとは

前節を読んで君は「結局ベクトルって何なんだ？」という気持ちになってしまっただろう。

実は，「ベクトルは向きと大きさを持つ量である」ということ自体を撤回せねばならない。実際，4 次元以上の数ベクトルについては，向きや大きさを考えることはできないし，意味が無い[*10]。

<u>よくある質問 100</u> 撤回って…なんでそんな嘘を教えたのですか？… 嘘ではありません。我々はここでベクトルの概念を「拡張」するのです。

ならベクトルとは何だろう？ それを知るには，数ベクトルについてもう少し考えよう。

まず，同じ次元の数ベクトル同士は，足すことができる（それぞれの成分どうしを足せばよい）。また，数ベクトルをスカラー倍することもできる（それぞれの成分をスカラー倍すればよい）。

ここで幾何ベクトルに話を戻すと，幾何ベクトルどうしも足すことができる（平行四辺形を描けばよい）し，幾何ベクトルをスカラー倍することもできる（矢印の長さを何倍かすればよい）。

このように，「足す」ことと「スカラー倍する」ことができる，というのが数ベクトルと幾何ベクトルに共通する性質である。もう少し丁寧にいうと，「2 つのベクトル $\mathbf{a}, \mathbf{b}$ と，任意のスカラー α, β に対して，

$$\alpha \mathbf{a} + \beta \mathbf{b} \tag{10.78}$$

のように，それぞれのベクトルをスカラー倍して足しあわせることができる（そしてその結果もベクトルになる）。」という性質を，数ベクトルも幾何ベクトルも持っている。このように，「スカラー倍して足す」ことができるような量のことを，<u>ベクトル</u> (vector) と呼ぶのだ！ そして，式 (10.78) のように複数（3 つ以上でもよい）のベクトルをスカラー倍して足すことを<u>線型結合</u>[*11] (linear combination) とか<u>一次結合</u>と呼ぶ。

問 262 線型結合とは何か？

<u>よくある質問 101</u> 線型結合ができるもの，といっても，幾何ベクトルと数ベクトルしか思いつきませんが，他に何がありますか？… たくさんあります。たとえば 2 次関数。2 次関数のスカラー倍は 2 次関数だし，2 次関数どうしの和も 2 次関数です。だから 2 次関数はベクトルだ，と言っても OK なのです。

<u>よくある質問 102</u> えっ…!? そんなムチャな。関数がベクトルなのですか？… はい，そうです。大学数学では関数をベクトルとして扱います。

<u>よくある質問 103</u> よくわかんないですが，関数をベクトルとして扱うことに，何のメリットがあ

[*10] いや，私は 4 次元空間がイメージできる！という数学者もいるらしい。数学者スゲー!!

[*11]「線型」を「線形」と書くこともある。どちらでもよい。

るのですか?… たとえば式 (9.2) で学んだマクローリン展開を見てみましょう。これは, ある関数 $f(x)$ を, $1, x, x^2, \cdots$ という, 「x^n の形の関数」をスカラー倍 ($f^{(n)}(0)/n!$ 倍) して足し合わせたものになっていますよね? これは, $f(x)$ を $1, x, x^2, \cdots$ で分解したものと言ってもよいでしょう。それはあたかも, 力のベクトルをいくつかの力のベクトルに分解するのと同じようなもの(と考えるの)です。他にも, 関数を多くの三角関数の和(というか線型結合)で表す手法があります。これを「フーリエ級数展開」とか「フーリエ解析」と呼びます。関数をフーリエ解析した結果のことを「スペクトル」と呼びます。具体的には, 音や光といった波や, 振動現象などについて, スペクトルは重要な概念です。様々な波長の光を使って果物や食品を検査したり, 人工衛星を使って地球の大気の二酸化炭素濃度を測ったり, ということに, この手法は使われます。

その背景にあるのは, 音や光などの現象自体が, それぞれ重ね合わせ(線型結合)できるという性質です(そしてその性質は, 物理学の多くの基本法則が内包している性質です)。高校物理で, 音の「共鳴」や光の「干渉」を習ったでしょ? 複数の音を重ねあわせたり, 複数の光を重ねあわせることで, 様々な現象が説明できるのでした。そのように, 複数の現象を重ねあわせることができるという法則を, その名もズバリ, 「重ね合わせの原理」と呼びます(ただし, 重ね合わせの原理が成り立たない現象もあります)。「重ね合わせの原理」を使うことで, 個々の現象をベクトルととらえ, その線型結合でより複雑な現象を理解したり再現したりできるのです。たとえば波に関する「ホイヘンスの原理」は「重ね合わせの原理」の一種です。

実は, この「重ね合わせの原理」は, 原子や分子の中の電子の挙動を表す「量子力学」の中心的な原理です。「シュレーディンガー方程式」とか「波動関数」という概念の根本にあるアイデアです。「量子力学的な現象には重ね合わせの原理が成り立つ」ということを, 大前提(第一原理; 基本法則)として, 理由を問わずに認めてしまうのです。そうすると, なぜかうまくいくのです!!

ベクトルは, この「重ね合わせの原理」を支える数学的な基礎なのです。高校で平面や空間の矢印でベクトルの操作を学んだのは, この「重ねあわせの原理」を理解して使いこなすための準備運動でもあったのです。

ベクトルは, 君がこれまで思っていたよりも, ずっとずっと広い概念であり, ずっとずっと多くの分野で使われる, 重要な概念であり重要な道具なのだ, ということを心に留めておいてほしい。

演習問題 15 三角形 ABC の各頂点に, 互いに等しい質量のおもりがくっついている。辺 BC の中点を D とすると, この 3 つのおもりの重心は, 線分 AD を $2:1$ に内分する点にあることを, 位置ベクトルを使って示せ。ヒント: A, B, C の各位置ベクトルを $\mathbf{a}, \mathbf{b}, \mathbf{c}$ とすると, 3 つのおもりの重心の位置ベクトル $\mathbf{r}$ は, $\mathbf{r} = (\mathbf{a} + \mathbf{b} + \mathbf{c})/3$ である(これは重心の定義)。

演習問題 16 直線 $ax + by + c = 0$ と, 直線外の点 $P(x_0, y_0)$ があったとする(a, b, c, x_0, y_0 は任意の定数で, a と b のどちらかは 0 以外)。P からこの直線への距離は,

$$\frac{|ax_0 + by_0 + c|}{\sqrt{a^2 + b^2}} \tag{10.79}$$

で与えられることを示せ。ヒント: 点 P から直線へ下ろした垂線の足を点 $Q(x_1, y_1)$ として, (x_1, y_1) を求める。そのためには, $\overrightarrow{PQ}$ が直線の法線ベクトル (a, b) と平行であることと, Q が直線上にあることを使う。そうして求まった Q の座標を使って, PQ の距離を計算すれば OK。

演習問題 17 外積の定理 2 を証明しよう。2 つの空間ベクトルについて以下に答えよ:

$$\mathbf{a} = \begin{bmatrix} a_1 \\ a_2 \\ a_3 \end{bmatrix}, \quad \mathbf{b} = \begin{bmatrix} b_1 \\ b_2 \\ b_3 \end{bmatrix} \tag{10.80}$$

(1) $|\mathbf{a} \times \mathbf{b}|^2$ が次式になることを示せ:

$$a_1^2 b_2^2 + a_1^2 b_3^2 + a_2^2 b_1^2 + a_2^2 b_3^2 + a_3^2 b_1^2 + a_3^2 b_2^2$$
$$-2(a_1 a_2 b_1 b_2 + a_2 a_3 b_2 b_3 + a_3 a_1 b_3 b_1)$$
$$\tag{10.81}$$

(2) 式 (10.31) を使って, $\mathbf{a}$ と $\mathbf{b}$ が張る平行四辺形の面積を計算せよ(愚直に計算!)。その結果を変形し, その 2 乗が式 (10.81) に一致する

ことを示せ。注：式 (10.31) は三角形の面積。平行四辺形はその倍！

問の解答

答 227 略。図の上に作図してみよ。ベクトルはどこに置くかを問題としないことに注意！

答 228 点 A, B の位置ベクトルをそれぞれ $\mathbf{a}, \mathbf{b}$ とすると

(1) $\dfrac{2\mathbf{a}+\mathbf{b}}{3} = \left(\dfrac{11}{3}, \dfrac{16}{3}\right)$

(2) $\dfrac{\mathbf{a}+2\mathbf{b}}{3} = \left(\dfrac{10}{3}, \dfrac{17}{3}\right)$

答 229

(1) $2\mathbf{a} = 2(1,2) = (2,4)$

(2) $\mathbf{a}-\mathbf{b} = (1,2)-(2,3) = (-1,-1)$

答 230 $2\mathbf{a}=(2,4,-2)$。$3\mathbf{a}-2\mathbf{b}=(-1,8,1)$。

答 231 $\mathbf{a}=k\mathbf{b}$ と置く (k は未知の定数)。これを成分で書くと，$(1,2,6)=k(x,y,-2)$。各成分では，$1=kx$, $2=ky$, $6=-2k$。最後の式から $k=-3$。これを他の式に代入し，$1=-3x$, $2=-3y$。従って，$x=-1/3$, $y=-2/3$。

答 232 略解 (1) $\sqrt{3}$ (2) 5 (3) 0

答 233 $\mathbf{a}$ を平面ベクトル (a_1, a_2) とすると，

$$|\alpha \mathbf{a}| = |\alpha(a_1, a_2)| = |(\alpha a_1, \alpha a_2)|$$
$$= \sqrt{(\alpha a_1)^2+(\alpha a_2)^2} = \sqrt{\alpha^2(a_1^2+a_2^2)}$$
$$= \sqrt{\alpha^2}\sqrt{(a_1^2+a_2^2)} = |\alpha||\mathbf{a}|$$

$\mathbf{a}$ が空間ベクトルのときも同様 (成分が 1 つ増えるだけで同じ手順)。

答 234

(1) $|(1,0)| = \sqrt{1^2+0^2} = 1$

(2) $|(-1/\sqrt{2}, -1/\sqrt{2})| = \sqrt{(-1/\sqrt{2})^2+(-1/\sqrt{2})^2}$
$= \sqrt{1/2+1/2} = \sqrt{1} = 1$

(3) $|(1/\sqrt{3}, 1/\sqrt{3}, 1/\sqrt{3})|$
$= \sqrt{(1/\sqrt{3}))^2+(1/\sqrt{3}))^2+(1/\sqrt{3}))^2}$
$= \sqrt{1/3+1/3+1/3} = \sqrt{1} = 1$

(4) $|(\cos\theta, \sin\theta)| = \sqrt{\cos^2\theta+\sin^2\theta} = 1$

(5) $|\mathbf{a}/|\mathbf{a}|| = |\mathbf{a}|/|\mathbf{a}| = 1$

答 235 $\mathbf{a}\bullet\mathbf{a} = |\mathbf{a}||\mathbf{a}|\cos 0° = |\mathbf{a}|^2$

答 236 $\mathbf{a},\mathbf{b}$ のなす角を θ とする。$\mathbf{a}\bullet\mathbf{b}=|\mathbf{a}||\mathbf{b}|\cos\theta=0$, $|\mathbf{a}|\ne 0$, $|\mathbf{b}|\ne 0$ より，$\cos\theta=0$。よって，$\theta=90°$

答 237 $\mathbf{a}\bullet\mathbf{b}=|\mathbf{a}||\mathbf{b}|\cos\theta \Leftrightarrow \cos\theta = \dfrac{\mathbf{a}\bullet\mathbf{b}}{|\mathbf{a}||\mathbf{b}|}$

答 239 $\mathbf{a}\bullet\mathbf{b} = 1\cdot 2 + 2\cdot 3 = 8$

答 240 $(1,2,-1)\bullet(3,-4,5) = 3-8-5 = -10$

答 241 式 (10.21) を使って，$\cos\theta = 1/\sqrt{5}$

答 242 角 AOB の大きさを θ とする。OP=OA$\cos\theta$ である。一方，$\mathbf{a}\bullet\mathbf{e}_b = |\mathbf{a}||\mathbf{e}_b|\cos\theta$ である。ところが，$\mathbf{a}$ の長さは OA で，$\mathbf{e}_b$ の長さは 1 だから，$\mathbf{a}\bullet\mathbf{e}_b=\mathrm{OA}\cos\theta$ となる。これは，OP に等しい。

答 243 $\mathbf{b}$ に平行で長さ 1 のベクトル $\mathbf{e}_b$ は，問 234 の (5) より，$\mathbf{e}_b=\mathbf{b}/|\mathbf{b}|=(-1/\sqrt{10}, 3/\sqrt{10})$。従って，$\mathbf{a}\bullet\mathbf{e}_b = 2/\sqrt{10} = \sqrt{10}/5$

答 244 (1) 角 AOB を θ とする。式 (7.48) で，$a=|\mathbf{a}|$, $b=|\mathbf{b}|$ とすれば，$s=\dfrac{1}{2}|\mathbf{a}||\mathbf{b}|\sin\theta$。ここで $\sin\theta=\sqrt{1-\cos^2\theta}$ であり，式 (10.21) より，

$$\sin\theta = \sqrt{1-\left(\dfrac{\mathbf{a}\bullet\mathbf{b}}{|\mathbf{a}||\mathbf{b}|}\right)^2}$$ である。従って，$s=$

$\dfrac{1}{2}|\mathbf{a}||\mathbf{b}|\sqrt{1-\left(\dfrac{\mathbf{a}\bullet\mathbf{b}}{|\mathbf{a}||\mathbf{b}|}\right)^2} = \dfrac{1}{2}\sqrt{|\mathbf{a}|^2|\mathbf{b}|^2-(\mathbf{a}\bullet\mathbf{b})^2}$

(2) $|\mathbf{a}|^2=a^2+b^2$, $|\mathbf{b}|^2=c^2+d^2$, $\mathbf{a}\bullet\mathbf{b}=ac+bd$ を前小問の結果に代入して，

$$s = \dfrac{\sqrt{(a^2+b^2)(c^2+d^2)-(ac+bd)^2}}{2}$$
$$= \dfrac{\sqrt{a^2d^2+b^2c^2-2abcd}}{2}$$
$$= \dfrac{\sqrt{(ad)^2-2(ad)(bc)+(bc)^2}}{2}$$
$$= \dfrac{\sqrt{(ad-bc)^2}}{2} = \dfrac{|ad-bc|}{2}$$

(3) 前小問の結果から，

$$s = \dfrac{|1\cdot 4 - 2\cdot 3|}{2} = \dfrac{|4-6|}{2} = 1$$

答 245 $(3,-1)$ が法線ベクトルだから，$3x-y+c=0$ という形の方程式になる (c は定数)。ここで $(1,2)$ を代入すれば，$3-2+c=0$ より，$c=-1$。従って，$3x-y-1=0$。

答 246 $(1,1)$ が法線ベクトルだから，$x+y+c=0$ という形の方程式になる (c は定数)。ここで $(1,2)$ を代入すれば，$1+2+c=0$ より，$c=-3$。従って，$x+y-3=0$。

答 247 $(1,2,-1)$ が法線ベクトルだから，

$$x+2y-z+d=0$$

という形の方程式になる (d は定数)。ここで $(0,0,1)$

を代入すれば，$-1 + d = 0$ より，$d = 1$。従って，$x + 2y - z + 1 = 0$

答 248

(1) $\mathbf{n}$ と $\mathbf{a}$ が垂直だから，$\mathbf{n} \bullet \mathbf{a} = p + q - 3r = 0$
(2) $\mathbf{n}$ と $\mathbf{b}$ が垂直だから，$\mathbf{n} \bullet \mathbf{b} = p + 2q + r = 0$
(3) 上の 2 つの式から q を消すと，$p = 7r$。上の 2 つの式から p を消すと，$q = -4r$
(4) 前小問より，
$(p, q, r) = (7r, -4r, r) = r(7, -4, 1)$。
(5) 法線ベクトルを $(7, -4, 1)$ として，平面を表す式は $7x - 4y + z + d = 0$ と書ける（d は未知の定数）。これに $(0, 0, 1)$ を入れると，$1 + d = 0$。よって $d = -1$。従って，求める式は $7x - 4y + z - 1 = 0$

答 249

$$(\mathbf{a} \times \mathbf{b}) \bullet \mathbf{a} = \begin{bmatrix} a_2 b_3 - a_3 b_2 \\ a_3 b_1 - a_1 b_3 \\ a_1 b_2 - a_2 b_1 \end{bmatrix} \bullet \begin{bmatrix} a_1 \\ a_2 \\ a_3 \end{bmatrix}$$
$$= (a_2 b_3 - a_3 b_2) a_1 + (a_3 b_1 - a_1 b_3) a_2$$
$$+ (a_1 b_2 - a_2 b_1) a_3$$
$$= a_1 a_2 b_3 - a_1 a_3 b_2 + a_2 a_3 b_1 - a_1 a_2 b_3$$
$$+ a_1 a_3 b_2 - a_2 a_3 b_1 = 0$$

$(\mathbf{a} \times \mathbf{b}) \bullet \mathbf{b}$ については解答略。

答 250 （略解）結果だけ示す：$(7, -4, 1)$

答 251 （略解）

(1) $\mathbf{a} \times \mathbf{b} = (-2, 1, -1)$
平行四辺形の面積は，$|(-2, 1, -1)| = \sqrt{6}$。
(2) $\mathbf{a} \times \mathbf{b} = (-1, -3, 1)$
平行四辺形の面積は，$|(-1, -3, 1)| = \sqrt{11}$。

答 252

$$\mathbf{b} \times \mathbf{a} = \begin{bmatrix} b_1 \\ b_2 \\ b_3 \end{bmatrix} \times \begin{bmatrix} a_1 \\ a_2 \\ a_3 \end{bmatrix} = \begin{bmatrix} b_2 a_3 - b_3 a_2 \\ b_3 a_1 - b_1 a_3 \\ b_1 a_2 - b_2 a_1 \end{bmatrix}$$
$$= \begin{bmatrix} a_3 b_2 - a_2 b_3 \\ a_1 b_3 - a_3 b_1 \\ a_2 b_1 - a_1 b_2 \end{bmatrix} = \begin{bmatrix} -a_2 b_3 + a_3 b_2 \\ -a_3 b_1 + a_1 b_3 \\ -a_1 b_2 + a_2 b_1 \end{bmatrix}$$
$$= - \begin{bmatrix} a_2 b_3 - a_3 b_2 \\ a_3 b_1 - a_1 b_3 \\ a_1 b_2 - a_2 b_1 \end{bmatrix} = -\mathbf{a} \times \mathbf{b}$$

答 253 式 (10.51) で $\mathbf{b}$ に $\mathbf{a}$ を入れると，$\mathbf{a} \times \mathbf{a} = -\mathbf{a} \times \mathbf{a}$。右辺を左辺に移項して，$2\mathbf{a} \times \mathbf{a} = \mathbf{0}$。両辺を 2 で割って与式を得る。

答 254 略（成分に基づいて計算するだけ）。

答 255

$\mathbf{a} = \begin{bmatrix} a_1 \\ a_2 \\ a_3 \end{bmatrix}, \mathbf{b} = \begin{bmatrix} b_1 \\ b_2 \\ b_3 \end{bmatrix}, \mathbf{c} = \begin{bmatrix} c_1 \\ c_2 \\ c_3 \end{bmatrix}$ とする。

$$(p\mathbf{a}) \times \mathbf{b} = \begin{bmatrix} pa_1 \\ pa_2 \\ pa_3 \end{bmatrix} \times \begin{bmatrix} b_1 \\ b_2 \\ b_3 \end{bmatrix} = \begin{bmatrix} pa_2 b_3 - pa_3 b_2 \\ pa_3 b_1 - pa_1 b_3 \\ pa_1 b_2 - pa_2 b_1 \end{bmatrix}$$

$= p(\mathbf{a} \times \mathbf{b})$。従って式 (10.58) が成り立つ。

$$(\mathbf{a} + \mathbf{b}) \times \mathbf{c} = \begin{bmatrix} a_1 + b_1 \\ a_2 + b_2 \\ a_3 + b_3 \end{bmatrix} \times \begin{bmatrix} c_1 \\ c_2 \\ c_3 \end{bmatrix}$$
$$= \begin{bmatrix} (a_2 + b_2) c_3 - (a_3 + b_3) c_2 \\ (a_3 + b_3) c_1 - (a_1 + b_1) c_3 \\ (a_1 + b_1) c_2 - (a_2 + b_2) c_1 \end{bmatrix}$$
$$= \begin{bmatrix} a_2 c_3 - a_3 c_2 \\ a_3 c_1 - a_1 c_3 \\ a_1 c_2 - a_2 c_1 \end{bmatrix} + \begin{bmatrix} b_2 c_3 - b_3 c_2 \\ b_3 c_1 - b_1 c_3 \\ b_1 c_2 - b_2 c_1 \end{bmatrix}$$
$$= \mathbf{a} \times \mathbf{c} + \mathbf{b} \times \mathbf{c}$$

従って式 (10.59) が成り立つ。

答 257 $\mathbf{r}(t) = (v_0 t, -gt^2/2) = (x, y)$ と置く。(1) x, y から t を消去して，$y = -gx^2/(2v_0^2)$。これを xy 平面にプロットすると，原点を頂点とする，上に凸の放物線になる。(2) $\mathbf{v}(t) = \mathbf{r}'(t) = (v_0, -gt)$ (3) $\mathbf{a}(t) = \mathbf{v}'(t) = (0, -g)$。なお，この点の運動は，水平方向に初速 v_0 で投げたボールの運動である。

答 258

(1) $\mathbf{v}(t) = \mathbf{r}'(t) = ((r \cos \omega t)', (r \sin \omega t)')$
$= (-r\omega \sin \omega t, r\omega \cos \omega t)$
$|\mathbf{v}(t)| = |(-r\omega \sin \omega t, r\omega \cos \omega t)|$
$= r\omega |(-\sin \omega t, \cos \omega t)| = r\omega$
(2) $\mathbf{a}(t) = \mathbf{v}'(t) = ((-r\omega \sin \omega t)', (r\omega \cos \omega t)')$
$= (-r\omega^2 \cos \omega t, -r\omega^2 \sin \omega t)$
$|\mathbf{a}(t)| = |(-r\omega^2 \cos \omega t, -r\omega^2 \sin \omega t)|$
$= r\omega^2 |(-\cos \omega t, -\sin \omega t)| = r\omega^2$
(3) $\mathbf{r}(t) \bullet \mathbf{v}(t)$
$= (r \cos \omega t, r \sin \omega t) \bullet (-r\omega \sin \omega t, r\omega \cos \omega t)$
$= -r^2 \omega \cos \omega t \sin \omega t + r^2 \omega \sin \omega t \cos \omega t = 0$
内積が 0 だからこれらのベクトルは互いに直交。(4)
$\mathbf{v}(t) \bullet \mathbf{a}(t) = (-r\omega \sin \omega t, r\omega \cos \omega t)$
$\bullet (-r\omega^2 \cos \omega t, -r\omega^2 \sin \omega t)$
$= r^2 \omega^3 \sin \omega t \cos \omega t - r^2 \omega^3 \cos \omega t \sin \omega t = 0$
内積が 0 だからこれらのベクトルは互いに直交。(5)
$\mathbf{a}(t) = -\omega^2 (r \cos \omega t, r \sin \omega t) = -\omega^2 \mathbf{r}(t)$。従って，$\mathbf{a}(t)$ と $\mathbf{r}(t)$ は平行。ここで ω^2 は常に正だから，$-\omega^2$ は負。

従って，$\mathbf{a}(t)$ と $\mathbf{r}(t)$ は，向きが逆。(6) (1) より，速度の大きさ $|\mathbf{v}|$ は角速度 ω に比例する。従って，ω が 2 倍になると，$|\mathbf{v}|$ は 2 倍になる。(2) より，加速度の大きさ $|\mathbf{a}|$ は ω^2 に比例する。従って，ω が 2 倍になると，$|\mathbf{a}|$ は 4 倍になる。

答 259

$$(\mathbf{a} \bullet \mathbf{b})' = \bigl(a_1(t)b_1(t) + a_2(t)b_2(t) + a_3(t)b_3(t)\bigr)'$$
$$= \bigl(a_1(t)b_1(t)\bigr)' + \bigl(a_2(t)b_2(t)\bigr)' + \bigl(a_3(t)b_3(t)\bigr)'$$
$$= a_1'(t)b_1(t) + a_1(t)b_1'(t) + a_2'(t)b_2(t)$$
$$\quad + a_2(t)b_2'(t) + a_3'(t)b_3(t) + a_3(t)b_3'(t)$$
$$= \bigl(a_1'(t)b_1(t) + a_2'(t)b_2(t) + a_3'(t)b_3(t)\bigr)$$
$$\quad + \bigl(a_1(t)b_1'(t) + a_2(t)b_2'(t) + a_3(t)b_3'(t)\bigr)$$
$$= \bigl(a_1'(t), a_2'(t), a_3'(t)\bigr) \bullet \bigl(b_1(t), b_2(t), b_3(t)\bigr)$$
$$\quad + \bigl(a_1(t), a_2(t), a_3(t)\bigr) \bullet \bigl(b_1'(t), b_2'(t), b_3'(t)\bigr)$$
$$= \mathbf{a}' \bullet \mathbf{b} + \mathbf{a} \bullet \mathbf{b}'$$

$$(\mathbf{a} \times \mathbf{b})' = \left\{ \begin{bmatrix} a_1 \\ a_2 \\ a_3 \end{bmatrix} \times \begin{bmatrix} b_1 \\ b_2 \\ b_3 \end{bmatrix} \right\}' = \begin{bmatrix} a_2 b_3 - a_3 b_2 \\ a_3 b_1 - a_1 b_3 \\ a_1 b_2 - a_2 b_1 \end{bmatrix}'$$

$$= \begin{bmatrix} a_2' b_3 + a_2 b_3' - a_3' b_2 - a_3 b_2' \\ a_3' b_1 + a_3 b_1' - a_1' b_3 - a_1 b_3' \\ a_1' b_2 + a_1 b_2' - a_2' b_1 - a_2 b_1' \end{bmatrix}$$

$$= \begin{bmatrix} a_2' b_3 - a_3' b_2 \\ a_3' b_1 - a_1' b_3 \\ a_1' b_2 - a_2' b_1 \end{bmatrix} + \begin{bmatrix} a_2 b_3' - a_3 b_2' \\ a_3 b_1' - a_1 b_3' \\ a_1 b_2' - a_2 b_1' \end{bmatrix}$$

$$= \mathbf{a}' \times \mathbf{b} + \mathbf{a} \times \mathbf{b}'$$

答 260

(1) 三角形 OAB は正三角形だから，角 AOB=$\pi/3$ である。従って，$\overrightarrow{\text{OA}} \bullet \overrightarrow{\text{OB}} = |\overrightarrow{\text{OA}}||\overrightarrow{\text{OB}}| \cos(\pi/3) = L^2/2$。他も同様。

(2) 式 (10.72) より，

$$\text{OG}^2 = \overrightarrow{\text{OG}} \bullet \overrightarrow{\text{OG}}$$
$$= \frac{\overrightarrow{\text{OA}} + \overrightarrow{\text{OB}} + \overrightarrow{\text{OC}}}{4} \bullet \frac{\overrightarrow{\text{OA}} + \overrightarrow{\text{OB}} + \overrightarrow{\text{OC}}}{4}$$
$$= \frac{1}{16}(\text{OA}^2 + \text{OB}^2 + \text{OC}^2$$
$$\quad + 2\overrightarrow{\text{OA}} \bullet \overrightarrow{\text{OB}} + 2\overrightarrow{\text{OB}} \bullet \overrightarrow{\text{OC}} + 2\overrightarrow{\text{OC}} \bullet \overrightarrow{\text{OA}})$$
$$= \frac{1}{16}\Bigl(L^2 + L^2 + L^2$$
$$\quad + 2 \cdot \frac{L^2}{2} + 2 \cdot \frac{L^2}{2} + 2 \cdot \frac{L^2}{2}\Bigr) = \frac{1}{16} \cdot 6L^2$$

よって，$\text{OG} = \sqrt{\frac{1}{16} \cdot 6L^2} = \frac{\sqrt{6}}{4}L$

(3) G は重心だから，G から各頂点への距離は等しい。従って，GO=GA=OG。また，角 AGO は正四面体角 θ。従って，

$$\overrightarrow{\text{GO}} \bullet \overrightarrow{\text{GA}} = |\overrightarrow{\text{GO}}||\overrightarrow{\text{GA}}| \cos\theta = \text{OG}^2 \cos\theta$$

この右辺の OG に式 (10.74) を代入すれば，

$$= \frac{6}{16}L^2 \cos\theta = \frac{3}{8}L^2 \cos\theta$$

(4) $\overrightarrow{\text{GA}} = \overrightarrow{\text{OA}} - \overrightarrow{\text{OG}}$
$$= \overrightarrow{\text{OA}} - \frac{\overrightarrow{\text{OA}} + \overrightarrow{\text{OB}} + \overrightarrow{\text{OC}}}{4}$$
$$= \frac{3\overrightarrow{\text{OA}} - \overrightarrow{\text{OB}} - \overrightarrow{\text{OC}}}{4}$$

(5) $\overrightarrow{\text{GO}} \bullet \overrightarrow{\text{GA}} = -\overrightarrow{\text{OG}} \bullet \overrightarrow{\text{GA}}$
$$= -\frac{\overrightarrow{\text{OA}} + \overrightarrow{\text{OB}} + \overrightarrow{\text{OC}}}{4} \bullet \frac{3\overrightarrow{\text{OA}} - \overrightarrow{\text{OB}} - \overrightarrow{\text{OC}}}{4}$$
$$= -\frac{1}{16}(3\text{OA}^2 - \text{OB}^2 - \text{OC}^2$$
$$\quad + 2\overrightarrow{\text{OA}} \bullet \overrightarrow{\text{OB}} - 2\overrightarrow{\text{OB}} \bullet \overrightarrow{\text{OC}} + 2\overrightarrow{\text{OC}} \bullet \overrightarrow{\text{OA}})$$
$$= -\frac{1}{16}\Bigl(3L^2 - L^2 - L^2 + 2\frac{L^2}{2} - 2\frac{L^2}{2} + 2\frac{L^2}{2}\Bigr)$$
$$= -\frac{2L^2}{16} = -\frac{L^2}{8}$$

(6) 式 (10.75)，式 (10.77) より，$\frac{3}{8}L^2 \cos\theta = -\frac{L^2}{8}$。従って，$\cos\theta = -1/3$

(7) 電卓を使って，$\arccos(-1/3) \fallingdotseq 1.9106$ ラジアン $\fallingdotseq$ 109.4712 度 $\fallingdotseq$ 109 度 28 分 16 秒。

表10.2 ある日の風速ベクトル

時刻	U_x (m/s)	U_y (m/s)
00:00	-2.90	-0.78
06:00	-3.98	-3.34
12:00	-1.15	0.96
18:00	0.35	1.97
平均	-1.92	-0.30

答 261 北向きを x 軸，東向きを y 軸とするような座標系で，各時刻の風速を (U_x, U_y) とすると[*12]，00:00 の風向は $\theta = 15$ 度，風速は U=3.0 m/s だから，その東西方向成分は $U_x = -U\cos\theta = -3.0\,(\text{m/s})\cos(15$

[*12] たとえば「風速 2 m/s の北よりの風」をベクトルで表すと，$(-2, 0)$ m/s となる。マイナスがつくのは，「北よりの風」は北から南に向かう風であり，x 軸の正の方向から負の方向に向かうベクトルだからである。

度）＝ $-2.897\cdots$ m/s となり，南北方向成分は $U_y = -U\sin\theta = -3.0\,(\text{m/s})\sin(15\,\text{度}) = -0.776\cdots$ m/s となる。このような計算を他の時刻についても行うと上の表のようになる。U_x と U_y をそれぞれ平均すると，$-1.92\,\text{m/s}, -0.30\,\text{m/s}$ となる。改めてこれについて北からの角度を θ とすると，$\tan\theta = 0.30/1.92 = 0.157\cdots$ となる。従って，$\theta = \arctan 0.157\cdots = 0.156\cdots$ ラジアン $\fallingdotseq 8.9$ 度。すなわち，北から 8.9 度だけ東に向いた方向が，平均的な風向である。

第11章 線型代数学2：行列

11.1 行列とは

行列とは，数を格子状に並べたものである。

例 11.1 以下の A, B はともに行列である。

$$A = \begin{bmatrix} 1 & 2 & 3 \\ -1 & 1 & 0 \end{bmatrix}, \quad B = \begin{bmatrix} 1 & 3 \\ 2 & 4 \end{bmatrix} \tag{11.1}$$

(例おわり)

よくある質問 104 行列の括弧は [ ] ですか？ ( ) という括弧で書いている本もあるようですが。… どちらでも構いません。

行列の中の，横の並びを行という。たとえば，式 (11.1) の行列 A で，

$$\begin{bmatrix} 1 & 2 & 3 \end{bmatrix} \tag{11.2}$$

は，1番目の行であり，「第1行」と呼ばれる。行列の中の，縦の並びを列という。たとえば，式 (11.1) の行列 A で，

$$\begin{bmatrix} 2 \\ 1 \end{bmatrix} \tag{11.3}$$

は，2番目の列であり，「第2列」と呼ばれる。

この「行」だの「列」だのという言葉は，実は君は既に「ベクトル」の章で出会っている。数を横に並べた数ベクトルが行ベクトル，縦に並べた数ベクトルが列ベクトル，というやつだ。あの考え方を使って，行列を，「行ベクトルを並べたもの」とみなしてもよい。たとえば，式 (11.1) の A は，$(1, 2, 3)$ と $(-1, 1, 0)$ という2つの行ベクトルを縦に並べたもの，とみなすことができる。同様に，行列は，「列ベクトルを横に並べたもの」とみなしてもよい。たとえば，式 (11.1) の A は，

$$\begin{bmatrix} 1 \\ -1 \end{bmatrix}, \begin{bmatrix} 2 \\ 1 \end{bmatrix}, \begin{bmatrix} 3 \\ 0 \end{bmatrix} \tag{11.4}$$

という，3つの列ベクトルを順に左から並べたもの，とみなすことができる。このように行列をさまざまな観点で見ることは，行列を扱う際に重要である。

行の数を m，列の数を n とするような行列は，$m \times n$ 行列と呼ばれる。式 (11.1) の行列 A は 2×3 行列である。また，式 (11.3) は 2×1 行列，式 (11.2) は 1×3 行列とみなせる。

特に，正方形状に数が並んでいる場合，つまり行数と列数が等しい場合，その行列は正方行列という。$n \times n$ 行列のことを n 次の正方行列という。このときの自然数 n，つまりその正方行列の列数（行数でもある）を，その正方行列の次数という。たとえば式 (11.1) の行列 B は2次の正方行列である。

行列を構成するひとつひとつの数のことを，その行列の成分という。特に，行列の中の，第 i 行と第 j 列が交差するところの成分を，(i, j) 成分と呼び，a_{ij} のように2つの添字のついた文字で表現する。行列そのものを，(a_{ij}) のように表記することもある。たとえば式 (11.1) の行列 A について，$A = (a_{ij})$ とするとき，A の $(1, 2)$ 成分は $a_{12} = 2$ であり，A の $(2, 3)$ 成分は $a_{23} = 0$ である[*1]。

2つの行列が等しいということは，各行列のすべての (i, j) 成分が互いに等しいということである（定義）。成分が1箇所でも違っていたり，そもそも行数や列数が違うような行列どうしは，等しくはない。

[*1] a_{12} の添字は，1と2が並列されているのであり，「じゅうに」ではないことに注意。

11.2 行列の計算

行列を定数倍（スカラー倍）するということは，各成分にその定数（スカラー）をかけて新しい行列を作ることである。

例 11.2

$$A = \begin{bmatrix} 1 & 2 \\ -1 & 1 \end{bmatrix}, B = \begin{bmatrix} 0 & 1 \\ 3 & 2 \end{bmatrix} \quad (11.5)$$

とすると，A の 3 倍は，

$$3A = \begin{bmatrix} 3 \times 1 & 3 \times 2 \\ 3 \times (-1) & 3 \times 1 \end{bmatrix} = \begin{bmatrix} 3 & 6 \\ -3 & 3 \end{bmatrix} \quad (11.6)$$

である。（例おわり）

行列どうしの加算（足し算）や減算（引き算）は，形が同じ（行数が互いに同じで，列数も互いに同じ）であるような行列どうしだけに定義される（形が違う行列どうしでは加算や減算はできない）。具体的には，各 (i,j) 成分どうしの足し算もしくは引き算である（定義）。

例 11.3 式 (11.1) の 2 つの行列 A, B は，互いに形が違うから，加算や減算はできない。

例 11.4 式 (11.5) の 2 つの行列 A, B は，互いに形が同じだから，以下のように加算できる：

$$A + B = \begin{bmatrix} 1+0 & 2+1 \\ -1+3 & 1+2 \end{bmatrix} = \begin{bmatrix} 1 & 3 \\ 2 & 3 \end{bmatrix} \quad (11.7)$$

である。（例おわり）

次に，行列同士の積を定義しよう。まず，2 つの行列 A, B について，A を「行ベクトルを並べたもの」，B を「列ベクトルを並べたもの」とみなす。そして，A と B の積，すなわち AB とは，「A の第 i 行（ベクトル）」と「B の第 j 列（ベクトル）」の内積を (i,j) 成分とするような行列のことである，と約束（定義）するのだ！

例 11.5

$$A = \begin{bmatrix} 1 & 2 & 3 \\ -1 & 1 & 0 \end{bmatrix}, B = \begin{bmatrix} 0 & 1 \\ 3 & 2 \\ 4 & -2 \end{bmatrix} \quad (11.8)$$

とすると，AB の (1,1) 成分は，$(1,2,3)$ という行ベクトルと

$$\begin{bmatrix} 0 \\ 3 \\ 4 \end{bmatrix}$$

という列ベクトルの内積だから，

$$1 \times 0 + 2 \times 3 + 3 \times 4 = 18$$

となる。同様に，AB の (2,1) 成分は，

$$-1 \times 0 + 1 \times 3 + 0 \times 4 = 3$$

になる。同様に他の成分も計算すると，

$$AB = \begin{bmatrix} 18 & -1 \\ 3 & 1 \end{bmatrix} \quad (11.9)$$

である。（例おわり）

この例でわかるように，行列同士の積ができるのは，最初の行列を作る行ベクトルと，次の行列を作る列ベクトルが，互いに同じ次元であるときだけである（でなければそれらどうしの内積が計算できない）。逆に言えば，そのような条件さえ満たされていれば，互いに形がちがう行列どうしであっても，積は可能である。同じ形の行列どうしにしか定義できなかった加算や減算とはずいぶん違うではないか！

よくある間違い 46 行列の積を表すのに × や ● という記号を使ってしまう。… これはダメ。たとえば 2 つの行列 A, B の積を書き表すとき，AB は OK，$A \times B$ はダメ，$A \bullet B$ もダメです。

問 263 次の行列 A, B, C について考える。

$$A = \begin{bmatrix} 1 & 2 \\ -1 & 1 \end{bmatrix}, B = \begin{bmatrix} 2 & 0 \\ 1 & 1 \end{bmatrix}, C = \begin{bmatrix} 3 & 1 \\ 1 & -2 \end{bmatrix}$$

(1) $2A$ と $A - B$ をそれぞれ求めよ。
(2) AB と BA をそれぞれ計算し，$AB \neq BA$ となっていることを確認せよ。

(3) $(AB)C = A(BC)$ を確認せよ。
(4) $A(B+C) = AB + AC$ を確認せよ。

問 264 式 (11.8) の行列 A, B について，BA を計算せよ。結果は 3 次正方行列になるはず！

一般に，行列 A, B, C について（もし以下の各式の左辺が存在するならば），

和の交換法則：$A + B = B + A$
和の結合法則：$(A + B) + C = A + (B + C)$
積の結合法則：$(AB)C = A(BC)$
分配法則：$A(B + C) = AB + AC$
分配法則：$(A + B)C = AC + BC$

は成り立つが（その証明は省略），問 263(2) や問 264 で見たように，

積の交換法則：$AB = BA$

は必ずしも成り立たない（$AB = BA$ となることもあるが，ならないことの方が圧倒的に多い）。

問 265 λ_1, λ_2 をスカラーとし，

$$B = \begin{bmatrix} \lambda_1 & 0 \\ 0 & \lambda_2 \end{bmatrix} \tag{11.10}$$

という行列を考える。任意の 2 次正方行列 A に対して，AB は，A の第 1 列を λ_1 倍したものを第 1 列とし，A の第 2 列を λ_2 倍したものを第 2 列とするような 2 次正方行列であることを示せ。ヒント：実際に，

$$A = \begin{bmatrix} a & b \\ c & d \end{bmatrix} \tag{11.11}$$

のように置いて，AB を計算してみよう。なおこの結果は，後で「対角化」というものを学ぶときに必要になる。

11.3 行列の具体例

行列はそれ自体が広くて深い数学的研究対象なのだが，それを学ぶ前に，行列は実用的な道具でもあることを例で学ぼう。

例 11.6 ある動物園に 2 種類のサル（それをサル 1，サル 2 と呼ぶ）が何頭かずついるとしよう。それぞれのサルは，リンゴとバナナとサツマイモが大好きだ。サル 1 は，1 頭あたり 1 日あたり，リンゴを 5 個，バナナを 8 個，サツマイモ 2 個を食べると概ね健康だし機嫌も良い。同様にサル 2 は，1 頭あたり 1 日あたり，リンゴ 7 個，バナナ 4 個，サツマイモ 3 個で満足する。この状況を，F という行列で表そう（Food の頭文字）：

$$F = \begin{bmatrix} 5 & 7 \\ 8 & 4 \\ 2 & 3 \end{bmatrix} \text{個}/(\text{頭}\cdot\text{日}) \tag{11.12}$$

もしこの動物園に，サル 1 が 2 頭，サル 2 が 3 頭いたら，彼らに必要なリンゴとバナナとサツマイモの数は，

$$\begin{bmatrix} 5 & 7 \\ 8 & 4 \\ 2 & 3 \end{bmatrix} \begin{bmatrix} 2 \\ 3 \end{bmatrix} \text{個}/\text{日} = \begin{bmatrix} 31 \\ 28 \\ 13 \end{bmatrix} \text{個}/\text{日} \tag{11.13}$$

という計算で，リンゴ 31 個，バナナ 28 個，サツマイモ 13 個となる。ところで，動物園は実は 3 つあって，動物園 1 ではサル 1 が 2 頭，サル 2 が 3 頭，動物園 2 ではサル 1 が 4 頭，サル 2 が 1 頭，動物園 3 ではサル 1 が 5 頭，サル 2 が 3 頭いるとしよう。その状況を以下のような行列 M で表そう（M は Monkey の M）：

$$M = \begin{bmatrix} 2 & 4 & 5 \\ 3 & 1 & 3 \end{bmatrix} \text{頭} \tag{11.14}$$

この 3 つの動物園は同じ業者からサルの餌を仕入れているとしよう。すると，餌を納品する業者が各園向けに調達するべき 1 日あたりのリンゴとバナナとサツマイモの数は，行列 F と行列 M の積になることがわかるだろう：

$$FM = \begin{bmatrix} 5 & 7 \\ 8 & 4 \\ 2 & 3 \end{bmatrix} \begin{bmatrix} 2 & 4 & 5 \\ 3 & 1 & 3 \end{bmatrix} \text{個}/\text{日}$$

$$= \begin{bmatrix} 31 & 27 & 46 \\ 28 & 36 & 52 \\ 13 & 11 & 19 \end{bmatrix} \text{個}/\text{日}$$

この最後の行列は，(i, j) 成分が，動物園 j で 1 日あたりに必要とする，種類 i ($i = 1$ はリンゴ，$i = 2$

はバナナ，$i=3$ はサツマイモを意味する）の餌の量である。

　もし動物園がもっとたくさんあって，動物もたくさんの種類がいて，餌もたくさんの種類があれば，この話に出てくる行列はもっと大きなものになるだろう。そうなると，個々の数値を別々にいじるよりも，このように「行列」という形でパッケージにして，なおかつ，行列の演算に関する数学理論を使うことで，効率的に計算やそれに基づく計画が立てられるようになるのだ。（例おわり）

　ここで注意：この話の鍵は，検討対象となる量が「内積」の形式をとっていることである。たとえば，動物園1が必要とする（1日あたりの）リンゴの個数は，

$$5 \times 2 + 7 \times 3$$

という計算だが，これは

$$(5, 7) \text{ 個/(頭・日)} \quad \text{と} \quad \begin{bmatrix} 2 \\ 3 \end{bmatrix} \text{ 頭}$$

という2つのベクトルの内積の形になっている。このように，多くの量が関わる題材で，関係や計算が内積の形で書けるようなものは，行列が役立つのである。

問 266 もし，この業者が，動物園1から10日ぶん，動物園2から5日ぶん，動物園3から7日ぶんの餌の注文を受けたら，この業者が用意すべきリンゴ，バナナ，サツマイモの個数はそれぞれ何個か？ また，リンゴ，バナナ，サツマイモのそれぞれの1個あたりの価格が80円，60円，50円なら，前述の注文を受けた業者が見込める売上の総額はいくらになるか？ 行列（とベクトル）の積の形で立式せよ。ヒント：日数を並べてひとつの列ベクトルとし，FM の右からかけてみよう。また，価格を並べてひとつの行ベクトルとし，FM の左からかけてみよう。それぞれ，単位も丁寧に取り扱って計算しよう。

よくある質問 105 そんなわざとらしい例を見せられてもピンと来ません。関係が内積の形で書けるものって，ずいぶん限られた狭い話だと思います。…

そんなことはなくて，実は世の中の多くのものごとの関係は内積の形で書けます（もちろん，書けないこともたくさんありますが）。数学の例では，p.146 で学んだ全微分が好例です。たとえば f が (x, y, z) という3つの独立変数の関数であるとき，式 (9.38) で学んだように，f の微小変化は，

$$df = \frac{\partial f}{\partial x} dx + \frac{\partial f}{\partial y} dy + \frac{\partial f}{\partial z} dz \tag{11.15}$$

と書けます。どうです？ 偏微分係数を並べた $(\partial f/\partial x, \partial f/\partial y, \partial f/\partial z)$ という数ベクトルと，独立変数の微小量を並べた (dx, dy, dz) という数ベクトルの内積になっているでしょ？ では，f とは別に g という関数があって，g も (x, y, z) を独立変数にとるとしましょうか。すると g の微小変化は，

$$dg = \frac{\partial g}{\partial x} dx + \frac{\partial g}{\partial y} dy + \frac{\partial g}{\partial z} dz \tag{11.16}$$

と書けます。式 (11.15)，式 (11.16) をひとまとめにすると，

$$\begin{bmatrix} df \\ dg \end{bmatrix} = \begin{bmatrix} \frac{\partial f}{\partial x} & \frac{\partial f}{\partial y} & \frac{\partial f}{\partial z} \\ \frac{\partial g}{\partial x} & \frac{\partial g}{\partial y} & \frac{\partial g}{\partial z} \end{bmatrix} \begin{bmatrix} dx \\ dy \\ dz \end{bmatrix} \tag{11.17}$$

と書けます。この式は，全微分を行列で書き換えた式ですが，形式的には p.63 の式 (5.16) に似ていると気付くでしょう。式 (5.16) は1変数から1変数への関数の微分係数に関する式ですが，「微分係数」を「独立変数と従属変数の微小量どうしの関係の比例係数みたいなもの」とみなせば，式 (11.17) の行列は，(x, y, z) という3つの独立変数から (f, g) という2つの従属変数への関数の「微分係数」だとわかるでしょう。このように，多変数から多変数への関数の「微分係数」は，行列を使って表されるのです。そういう意味で，行列は「微分」を拡張する（ことを手助けする）概念でもあると言えるでしょう。

11.4 零行列

　全ての成分が 0 であるような行列を<u>零行列</u>と呼ぶ。たとえば，以下の行列は，ともに零行列である。

$$\begin{bmatrix} 0 & 0 \\ 0 & 0 \end{bmatrix}, \quad \begin{bmatrix} 0 & 0 & 0 & 0 \\ 0 & 0 & 0 & 0 \end{bmatrix} \tag{11.18}$$

零行列は慣習的に O と表記する。

　特に，零行列 O が正方行列である場合は，同じ次数の任意の正方行列 A について，

$$AO = OA = O \tag{11.19}$$

が成り立つ。証明はここでは行わないが，自明だろう。

零行列は，普通の数の演算における "0" と似たような立場の行列である。ただし，普通の数ならば，2乗して0になる数は0しかないが，行列だと，たとえば

$$\begin{bmatrix} 2 & 0 \\ 0 & 0 \end{bmatrix} \begin{bmatrix} 0 & 0 \\ 1 & 3 \end{bmatrix} = \begin{bmatrix} 0 & 0 \\ 0 & 0 \end{bmatrix}$$

$$\begin{bmatrix} 0 & 1 \\ 0 & 0 \end{bmatrix}^2 = \begin{bmatrix} 0 & 1 \\ 0 & 0 \end{bmatrix} \begin{bmatrix} 0 & 1 \\ 0 & 0 \end{bmatrix} = \begin{bmatrix} 0 & 0 \\ 0 & 0 \end{bmatrix}$$

となるように，O でない行列どうしの積や累乗が O になることがある。

11.5 単位行列

行列について，行番号と列番号が等しいような成分を対角成分という。たとえば問263の行列 B において，対角成分は $(1,1)$ 成分である2と，$(2,2)$ 成分である1の，2つである。行列において，対角成分でない成分，つまり，行番号と列番号が違うような成分を，非対角成分という。たとえば問263の行列 B において，非対角成分は $(2,1)$ 成分である1と，$(1,2)$ 成分である0の，2つである。

全ての対角成分が1で，かつ，全ての非対角成分が0であるような正方行列を，単位行列という。たとえば，

$$E_2 = \begin{bmatrix} 1 & 0 \\ 0 & 1 \end{bmatrix} \tag{11.20}$$

$$E_3 = \begin{bmatrix} 1 & 0 & 0 \\ 0 & 1 & 0 \\ 0 & 0 & 1 \end{bmatrix} \tag{11.21}$$

等はいずれも単位行列である。このように，単位行列は様々な次数のものがある。n 次正方行列であるような単位行列を n 次単位行列と呼ぶ。式 (11.20) は2次単位行列であり，式 (11.21) は3次単位行列である。単位行列は，その次数を n として，E_n と表すのが慣習である。ただし，添字 n を省略して，単に E と書くことも多い[*2]。

[*2] 単位行列を I_n とか I と表すことも多い。

単位行列 E は，同じ次数の[*3]任意の正方行列 A について次式を満たす：

$$AE = EA = A \tag{11.22}$$

証明はここではしないが，極めて簡単である。式 (11.22) は，普通の数（実数や複素数）において，1という数が，任意の数 x について

$$x \times 1 = 1 \times x = x \tag{11.23}$$

となることによく似ている。つまり，単位行列は，普通の数の演算における "1" と似たような立場の行列である。

問 267 式 (11.11) の A について，式 (11.22) を確認せよ。

よくある質問106 n 次単位行列 E の定義を問われて，「n 次正方行列 A について $AE = EA = A$ を満たすような n 次正方行列 E」と答えたら不正解とされました。なぜ？… n 次正方行列 A がもし，零行列なら，E はどんな n 次正方行列であっても $AE = EA = A$ は成り立ちますからね。

よくある質問107 ならば，「零行列でないような n 次正方行列 A について $AE = EA = A$ を満たすような n 次正方行列 E」とすればOKですか？… まだダメです。もしも，

$$A = E = \begin{bmatrix} 1 & 0 \\ 0 & 0 \end{bmatrix}$$

であれば，$AE = EA = A$ が成り立ちますが，この E は単位行列ではありませんよね。

よくある質問108 ではどうすればいいのですか？… 「全ての n 次正方行列 A について $AE = EA = A$ を満たすような n 次正方行列 E」というふうに，「全ての」とか「任意の」をつければいいのです。あるいは，「対角要素が全て1で，非対角要素が全て0であるような n 次正方行列」でもOKです。このように，どうってことのない概念も，例外や曖昧さを含まないように，慎重に考え抜かれて定義されているのです。

[*3] 次数が同じでなければそもそも AE とか EA という積ができない！

よくある質問 109 「対角要素が全て 1 で，非対角要素が全て 0 であるような行列を単位行列と呼ぶ」と答えたのに不正解にされました。なぜですか？… たとえば

$$\begin{bmatrix} 1 & 0 & 0 \\ 0 & 1 & 0 \end{bmatrix}$$

は君の定義を満たすけど単位行列ではありません。

11.6　2次の行列式

正方行列については，その**成分に関する**，<u>行列式</u>という多項式が定義される。特に 2 次正方行列:

$$A = \begin{bmatrix} a & b \\ c & d \end{bmatrix} \tag{11.24}$$

については，行列式「$\det A$」を次式で定義する[*4]:

$$\det A := ad - bc \tag{11.25}$$

よくある間違い 47　行列式を「行列を含む数式」と思い込む。… それは間違い。行列式は，ひとつの正方行列の**成分**に関する，式 (11.25) のような多項式のことである。ひとつの正方行列にひとつの行列式がある。

式 (11.25) が意味を持つのは 2 次の正方行列だけである。3 次以上の正方行列には，また違う定義がある。

注 1: 正方行列でない行列には，行列式は定義されない。

注 2: $\det A$ は，$\det(A)$ とか，$|A|$ と書いてもよい。

注 3: ただし $\det A$ を $|A|$ と書く場合は注意が必要。この記号は絶対値と同じに見えるが，意味的には絶対値と無関係である。実際，行列式 $|A|$ の値はマイナスになることもある。紛らわしいので，初心者はこの書き方は避ける方がよいだろう。

問 268　問 263 の行列 A, B について，$\det A$ と $\det B$ をそれぞれ求めよ。

問 269　2 次単位行列つまり式 (11.20) の行列式

を求めよ。

問 270　行列と行列式の違いを述べよ。

さて，行列式の幾何学的な意味を考察しよう。実は，

$$A = \begin{bmatrix} a & b \\ c & d \end{bmatrix} \tag{11.26}$$

の行列式 $\det A$ の絶対値は，

$$\mathbf{a} = \begin{bmatrix} a \\ c \end{bmatrix}, \quad \mathbf{b} = \begin{bmatrix} b \\ d \end{bmatrix} \tag{11.27}$$

という 2 つの列ベクトルで張られる平行四辺形の面積 S に等しい。すなわち，

$$S = |ad - bc| = |\det A| \tag{11.28}$$

である（注：この式の中の | | は行列式ではなくスカラーの絶対値を表す）。その理由は p.159 式 (10.33) から明らかである。しかし，念のため，ここでは別の観点でも確かめておこう。いま，ベクトル $\mathbf{a}, \mathbf{b}, \mathbf{a} + \mathbf{b}$ をそれぞれ位置ベクトルとするような 2 次元平面上の点を A, B, C としよう。四角形 OACB が，ここでいう「2 つのベクトルで張られる平行四辺形」である。各点の座標は，以下の通りとする：
O: $(0,0)$, A: (a,c), B: (b,d), C: $(a+b, c+d)$.

さて，点 A, B, C は図 11.1 のように位置するとしよう。点 C から x 軸，y 軸にそれぞれおろした垂線の足を点 U, 点 V とし，点 A から x 軸，点 B から y 軸にそれぞれおろした垂線の足を点 P, 点 R とする。点 A から直線 CU，点 B から直線 CV にそれぞれおろした垂線の足を点 Q, 点 S とする。明らかに，三角形 OAP と三角形 CBS は合同であ

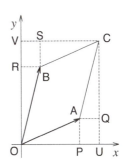

図 11.1　行列式の幾何学的意味の説明図

[*4] 以前は高校数学でも行列式を扱っており，そのときは行列式は Δ と書いた。しかし行列式を Δ と書くのは大学では稀である。ちなみに det は determinant の略。

り，いずれも面積は $ac/2$ である。明らかに，三角形 OBR と三角形 CAQ は合同であり，いずれも面積は $bd/2$ である。明らかに，長方形 PAQU と長方形 SBRV は合同であり，いずれも面積は bc である。平行四辺形 OACB は，長方形 OUCV からこれらの図形を取り去ったものだから，その面積は，

$$S = (a+b)(c+d) - 2(ac/2) - 2(bd/2) - 2bc$$
$$= ad - bc$$

である。

　上の結果は点 A, B, C の位置に若干の制限をつけて導いたが，この制限を取り払うと，$ad - bc$ の値がマイナスになることもある[*5]。ただしそういう場合でも，$|ad - bc|$ が S に等しいということは変わらずに正しい[*6]。

問 271 $\mathbf{a} = (21, 8)$, $\mathbf{b} = (19, 9)$ を 2 辺とする三角形の面積を求めよ。注：これを，高校数学でよく使う，$\sqrt{|\mathbf{a}|^2 |\mathbf{b}|^2 - (\mathbf{a} \bullet \mathbf{b})^2}$ という公式で解こうとすると大変な計算になる。

よくある質問 110 $S = |ad - bc|$ を高校で教えないのはなぜでしょう？… 一部の高校や予備校では教えているようですが。

問 272 2 次正方行列 A の，第 1 行と第 2 行を入れ替えてできる行列を A' とする。次式を示せ[*7]。

$$\det A' = -\det A \tag{11.29}$$

問 273 行列 A, B を，

$$A = \begin{bmatrix} a & b \\ c & d \end{bmatrix}, \quad B = \begin{bmatrix} p & q \\ r & s \end{bmatrix} \tag{11.30}$$

とする。$\det A$, $\det B$, $\det(AB)$ をそれぞれ計算して，次式が成り立つことを確認せよ：

$$\det(AB) = (\det A)(\det B) \tag{11.31}$$

　このように，一般的に，行列の積の行列式は，各行列の行列式の積に等しい（これは 3 次以上の行列式についても成り立つことが証明できる）。

　歴史的には，行列式は，行列そのものよりも早く発明（発見）された。また，英語では行列式は determinant，行列は matrix といって，両者には共通する語は入っていない。そのことからもわかるように，行列と行列式は（互いによく関連しているものの），それぞれ独立した数学的な対象だと考えるほうが適切かもしれない。

　なお，行列式の一般的な概念に世界で最初に到達したのは，日本の和算家[*8]である関孝和だと言われている。

11.7 逆行列

　さて，行列の足し算や引き算，掛け算はわかった。では割り算はどうだろう？ 行列では，「割り算」を考えるかわりに，「逆行列」というものを考える。

　正方行列 A について，ある行列 B によって，

$$AB = BA = E \tag{11.32}$$

とできるとき，B を A の逆行列と言って，A^{-1} と表す（定義）[*9]。

問 274 $\det A$ が 0 でないような 2 次正方行列

$$A = \begin{bmatrix} a & b \\ c & d \end{bmatrix} \tag{11.33}$$

について，以下の行列は逆行列であることを確認せよ[*10]。

$$\frac{1}{\det A} \begin{bmatrix} d & -b \\ -c & a \end{bmatrix} \tag{11.34}$$

　この式 (11.34) は，$\det A$ が 0 ならば分母が 0 になってしまうので，計算できない。従って，$\det A = 0$ ならば逆行列は存在しないのだ。逆行列は，いわば，

[*5] たとえば点 A と点 B の位置を入れ替えてみると，同じ議論で $S = bc - ad$ になる。

[*6] $ad - bc$ がマイナスになるのは，$\mathbf{a}$ から $\mathbf{b}$ に右ネジをまわすときに，ネジの進む方向が平面から下向き（君から遠ざかる方向）の場合である。

[*7] 同様に，列を入れ替えた行列の行列式も $-\det A$ となる。

[*8] 日本の伝統的な数学を和算（わさん）という。

[*9] 逆行列の定義式 (11.32) は，$AB = E$ と $BA = E$ という 2 つの条件を含んでいるが，実は，このうち片方が成り立てば，もう片方は自動的に成り立つことが知られている。その証明は大学の数学に譲る。

[*10] 3 次以上の正方行列についても，これと同様の式が「余因子行列」というもので構成できる。

普通の数における逆数のような立場の行列である。しかし，普通の数ならば，0 でない数ならどんな数でも逆数を持つが，行列の場合は，たとえ O でなくても逆行列を持たない行列がある。たとえば，以下の行列には，どんな行列を掛けても E にすることはできない（従って逆行列を持たない）。

$$\begin{bmatrix} 1 & 0 \\ 0 & 0 \end{bmatrix} \tag{11.35}$$

逆行列が存在するような行列を，<u>正則行列</u>という。

注：式 (11.34) を逆行列の定義であると思っている人がいるが，それはよくない。式 (11.34) は正方行列が 2 次のときにしか成り立たない。本来の式 (11.32) を使う定義の方が，ずっとシンプルで一般性が高い。定義はシンプルで一般的でなければならないのだ。

よくある質問 111 逆行列の定義を問われて「$AB = BA = E$ となるような行列」と答えたら不正解にされました。なぜですか？… 省略しすぎですね。数学では，出てくる変数や文字をきちんと定義しなければなりません。

よくある質問 112 でも，「正方行列 A, B，単位行列 E について，$AB = BA = E$ となるような行列」と答えたらまた不正解にされました。なぜですか？… 君の答案では A, B, E, AB, BA という 5 つの行列が出てきますが，そのうちのどれが「逆行列」なのかはっきりしないからです。

よくある質問 113 でも，「正方行列 A, B，単位行列 E について，$AB = BA = E$ となるような B」と答えたらまた不正解にされました。なぜですか？… 逆行列は，単体で成り立つ概念ではなく，別の行列との関係で成り立つ概念です。君の答案では，「となるような B を <u>A の</u>逆行列という」とまで答えれば正解です。

よくある質問 114 なんか揚げ足取られている気がします。… 論理というのは緻密なものなのです。

問 275 次の行列について，逆行列をそれぞれ求めよ。

$$A = \begin{bmatrix} 1 & 2 \\ -1 & 1 \end{bmatrix}, \quad B = \begin{bmatrix} 2 & 0 \\ 1 & 1 \end{bmatrix}$$

問 276 A, B を同じ次数の正則行列とする。
(1) AB は正則行列であることを示せ。
(2) 次式を示せ：

$$(AB)^{-1} = B^{-1}A^{-1} \tag{11.36}$$

問 277 2 次の正則行列 A について，次式が成り立つことを示せ：

$$\det\left(A^{-1}\right) = \frac{1}{\det A} \tag{11.37}$$

11.8 連立 1 次方程式

例として，2 元連立 1 次方程式

$$\begin{cases} 2x + y = 1 \\ x + y = 2 \end{cases} \tag{11.38}$$

を考えよう。これは，以下のように書くこともできる：

$$\begin{bmatrix} 2 & 1 \\ 1 & 1 \end{bmatrix} \begin{bmatrix} x \\ y \end{bmatrix} = \begin{bmatrix} 1 \\ 2 \end{bmatrix} \tag{11.39}$$

この左辺の行列を A と書くと，式 (11.34) より，

$$A^{-1} = \frac{1}{2 \times 1 - 1 \times 1} \begin{bmatrix} 1 & -1 \\ -1 & 2 \end{bmatrix} = \begin{bmatrix} 1 & -1 \\ -1 & 2 \end{bmatrix}$$

である。さて，

$$A \begin{bmatrix} x \\ y \end{bmatrix} = \begin{bmatrix} 1 \\ 2 \end{bmatrix} \tag{11.40}$$

だから，この両辺に左から A^{-1} を掛けると，

$$A^{-1} A \begin{bmatrix} x \\ y \end{bmatrix} = A^{-1} \begin{bmatrix} 1 \\ 2 \end{bmatrix} \tag{11.41}$$

となるが，$A^{-1}A = E$ だから，

$$\begin{bmatrix} x \\ y \end{bmatrix} = A^{-1} \begin{bmatrix} 1 \\ 2 \end{bmatrix}$$
$$= \begin{bmatrix} 1 & -1 \\ -1 & 2 \end{bmatrix} \begin{bmatrix} 1 \\ 2 \end{bmatrix} = \begin{bmatrix} -1 \\ 3 \end{bmatrix} \tag{11.42}$$

となる（連立方程式が解けた！）。

一般に，2元連立1次方程式は，実数 a, b, c, d, p, q を使って以下のように書ける：

$$\begin{cases} ax + by = p \\ cx + dy = q \end{cases} \tag{11.43}$$

これは，

$$A = \begin{bmatrix} a & b \\ c & d \end{bmatrix} \tag{11.44}$$

とすると，以下のように書くことができる：

$$A \begin{bmatrix} x \\ y \end{bmatrix} = \begin{bmatrix} p \\ q \end{bmatrix} \tag{11.45}$$

もし A の逆行列 A^{-1} が存在すれば，それを左から掛けて，

$$\begin{bmatrix} x \\ y \end{bmatrix} = A^{-1} \begin{bmatrix} p \\ q \end{bmatrix} \tag{11.46}$$

と，解くことができる。このように，連立1次方程式は，行列とベクトルの掛け算で書き表して，その係数で構成される行列（係数行列という。ここでは A）の逆行列を求め，それを左から掛けることで，解くことができる[*11]。

ところが，先に見たように，A の行列式 $\det A$ が 0 の場合は，逆行列 A^{-1} は存在しない。そのような場合はどうなるのだろう？ 例として以下の方程式を考えよう：

$$\begin{cases} x + 2y = 1 \\ 2x + 4y = 2 \end{cases} \tag{11.47}$$

これは次式と同じである：

$$\begin{bmatrix} 1 & 2 \\ 2 & 4 \end{bmatrix} \begin{bmatrix} x \\ y \end{bmatrix} = \begin{bmatrix} 1 \\ 2 \end{bmatrix} \tag{11.48}$$

ところが，この係数行列 A について，

$$\det A = 1 \times 4 - 2 \times 2 = 0$$

だから，A^{-1} は定義できない。仕方ないからもとの方程式 (11.47) に戻って考えると，第1式

[*11] 無論，そんなことをしないで，普通に変数をひとつずつ消していっても解けるのだが，数学にはいろんなアプローチがあって，それぞれ長所や短所があるのだ。

$(x+2y=1)$ を2倍したものが，第2式 $(2x+4y=2)$ と同じであることがわかる。つまり，この連立方程式は，本質的には1つの式：

$$x + 2y = 1 \tag{11.49}$$

に過ぎない。変数が2つあって，式は1つだけなのだから，この方程式は一意的には解けない。解は，たとえば $(x, y) = (1, 0)$ とか $(0, 1/2)$ とか，無数にたくさんある。このようなケースを，不定という。

では，次のような場合はどうだろう？

$$\begin{cases} x + 2y = 1 \\ 2x + 4y = 3 \end{cases} \tag{11.50}$$

これも，係数行列の行列式は 0 になる。この場合は，「第1式 ×2− 第2式」を考えると，

$$0 = -1 \tag{11.51}$$

となってしまう。これは絶対に成り立たない。x, y がどのような値をとろうが，成立させることができない方程式である。つまり，解は存在しない。このようなケースを，不能という。

11.9 固有値と固有ベクトル

正方行列 A に対して，ある実数（または虚数）λ と，ある（$\mathbf{0}$ でない）ベクトル $\mathbf{x}$ によって，

$$A\mathbf{x} = \lambda \mathbf{x} \tag{11.52}$$

となるとき，$\mathbf{x}$ を A の固有ベクトルといい，λ を A の固有値という（定義）。これは，行列の応用において，非常に重要な概念である。

注：なぜか式 (11.52) を $\mathbf{x}A = \mathbf{x}\lambda$ のように書く人がいる。特殊な状況設定をすればこのように書くことも無いではないのだが（それを今の段階で説明すると君は混乱するだろう），そんなややこしいことをしないで，素直に式 (11.52) の形で覚えて欲しい。数と数の積ならどちらを先に書いてもかまわないのだが，行列やベクトルがからむ「積」は，書き方や順序を不用意に変えてはならないのだ。

よくある質問 115　固有ベクトルの定義で，なぜ $\mathbf{x}$ が $\mathbf{0}$ でないという条件がついているのですか？… もし $\mathbf{x} = \mathbf{0}$ だと，A がどんな正方行列であろうが，ま

た，λ がどんなスカラーであろうが，$A\mathbf{x} = \lambda\mathbf{x}$ が成り立っちゃうからです。そういう「当たり前」の場合を，固有ベクトルとはみなさない約束なのです。

例 11.7 以下の行列の固有値と固有ベクトルを求めてみよう：

$$A = \begin{bmatrix} 5 & 3 \\ 4 & 1 \end{bmatrix} \quad (11.53)$$

固有値を λ，固有ベクトルを $\mathbf{x}$ とすると，定義から，$A\mathbf{x} = \lambda\mathbf{x}$ が成り立つ。つまり，

$$A\mathbf{x} - \lambda\mathbf{x} = \mathbf{0} \quad (11.54)$$

である。ここで，$\lambda\mathbf{x} = \lambda E\mathbf{x}$ と考えれば，上の式は，

$$A\mathbf{x} - \lambda E\mathbf{x} = \mathbf{0} \quad (11.55)$$

すなわち，

$$(A - \lambda E)\mathbf{x} = \mathbf{0} \quad (11.56)$$

となる。すなわち，

$$(A - \lambda E)\mathbf{x} = \begin{bmatrix} 5-\lambda & 3 \\ 4 & 1-\lambda \end{bmatrix} \begin{bmatrix} x \\ y \end{bmatrix} = \begin{bmatrix} 0 \\ 0 \end{bmatrix} \quad (11.57)$$

となる。さて，もしこの係数行列 $A - \lambda E$ に逆行列が存在すると仮定すれば，上の式の両辺に左から $(A - \lambda E)^{-1}$ をかけて，

$$\mathbf{x} = (A - \lambda E)^{-1} \begin{bmatrix} 0 \\ 0 \end{bmatrix} \quad (11.58)$$

となる。$(A - \lambda E)^{-1}$ がどんな行列であれ，この右辺は零ベクトルになるしかない。すなわち，

$$\mathbf{x} = \begin{bmatrix} 0 \\ 0 \end{bmatrix} = \mathbf{0} \quad (11.59)$$

となってしまう。これは，固有ベクトルの定義に反している。従って，係数行列 $A - \lambda E$ に逆行列が存在してはならない[*12]。従って，その行列式は 0 にならねばならない。すなわち，

$$\det(A - \lambda E) = 0 \quad (11.60)$$

である。式 (11.60) を行列 A の<u>特性方程式</u>という

[*12] この論理は背理法である。

(固有方程式ともいう)。これを解くと，

$$(5-\lambda)(1-\lambda) - 3 \times 4$$
$$= \lambda^2 - 6\lambda - 7 = (\lambda+1)(\lambda-7) = 0$$

となり，$\lambda = -1$ と，$\lambda = 7$ となる。これで固有値が求まった。

では固有ベクトルを求めよう。まず，$\lambda = -1$ のとき，上の連立 1 次方程式 (11.57) は，

$$(A - \lambda E)\mathbf{x} = \begin{bmatrix} 6 & 3 \\ 4 & 2 \end{bmatrix} \begin{bmatrix} x \\ y \end{bmatrix} = \begin{bmatrix} 0 \\ 0 \end{bmatrix} \quad (11.61)$$

となる。明らかに，この方程式は不定であり，これを満たす解は無数にあるが，代表的に，

$$\begin{bmatrix} x \\ y \end{bmatrix} = \begin{bmatrix} 1 \\ -2 \end{bmatrix} \quad (11.62)$$

としよう。これが，固有ベクトルのひとつである。

次に，$\lambda = 7$ のとき，連立 1 次方程式 (11.57) は，

$$(A - \lambda E)\mathbf{x} = \begin{bmatrix} -2 & 3 \\ 4 & -6 \end{bmatrix} \begin{bmatrix} x \\ y \end{bmatrix} = \begin{bmatrix} 0 \\ 0 \end{bmatrix} \quad (11.63)$$

となる。この方程式も不定であり，これを満たす解は無数にあるが，代表的に，

$$\begin{bmatrix} x \\ y \end{bmatrix} = \begin{bmatrix} 3 \\ 2 \end{bmatrix} \quad (11.64)$$

としよう。これも，固有ベクトルのひとつである。以上より，行列 A について，

$$\begin{cases} \text{固有値が} -1 \text{のとき，固有ベクトル} \begin{bmatrix} 1 \\ -2 \end{bmatrix} \\ \\ \text{固有値が} 7 \text{のとき，固有ベクトル} \begin{bmatrix} 3 \\ 2 \end{bmatrix} \end{cases}$$

$$(11.65)$$

である。(例おわり)

このように，固有値と固有ベクトルは，互いに対になっている。一般に，固有値・固有ベクトルの対は，高々，その行列の次数の数だけ存在する（中にはそれに足りない行列もあるが）。

注：固有ベクトルは，ひとつに定まるものではな

い。実際，固有ベクトルのスカラー倍も固有ベクトルになるからだ（問 278）。たとえば，上の例では，式 (11.65) のかわりに

$$\begin{cases} \text{固有値が} -1 \text{のとき，固有ベクトル} \begin{bmatrix} -1 \\ 2 \end{bmatrix} \\ \text{固有値が} 7 \text{のとき，固有ベクトル} \begin{bmatrix} 6 \\ 4 \end{bmatrix} \end{cases}$$

と言っても構わない。

問 278 固有ベクトルをスカラー倍したもの（ただし 0 倍以外）も，固有ベクトルであることを示せ。ヒント：固有ベクトルの定義に戻る！

問 279 以下の行列について，固有値と固有ベクトルを求めよ。

$$\begin{bmatrix} 2 & 1 \\ 2 & 3 \end{bmatrix} \tag{11.66}$$

11.10 対角化

先の例 11.7（p.183）で，

$$A = \begin{bmatrix} 5 & 3 \\ 4 & 1 \end{bmatrix} \tag{11.67}$$

という行列 A について，式 (11.65) のように固有値と固有ベクトルが求まった。すなわち，

$$\mathbf{p}_1 = \begin{bmatrix} 1 \\ -2 \end{bmatrix}, \quad \mathbf{p}_2 = \begin{bmatrix} 3 \\ 2 \end{bmatrix} \tag{11.68}$$

とすると，

$$A\mathbf{p}_1 = -\mathbf{p}_1, \quad A\mathbf{p}_2 = 7\mathbf{p}_2 \tag{11.69}$$

である。これらをちょっと書き換えてみよう。まず，$\mathbf{p}_1$ と $\mathbf{p}_2$ を並べて行列を作り，それを P と置く。つまり，$\mathbf{p}_1$ を第 1 列の列ベクトル，$\mathbf{p}_2$ を第 2 列の列ベクトルとするような 2 次正方行列 $P = [\mathbf{p}_1 \; \mathbf{p}_2]$ を考える。言い換えると，

$$P = [\mathbf{p}_1 \; \mathbf{p}_2] = \begin{bmatrix} 1 & 3 \\ -2 & 2 \end{bmatrix} \tag{11.70}$$

である。次に，この行列に左から行列 A をかけてみる：

$$AP = A[\mathbf{p}_1 \; \mathbf{p}_2] = \begin{bmatrix} 5 & 3 \\ 4 & 1 \end{bmatrix} \begin{bmatrix} 1 & 3 \\ -2 & 2 \end{bmatrix} \tag{11.71}$$

この右辺を，実際に手を動かして行うと，これは，結局 $A\mathbf{p}_1$ と $A\mathbf{p}_2$ を計算して並べることと同じだ，ということに気づくだろう。つまり，

$$AP = A[\mathbf{p}_1 \; \mathbf{p}_2] = [A\mathbf{p}_1 \; A\mathbf{p}_2] \tag{11.72}$$

である（この右辺は $A\mathbf{p}_1$ を第 1 列の列ベクトル，$A\mathbf{p}_2$ を第 2 列の列ベクトルとするような 2 次正方行列）。ここで式 (11.69) を思い出すと，この右辺は

$$[A\mathbf{p}_1 \; A\mathbf{p}_2] = [-\mathbf{p}_1 \; 7\mathbf{p}_2] \tag{11.73}$$

となる（この右辺は $-\mathbf{p}_1$ を第 1 列の列ベクトル，$7\mathbf{p}_2$ を第 2 列の列ベクトルとするような 2 次正方行列）。さらにまた，問 265 を思い出すと，この右辺は

$$[-\mathbf{p}_1 \; 7\mathbf{p}_2] = [\mathbf{p}_1 \; \mathbf{p}_2] \begin{bmatrix} -1 & 0 \\ 0 & 7 \end{bmatrix} \tag{11.74}$$

と書くことができることがわかるだろう。式 (11.72)，式 (11.73)，式 (11.74) より，

$$AP = P \begin{bmatrix} -1 & 0 \\ 0 & 7 \end{bmatrix} \tag{11.75}$$

である。この両辺に，左から「P の逆行列」つまり P^{-1} をかけると，

$$P^{-1}AP = P^{-1}P \begin{bmatrix} -1 & 0 \\ 0 & 7 \end{bmatrix} \tag{11.76}$$

となる。右辺の $P^{-1}P$ は，逆行列の定義から，単位行列 E になる。そのことと式 (11.22) から，式 (11.76) は，

$$P^{-1}AP = \begin{bmatrix} -1 & 0 \\ 0 & 7 \end{bmatrix} \tag{11.77}$$

となる。つまり，

$$\begin{bmatrix} 1 & 3 \\ -2 & 2 \end{bmatrix}^{-1} \begin{bmatrix} 5 & 3 \\ 4 & 1 \end{bmatrix} \begin{bmatrix} 1 & 3 \\ -2 & 2 \end{bmatrix} = \begin{bmatrix} -1 & 0 \\ 0 & 7 \end{bmatrix} \tag{11.78}$$

である。

このように，与えられた正方行列（ここでは A とする。A は 2 次に限らず，何次でもよい）に対して，ある行列 P によって，$P^{-1}AP$ とすることで，非対角成分が 0 の行列（そのような行列を対角行列という）にすることを，<u>対角化</u>という。上の説明でわかるように，ある行列 A を対角化するには，次のような手順をとる：

(1) A の特性方程式を立てる。
(2) それを解いて，A の固有値を求める。
(3) 各固有値に対応する固有ベクトルを求める。
(4) A の固有ベクトルを列ベクトルとして並べてできる行列を P とおく（並べ順は適当でよいのだが，慣習的には，固有値の大きい順に）。
(5) すると，$P^{-1}AP$ は対角行列になる。その対角行列の対角成分（行番号と列番号が同じ成分）には，A の固有値が並ぶ。

注：実際に「対角化せよ」という問題に対しては，上記のように細かく丁寧に書く必要はない。特に，式 (11.71) から式 (11.76) のあたりは，省略して構わない。

行列 A を対角化するための行列 P は，ひとつに定まるものではない。それを次の問題で見てみよう：

問 280 式 (11.67) と，以下のそれぞれの P について，$P^{-1}AP$ を実際に計算せよ。

(1) $P = \begin{bmatrix} 1 & 3 \\ -2 & 2 \end{bmatrix}$ (2) $P = \begin{bmatrix} 3 & 1 \\ 2 & -2 \end{bmatrix}$

(3) $P = \begin{bmatrix} -1 & 6 \\ 2 & 4 \end{bmatrix}$

問 281 以下の行列を対角化せよ：

$$\begin{bmatrix} -1 & 2 \\ -6 & 6 \end{bmatrix} \qquad (11.79)$$

よくある質問 116 どんな行列でも対角化できるのですか？… そうとも限りません。まず，正方行列でない行列は，そもそも $P^{-1}AP$ のような形の演算が無意味ですから，対角化できません。また，正方行列であっても，

$$\begin{bmatrix} 2 & 1 \\ 0 & 2 \end{bmatrix} \qquad (11.80)$$

は対角化できません（やってみてください。固有ベクトルが足りないのです！）。しかし，実用上の多くの場合は，正方行列は対角化できると思ってよいでしょう。

対角化は様々なことに応用できる。以下の例を考えよう：

例 11.8 ある国の森林 $100 \, \text{km}^2$ が山火事で荒廃して裸地・森林のモザイク状になった。その後を 1 年間調査した結果，次のようなことがわかった：1) 調査した裸地のうち，8 割は裸地のままで，2 割は植生が繁って森林になった（1 年間でそんなに早く森林が回復するわけがない！というツッコミは勘弁してほしい）。2) 調査した森林のうち，1 割が再び山火事によって裸地になり，9 割は森林のままだった。このような変化がずっと続くと仮定しよう。n 年後の裸地（bare）・森林（forest）のそれぞれの面積を $b_n \, \text{km}^2$，$f_n \, \text{km}^2$ とすると，

$$\begin{bmatrix} b_{n+1} \\ f_{n+1} \end{bmatrix} = \begin{bmatrix} 0.8 & 0.1 \\ 0.2 & 0.9 \end{bmatrix} \begin{bmatrix} b_n \\ f_n \end{bmatrix} \qquad (11.81)$$

と書ける。${}^t(b_n, f_n)$ を $\mathbf{c}_n$ とおき，上の式の右辺の係数行列を A とすれば，式 (11.81) は次式のように書ける：

$$\mathbf{c}_{n+1} = A\,\mathbf{c}_n \qquad (11.82)$$

問 282

(1) この行列 A を対角化せよ。
(2) $\mathbf{c}_n = A^n \mathbf{c}_0$ となることを示せ（$\mathbf{c}_0$ は現在の状態）。
(3) 対角化の結果を用いて，A^n を計算せよ。（ヒント：$(P^{-1}AP)^n = P^{-1}A^nP$）
(4) 現状で裸地が $80 \, \text{km}^2$，森林が $20 \, \text{km}^2$ とする。3 年後のそれぞれの面積を予想せよ。
(5) 長い将来（$n \to \infty$），森林と裸地はそれぞれどのくらいの面積になると予想されるか？

このように，時間的に変化する現象を，複数の状態（上では森林と裸地）の混在として表現し，さらにその比率が，ひとつ前の時点の比率に依存して変化していくとみなす考え方を，「マルコフ過程」という。上の話に草原と農地を含めて拡張したければ，

ベクトル $\mathbf{c}_n$ を4次元の数ベクトルとし，係数行列 A（マルコフ過程の遷移行列と呼ばれる）を4次の正方行列にすればよい。

よくある質問 117　行列って何の役に立つのですか？… むっちゃ役立ちます。たとえば問282のマルコフ過程は，生態学，市場予測（経済学），気象予測，作物収穫予測などで使われます。行列の固有値や対角化は，多くの変数が関与する統計学（多変量解析学）や，電子や原子の状態を解析する量子力学・量子化学，ものの強度や変形を解析する材料力学・構造力学等，多分野で中心的な役割をする理論です。

11.11　3次の行列式

これまで，主に2次の正方行列について学んできた。初学者が行列に慣れたり基本的な概念を学ぶには，まず小さい行列でやる方が（取り扱いが簡単なので）よいからだ。しかし，実際は，もっと大きな行列を扱うことの方が多い。

既に学んだように，2次正方行列

$$A = \begin{bmatrix} a_1 & b_1 \\ a_2 & b_2 \end{bmatrix} \tag{11.83}$$

の行列式 $\det(A)$ は，$a_1 b_2 - a_2 b_1$ で定義される。この計算過程を図式的に書くと，図11.2のように，左上から右下への2つの数字の積（図11.2の左；つまり $a_1 b_2$）に正符号，右上から左下への2つの数字の積（図11.2の右；つまり $a_2 b_1$）に負符号をつけて，足し合わせたものだ。要するに「左上×右下 − 右上×左下」である。この操作を「たすきがけ」[*13] という。

この考え方を拡張して，3次正方行列

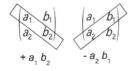

図11.2　2次の行列式（たすきがけ）

[*13] 本来は，和服の袖をたくし上げるために，左肩から右脇，右肩から左脇にかけて紐でしばること。

$$B = \begin{bmatrix} a_1 & b_1 & c_1 \\ a_2 & b_2 & c_2 \\ a_3 & b_3 & c_3 \end{bmatrix} \tag{11.84}$$

の行列式 $\det(B)$ を，次のように定義する：図11.3上段のように，「左上から右下への3つの数字の積」として，$a_1 b_2 c_3, a_2 b_3 c_1, a_3 b_1 c_2$ を考え，これらに正符号をつける。一方，図11.3下段のように，「右上から左下への3つの数字の積」として，$a_3 b_2 c_1$, $a_2 b_1 c_3, a_1 b_3 c_2$ を考え，これらに負符号をつける。そうしてこれらを足し合わせるのだ。つまり，

$$\begin{aligned}\det(B) &:= a_1 b_2 c_3 + a_2 b_3 c_1 + a_3 b_1 c_2 \\ &\quad - a_3 b_2 c_1 - a_2 b_1 c_3 - a_1 b_3 c_2\end{aligned} \tag{11.85}$$

と定義する。これをサラスの公式と呼ぶ。

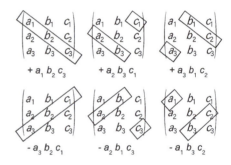

図11.3　3次の行列式（サラスの公式）

問283　以下の行列の行列式を計算せよ：

(1) $\begin{bmatrix} 1 & 0 & 1 \\ 2 & 1 & 0 \\ 1 & -1 & 3 \end{bmatrix}$　　(2) $\begin{bmatrix} 1 & 1 & 2 \\ 1 & 2 & 4 \\ 1 & 3 & 5 \end{bmatrix}$

(3) $\begin{bmatrix} 1 & 2 & 2 \\ 1 & 4 & 4 \\ 1 & 6 & 5 \end{bmatrix}$　　(4) $\begin{bmatrix} 1 & 2 & 1 \\ 2 & 4 & 0 \\ 3 & 6 & -1 \end{bmatrix}$

(5) $\begin{bmatrix} 1 & 2 & -1 \\ -1 & 3 & -1 \\ 1 & 1 & 2 \end{bmatrix}$　　(6) $\begin{bmatrix} 2 & 1 & -1 \\ 3 & -1 & -1 \\ 1 & 1 & 2 \end{bmatrix}$

(7) $\begin{bmatrix} -1 & 3 & -1 \\ 1 & 1 & 2 \\ 1 & 2 & -1 \end{bmatrix}$

11.12 ベクトルの線型変換

行列の乗算のルールで，2次元の列ベクトルに，左から2次正方行列を掛けると，結果は，2次元の列ベクトルになる。たとえば，

$$A = \begin{bmatrix} 1 & 2 \\ 0 & 1 \end{bmatrix}, \quad \mathbf{x} = \begin{bmatrix} 2 \\ 3 \end{bmatrix} \tag{11.86}$$

とすれば，

$$A\mathbf{x} = \begin{bmatrix} 1 & 2 \\ 0 & 1 \end{bmatrix} \begin{bmatrix} 2 \\ 3 \end{bmatrix} = \begin{bmatrix} 1\times 2 + 2\times 3 \\ 0\times 2 + 1\times 3 \end{bmatrix} = \begin{bmatrix} 8 \\ 3 \end{bmatrix}$$

となる。このような操作は，列ベクトルを別の列ベクトルに変換する操作であるとみなすことができる。そこで，このように，列ベクトルに正方行列を左から掛けることで別の列ベクトルにする操作のことを，<u>線型変換</u>とか<u>一次変換</u>と呼ぶ[*14]。

さて，列ベクトルを，平面上の位置ベクトルとみなせば，列ベクトルの線型変換は，平面上の点を移動させることに相当する。たとえば，

$$A = \begin{bmatrix} -1 & 0 \\ 0 & 1 \end{bmatrix} \tag{11.87}$$

とすれば，行列 A による線型変換は，点 (x,y) を，

$$\begin{bmatrix} -1 & 0 \\ 0 & 1 \end{bmatrix} \begin{bmatrix} x \\ y \end{bmatrix} = \begin{bmatrix} -x \\ y \end{bmatrix} \tag{11.88}$$

というふうに，点 $(-x,y)$ に移すことがわかる。これは，x 座標の正負を逆転するという操作であり，つまり，y 軸に関する対称移動である。

問 284 以下の行列で表される線型変換は，平面上の点をどのように移すか？

(1) $\begin{bmatrix} 1 & 0 \\ 0 & 1 \end{bmatrix}$ (2) $\begin{bmatrix} 1 & 0 \\ 0 & -1 \end{bmatrix}$ (3) $\begin{bmatrix} -1 & 0 \\ 0 & -1 \end{bmatrix}$

(4) $\begin{bmatrix} 0 & 1 \\ 1 & 0 \end{bmatrix}$ (5) $\begin{bmatrix} 2 & 0 \\ 0 & 1 \end{bmatrix}$ (6) $\begin{bmatrix} 1 & 0 \\ 0 & 0 \end{bmatrix}$

問 285 前問の，(2), (3), (4) の行列は，いずれも，2乗したら単位行列になる。なぜだろうか？平面上の線型変換という観点から考察せよ。

次に，平面上の点を回転するような変換を考えてみよう。極座標（p.106）を考えると，ある点Pの座標（位置ベクトル）は，

$$\begin{bmatrix} x \\ y \end{bmatrix} = \begin{bmatrix} r\cos\theta \\ r\sin\theta \end{bmatrix} \tag{11.89}$$

と表現できる。ここで r は原点 O から P までの距離であり，θ は x 軸から OP までの角度（左回り）である。さて，この点を，左に α だけ回転すると，当然ながら，その座標は，

$$\begin{bmatrix} r\cos(\theta+\alpha) \\ r\sin(\theta+\alpha) \end{bmatrix} \tag{11.90}$$

となる。加法定理（p.100）を使ってこれを変形すれば，

$$\begin{bmatrix} r\cos\theta\cos\alpha - r\sin\theta\sin\alpha \\ r\sin\theta\cos\alpha + r\cos\theta\sin\alpha \end{bmatrix} = \begin{bmatrix} x\cos\alpha - y\sin\alpha \\ y\cos\alpha + x\sin\alpha \end{bmatrix}$$
$$= \begin{bmatrix} \cos\alpha & -\sin\alpha \\ \sin\alpha & \cos\alpha \end{bmatrix} \begin{bmatrix} x \\ y \end{bmatrix}$$

となる。すなわち，以下の行列：

$$\begin{bmatrix} \cos\alpha & -\sin\alpha \\ \sin\alpha & \cos\alpha \end{bmatrix} \tag{11.91}$$

が，「回転という線型変換」を表す行列である。

よくある質問 118 回転の行列をなかなか覚えられません。どこが cos でどこが sin でどこにマイナスがつくのかとか。… 式 (11.91) ですね。記憶に自信がないときは，試しに $\alpha = 0$ を代入してみると良いのです。角度 0 の回転とは，何もしないことですから，そのときこの行列は単位行列になるはずです（実際，そうなるでしょ？）。sin と cos を間違えてたら，一発でわかります。

問 286 以下のような，座標平面上の点の移動を表す行列を，それぞれ求めよ：
(1) x 軸に関して対称移動。
(2) 原点に関して対称移動。
(3) 原点を中心として，角 $\pi/4$ だけ左回りに回転。

[*14] 大学数学では，線型変換をもっと一般的・抽象的に定義し直す。

問 287 式 (11.91) の行列を A とする。以下を求めよ：

(1) $\det A$ 　　(2) A^{-1} 　　(3) A^2

演習問題 18 ある 2 次正方行列 A が，互いに異なる 2 つの固有値 λ_1, λ_2 を持つとき，$\det(A) = \lambda_1 \lambda_2$ であることを証明せよ。ヒント：λ_1, λ_2 のそれぞれに対応する固有ベクトルがあるはずで，それを並べてできる行列を P とすると，$P^{-1}AP$ は対角行列になる（対角化！）。その両辺の行列式を考えよう。特に，$\det(P^{-1}AP)$ を，式 (11.31) と式 (11.37) を使って簡単にしてみよう。

演習問題 19 式 (11.84) の行列式を考える。

$$\mathbf{a} = \begin{bmatrix} a_1 \\ a_2 \\ a_3 \end{bmatrix}, \quad \mathbf{b} = \begin{bmatrix} b_1 \\ b_2 \\ b_3 \end{bmatrix}, \quad \mathbf{c} = \begin{bmatrix} c_1 \\ c_2 \\ c_3 \end{bmatrix}$$

とする。
(1)
$$(\mathbf{a} \times \mathbf{b}) \bullet \mathbf{c} \qquad (11.92)$$

は，$\det(B)$ に一致することを示せ。

(2) このことを利用して，$|\det(B)|$ は，$\mathbf{a}, \mathbf{b}, \mathbf{c}$ が張る平行六面体（互いに平行な菱型 3 組からできる立体。豆腐を斜めにひしゃげたような形）の体積に等しいことを示せ。

(3) $\mathbf{a} = \mathbf{b}$ または $\mathbf{a} = \mathbf{c}$ または $\mathbf{b} = \mathbf{c}$ のとき，$\det(B) = 0$ であることを示せ（ヒント：計算しないでも示せる！）

これは，「2 次の行列式が平行四辺形の面積を表す」ことの 3 次の行列式への拡張だ，ということに気づいただろうか？ このように，行列式は，面積や体積のようなものを表すのだ。このことは，複数の変数による積分（面積分や体積分）で使う。1 変数による積分について学んだ「置換積分」が，面積分や体積分では，行列式を使って表されるのである（ヤコビアンという。興味のある人は調べてみよ）。

演習問題 20 3 次正方行列 B について，
(1) 第 1 列と第 2 列を入れ替えてできる行列を B' とする。

$$\det B' = -\det B \qquad (11.93)$$

であることを示せ。

(2) 第 1 列と第 3 列の入れ替えや，第 2 列と第 3 列の入れ替えでも，行列式は符号が逆転することを示せ。

(3) 同様のことが行についても成り立つことを示せ。すなわち，行列 B の任意の 2 つの行を入れ替えてできる行列の行列式は符号が逆転することを示せ。

このような，列の入れ替え（または行の入れ替え）によって符号が逆転する，というのは，2 次や 3 次だけでなく，もっと大きな行列式にも成り立つ。いわば，行列式の本質的な性質（のひとつ）である。このことは，化学において，分子内の電子の挙動を表現するときに使われる。それがなぜなのかは，今はわからなくてよい。電子は行列式と相性が良い，ということは頭の片隅に置いておこう。勉強を続けていれば，そのうち，「ああ，こういうことだったのか！」と，わかる時が来るだろう。

問の解答

答 263

(1) $2A = \begin{bmatrix} 2 & 4 \\ -2 & 2 \end{bmatrix}$, $A - B = \begin{bmatrix} -1 & 2 \\ -2 & 0 \end{bmatrix}$

(2) $AB = \begin{bmatrix} 4 & 2 \\ -1 & 1 \end{bmatrix}$, $BA = \begin{bmatrix} 2 & 4 \\ 0 & 3 \end{bmatrix}$

従って，$AB \neq BA$。

(3) $(AB)C = \begin{bmatrix} 4 & 2 \\ -1 & 1 \end{bmatrix} \begin{bmatrix} 3 & 1 \\ 1 & -2 \end{bmatrix} = \begin{bmatrix} 14 & 0 \\ -2 & -3 \end{bmatrix}$,

$A(BC) = \begin{bmatrix} 1 & 2 \\ -1 & 1 \end{bmatrix} \begin{bmatrix} 6 & 2 \\ 4 & -1 \end{bmatrix} = \begin{bmatrix} 14 & 0 \\ -2 & -3 \end{bmatrix}$

従って，$(AB)C = A(BC)$

(4) $A(B+C) = \begin{bmatrix} 1 & 2 \\ -1 & 1 \end{bmatrix} \begin{bmatrix} 5 & 1 \\ 2 & -1 \end{bmatrix}$

$= \begin{bmatrix} 9 & -1 \\ -3 & -2 \end{bmatrix}$,

$AB + AC = \begin{bmatrix} 4 & 2 \\ -1 & 1 \end{bmatrix} + \begin{bmatrix} 5 & -3 \\ -2 & -3 \end{bmatrix}$

$= \begin{bmatrix} 9 & -1 \\ -3 & -2 \end{bmatrix}$

従って, $A(B+C) = AB + AC$

答 268 $\det A = 1 \times 1 - 2 \times (-1) = 3$。$\det B = 2 \times 1 - 0 \times 1 = 2$。

答 269 $\det E = 1$

答 270 両者は全く違う。行列は, 数を格子状に並べたもの。行列を構成する個々の数を行列の成分という。行列式は行列の成分に関する, ある種の多項式。

答 271 $\mathbf{a}$ と $\mathbf{b}$ で張られる平行四辺形の面積は,

$$\det \begin{bmatrix} 21 & 19 \\ 8 & 9 \end{bmatrix} = 21 \times 9 - 19 \times 8 = 37$$

この平行四辺形の半分が $\mathbf{a}$ と $\mathbf{b}$ を 2 辺とする三角形だから, この三角形の面積は, $37/2$

答 272 行列 A を

$$A = \begin{bmatrix} a & b \\ c & d \end{bmatrix}$$

とすると, $\det A = ad - bc$。一方, A の第 1 行と第 2 行を入れ替えた行列 A' は次のようになる,

$$A' = \begin{bmatrix} c & d \\ a & b \end{bmatrix}$$

この行列式は, $\det A' = cb - da = -(ad - bc)$ となる。これは $-\det A$ に等しい。

答 273

$$\det(AB) = \det \begin{bmatrix} ap+br & aq+bs \\ cp+dr & cq+ds \end{bmatrix}$$
$$= (ap+br)(cq+ds) - (aq+bs)(cp+dr)$$
$$= acpq + adps + bcqr + bdrs$$
$$\quad - (acpq + adqr + bcps + bdrs)$$
$$= adps + bcqr - adqr - bcps$$

$$(\det A)(\det B) = (ad-bc)(ps-qr)$$
$$= adps + bcqr - adqr - bcps$$

従って, $\det(AB) = (\det A)(\det B)$

答 274 式 (11.34) の行列を B と置く。

$$AB = \begin{bmatrix} a & b \\ c & d \end{bmatrix} \frac{1}{\det A} \begin{bmatrix} d & -b \\ -c & a \end{bmatrix}$$
$$= \frac{1}{\det A} \begin{bmatrix} a & b \\ c & d \end{bmatrix} \begin{bmatrix} d & -b \\ -c & a \end{bmatrix}$$
$$= \frac{1}{\det A} \begin{bmatrix} ad-bc & ab-ab \\ cd-cd & ad-bc \end{bmatrix}$$

$$= \frac{1}{\det A} \begin{bmatrix} \det A & 0 \\ 0 & \det A \end{bmatrix} = \begin{bmatrix} 1 & 0 \\ 0 & 1 \end{bmatrix} = E$$

($BA = E$ となることはここでは省略。)従って, 定義より, 行列 B は A の逆行列である。

答 275

$$A^{-1} = \begin{bmatrix} 1/3 & -2/3 \\ 1/3 & 1/3 \end{bmatrix}, \quad B^{-1} = \begin{bmatrix} 1/2 & 0 \\ -1/2 & 1 \end{bmatrix}$$

答 276

(1) 式 (11.31) より, $\det(AB) = (\det A)(\det B)$。ここで, A, B はともに正則行列だから, $\det A \neq 0$ かつ $\det B \neq 0$ である。従って, $(\det A)(\det B) \neq 0$。従って, $\det(AB) \neq 0$。従って, AB は正則行列。

(2) $(AB)(B^{-1}A^{-1}) = A(BB^{-1})A^{-1} = AEA^{-1} = AA^{-1} = E$。従って, $B^{-1}A^{-1}$ は AB の逆行列である。

答 277 $AA^{-1} = E$ だから, $\det(AA^{-1}) = \det E = 1$ である。一方, $\det(AA^{-1}) = (\det A)(\det A^{-1})$。これらの 2 つの式を組み合わせると, $(\det A)(\det A^{-1}) = 1$。この両辺を $\det A$ で割ると, $\det(A^{-1}) = 1/\det A$。

答 279 この行列を A とすると, その特性方程式は, 式 (11.60) より,

$$\det(A - \lambda E) = (2-\lambda)(3-\lambda) - 1 \times 2$$
$$= \lambda^2 - 5\lambda + 4 = (\lambda-1)(\lambda-4) = 0$$

となる。これを満たすのは, $\lambda = 1$ と, $\lambda = 4$ である。これが固有値である。では固有ベクトルを求めよう。まず, $\lambda = 1$ のとき,

$$(A - \lambda E)\mathbf{x} = \begin{bmatrix} 1 & 1 \\ 2 & 2 \end{bmatrix} \begin{bmatrix} x \\ y \end{bmatrix} = \begin{bmatrix} 0 \\ 0 \end{bmatrix} \quad (11.94)$$

となる。これを満たす解は無数にあるが, 代表的に,

$$\begin{bmatrix} x \\ y \end{bmatrix} = \begin{bmatrix} 1 \\ -1 \end{bmatrix} \quad (11.95)$$

としよう。これが, 固有ベクトルのひとつである。

次に, $\lambda = 4$ のとき,

$$(A - \lambda E)\mathbf{x} = \begin{bmatrix} -2 & 1 \\ 2 & -1 \end{bmatrix} \begin{bmatrix} x \\ y \end{bmatrix} = \begin{bmatrix} 0 \\ 0 \end{bmatrix} \quad (11.96)$$

となる。これを満たす解も無数にあるが, 代表的に,

$$\begin{bmatrix} x \\ y \end{bmatrix} = \begin{bmatrix} 1 \\ 2 \end{bmatrix} \quad (11.97)$$

としよう。これも, 固有ベクトルのひとつである。以上より, 行列 A について,

$$\begin{cases} \text{固有値が1のとき, 固有ベクトル} \begin{bmatrix} 1 \\ -1 \end{bmatrix} \\ \text{固有値が4のとき, 固有ベクトル} \begin{bmatrix} 1 \\ 2 \end{bmatrix} \end{cases}$$

である[*15]。

答 281 (略解)

$$\begin{bmatrix} 2 & 1 \\ 3 & 2 \end{bmatrix}^{-1} \begin{bmatrix} -1 & 2 \\ -6 & 6 \end{bmatrix} \begin{bmatrix} 2 & 1 \\ 3 & 2 \end{bmatrix} = \begin{bmatrix} 2 & 0 \\ 0 & 3 \end{bmatrix}$$

または、以下のようにしてもよい：

$$\begin{bmatrix} 1 & 2 \\ 2 & 3 \end{bmatrix}^{-1} \begin{bmatrix} -1 & 2 \\ -6 & 6 \end{bmatrix} \begin{bmatrix} 1 & 2 \\ 2 & 3 \end{bmatrix} = \begin{bmatrix} 3 & 0 \\ 0 & 2 \end{bmatrix}$$

答 282 (1)（略解）λ を固有値とすると, A の特性方程式は $\lambda^2 - 1.7\lambda + 0.7 = (\lambda - 1)(\lambda - 0.7) = 0$ となり, $\lambda = 1, 0.7$。それぞれに対応する固有ベクトルは, 代表的に,

$$\begin{bmatrix} 1 \\ 2 \end{bmatrix}, \begin{bmatrix} 1 \\ -1 \end{bmatrix}$$

である。これを並べた行列を P とすると,

$$P = \begin{bmatrix} 1 & 1 \\ 2 & -1 \end{bmatrix} \tag{11.98}$$

これによって,

$$P^{-1}AP = \begin{bmatrix} 1 & 0 \\ 0 & 0.7 \end{bmatrix} \tag{11.99}$$

(2) 略。

(3)

$$\begin{aligned}(P^{-1}AP)^n &= (P^{-1}AP)(P^{-1}AP)\cdots(P^{-1}AP) \\ &= P^{-1}APP^{-1}AP\cdots P^{-1}AP \\ &= P^{-1}AA\cdots AP \\ &= P^{-1}A^nP\end{aligned}$$

となる。一方, 前小問より,

$$(P^{-1}AP)^n = \begin{bmatrix} 1 & 0 \\ 0 & 0.7 \end{bmatrix}^n = \begin{bmatrix} 1 & 0 \\ 0 & 0.7^n \end{bmatrix} \tag{11.100}$$

従って,

$$P^{-1}A^nP = \begin{bmatrix} 1 & 0 \\ 0 & 0.7^n \end{bmatrix} \tag{11.101}$$

従って,

[*15] ただし, 固有ベクトルはこれらを何倍かしたもの（0倍以外）でもかまわない。

$$A^n = P\begin{bmatrix} 1 & 0 \\ 0 & 0.7^n \end{bmatrix} P^{-1}$$

$$= \cdots = \frac{1}{3}\begin{bmatrix} 1 + 2 \times 0.7^n & 1 - 0.7^n \\ 2 - 2 \times 0.7^n & 2 + 0.7^n \end{bmatrix}$$

(4) $n = 3$ とすると,

$$\begin{bmatrix} b_3 \\ f_3 \end{bmatrix} = A^3 \begin{bmatrix} b_0 \\ f_0 \end{bmatrix} = \begin{bmatrix} 0.562 & 0.219 \\ 0.438 & 0.781 \end{bmatrix} \begin{bmatrix} 80 \\ 20 \end{bmatrix} = \begin{bmatrix} 49.34 \\ 50.66 \end{bmatrix}$$

である。従って, 裸地と森林がほぼ同面積（$50\,\text{km}^2$ 程度）になると予想される。(5) (3) の答えで $n \to \infty$ とすると, A^n は

$$\begin{bmatrix} 1/3 & 1/3 \\ 2/3 & 2/3 \end{bmatrix} \tag{11.102}$$

に収束する。従って,

$$\begin{bmatrix} b_n \\ f_n \end{bmatrix} \to \begin{bmatrix} 1/3 & 1/3 \\ 2/3 & 2/3 \end{bmatrix}\begin{bmatrix} 80 \\ 20 \end{bmatrix} = \begin{bmatrix} 100/3 \\ 200/3 \end{bmatrix} \fallingdotseq \begin{bmatrix} 33 \\ 67 \end{bmatrix}$$

従って, 裸地 $33\,\text{km}^2$, 森林 $67\,\text{km}^2$ と予想される。

答 283

(1) 0 (2) -1 (3) -2 (4) 略
(5) 13 (6) -13 (7) 略

答 284

(1) 同じ点に移動（というか、そもそも、移動させない）。
(2) x 軸に関して対称な点に移動。
(3) 原点に関して対称な点に移動。
(4) 直線 $y = x$ に関して対称な点に移動。
(5) x 方向だけを 2 倍に拡大。
(6) x 軸に下ろした垂線の足に移動。（射影）

答 285 (2), (3), (4) は, いずれも, 線または点に関する対称変換だから, 2 回繰り返すともとに戻る。従って, それらをあらわす行列を 2 乗したものは単位行列になる。

答 286

(1) $\begin{bmatrix} 1 & 0 \\ 0 & -1 \end{bmatrix}$ (2) $\begin{bmatrix} -1 & 0 \\ 0 & -1 \end{bmatrix}$ (3) $\begin{bmatrix} \frac{1}{\sqrt{2}} & -\frac{1}{\sqrt{2}} \\ \frac{1}{\sqrt{2}} & \frac{1}{\sqrt{2}} \end{bmatrix}$

答 287 (1) $\det A = \cos^2\alpha + \sin^2\alpha = 1$

(2)

$$\begin{bmatrix} \cos\alpha & \sin\alpha \\ -\sin\alpha & \cos\alpha \end{bmatrix} \tag{11.103}$$

注：これは, 角 $(-\alpha)$ の回転を表す行列である。

(3)（計算過程は省略）

$$\begin{bmatrix} \cos 2\alpha & -\sin 2\alpha \\ \sin 2\alpha & \cos 2\alpha \end{bmatrix} \tag{11.104}$$

注:これは,角 2α の回転を表す行列である.

よくある質問 119 できない問題に限って「略」が多くて困ります.… 「略」は十分な誘導やヒントが既に与えられている問題です.自分の頭で考えて,自分が心から納得できる答えが見つかれば,それが「正解」です.そういうのに慣れていくことも,とても大切な勉強です.大学の勉強は,正解を与えられてそれを真似するものではありません.多少アプローチが違っても,本質的に正しければ良いのです.

よくある質問 120 数学に我々のイメージが追いつけるのか疑問.… だから数学はイマジネーションを鍛える学問でもあります.

第12章 論理・集合・記号

ここで学ぶ内容の多くは，直感的に当たり前のことだが，数学では当たり前のことが注意深く定義されている。「当たり前」を土台にして数学が構築され，現代科学が構築されているのだ。

12.1 条件と命題

たとえば以下のようなものを，条件と呼ぶ：

- 整数 n は 4 の倍数である。
- 整数 n は偶数である。
- ある人は T 大生である[*1]。

条件は，正しいか正しくないかの議論，つまり真偽の議論の対象にはならない。ある人は T 大生である，と言われても，「ふーん，それで？」と思うだけだ。ところが条件を適当に組み合わせれば，真偽が問われる発言になる。それを命題という。命題は，多くの場合，2 つの条件 p, q について，「p ならば q である」という形で表現できる。

例 12.1 「整数 n が 4 の倍数ならば n は偶数である。」という命題は，
  条件 p：「整数 n は 4 の倍数である」
  条件 q：「整数 n は偶数である」
の 2 つの条件について，「p ならば q である」という形の主張になっている。ちなみに，この命題は真である。(例おわり)

命題は，一見すると「p ならば q である」という形にはなっていないものも多い。そのような場合は，適宜，言葉を補って読み替える必要がある。

例 12.2 「4 の倍数は偶数である。」という命題は，一見すると「p ならば q である」という形にはなっていない。しかし，実は上の例 12.1 で考えた，「整数 n が 4 の倍数ならば n は偶数である。」と同じことである。

例 12.3 「T 大学の学生は優秀である。」という命題は，「ある人が T 大学の学生ならば，その人は優秀である。」と同じことである。ちなみに，この命題が真か偽かは，判定が難しい。そもそも「優秀」とは何かという議論や，それ以上に，T 大学の学生たちの努力にかかっているのだろう！(例おわり)

さて，数学では，命題の「〜ならば〜である」を二重線の矢印 "$\Longrightarrow$" で表現することになっている。

例 12.4 上の例 12.1, 例 12.3 の命題は，それぞれ以下のように表現される：
- 整数 n が 4 の倍数 $\Longrightarrow n$ は偶数
- ある人が T 大学の学生 $\Longrightarrow$ その人は優秀

12.2 条件の否定

次に，条件の「否定」というものを考える。ある条件の否定とは，「その条件が成り立たないこと」という条件である。たとえば，条件「整数 n は偶数」の否定は，「整数 n は偶数でない」もしくは「整数 n は奇数」である。一般に，条件 p の否定を $\bar{p}$ と書く。

例 12.5 「実数 x は正である」という条件の否定は「実数 x は 0 以下である」となる。

[*1] ここで言う「ある人」とは，特定の人をさしているのではない。誰でもいいから T 大生のひとりを想定するのだ。

例 12.6 「ある人が T 大生である」という条件の否定は「ある人が T 大生ではない」となる。（例おわり）

ある条件と，その否定は，その組み合わせで論理的にすべての場合を含まねばならない。つまり，その条件とその否定のどちらにもあてはまらない，という場合があってはならない。

例 12.7 「ある人が T 大生である」という条件について，「ある人が高校生である」というのは否定にならない。確かに高校生は同時に T 大生にはなれないから，「高校生である」と言った時点でその人が T 大生でないことは確定する。従って，「ある人が高校生である」というのは「ある人が T 大生である」の否定に含まれる。しかし，それで全ての場合を言い尽くしているわけではない。高校生でなくしかも T 大生でもないという人は世の中にたくさんいるからだ。（例おわり）

このことから，ある条件の否定の否定は，もとの条件に戻るということが，直感的にわかるだろう。

12.3 「かつ」と「または」

複数の条件を，「かつ」とか「または」という語でつなぐと，新しいひとつの条件ができる。

例 12.8 T 市が，市の予算を使って，市の子供たちのために素晴らしいイベントを企画するとしよう。その参加者の条件は，たとえば，「T 市民で，かつ，13 歳未満である」というようなものになるだろう。これは「T 市民である」と「13 歳未満である」という 2 つの条件を「かつ」でつないだものである。

この条件にクレームがつき，「税金の大部分は大人が払っているんだから，T 市の大人が参加してもいいじゃないか」という意見と，「けち臭いこと言わないで，T 市以外の子供にも来て貰ってもいいじゃないか」という意見が大勢を占めると，参加者の条件は「T 市民または，13 歳未満である」というようなものになるかもしれない。ここで注意。「T 市民かつ 13 歳未満」である人も，この条件を満たすのだ。そもそも「または」は，いくつかの条件のうち一部を満たせば OK ということであり，全部を満たすのでももちろん OK なのだ。（例おわり）

複数の条件が「かつ」でつながれたような条件の否定は，それぞれの条件の否定を「または」でつないだものになる。すなわち，条件 p, 条件 q について，

$$\overline{p\,かつ\,q} = \overline{p}\,または\,\overline{q} \tag{12.1}$$

である。

例 12.9 「T 市民で，かつ，13 歳未満である」の否定は，「T 市民でない，または 13 歳以上である」という条件になる。（例おわり）

複数の条件が「または」でつながれたような条件の否定は，それぞれの条件の否定を「かつ」でつないだものになる。すなわち，条件 p, 条件 q について，

$$\overline{p\,または\,q} = \overline{p}\,かつ\,\overline{q} \tag{12.2}$$

である。

例 12.10 「T 市民または，13 歳未満である」の否定は，「T 市民でない，かつ，13 歳以上である」という条件になる。

例 12.11 「整数 n, m はともに偶数である」という条件は，「整数 n は偶数であり，かつ，整数 m は偶数である」という条件と同じである。したがって，その否定は，「整数 n は奇数であるか，または，整数 m は奇数である」，すなわち，「整数 n, m のうち少なくともどちらかは奇数である」となる。

問 288 以下の条件の否定を述べよ：
(1) 実数 x は負である。
(2) 実数 x, y のうち，すくなくとも一方は正である。
(3) 実数 x, y は，両方とも正である。

問 289 3 つの条件 p, q, r を考える。p は「T 市民」，q は「13 歳未満」，r は「女性」とする。以下のそれぞれはどういう意味か？
(1) 「p かつ q かつ r」
(2) 「p または q または r」

(3) 「p かつ q または r」
(4) 「p または q かつ r」

12.4 逆・裏・対偶

命題 $p \Longrightarrow q$ について，以下のように逆，裏，対偶という命題を考えることができる：

$q \Longrightarrow p$ を「逆」
$\overline{p} \Longrightarrow \overline{q}$ を「裏」
$\overline{q} \Longrightarrow \overline{p}$ を「対偶」

と呼ぶ。

例 12.12 「整数 n が 4 の倍数 $\Longrightarrow n$ は偶数」という命題について，
逆：「整数 n が偶数であれば，整数 n は 4 の倍数」
裏：「整数 n が 4 の倍数でなければ，整数 n は偶数でない」
対偶：「整数 n が偶数でなければ，整数 n は 4 の倍数でない」
（例おわり）

この例では，最初の命題とその対偶は真だが，逆と裏は偽である。実際，$n = 2$ は偶数だが 4 の倍数ではない。従って「逆」は偽である（反例）。$n = 2$ は 4 の倍数ではないが，偶数である。従って「裏」も偽である（反例）。このように，一般に，ある命題の真偽と，その逆や裏の真偽は，必ずしも一致しない。

しかし，**命題とその対偶は必ず真偽が一致する**。従って，「対偶」は，命題をそのまま言い換えたものだとも言える。

例 12.13 「T 大学の学生は優秀である。」という命題について，
逆：「優秀であれば T 大学の学生である。」
裏：「T 大学の学生でなければ優秀でない。」
対偶：「優秀でなければ T 大学の学生でない。」
（例おわり）

問 290 以下の命題の逆，裏，対偶をそれぞれ述べよ（真偽は問わない）。
(1) $x = 0$ ならば $x^2 = 0$ である。
(2) $x > 0$ ならば $x^2 > 0$ である。

(3) 強いものは勝つ。

問 291 以下のことわざ・名言の対偶をそれぞれ述べよ（真偽は問わない。なお，(3) は映画監督の宮崎駿の言葉）。
(1) 良薬は口に苦し。
(2) 能ある鷹は爪を隠す。
(3) 大事な事はめんどくさいものである。

12.5 命題の否定

ある命題が偽であることを示す，つまり命題を否定するにはどうすればいいだろうか？一般に，命題「p ならば q である」の否定は，「p であるのにもかかわらず q でない場合が（必ず）存在する」である。

例 12.14 「T 大学の学生は優秀である。」という命題の否定は，
- T 大学には優秀でない学生もいる。
- T 大生の少なくとも 1 人は優秀でない。
- T 大生でありながら，優秀でない学生もいる。

などである。（例おわり）

簡単なようだが，これを間違える人が，とても多い。誤答の例を挙げよう：

- （誤答 A）T 大学の学生は優秀でない。
- （誤答 B）T 大学には優秀な学生はいない。
- （誤答 C）T 大学の学生は優秀であるとは限らない。

命題の否定の否定は，もとの命題に戻らなければならないのだ。誤答 A と誤答 B（これらはともに同じ命題）をもういちど否定すると，

- T 大学には優秀な学生がいる。

となってしまうが，これは当初の「T 大学の学生は優秀である」よりも弱い命題になっている。つまり，誤答 A と誤答 B は，あまりに否定しすぎたのだ。優秀でない人がひとりでもいれば，「T 大学の学生は優秀である」という命題は否定されるのであり，すべての T 大生について「優秀でない」という

烙印を押す必要は無かったのだ。

誤答Cは、実際にもしT大学の学生全員が優秀であっても成り立つ命題である。「T大学の学生は優秀である」という命題について「そうではない**かもしれない**」と言っているだけで、「そうではない」と言いきって（否定して）はいない。「どっちとも言い切れないように思う」「判断材料が足りない」「ちゃんと調べるべきだ」などのニュアンスを含むが、結局は何も言っていない、玉虫色の命題だ。少なくとも科学の議論では、「～とは限らない」は使わないようにしよう！

「すべての…は～である」とか、「どんな…も～である」という命題の否定は、「～でないような…が存在する」である。

例 12.15 「すべての鳥は飛べる。」とか「どんな鳥も飛べる。」の否定は、「飛べない鳥が存在する。」である。（例おわり）

一方、「～であるような…が存在する」の否定は、「どんな…も～でない」となる。

例 12.16 「白雪姫」での鏡の発言：「王妃よりも美しい人が存在する。」の否定は、「どんな人も、王妃より美しくはない。」である。（例おわり）

結論が否定形になるような命題は、気をつけないと曖昧になる。

例 12.17 「すべての関西人は納豆好きではない。」という命題は、
- 『すべての関西人は納豆好き』ではない。
- 『すべての関西人』は『納豆好きではない』。

というふうに、2通りに解釈できる。前者は、納豆好きの関西人がいる可能性も残す「部分否定」だが、後者は、関西人に納豆好きはいないという「全否定」である。

例 12.18 「偶数ならば4の倍数でない。」という命題は、
- 偶数ならば『4の倍数でない』。
- 『偶数ならば4の倍数』でない。

というふうに、2通りに解釈できる。前者は、偶数であるというだけで無条件に『4の倍数でない』と言える、という意味であり、これは偽だ。たとえば8は偶数だが4の倍数でもある。後者は、「偶数ならば4の倍数」という命題は偽である、すなわち、偶数であっても4の倍数でないことがある、という意味であり、これは真である。（例おわり）

このように、「すべての…は～ではない」や「…ならば～でない」という表現は、2通りに解釈ができてしまうので、誤解やトラブルの元であり危険であり、使用を避けるべきである。

問 292 以下の「　」内で示された命題の、否定を述べよ。真偽は問わない。「～わけではない」「～とは限らない」という答えはダメ。
(1) 春になると、雪が融ける。
(2) T大学に入れば、素晴らしい将来が約束される。
(3) どんな数も、2乗したら0以上になる。
(4) 2乗したら負になるような数は存在しない。

問 293 命題「T大学の学生は、みな、サッカーがうまい。」の否定は次のうちどれか？正解は1つとは限らない。
(1) T大生は、みな、サッカーが下手。
(2) T大学以外の学生は、サッカーが下手。
(3) T大学以外の学生は、サッカーがうまい。
(4) T大学以外にもサッカーがうまい学生はいる。
(5) T大生の何人かはサッカーがうまい。
(6) T大学にはサッカーの下手な学生がいる。
(7) T大学にはサッカーのうまい学生がいる。
(8) T大生のほとんどはサッカーが下手。
(9) T大生は、みな、サッカーがうまいとは限らない。

ある命題が偽であることを証明する場合、反例を挙げれば済むことが多い。

例 12.19 「すべての鳥は飛べる」の否定は「飛べない鳥もいる」だから、反例として、実際に飛べない鳥の具体例を挙げればよい。どんな鳥だって生まれたばかりのヒナは飛べないし、ニュージーランドのキウィは成鳥でも飛べない。そういう例をひとつでも挙げることができれば、「すべての鳥は飛べる」と

いう主張は粉砕されるのだ。（例おわり）

しかし，反例を挙げるという作戦が通用しない命題もある。

例 12.20　「宇宙人は存在する」というような命題が偽であると証明するのは難しい。これは反例で示すことはできない。宇宙人が存在することを示すには，どこかから一人の宇宙人を連れてくればいいのだが，存在しないことを示すには，広大な宇宙のどこにも宇宙人が存在しないことを示さねばならない。（例おわり）

反例を挙げる場合は，それが反例になっている，ということまで踏み込んで説明する必要がある。

例 12.21　「2 桁の整数は必ず 3 で割り切れる」というような命題が偽であることを，反例を挙げて証明しよう。よくあるのが，「反例として 11 がある。以上。」みたいな解答である。しかし，ちゃんとやるなら，「$11 = 3 \times 3 + 2$ だから，11 を 3 で割ると 2 余る。すなわち 11 は 2 桁の整数なのに 3 では割り切れない」と書くべきである。（例おわり）

この例のような簡単な問題なら，ここまでくどくど書かなくても OK かもしれない。どこまでくどく説明すべきかは，問題や状況による。大事なのは，「自分はこの問題をちゃんと理解し，解きましたよ」ということを，自分自身や他人に説得力を持って説明する，ということである。一目で明らかであるような簡単な状況を除いて，それが反例になっている，ということまで説明しないと，相手は納得してくれない。

問 294　命題「どんな実数も，2 乗すれば正（0 より大）になる」が偽であることを，反例で証明せよ。

12.6　必要条件・十分条件

さて，いま，命題

$$p \Longrightarrow q \tag{12.3}$$

が成り立つ（真である）としよう。このとき，条件 q が成り立つにはとりあえず条件 p が成り立てば十分だから，条件 p は条件 q の十分条件と言う。

一方，条件 p が成り立つなら条件 q は必ず成り立つ。この対偶は，「q が成り立たなければ p は成り立たない」となる（ここでは p が原因で q が結果，みたいな因果関係は忘れて考えている）。つまり，q が成り立つということは，p が成り立つためには必ずクリアしなければならない条件である。そこで，条件 q は条件 p の必要条件という。

簡単に言うと，二重線矢印"$\Longrightarrow$"の根元に来るのが十分条件で，先に来るのが必要条件である。

「p ならば q」と，その逆，すなわち「q ならば p」が，ともに成り立つ場合，p は q の十分条件でもあり，必要条件でもある。このような場合，p は q の必要十分条件である，といい，以下のように表現する：

$$p \Longleftrightarrow q \tag{12.4}$$

p が q の必要十分条件であれば q は p の必要十分条件になるので，p と q は実質的に同じ条件である。そこで，p と q は同値である，ともいう。

問 295　以下の条件 p, q について，p は q の必要条件か，十分条件か，必要十分条件か，そのいずれでもないか，述べよ。p：実数 x について，$x^2 = 1$ である。q：実数 x は 1 に等しい。

問 296　以下の条件 p, q について，p は q の必要条件か，十分条件か，必要十分条件か，そのいずれでもないか，述べよ。p：実数 x について，$x^2 = 1$ である。q：実数 x は -2 より大きい。

ところで，日本語の表現として，「A は B である」と言うときと，「A とは B である」と言うときの違いを考えよう。

例 12.22　「人間は動物である」と「人間とは動物である」は意味が違う。前者は正しく，後者は誤り。前者は「（人間以外の動物もいるかもしれないがともかく）人間は動物の一種である」という意味だが，後者は「人間と動物は同じである」という意味である。（例おわり）

このように，「A は B である」は，多くの場合，「A ならば B である」と同じ意味である。すなわち B は A の必要条件である。一方，「A とは B である」と言うときは A と B が同値（互いに必要十分条件）である。

日常的・直感的な話ならば，これらの違いはあまり問題にならないが，話が込み入ってくると，この違いが曖昧になり，論理が崩れることがある。また，文学的・修辞的・比喩的な強調表現としてたとえば「人生とは旅である」「教育とは愛である」のようなものは，論理操作に耐えるような命題ではないので，気をつける必要がある。

授業や試験でよく出てくる「〜とは何か？」という問は，断片的な必要条件や，文学的・比喩的な表現を問うのではなく，「〜」を過不足なく説明するもの，つまり「〜」の必要十分条件で，なおかつ「〜」よりもわかりやすいものを問う。それは多くの場合，「〜」の定義である。

例 12.23 人生とは何か？ 人が生まれてから死ぬまでの間のこと。

例 12.24 ヘリウムとは何か？「元素の一種である」というのは良い答えではない。「元素の一種である」ような存在は，ヘリウム以外にもたくさんある。（例おわり）

定義の中で使われる言葉や概念は，自明なものか，もしくは既に定義されたものでなければならない。よくある間違いは，「〜」の定義に「〜」自体を使ってしまうことである（循環論法）。

例 12.25 無理数とは何か？「有理数でない実数」というのは良い答えではない。こう言うためには，無理数を含めた「実数」を先に定義する必要があるからである。

例 12.26 微分係数とは何か？「接線の傾き」というのは良い答えではない。こう言うためには，「接線」を定義する必要があるが，それには（視覚的な直感に訴えない限り）微分係数の概念が必要だからである。（例おわり）

こういうことを言い始めたら，きりが無いように思える。そう，学問はそのようなものなのだ。「〜とは何か？」という問を，どこまでも厳しく問い詰めていく，きりの無い作業なのだ。

問 297 人間と動物はどう違うか？

12.7 背理法

命題の証明の仕方のひとつに<u>背理法</u>がある。これは，命題の結論を仮に否定してみると，どこかに矛盾が生じてしまう，という論法である。

例 12.27 命題「T 大生は優秀である」を背理法で証明（？）してみよう：

ある T 大生が優秀でないと仮定しよう。T 大学の入試は優秀でなければ合格できない。ところが，その人が T 大生であるということは，優秀でない人が入試に合格したということになる。これは矛盾である。従って，T 大生は優秀である。（証明？終わり）

むろん，この「証明？」は，別の意味で不完全であり，ほんとうの証明にはなっていない。先に述べたように「優秀」とはどういうことかという定義があいまいだし（だからこそいろんな入試があるのだ），何よりも，人は時間によって変わるものであり，人生のある時期に「優秀」だからといって，その後もそうであり続ける保証はない。（例おわり）

もうひとつの例をやってみよう。こんどは厳密な証明である。

例 12.28 自然数 n について，もし n^2 が偶数ならば，n は偶数である。これを背理法で証明しよう。

n^2 が偶数でありながら，n が偶数でない，つまり n は奇数であると仮定する。すると，n は 2 を約数に持たないので，n^2 も 2 を約数に持たない。従って，n^2 は奇数になる。これは矛盾である。従って，n は偶数である。 ∎

（例おわり）

問 298 自然数 n について，もし n^2 が奇数なら

ば，n は奇数である。これを背理法で証明せよ。

問 299 2つの自然数 n, m について，もしそれらの積 nm が奇数ならば，n, m はともに奇数である。これを背理法で証明せよ。

よくある間違い 48　↑この問題の解答を，"自然数 n, m がともに偶数であると仮定する" というふうに始めてしまう。… そういう人は，p.192 から真剣に読み返すべきです。

よくある間違い 49　↑この問題の解答を，"もし nm が偶数ならば" というふうに始めてしまう。… 話がズレています。「nm が偶数」は話題になっていません。

よくある間違い 50　↑この問題の解答を，"自然数 n, m について，もしそれらの積 nm が奇数ならば，n, m のどちらかは偶数であると仮定する" というふうに始めてしまう。… 丁寧に書こうとして，かえって間違っています。正しいのは，"自然数 n, m について，もしそれらの積 nm が奇数**でありながら**，n, m のどちらかは偶数である（**ような場合がある**）と仮定する" です。違いはわかりますか？

よくある質問 121　↑これ，よくわかりません。… "もしそれらの積 nm が奇数ならば，n, m のどちらかは偶数であると仮定する" と始めて，矛盾が導かれたとしましょう。それは，この仮定した命題が偽である，ということですよね。そこから言えるのは，「nm が奇数でありながら n, m のいずれもが奇数であるような場合が存在する」ということです。それはここで証明したかった命題よりもずいぶん弱い命題です。

背理法の論理は，いずれ統計学で「仮説検定」「帰無仮説」という考え方で使うことになるので，しっかり理解しよう。

12.8 集合

ものの集まりを，集合という（定義）。ここでいう「もの」とは，具体的な物体でもよいし，抽象的・概念的な（頭の中でしか想像できない）ものでもよい。その集まりの範囲が定義できるものであれば何でもよい。

例 12.29

$$S = \{ 赤木剛憲，三井寿，宮城リョータ, \\ 流川楓，桜木花道 \} \quad (12.5)$$

で定義される集合 S は，漫画『SLAM DUNK』[*2] の湘北高校バスケットボール部のスターティングメンバーの集まり（スターティングファイブ）である。（例おわり）

集合を構成する個々の「もの」を，その集合の要素[*3]という（定義）。たとえば例 12.29 では，赤木剛憲[*4] は S の要素である。ある集合を定義するときは，式 (12.5) のように，その要素を { } で囲って列挙すればよい。

要素をすべて列挙するのが面倒な場合は，{ } の中を | で区切って，その右に条件を書いたりする。

例 12.30 正の偶数からなる集合を B とすると，

$$B = \{ 2n \mid n は 1 以上の整数 \} \quad (12.6)$$

と表すことができる[*5]。（例おわり）

問 300 集合とは何か？ 要素とは何か？ それらの定義を述べよ。

あるもの x が，ある集合 X の要素であるということを，$x \in X$ とか，$X \ni x$ と書く（どちらの書き方でも構わない）。たとえば例 12.29 では，赤木剛憲 $\in S$ などとなる。

あるもの x が，ある集合 X の要素でないときは，$x \notin X$ とか，$X \not\ni x$ と書く（どちらの書き方でも構わない）。たとえば例 12.29 では，赤木晴子 $\notin S$

[*2] 作者は井上雄彦。週刊少年ジャンプに 1990 年から 1996 年まで連載。

[*3] 元（げん）ともいう。

[*4] 湘北高校バスケ部の主将。代表的な発言は，「基本がどれほど大事かわからんのか!! ダンクができようが何だろうが，基本を知らん奴は試合になったら，何もできやしねーんだ!!」。

[*5] ここで n は便宜上 1 以上の整数を表すものであり，それを記号 n で表したことには何の必然性もない。$B = \{2m \mid m は 1 以上の整数\}$ と書いても，全く同じことである。もちろん，「1 以上の整数」のかわりに「自然数」と書いても OK。

となる*6。

よくある間違い 51 点（.）とコンマ（,）をきちんと書き分けできない。たとえば，1.2 と 2.3 という 2 つの数からなる集合 $\{1.2, 2.3\}$ を，$\{1.2, 2.3\}$ というふうに書いてしまう。

注意：「もの」と「ものの集まり」の違いをしっかり区別しよう。たとえば，1 と $\{1\}$ は違う。前者は 1 という数のことだが，後者は，「1 という数だけからなる集合」である。

$$0 \notin \{1\} \tag{12.7}$$

という式は意味があるが（あるもの（数）がある集合の要素かどうか），

$$0 \notin 1 \tag{12.8}$$

という式は意味がない（もの（数）がもの（数）の要素かどうかという概念は存在しない）。

$$0 < 1 \tag{12.9}$$

という式は意味があるが（数どうしの間には大小関係がある），

$$0 < \{1\} \tag{12.10}$$

という式は意味がない（数と集合の間に大小関係は無い）。

ある集合 X の全ての要素が，集合 Y の要素でもあるときは，「集合 X は集合 Y に含まれる」とか，「X は Y の部分集合」と言う（定義）。それを，$X \subset Y$ とか，$Y \supset X$ と書く（どちらの書き方でも構わない）。

例 12.31 S を T 大学の学生全員の集合とし，S_1 を T 大学の 1 年生全員の集合とする。S_1 の全ての要素は，S の要素でもある。従って $S_1 \subset S$ である。（例おわり）

問 301 集合 X が集合 Y に含まれる（集合 X が集合 Y の部分集合である）とはどういうことか，定義を述べよ。

よくある間違い 52 $\in$ と $\subset$ を混同してしまう。… これらは違う意味を持つ記号です。

部分集合の定義から明らかなように，どのような集合も，自分自身の部分集合である。つまり任意の集合 X について，$X \subset X$ である。

集合 X と集合 Y が，$X \subset Y$ かつ $X \supset Y$ であるとき，すなわち，X が Y に含まれ，Y が X に含まれるとき，X と Y は一致すると言い，$X = Y$ と書く。

問 302 以下の式について，間違っているものを，理由とともに指摘せよ：
(1) $1 \in \{1,2,3\}$ (2) $1 \subset \{1,2,3\}$
(3) $\{1\} \in \{1,2,3\}$ (4) $\{1\} \subset \{1,2,3\}$
(5) $\{1,2\} \in \{1,2,3\}$ (6) $\{1,2\} \subset \{1,2,3\}$
(7) $\{1,2,3\} \subset \{1,2,3\}$

2 つの集合 X, Y に共通する要素だけを抜き出してできる集合を，積集合とか共通部分とか交わりといい（定義），$X \cap Y$ と書く。すなわち，

$$X \cap Y := \{x | x \in X \text{ かつ}, x \in Y\} \tag{12.11}$$

である。

2 つの集合 X, Y の少なくとも一方に属する要素でできる集合を，和集合とか結びといい（定義），$X \cup Y$ と書く。すなわち，

$$X \cup Y := \{x | x \in X \text{ または}, x \in Y\} \tag{12.12}$$

である。

例 12.32

$$\{1,2,3\} \cap \{2,3,4\} = \{2,3\} \tag{12.13}$$
$$\{1,2,3\} \cup \{2,3,4\} = \{1,2,3,4\} \tag{12.14}$$

（例おわり）

要素が一つもない集合を空集合といい，$\emptyset$ で表す。

---

*6 赤木剛憲の妹。主人公桜木花道をバスケ部にリクルートし，桜木の精神的支柱となる。代表的な発言は，「地道な努力はいつか必ず報われるって，お兄ちゃんがいってたわ」。

例 12.33
$$\{1,2,3\} \cap \{4,5,6\} = \emptyset \tag{12.15}$$
（例おわり）

数学では，慣習的に，よく使う集合に特別な記号がつけられている。たとえば，

- $\mathbb{N}$「自然数全体の集合[*7]」
- $\mathbb{Z}$「整数全体の集合」
- $\mathbb{Q}$「有理数全体の集合」
- $\mathbb{R}$「実数全体の集合」
- $\mathbb{C}$「複素数全体の集合」

である。当然，
$$\mathbb{N} \subset \mathbb{Z} \subset \mathbb{Q} \subset \mathbb{R} \subset \mathbb{C} \tag{12.16}$$
である[*8]。

これらを使うと，数学の記述が簡潔になって，楽である。たとえば，
$$x \in \mathbb{R}$$
は「x は実数全体の集合の要素である」ということなのだが，それは要するに「x は実数である」ということだ。従って，「x は実数である」という記述を $x \in \mathbb{R}$ と記述してしまってもかまわない。

問 303 以下の集合を，要素を列挙する形で表せ。
(1) $\{2n \mid n \in \mathbb{N}\}$
(2) $\{2n-1 \mid n \in \mathbb{N}\}$
(3) $\{-1, 0, 1, 2, 3\} \cap \mathbb{N}$
(4) $\{n^2 \mid n \in \mathbb{Z}\} \cap \{x \mid -5 < x < 5, x \in \mathbb{R}\}$

さて，ある大きな集合を前提として，その中に含まれる部分集合についていろいろ考えることがある。

例 12.34 あるサッカークラブが試合に臨むときは，そのクラブに属する選手の中の 11 人がスターティングメンバー（スタメン）としてピッチに立ち，さらに 7 人ほどが交代要員としてベンチ入りする（それ以外の選手はスタンドで観戦する）。メンバー決定は，そのクラブの選手全員からなる集合（上述した「大きな集合」）の中でどのように「スタメン」と「交代要員」という 2 つの部分集合を作るかという話に他ならない[*9]。（例おわり）

そのような「大きな集合」を**全体集合**とか**普遍集合**と呼び，慣習的に U という記号[*10]で表すことが多い。

全体集合 U の部分集合 A について，A には含まれないような U の要素の集合を A の**補集合**と呼び，$\overline{A}$ と表す[*11]。つまり，
$$\overline{A} := \{x \mid x \in U \text{ かつ } x \notin A\} \tag{12.17}$$
である（定義）。

例 12.35 U を T 大学の学生全員の集合とする。A を，T 大学の女子学生全員の集合とすると，$A \subset U$ であるのは当然である。また，$\overline{A}$ は，同大学の男子学生全員の集合である。

例 12.36 $U = \{1, 2, 3, 4, 5, 6\}$ とする。ここで，$A = \{2, 3, 4\}$ とする。A の要素は全て U の要素だから，$A \subset U$ である。また，$\overline{A} = \{1, 5, 6\}$ である。

例 12.37 $U = \mathbb{N}$ とする。ここで，A を 2 以上の偶数の集合とすると，A の要素は全て U の要素だから，$A \subset U$ である。また，$\overline{A}$ は 1 以上の奇数の集合である。（例おわり）

このような集合の包含関係は，図 12.1 のようなベン図と呼ばれる図で概念的に表すことが多い。

全体集合 U と，その部分集合 A, B について，**ド・モルガンの法則**と呼ばれる以下の定理が成り立つ：
$$\overline{A \cap B} = \overline{A} \cup \overline{B} \tag{12.18}$$

[*7] 自然数は，正の整数である。0 は含まない。
[*8] 複素数は，2 つの実数 x, y によって $x + iy$ と書ける数である。従って，$y = 0$ のとき，すなわち，任意の実数 x も，複素数である。むろん，$x = y = 0$ のとき，つまり 0 も，複素数である

[*9] ただし，誰をどのポジションに配置するかは考えない。
[*10] universe の頭文字。
[*11] $^c A$ と表すこともある。c は complementary の頭文字。

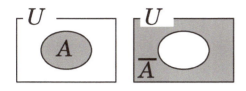

図 12.1 ベン図。左（の灰色部分）は A, 右（の灰色部分）は A の補集合（つまり $\overline{A}$）を表す。

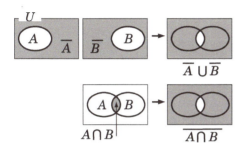

図 12.2 式 (12.18) を説明するベン図。灰色部分に注目。

$$\overline{A \cup B} = \overline{A} \cap \overline{B} \tag{12.19}$$

式 (12.18) は, 図 12.2 のようなベン図を使えば, 直感的にわかるだろう。

問 304 ベン図を描いて, 式 (12.19) を説明せよ。

12.9 集合の直積

2 つの集合 X, Y について, それぞれからひとつずつ要素をとりだしてペアを作ることを考える。このペア全体の集合を, X と Y の<u>直積</u>と言って, $X \times Y$ と書く。すなわち,

$$X \times Y := \{(x, y) \mid x \in X, y \in Y\} \tag{12.20}$$

である。

例 12.38

$$X = \{ \text{ピザ}, \text{スパゲティ} \} \tag{12.21}$$
$$Y = \{ \text{コーヒー}, \text{紅茶} \} \tag{12.22}$$

であれば,

$$X \times Y = \{(\text{ピザ}, \text{コーヒー}), (\text{ピザ}, \text{紅茶}),$$
$$(\text{スパゲティ}, \text{コーヒー}), (\text{スパゲティ}, \text{紅茶})\} \tag{12.23}$$

となる。これは, どこかの喫茶店の「ドリンクつきランチセット」の選択肢だろう。（例おわり）

もちろん, 直積は, 数の集合どうしについて考えることができる:

例 12.39 $A = \{1, 2\}, B = \{5, 6, 7\}$ なら,

$$A \times B = \{1, 2\} \times \{5, 6, 7\}$$
$$= \{(1, 5), (1, 6), (1, 7), (2, 5), (2, 6), (2, 7)\} \tag{12.24}$$

である。（例おわり）

よくある間違い 53 直積を「要素どうしを掛け算すること」だと誤解する。例 12.39 を,

$$A \times B = \{5, 6, 7, 10, 12, 14\}$$

としてしまう。… 初学者は,「積」という言葉の語感から,「直積」といえば何か「掛け算」をするものだと感じるかもしれませんが, それは「いらんことを考えすぎ」です。直積の式に × という記号がありますが, これは数の掛け算の記号と同じ形をしていても意味は全く別物です。単に, 可能な**ペア**を全て集めてできる集合が直積です。なぜそうなのか？ 理由はありません。直積とはそういうものだと約束（定義）するのです。ではなぜ直「積」と呼ぶかというと, もとの集合の**要素数（要素が何個あるか）**どうしの積（掛け算）が, 直積の要素数になるからです。実際, 例 12.39 では, A の要素数は 2, B の要素数は 3 で, $A \times B$ の要素数は 6 になっていますね。

さて, 直積は「2 つの集合」が同じ集合であってもかまわない。

例 12.40 $A = \{1, 2\}$ なら,

$$A \times A = \{(1, 1), (1, 2), (2, 1), (2, 2)\} \tag{12.25}$$

である。$(1, 2)$ と $(2, 1)$ を区別することに注意しよう。また, $(1, 2)$ を $\{1, 2\}$ と書くのも誤りである。$(1, 2)$ と $\{1, 2\}$ は意味が違うことに注意しよう。すなわち, $(1, 2)$ は 1 と 2 という数をこの順序で組み合わせたペアである（集合ではない）が, $\{1, 2\}$ は

1 と 2 という 2 つの数からなる集合である[*12]。(例おわり)

直積は、3 つ以上の集合に関しても定義される。たとえば 3 つの集合 X, Y, Z について、

$$X \times Y \times Z := \{(x,y,z) \mid x \in X, y \in Y, z \in Z\}$$

である。

直積に関して、数学や物理学で特によく使うのは、$\mathbb{R} \times \mathbb{R}$ や、$\mathbb{R} \times \mathbb{R} \times \mathbb{R}$ などである。前者は、実数を 2 つ組み合わせたものの集合、つまり、

$$\mathbb{R} \times \mathbb{R} = \{(x,y) \mid x, y \in \mathbb{R}\} \tag{12.26}$$

である。これは何か？ 言うまでもなく、2 次元の数ベクトルの集合である（これは 2 次元の幾何ベクトルを表す座標の集合でもある）。同様に、

$$\mathbb{R} \times \mathbb{R} \times \mathbb{R} = \{(x,y,z) \mid x, y, z \in \mathbb{R}\} \tag{12.27}$$

は、3 次元の数ベクトルの集合である。$\mathbb{R} \times \mathbb{R}$ や、$\mathbb{R} \times \mathbb{R} \times \mathbb{R}$ と書くのはめんどくさいので、かわりに $\mathbb{R}^2$ や $\mathbb{R}^3$ などと書く。この 2 とか 3 といった指数は、$5^2 = 25$ や $4^3 = 64$ などというときの掛け算の回数ではなくて、直積される集合の数である。

問 305 次の集合の要素を書き出せ

$$\{1,2,3\} \times \{2,3,4\} \tag{12.28}$$

よくある間違い 54 直積と積集合を混同する。… 語感は似ているけど、これらは全く別物です。

問 306 次の式 (12.29) と式 (12.30) は互いにどう違うか、説明せよ。

$$(1,2,3) \times (4,5,6) \tag{12.29}$$
$$\{1,2,3\} \times \{4,5,6\} \tag{12.30}$$

12.10 数学記号

数学やその応用分野（物理学・化学・生物学・経済学など）では様々な記号を使う。特に、以下の記号はよく使う。ただし、この中のいくつかの記号は、文献や業界によって意味が大きく異なることがあるので、注意が必要である。「何かおかしいな？」と思ったら、その本やその業界の中での記号の定義を確認しよう。

論理と二項関係

- $\forall$「すべての」「任意の」… for All の 'A' を逆転。
- $\exists$「ある」「存在する」… exist の 'E' を逆転。
- $\Longrightarrow$「ならば」
- $\Longleftrightarrow$「必要十分条件」「同値」
- $\geq$「以上」（$\geqq$ は、大学ではあまり使われない）
- $\leq$「以下」（$\leqq$ は、大学ではあまり使われない）
- $=$「等しい」
- $\neq$「等しくない」
- $\approx, \fallingdotseq$「ほぼ等しい」
- $\sim$「だいたい等しい（桁が合う程度）」「比例する」
- $\gg$「はるかに大きい」
- $\ll$「はるかに小さい」
- $\propto$「比例する」
- $\equiv$「定義する」または「恒等的に等しい」
- $:=$「定義する」

集合

- $\in$（左は右の）「要素」
- $\ni$（右は左の）「要素」
- $\notin$「要素ではない」
- $\subset$（左は右の）「部分集合」
- $\supset$（右は左の）「部分集合」
- $\emptyset$「空集合」
- $\cap$「共通部分」
- $\cup$「和集合」
- $\mathbb{N}$「自然数全体の集合」
- $\mathbb{Z}$「整数全体の集合」
- $\mathbb{Q}$「有理数全体の集合」
- $\mathbb{R}$「実数全体の集合」
- $\mathbb{C}$「複素数全体の集合」
- (a,b) $\quad \{x \mid a < x < b\}$ のこと。つまり、2 つの実数 a, b で挟まれる区間。ただし、a, b は含まない。
- $[a,b]$ $\quad \{x \mid a \leq x \leq b\}$ のこと。
- $[a,b)$ $\quad \{x \mid a \leq x < b\}$ のこと。
- $(a,b]$ $\quad \{x \mid a < x \leq b\}$ のこと。

[*12] 従って、$\{1,2\} = \{2,1\}$ だが、$(1,2) \neq (2,1)$ である。

演算

- $\cdot$ 「掛け算」「ベクトルの内積」
- $\bullet$ 「掛け算」「ベクトルの内積」
- $\times$ 「掛け算」「ベクトルの外積」
- $|\ |$ 「長さ」「絶対値」「行列式」「集合の要素の数」
- $\dot{x}$ 「$x(t)$ を t で微分したもの」
- $\bar{z}$ 「z の複素共役」または,「z の標本平均」
- z^* 「z の複素共役」

写像

- $f: A \to B$
「写像 f は,集合 A の要素を集合 B の要素に移す」(集合どうしの関係)
- $f: a \mapsto b$
「写像 f は,要素 a を要素 b に移す」(要素どうしの具体的な対応)
- $g \circ f$
「g と f の合成写像」つまり,
$g \circ f : x \mapsto g(f(x))$

言葉の省略

- i.e. 「すなわち」
- e.g. 「たとえば」
- s.t. "such that"「〜であるような」
- cf. "compare"「〜と比較せよ」

よくある質問 122 ファイ ϕ って空集合の記号 $\varnothing$ に似ていますね。… 手書きのときは同じになります。

よくある質問 123 (a,b) って,ベクトルじゃないんですか?… はい,ベクトルを意味することもあります。(a,b) が集合なのかベクトルなのかは,残念ながら見た目では区別できません。前後の文脈で区別します。

以上の記号を使うと,数学の論理を簡潔に表すことができる。

例 12.41

- 「全ての実数 x について,x^2 は 0 以上である」

$$\forall x \in \mathbb{R}, x^2 \geq 0 \tag{12.31}$$

- 「集合 A は,0 以上の全ての整数からなる」

$$A = \{x \in \mathbb{Z} \,|\, 0 \leq x\} \tag{12.32}$$

- 「自然数の集合は整数の集合に含まれる」

$$\mathbb{N} \subset \mathbb{Z} \tag{12.33}$$

- 「x は 2 以上 3 以下である」

$$x \in [2,3] \tag{12.34}$$

問 307 以下の 3 つの集合の違いを述べよ:
$\{1,2\}$ と $(1,2)$ と $[1,2]$

ところで,Σ は数列の和(総和)を表す記号だが,それに似た記号で,Π というものがある。これは数列の積(総乗)を表す(Π は π の大文字)。すなわち,数列 $\{a_1, a_2, \cdots\}$ と整数 p, q について(ただし $p \leq q$ とする),以下のように定義する:

$$\prod_{k=p}^{q} a_k := a_p \, a_{p+1} \cdots a_q \tag{12.35}$$

問 308 次式の値を求めよ:

$$\prod_{n=1}^{4}(2n-1) \tag{12.36}$$

問 309 以下の命題を,上の記号を使わないで(ただし,= と < は使って OK)書き表せ[13]。
(1) $x, y \in \mathbb{R}, x \propto y \implies \exists a \in \mathbb{R}, y = ax$
(2) $\forall x \in \mathbb{R}, \exists n \in \mathbb{Z}$ s.t. $x < n$
(3) $\exists n \in \mathbb{Z}$ s.t. $\forall x \in \mathbb{R}, x < n$

問 310 以下の命題を,上の記号を使って書き表せ:
(1) 複素数 z について,z と z の複素共役との和は,実数である。
(2) 実数 x について,もし $x^2 = 1$ ならば,x は 1 または -1 である。

---

[13] (2) と (3) は似ているが,実は全く異なる命題である。(2) は正しいが,(3) は正しくない。

以下は数学記号ではなく，英語の記号だが，呼び方を知らない人が多いので述べておく。"."ドット，":"コロン，";"セミコロン。特に，コロンとセミコロンを混同する人が多い。

問の解答

答 288 (1) 実数 x は 0 以上である。(2) 実数 x, y は，どちらも 0 以下である。(3) 実数 x, y の少なくともひとつは 0 以下である。

答 289 略解：(1), (2) は略。(3), (4) は意味を持たない。(3) は，「(p かつ q) または r」と「p かつ (q または r)」という 2 つの解釈があり得る。複数の解釈があり得る条件は無意味であり，無用な論争の種である！

答 290 (1) 逆：$x^2 = 0$ ならば，$x = 0$。裏：$x \neq 0$ ならば，$x^2 \neq 0$。対偶：$x^2 \neq 0$ ならば，$x \neq 0$。
(2) 逆：$x^2 > 0$ ならば，$x > 0$。裏：$x \leq 0$ ならば，$x^2 \leq 0$。対偶：$x^2 \leq 0$ ならば，$x \leq 0$。
(3) 逆：勝つものは強い。裏：弱いものは負ける。[*14] 対偶：負けるものは弱い。

答 291 (1) 苦くない薬は良薬でない。
(2) 爪を隠さないのは能ある鷹ではない。
(3) めんどくさくないものは大事ではない。

答 292 (1) 春になっても雪が溶けないこともある（高山の万年雪など）。(2) T 大学に入っても，素晴らしくない将来になることもある。(3) 2 乗したら負になる数が存在する。(4) 2 乗したら負になる数が存在する。

答 293 正解は 6 だけ。「T 大学の学生はみなサッカーがうまい」の否定は，T 大生に 1 人でもサッカーがうまくない人がいればよい。1, 8 は言い過ぎ。2, 3, 4 は他の大学の学生のこと，つまり関係のない話をしている。5, 7, 9 は，T 大生全員がサッカー上手でも成り立つ。注：問題文で「正解は 1 つとは限らない」と書いてあったのに，正解は 1 つだった。君は「だまされた」と言って怒るだろうか？

答 294 0 は実数だが，2 乗したら 0 になる。0 は正ではない。

答 295 必要条件。($x = -1$ という反例があるから，$p \Longrightarrow q$ は成り立たない。しかし，$q \Longrightarrow p$ は成り立つ。)

[*14] この解答では，「勝つ」の否定は「負ける」，「強い」の否定は「弱い」とする。現実には「引き分け」などもありうるが，便宜上，考えない。

答 296 十分条件。(p ならば $x = 1$ または $x = -1$ だから q が成り立つ。しかし $x = 3$ という反例があるから，$q \Longrightarrow p$ は成り立たない。)

答 297 人間は動物の一種だが，人間ではない動物もいる。

答 298 n が奇数でない，つまり n は偶数であると仮定する。すると，n は 2 を約数に持つので，n^2 も 2 を約数に持つ。従って，n^2 は偶数になる。これは矛盾である。従って，n は奇数である。∎

答 299 自然数 n, m のうち**少なくとも片方が偶数**であることがあると仮定する。今，n が偶数なら，$n = 2k$ と書ける（k は適当な自然数）。すると $nm = 2km$ となる。km は自然数だから，$2km$ すなわち nm は偶数である。同様にして，m が偶数のときも nm は偶数である。いずれにしても，nm は偶数になり，矛盾する。従って，n, m はともに奇数。∎

答 300 略（本文に書いてある）。

答 301 略（本文に書いてある）。

答 302 間違っているのは，以下の通り：
(2): 1 は集合ではないので集合の包含関係（⊂）は成り立たない。(3): $\{1\}$ は $\{1, 2, 3\}$ の部分集合であり，要素ではない。(5): $\{1, 2\}$ は $\{1, 2, 3\}$ の部分集合であり，要素ではない。

答 303 (1) $\{2, 4, 6, 8, \cdots\}$ (2) $\{1, 3, 5, 7, \cdots\}$
(3) $\{1, 2, 3\}$ (4) $\{0, 1, 4\}$

答 304 図 12.3 参照。

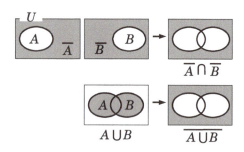

図 12.3　式 (12.19) を説明するベン図。灰色部分に注目。

答 305 $\{(1, 2), (1, 3), (1, 4), (2, 2), (2, 3),$
$(2, 4), (3, 2), (3, 3), (3, 4)\}$

答 306 式 (12.29) はベクトルどうしの外積であり，その結果はベクトルである。式 (12.30) は集合どうしの直積であり，その結果は集合である。すなわち，

$$(1, 2, 3) \times (4, 5, 6) = (-3, 6, -3)$$

$$\{1,2,3\} \times \{4,5,6\} = \{(1,4),(1,5),(1,6),(2,4),$$
$$(2,5),(2,6),(3,4),(3,5),(3,6)\}$$

答 307 略。

答 308 与式 $= 1 \times 3 \times 5 \times 7 = 105$

答 309 (1) 実数 x と実数 y が比例するならば，ある実数 a によって，$y = ax$ と書ける。(2) どんな実数 x にも，ある整数 n が存在して，$x < n$ とできる。(どんな実数にも，それぞれ，その実数より大きな整数がある。これは真である。) (3) ある整数 n が存在して，どんな実数 x にも，$x < n$ とできる。(ある整数は，全ての実数よりも大きい。これは偽である。)

答 310 (1) $z \in \mathbb{C}, z + \overline{z} \in \mathbb{R}$
(2) $x \in \mathbb{R}, x^2 = 1 \Longrightarrow x = \pm 1$

第13章

確率

13.1 事象

「サイコロを 1 回投げる」という操作は，結果として，「3（の目）が出る」とか「偶数が出る」とか「4 以上が出る」等のことが起き得る。しかし，実際にそれらが起きるかどうかは，やってみなければわからない。

この「サイコロを投げる」というような，やってみなければ結果はわからないような**動作**（操作）を試行（trial）という。そして，「3 が出る」「偶数が出る」のように試行の**結果として起き得るできごと**を事象（event）という（確率事象とも言う）。

よくある質問 124 試行とは何か？ と問われて，「やってみなければわからないこと」と答えたら，正解をもらえませんでした。なぜ？… その答では，試行と事象を区別できないからです。「サイコロを 1 回投げる」は試行，「サイコロをふって 3（の目）が出る」は事象。でも，両方とも「やってみなければわからないこと」です。

ある試行に対して「事象 A と事象 B の少なくとも片方が起きる」という事象を A と B の和事象と呼び，$A \cup B$ と書く（∪ は「和集合」を表す記号）。

例 13.1 「サイコロを 1 回投げる」という試行に対して，「偶数が出る」という事象を A,「4 以上が出る」という事象を B とする。$A \cup B$ は，「偶数または 4 以上の数が出る」すなわち「2 か 4 か 5 か 6 が出る」という事象である。（例おわり）

ある試行に対して「2 つの事象 A と B がともに起きる」という事象を A と B の積事象と呼び，$A \cap B$ と書く（∩ は「積集合」を表す記号）。上の例 13.1 の事象 A, B について $A \cap B$ は，「偶数かつ 4 以上が出る」すなわち「4 か 6 が出る」という事象である。

ある試行に対して，ある事象 A とある事象 B が同時に発生することがないこと，つまり積事象が空事象（何も起きることがないという事象；∅ と表す）となるようなこと，すなわち

$$A \cap B = \emptyset \tag{13.1}$$

が成り立つ場合，A と B は互いに排反（exclusive）である，という。たとえば「サイコロを 1 回投げる」という試行に対して，「2 が出る」と「3 が出る」は互いに排反な事象である。

他の複数の事象の和事象と考えることはできないような事象を根元事象という。たとえば「サイコロを 1 回投げる」という試行に対して，「1 が出る」という事象は，根元事象である。同様に「2 が出る」「3 が出る」…「6 が出る」は，いずれもそれぞれ根元事象である。空事象以外のどのような事象も，根元事象の和事象として表現できる。たとえば「サイコロを 1 回投げる」という試行に対して「偶数が出る」という事象 A は，

$$A = \text{「2 が出る」} \cup \text{「4 が出る」} \cup \text{「6 が出る」}$$

というように，3 つの根元事象の和事象として表現できる（A は根元事象ではない）。

ある試行に関する全ての根元事象の和事象を全事象と呼ぶ[*1]。サイコロの例で言えば，全事象 U とは[*2]，

$$U = \text{「1 が出る」} \cup \text{「2 が出る」} \cup \cdots \cup \text{「6 が出る」}$$

[*1] 標本空間とも言う。
[*2] 全事象は慣習的に U と書くことが多い。

である。言い換えれば，「1 から 6 のうちどれかが出る」という事象が全事象である。要するに，全事象とは，起こりうるすべての場合を包括する事象である。

ある事象 A について，「それが起きない」という事象を A の余事象と呼び，$\bar{A}$ と書く。事象 A とその余事象 $\bar{A}$ は排反である（式で書けば $A \cap \bar{A} = \emptyset$）。たとえばサイコロを 1 回投げるという試行に対して，「偶数が出る」という事象 A の余事象 $\bar{A}$ は，「偶数が出ない」つまり「奇数が出る」つまり「1, 3, 5 のいずれかが出る」ということである。

これまで，事象の話に集合の記号 ∪, ∩, ∅ 等が出てきた。それはなぜかというと，事象という考え方は集合論に立脚するのだ。全事象を全体集合とみなすと，その他の事象は全事象の部分集合とみなせる。和事象は複数の事象に関する和集合であり，積事象は複数の事象に関する積集合である。

問 311 以下の用語を説明せよ。
(1) 事象　　(2) 和事象　　(3) 積事象
(4) 空事象　(5) 余事象　　(6) 根元事象
(7) 全事象　(8) 排反

13.2 確率

同じ条件で試行を N 回行った場合に事象 A が起きる回数を $n(A)$ 回とすると，事象 A が起きる確率（probability）$P(A)$ を，次式で定義する：

$$P(A) := \lim_{N \to \infty} \frac{n(A)}{N} \tag{13.2}$$

このように定義される確率のことを統計的確率や経験的確率という。確率を表すのに P がよく使われるのは，probability の頭文字だからである。$P(A)$ を $Pr(A)$ と書いたりすることもあるが，同じ理由による。

例 13.2 「サイコロを 1 回投げる」という試行を何回も繰り返すと，「偶数が出る」という事象 A は，常識的に考えて，2 回に 1 回くらいの割合で起きるだろう。つまり，試行回数を N とすると，N が十分に大きければ，$n(A)$ はだいたい $N/2$。従って，式 (13.2) より，

$$P(A) = \frac{n(A)}{N} = \frac{N/2}{N} = \frac{1}{2} \tag{13.3}$$

となる。従って「サイコロを 1 回投げて偶数が出る確率は 1/2」である。

例 13.3 天気予報で出てくる「明日，雨が降る確率」というのは，ちょっと微妙な考え方である。というのも，今日にとって明日は 1 回しかないから，「明日の天気はどうなる？」という試行を何回も試すわけにはいかない。しかし，仮に今日と全く同じ気象条件の日が，今日以外にも過去・未来に N 回あるとして，その翌日に雨が降るのが n 回ならば，その n/N を「明日，雨が降る確率」と考えるわけである。（例おわり）

では，確率という概念が満たすべき性質について検討していこう。まず，どんなことを何回試そうが，n/N は必ず 0 以上 1 以下だから，任意の事象 A について，次式が成り立つ：

$$0 \leq P(A) \leq 1 \tag{13.4}$$

どんな事象も全事象の一部だから，毎回の試行では必ず全事象が起きる（それは「全ての事象のうちどれかが起きる」という意味であり，「全ての事象がいっせいに起きる」というような意味ではない）。従って試行を N 回行ったら，全事象 U は N 回起きる。従って，式 (13.2) より，

$$P(U) = \frac{n(U)}{N} = \frac{N}{N} = 1 \tag{13.5}$$

つまり「全事象の起きる確率は 1」である。たとえば「サイコロを投げて 1 から 6 のうちどれかが出る確率は 1」である。

問 312 次式を示せ：

$$P(\emptyset) = 0 \tag{13.6}$$

2 つの事象 A と B が互いに排反ならば，式 (13.1) より $A \cap B = \emptyset$ である。従って，式 (13.6) より，

$$P(A \cap B) = P(\emptyset) = 0 \tag{13.7}$$

である。

また，A と B が互いに排反ならば，A と B の

和事象 $A \cup B$, つまり「A と B の少なくとも片方が起きる」という事象が起きる回数 $n(A \cup B)$ は, $n(A) + n(B)$ である[*3]。従って, 試行回数 N が十分大きければ, 式 (13.2) より,

$$P(A \cup B) = \frac{n(A \cup B)}{N} = \frac{n(A) + n(B)}{N}$$
$$= \frac{n(A)}{N} + \frac{n(B)}{N} = P(A) + P(B) \quad (13.8)$$

となる。つまり, 互いに排反な事象の和事象の確率は, それぞれの事象の確率の和に等しい。たとえば, サイコロを振って出る目が 2 か 3 である確率は, 2 が出る確率 (つまり 1/6) と, 3 が出る確率 (つまり 1/6) の和で 2/6 = 1/3 である。

任意の事象 A とその余事象 $\bar{A}$ は互いに排反だから, 式 (13.8) より,

$$P(A \cup \bar{A}) = P(A) + P(\bar{A}) \quad (13.9)$$

である。ところが, $A \cup \bar{A}$ とは, 「A が起きるかもしれないし起きないかもしれない」という事象だから, 全ての場合を網羅する, つまり全事象 U である。従って, 式 (13.5) より,

$$P(A \cup \bar{A}) = P(U) = 1 \quad (13.10)$$

である。式 (13.9), 式 (13.10) より,

$$P(A \cup \bar{A}) = P(A) + P(\bar{A}) = 1 \quad (13.11)$$

となり, 従って,

$$P(\bar{A}) = 1 - P(A) \quad (13.12)$$

となる。つまり, ある事象の確率を 1 から引くと, その余事象の確率になる。たとえば, サイコロを 1 回投げるという試行に対して「1 が出る」を事象 C とすれば, その余事象 $\bar{C}$ とは, 「サイコロを振って 1 が出ない」つまり「サイコロを振って 1 以外の目が出る」つまり「サイコロを振って 2, 3, 4, 5, 6 のいずれかが出る」ということであり, $P(C) = 1/6$ だから, 次式が成り立つ:

$$P(\bar{C}) = 1 - \frac{1}{6} = \frac{5}{6} \quad (13.13)$$

さて, サイコロを 1 回投げるという試行において, 「1 が出る」, 「2 が出る」, $\cdots$, 「6 が出る」という 6 つの事象はそれぞれ根元事象であり, 互いに同程度に起こりやすく, なおかつ, これら以外が起きる可能性は無い。従って, たとえば「2 または 3 が出る」という事象は, 常識的に考えれば 6 回に 2 回の頻度で起きるだろう。従って, その確率は, 2/6 = 1/3 となるだろう。

この考え方を振り返ってみると, もし全事象を構成する根元事象が互いに同じ「起きやすさ」で起きるならば, 「事象を構成する根元事象の数」(ここでは「2 が出る」と「3 が出る」で 2 通り) を, 「全事象を構成する根元事象の数」(ここでは 6) で割ったものが確率になる, と考えることができる。つまり, 事象 A を構成する根元事象の数 (いわゆる「場合の数」) を $m(A)$ とし, 全事象 U を構成する根元事象の数を $m(U)$ とすれば,

$$P(A) = \frac{m(A)}{m(U)} \quad (13.14)$$

と書けるだろう。これは式 (13.2) とは違った考え方で確率を定義するものだ (高校数学ではこちらが一般的)。これを数学的確率とか理論的確率という。

ただし, この考え方は, あくまで全ての根元事象がどれも同程度に起こりやすいという前提が必要である。これを「同様の確からしさの原理」という。これは必ずしも成り立たないことに注意しよう。たとえば「明日正午の天気は？」という試行において, 「晴れ」「曇り」「雨」「雪」はいずれも根元事象だが, それらが同程度に起こりやすいとはいえない。実際, 梅雨には雨が降りやすいし, 真夏に雪が降る可能性はわずかしかない。そのような場合は式 (13.14) は使えない。

式 (13.2) と式 (13.14) はどちらも「確率の定義」である。一見似ているが, 互いに異なる考え方に立脚していることは明らかだろう。どちらが正しいともいえない。式 (13.2) には「明日の天気」のように本来は 1 回しかない試行についても繰り返しを考えるという点に無理があるし, 式 (13.14) は根元事象が互いに同程度に起こりやすいという前提に無理がある。このような微妙な問題に対して, 数学 (確率論) は明確な答えを出していない[*4]。

[*3] 一般に $n(A \cup B) = n(A) + n(B) - n(A \cap B)$ だが, A と B が排反ならば, $n(A \cap B) = n(\emptyset) = 0$ である。

[*4] そこで, 現代では, 「どのような事象も 0 以上の確率で起きる」「全事象の確率は 1」「排反な事象どうしの和事象の確率は, 各事象の確率の和」という最低限の 3 つの性質を満たせば確率はどのように定義してもよい, という考え方 (コルモ

問 313 2つのさいころを投げるとき, 出る目の和が 10 以上になる確率は？

問 314 君はサッカー大会の決勝戦で, 強豪チームに挑もうとしている。ロッカールームで君の同僚は, 「どんなに相手が強くても, 勝つか負けるか 2 つに 1 つなのだから, 勝てる確率は 50 パーセントだ」と自分に言い聞かせている。それについて君はどう考えるか？

2つの事象 A, B について, 「A が起きるという前提で B が起きる」という確率を条件付き確率と呼び, $P(B|A)$ と書く[*5]。たとえば, 「明日, 雨が降る」という事象を A, 「明日, 洪水が起きる」という事象を B とすると, $P(B|A)$ は, 「明日, 雨が降るならば, どのくらいの確率で洪水が起きるか」である。常識的に考えて, 雨が降らなければ洪水は起きにくいので（それでも上流のダムが決壊するなどで起きないこともないが）, 雨が降るということを前提にするのならば, 洪水が起きる確率は高くなるだろう。つまり, この例では, 常識的に考えて,

$$P(B|A) > P(B) \tag{13.15}$$

である。一方, 「明日, 雨が降らない」という事象を C とすると, 常識的に考えて,

$$P(B|C) < P(B) \tag{13.16}$$

である。このように, 条件付き確率と, 条件のつかない確率は, 互いに別のものだ。

さて, 事象 A と事象 B について, 「A と B がともに起きる」つまり $A \cap B$ という事象を, 「まず, A が起きる」（その確率は $P(A)$）, さらに, 「A が起きた上に, B が起きる」（その確率は $P(B|A)$）という 2 つの過程に段階的にわけて考えれば, 以下のようになるだろう:

$$P(A \cap B) = P(A)P(B|A) \tag{13.17}$$

ここで A と B をひっくり返して同様に考えれば,

$$P(A \cap B) = P(B)P(A|B) \tag{13.18}$$

―――――――――
ゴロフの公理的確率）が主流である。しかし, この立場では「サイコロを 1 回ふって 1 が出る確率は 1/6 である」というような結論を導くことはできない。
[*5] $P_A(B)$ と書く本もある。

とも言える。式 (13.17), 式 (13.18) より,

$$P(A)P(B|A) = P(B)P(A|B) \tag{13.19}$$

が成り立つ。両辺を $P(A)$ で割ると,

$$P(B|A) = \frac{P(B)P(A|B)}{P(A)} \tag{13.20}$$

が成り立つ。式 (13.20) は, ベイズの定理と呼ばれるもので, ベイズ統計学という, 実用的に重要な分野の基礎である。

問 315 「サイコロを 1 回ふる」という試行に対して, A を「3 の倍数の目が出る」という事象, B を「5 以下の目が出る」という事象とする。$P(A)$, $P(B)$, $P(A \cap B)$, $P(A|B)$, $P(B|A)$ をそれぞれ求めよ。また, この 2 つの事象 A, B についてベイズの定理が成り立つことを実際に確認せよ。

13.3 独立

複数の事象の発生・非発生が, 互いに影響を及ぼさないことを独立という。たとえば, サイコロを 2 回ふるとき, 「最初に 2 の目が出る」「次に 3 が出る」というのは（イカサマのない限り）互いに独立な事象である。

事象 A, B が互いに独立ならば, A が起きようが起きまいが B の起きやすさは変わらないので, $P(B|A) = P(B)$ である。同様に考えれば, $P(A|B) = P(A)$ である。すると, 式 (13.17) や式 (13.18) より,

$$P(A \cap B) = P(A)P(B) \tag{13.21}$$

が成り立つことがわかる。式 (13.21) を「事象の独立」の定義とする本もある。

問 316 以下の事象 A, B の組みあわせは, 独立・排反・どちらでもないのいずれか？
(1) サイコロを 1 回投げて, A: 1 が出る。B: 3 が出る。
(2) サイコロを 2 回投げて, A: 1 回目に 1 が出る。B: 2 回目に 3 が出る。
(3) サイコロを 1 回投げて, A: 偶数が出る。B: 4 が出る。

問 317 コインを 10 回投げて，裏が 1 回も出ない確率を求めよ。

13.4 確率変数

根元事象が数値である（あるいは，根元事象に数値が対応している）ような試行を**確率変数** (stochastic variable) という。といっても「何のこと？」と思うだろうから，いくつか例を考えよう。

例 13.4「サイコロを 1 回投げる」という試行で「出る目の値」を根元事象とみなすと，それは 1 から 6 までの整数値である。従って，「サイコロを 1 回投げて出る目の値」（それを出目という）を D とすると[*6]，D は確率変数である。

例 13.5「明日の天気」は確率変数ではない。「明日の天気」は晴れ，曇り，雨，雪などの気象状況をとるものであり，それに数値は付随しない。ただし，「明日の天気が晴れなら 100 円，曇りなら 50 円，雨なら 0 円，...」などのような金額をつけて賭け事をするような場合は[*7]，「明日の天気によって決まる配当金額」は確率変数になる。（例おわり）

確率変数がとり得る具体的な数値のことを**実現値**という。たとえば，例 13.4 の確率変数 D の実現値は，1 から 6 までの整数値である（それらをまとめて実現値というのではなく，それらのひとつひとつが実現値。たとえば 1 は実現値だし 2 も実現値）。

確率変数は柔軟な概念である。数値が未知のものは，どんなものでも確率変数とみなすことができる。

例 13.6 以下はいずれも確率変数とみなせる:
- 明日のつくば市の正午の気温。
- 日本人男性をランダムに 1 人選び，その人の身長（選ぶ前の段階で）。
- 10 年後の日本の財政赤字。
- 今学期末に君が取得できる単位数（学期末になる前の段階で）。
- 選挙に立候補した人の得票数（開票前の段階で）。
- コインを 10 枚同時に投げた時，表が出るコインの枚数（投げる前の段階で）。
- ある農家が収穫するりんご 100 個の中の，規格外で出荷できないりんごの数（検査前の段階で）。

問 318 確率変数の具体例（ただし例 13.6 などで既出の例，および，それに類似した例は除く）を，3 つ述べよ。その際，それぞれの実現値がどういうものかも述べること。

「ある確率変数が特定の範囲の実現値をとる」という現象は事象である。

例 13.7「サイコロを 1 回投げて 3 が出る」という現象，言い換えれば，「$D = 3$」という現象は，実際にサイコロを投げてみなければ，起きるかどうかはわからない。従って，事象である。この事象が起きる確率は $1/6$ なので，$P(D = 3) = 1/6$ と書ける。
「サイコロを 1 回投げて 3 以下の目が出る」つまり「$D \leq 3$」も事象であり，$P(D \leq 3) = 1/2$ である。

例 13.8「明日のつくば市の正午の気温が 30 °C 以上」というのも事象である。その確率を求めるのは容易ではないが。（例おわり）

確率変数 X の全ての実現値が $x_1, x_2, \cdots, x_n$ であるとき，

$$\sum_{k=1}^{n} P(X = x_k) = 1 \tag{13.22}$$

が必ず成り立つ。すなわち，確率変数について，各実現値をとる確率の総和は 1 である。証明：「確率変数がどれかの実現値をとる」という事象の確率は，確率変数が各実現値をとる確率の総和である。一方，これは全事象なので，その確率は 1 である。■

注：式 (13.22) のように，慣習的に，確率変数は**アルファベットの大文字**で表し，実現値はアルファベットの**小文字**で表すことが多い。

2 つの確率変数 X, Y について，「X が実現値 x をとる」という事象と，「Y が実現値 y をとる」とい

[*6] D は「サイコロ」の英語 dice の頭文字からとった。
[*7] やってはいけません。

う事象が互いに独立である，ということが，全ての実現値の組み合わせ (x, y) について成り立つとき，2 つの確率変数 X と Y は互いに独立である，という（定義）。

例 13.9 A, B という 2 つのサイコロがある。「サイコロ A を 1 回投げたときの出目」を D_A，「サイコロ B を 1 回投げたときの出目」を D_B とする。例 13.4 でわかるように，D_A と D_B はそれぞれ確率変数である。ここで，A の出目と B の出目は互いに影響しない。たとえば A の出目が 3 のとき，B の出目は 5 になりやすかったりなりにくかったり，ということはない。つまり，任意の x, y について（x, y は 1 から 6 までの整数値），「$D_A = x$」と「$D_B = y$」は互いに独立な事象である。つまり，D_A と D_B は互いに独立な確率変数である。

例 13.10 2 つの水田 A, B が隣接して存在する。来年の水田 A, 水田 B の収穫量をそれぞれ H_A, H_B とする（H は harvest の略）。H_A, H_B はそれぞれ確率変数とみなせる（来年になって実際に収穫してみるまでは値がわからないので）。ところが，H_A と H_B は互いに独立とは言えない。というのも，水田の収穫量はその年の日射や気温等に強く影響されるが，水田 A, B が互いに隣接しているので日射や気温はおおむね似たようなものだろう。従って，「H_A が平年より大きい」と「H_B が平年より大きい」という 2 つの事象は，互いに独立ではない（片方が起きやすければもう片方も起きやすい）。

例 13.11 上の例で，もし水田 A, B が十分に離れていたら，それぞれの気象条件は違うので，収穫量は互いに独立といえるかもしれない。ではどのくらい離れればそういえるだろう？ 10 km 程度では多分ダメだろう。では 100 km や 1000 km 程度ではどうだろう？ それだけ離れれば両者の気象条件は無関係な気がする。ところがそうとも言い切れないのだ。それぞれを覆う気団や前線は，ともに地球の気象システムの一部なので多少は連動する。従って，ある地域が晴れれば遠くの別の地域は雨のような関係がありえる。そのような関係を気象学では「テレコネクション」という。（例おわり）

2 つの確率変数 X と Y が互いに独立だとしよう。p. 209 式 (13.21) を使えば，

$$P(X = x \cap Y = y) = P(X = x)P(Y = y) \quad (13.23)$$

が，全ての (x, y) について成り立つ（式 (13.23) を「確率変数の独立」の定義とする本もある）。

確率変数に定数を足したものも確率変数である。たとえば例 13.4 の確率変数 D について，$D + 10$ も確率変数である。実際，$D + 10$ は，11, 12, 13, 14, 15, 16 のうちのどれかの値をとる。

確率変数に定数をかけたものも確率変数である。たとえば例 13.4 の確率変数 D について，$10D$ も確率変数である。実際，$10D$ は，10, 20, 30, 40, 50, 60 のうちのどれかの値をとる。

同様に考えれば，確率変数を何乗かしたり，確率変数を指数関数や三角関数に代入したものも（そんなことをして何の意味があるのかは別として）確率変数である。

複数の確率変数を足したものも確率変数である。例 13.9 で，$D_A + D_B$ を S としよう。つまり，S は「サイコロ A の出目とサイコロ B の出目の合計」である。S は，「2 つのサイコロを投げて出る目の和」とも言える。これは，確率的にしか値は定まらないから，S は立派な確率変数である（その実現値は 2 から 12 までの整数値）。同様に，例 13.10 で，$H_A + H_B$ を H とすると，H は「水田 A と水田 B の来年の合計収穫量」である。これも，来年になってみないとわからない（従って今は確率的にしか議論できない）ので，確率変数である。

同様の理由で，複数の確率変数を掛けたものも確率変数である。

13.5 確率分布

ある確率変数の各実現値についてその実現値が起きる確率を対応させる関係を確率分布という。このとき，その確率変数はその確率分布に従うという。

例 13.12 「1 から 6 までの整数値をいずれも 1/6 の確率でとる」というのはひとつの確率分布である。例 13.4 の確率変数 D は，この確率分布に従う。（例おわり）

異なる複数の確率変数が，同じ確率分布に従うことがある．たとえば 2 つのサイコロ A, B を投げる時，A, B それぞれが出す目の値を D_A, D_B とすると，D_A, D_B は同じ確率分布（例 13.12 で説明した確率分布）に従う．しかし，$D_A = D_B$ **とは言えない**．サイコロ A とサイコロ B は異なる目を出す可能性があるからだ．

さて，コインを投げたとき，果たして表が出るか裏が出るか？ というような状況は，サッカーの PK 戦の先攻後攻を決める時だけでなく，人生や社会の様々な場面で遭遇する．このように，一つの特定の事象が起きるか起きないか，という形に単純化された試行のことを，ベルヌーイ試行という．言うなれば人生はベルヌーイ試行の連続である．志望校に合格するのかしないのか，好きな人に告白して OK をもらうのかふられるのか，寝坊した時に電車に間に合うのか間に合わないのか．

ベルヌーイ試行の結果，その「特定の事象」が「起きる回数」は，1 か 0 かの実現値のみをとる確率変数である．その確率変数を X としよう．その「特定の事象」が起きる確率を p とすると（p は 0 以上 1 以下の適当な実数），起きない確率は $1-p$ なので，

$$\begin{cases} P(X=1) = p \\ P(X=0) = 1-p \end{cases} \quad (13.24)$$

となる．式 (13.24) は一種の確率分布であり，これをベルヌーイ分布という．たとえば「コインを 1 回投げたとき，表が出る回数」は，ベルヌーイ分布に従う確率変数であり，コインが表裏対称であれば，$p = 0.5$ である．

同一条件でベルヌーイ試行を複数回，独立に行うことも，人生や社会ではよくある．たとえば同じコインを 5 回投げる，ということは可能である．このとき，「表の出る回数」は，0 から 5 までの整数値を実現値とするような確率変数である．このように，**同一条件の**ベルヌーイ試行を独立に複数回行なったときに，

$$X := \text{事象が起きる回数} \quad (13.25)$$

は，確率変数になる（この X は式 (13.24) の X とは違う意味である）．そのような確率変数 X が従う確率分布を，二項分布といい，それを

$$B(n, p) \quad (13.26)$$

と書く（n はベルヌーイ試行の回数，p は各ベルヌーイ試行で事象が起きる確率である）．

ところで，上の議論で，k 回目のベルヌーイ試行において事象が起きる回数（といっても 1 か 0）を確率変数 X_k で表すと，当然ながら X_k は式 (13.24) のようなベルヌーイ分布に従う．X_1 から X_n までの総和が「n 回のベルヌーイ試行で事象が起きる回数」になるので，式 (13.25) で定義される X を，

$$X = X_1 + X_2 + \cdots + X_n \quad (13.27)$$

と表すことができる．つまり，二項分布に従う確率変数は，ベルヌーイ分布に従う複数の互いに独立な確率変数の和で表現できるのだ．この事実は後で使うときが来る．

では，二項分布を具体的に求めてみよう：確率変数 X が $B(n,p)$ に従うとする．n 回のベルヌーイ試行のうち，k 個の特定の回で事象が起き，それ以外では起きないような場合の確率は，

$$p^k(1-p)^{n-k} \quad (13.28)$$

となる（たとえば 5 回のベルヌーイ試行を行い，最初と最後の合計 2 回だけで事象が起き，残りの 3 回では起きなければ，$p(1-p)(1-p)(1-p)p = p^2(1-p)^3$ となる）．ところが，我々はどの回で事象が起きるかには興味は無く，とにかく「合計 k 回起きる」ということの確率 $P(X=k)$ を知りたいのである（それが確率分布なのだ）．そこで，n 回のベルヌーイ試行の中から k 回を選び出し，その「k 個の選ばれた回」だけで事象が起きるとすれば，その選び出し方は ${}_n C_k$ 通りある．それぞれが式 (13.28) という確率で発生するので，次式が成り立つ：

$$P(X=k) = {}_n C_k \, p^k (1-p)^{n-k} \quad (13.29)$$

これが二項分布である．

問 319 コインを 5 回投げたとき，表が 3 回出る確率は？

問 320 5 枚のコインを同時に投げたとき，3 枚が表，2 枚が裏になる確率は？

13.6 期待値

確率変数 X について，それがとり得る全ての実現値のそれぞれに，それが起きる確率を掛け，総和をとったものを，X の**期待値**（expectation）と呼び，$E[X]$ と書く。すなわち，$x_1, x_2, \cdots, x_n$ を確率変数 X がとり得る全ての**実現値**とするとき，期待値を次式で定義する：

$$E[X] := \sum_{k=1}^{n} x_k P(X = x_k) \tag{13.30}$$

問 321 期待値の定義式 (13.30) を 5 回書いて覚えよ。その際，$x_1, x_2, \cdots, x_n$ の定義もきちんと書くこと。

問 322 A 君は，「期待値の定義を述べよ」という問に対して，式 (13.30) を正しく書いたが，「$x_1, x_2, \cdots, x_n$ は，n 回行った試行の各結果の値」と書いた。これは正しいか？　誤りだとしたら，それを A 君が納得するように説明せよ。単に「正しくは...だよ」と言っても，頑固者の A 君は，「意味的には同じじゃないのか？」と言い張るだろう。

例 13.13 例 13.4 の確率変数 D の期待値は，

$$E[D] = 1 \times \frac{1}{6} + 2 \times \frac{1}{6} + \cdots + 6 \times \frac{1}{6} = 3.5 \tag{13.31}$$

となる。（例おわり）

注：直感的には，期待値は，その確率変数が出してくる，「平均的な値」のようなものだ。実際，期待値のことを平均と呼ぶ人もいる。しかし，後で学ぶ「標本平均」という概念のことを平均と呼ぶ人もいる。単なる平均という言葉はまぎらわしいのでなるべく使わないのが賢明である。

問 323 サイコロを 1 回投げるとき，出る目の 2 乗の期待値を求めよ。

問 324 式 (13.24) で示したベルヌーイ分布に従う確率変数 X について，次式を示せ：

$$E[X] = p \tag{13.32}$$

確率変数を定数倍したり定数を足したりしてできる確率変数は，どのような期待値を持つだろうか？　今，確率変数 X が $x_1, x_2, \cdots, x_n$ という実現値を，それぞれ $p_1, p_2, \cdots, p_n$ という確率でとるとする（n は 1 以上の整数）。任意の定数 a, b について，$Y = aX + b$ という確率変数を考える。Y は $ax_1 + b, ax_2 + b, \cdots, ax_n + b$ という実現値を，それぞれ $p_1, p_2, \cdots, p_n$ という確率でとる。従って，

$$E[Y] = \sum_{k=1}^{n}(ax_k + b)p_k = a\sum_{k=1}^{n} x_k p_k + b\sum_{k=1}^{n} p_k$$
$$= aE[X] + b \tag{13.33}$$

となる（ここで p.37 式 (3.71), 式 (3.72), 式 (13.30), 式 (13.22) を使った）。従って，次の定理が成り立つ：任意の確率変数 X，定数 a, b について，

$$E[aX + b] = aE[X] + b \tag{13.34}$$

任意の 2 つの確率変数 X, Y の和 $X + Y$ の期待値は，各確率変数の期待値の和に等しい（確率変数どうしが互いに独立かどうかは無関係に）。すなわち，

$$E[X + Y] = E[X] + E[Y] \tag{13.35}$$

が成り立つ（定理）。これは，たとえば X が何かのゲームの賞金で，Y が別の何かのゲームの賞金であり，2 つのゲームに参加してもらえそうな賞金総額は，各ゲームでもらえそうな賞金の合計に等しい，ということである。そう言われると，なんとなく直感で納得できるだろう。ところが，これは 2 つのゲームが独立でなくても成り立つ。すなわち，片方のゲームで好成績を出すと次のゲームが有利になる，というような仕組みが仮にあったとしても，結果的に賞金総額の期待値は，各ゲームの賞金の期待値を別個に判定したものの和になるのだ。

式 (13.35) の証明を以下に示す：今，X の実現値が $x_1, x_2, \cdots, x_n$ であり，Y の実現値が $y_1, y_2, \cdots, y_m$ だとする（n, m は 1 以上の整数で，n と m は互いに等しくてもよいし等しくなくてもよい）。$X + Y$ の実現値は，

$$x_1 + y_1, \ x_1 + y_2, \ \cdots, \ x_1 + y_m$$
$$x_2 + y_1, \ x_2 + y_2, \ \cdots, \ x_2 + y_m$$

$$x_n+y_1,\ x_n+y_2,\ \cdots,\ x_n+y_m$$

という nm 通りの値である（今は簡単のため，この中に重複する値は無いとする）。これらの全てに，それぞれが実現する確率をかけて足しあわせれば，$X+Y$ の期待値が得られるはずだ（定義より）。今，スペースの節約のために，$p_{i,j} := P(X=x_i \cap Y=y_j)$ とする（i,j は 1 以上でそれぞれ n,m 以下の整数）。すると，

$$E[X+Y] = \sum_{i=1}^{n}\sum_{j=1}^{m}(x_i+y_j)p_{i,j} \quad (13.36)$$

$$= \sum_{i=1}^{n}\sum_{j=1}^{m}(x_i p_{i,j} + y_j p_{i,j}) \quad (13.37)$$

$$= \sum_{i=1}^{n}\sum_{j=1}^{m} x_i p_{i,j} + \sum_{i=1}^{n}\sum_{j=1}^{m} y_j p_{i,j} \quad (13.38)$$

となる。ここで，式 (13.36) の根拠は式 (13.30) である。式 (13.36) の右辺の $p_{i,j}$ の掛け算を括弧の中に入れたら式 (13.37) になる。式 (13.37) から式 (13.38) への根拠は p.37 式 (3.71) である。式 (13.38) の 1 項めについて考えよう：x_i は j には依存しないので，j に関する和においては x_i を定数とみなして，

$$\sum_{i=1}^{n}\sum_{j=1}^{m} x_i p_{i,j} = \sum_{i=1}^{n} x_i \Big(\sum_{j=1}^{m} p_{i,j}\Big) \quad (13.39)$$

とできる。ところが，この右辺の括弧の中の，$\sum_{j=1}^{m} p_{i,j}$ は，「X は x_i という特定の実現値をとるが，Y は $y_1, y_2, \cdots, y_m$ すなわち全ての実現値のどれをとってもよい」という事象の確率だから，結局 $P(X=x_i)$ に等しい。従って，式 (13.39) は，

$$= \sum_{i=1}^{n} x_i P(X=x_i) = E[X] \quad (13.40)$$

となる（最後の等号では式 (13.30) を使った）。同様の理屈で，式 (13.38) の 2 項めは，

$$\sum_{i=1}^{n}\sum_{j=1}^{m} y_j p_{i,j} = \sum_{j=1}^{m}\sum_{i=1}^{n} y_j p_{i,j} = \sum_{j=1}^{m} y_j \Big(\sum_{i=1}^{n} p_{i,j}\Big)$$

$$= \sum_{j=1}^{m} y_j P(Y=y_j) = E[Y] \quad (13.41)$$

となる。式 (13.36)，式 (13.38)，式 (13.40)，式 (13.41) より，式 (13.35) が成り立つ。∎

式 (13.35) は，3 つ以上の確率変数についても拡張できる。すなわち，$X_1, X_2, \cdots, X_n$ をそれぞれ確率変数として，次式が成り立つ（定理）：

$$E[X_1 + X_2 + \cdots + X_n]$$
$$= E[X_1] + E[X_2] + \cdots + E[X_n] \quad (13.42)$$

これは式 (13.35) を使えば簡単に証明できる。まず，

$$E[X_1 + X_2] = E[X_1] + E[X_2] \quad (13.43)$$

である。確率変数の和は確率変数だから，$X_1 + X_2$ はひとつの確率変数である。それを Y と書こう。すると，式 (13.35) より，次式が成り立つ：

$$E[Y + X_3] = E[Y] + E[X_3] \quad (13.44)$$

$Y = X_1 + X_2$ を左辺に，$E[Y] = E[X_1+X_2] = E[X_1] + E[X_2]$ を右辺に代入すれば，

$$E[X_1 + X_2 + X_3] = E[X_1] + E[X_2] + E[X_3] \quad (13.45)$$

となる。こんどは $X_1 + X_2 + X_3$ をあらためて Y とおき，$E[Y + X_4]$ を考え，… というふうに繰り返していけば，任意の n について式 (13.42) が示される。∎

問 325 式 (13.35) の証明を再現せよ。

問 326 3 枚の 100 円玉を同時に投げ，表が出た 100 円玉は賞金としてもらえる，というゲームをする。賞金額の期待値を求めよ。

問 327 二項分布 $B(n,p)$ に従う確率変数 X について，次式を示せ：

$$E[X] = np \quad (13.46)$$

ヒント：式 (13.27) と式 (13.42) を使う。

さて，以下の定理が成り立つ：**互いに独立な確率変数** X, Y について，

$$E[XY] = E[X]E[Y] \quad (13.47)$$

注：式 (13.47) は式 (13.35) に似てはいるが，式 (13.35) には「確率変数が互いに独立」という条件は付いていなかったことに注意せよ。

式 (13.47) の証明には，式 (13.36) を流用して，和を積に変えればよい：

$$E[XY] = \sum_{i=1}^{n}\sum_{j=1}^{m} x_i y_j p_{i,j} \qquad (13.48)$$

ここで，$p_{i,j} = P(X = x_i \cap Y = y_j)$ だが，X, Y が**独立だから**，式 (13.23) が使えるので，

$$\begin{aligned} p_{i,j} &= P(X = x_i \cap Y = y_j) \\ &= P(X = x_i) P(Y = y_j) \end{aligned} \qquad (13.49)$$

となる。これを式 (13.48) に代入しよう：

$$E[XY] = \sum_{i=1}^{n}\sum_{j=1}^{m} x_i y_j P(X = x_i) P(Y = y_j) \qquad (13.50)$$

j を含まない部分は j に関する Σ の前に出せるから，

$$\begin{aligned} E[XY] &= \sum_{i=1}^{n} x_i P(X = x_i) \sum_{j=1}^{m} y_j P(Y = y_j) \\ &= \sum_{i=1}^{n} x_i P(X = x_i) E[Y] \qquad (13.51) \\ &= E[X] E[Y] \qquad (13.52) \end{aligned}$$

となり，式 (13.47) を得る。∎

問 328 X, Y が互いに独立な確率変数のとき，式 (13.47) が成り立つ，ということの証明を再現せよ。

確率変数が互いに独立でないとき，式 (13.47) が成り立たないことがあるということを，例を通して見てみよう。

例 13.14 2 枚の 100 円玉を順に投げ，表が出た 100 円玉は賞金としてもらえる，というゲームをする。ただし，1 枚めで表が出たら，2 枚めは無条件に（たとえ裏が出ても）もらえるとする。1 枚めの賞金を X 円，2 枚めの賞金を Y 円とする。X も Y も，実現値として 0 か 100 をとり得る確率変数である。$E[X] = 50$ である。また，$Y = 0$ となるのは，1 枚めも 2 枚めも裏のときであって，その確率は 1/4 だから，

$$E[Y] = 0 \times \frac{1}{4} + 100 \times \left(1 - \frac{1}{4}\right) = 75$$

である。従って，次式が成り立つ：

$$E[X]E[Y] = 50 \times 75 = 3750 \qquad (13.53)$$

一方，XY は実現値として 0 か 10000 をとる確率変数である。$XY = 10000$ となるのは $X = 100$ かつ $Y = 100$ のときであり，まず $X = 100$ になるために 1 枚めで表が出なければならない。ところが 1 枚めで表が出れば，2 枚めの表裏によらず自動的に $Y = 100$ となるルールだった。つまり，$XY = 10000$ という事象は「1 枚めが表」という事象と同じである。従って，

$$P(XY = 10000) = P(X = 100) = \frac{1}{2}$$

$$P(XY = 0) = 1 - \frac{1}{2} = \frac{1}{2}$$

である。従って，次式が成り立つ：

$$E[XY] = 0 \times \frac{1}{2} + 10000 \times \frac{1}{2} = 5000 \qquad (13.54)$$

式 (13.53) と式 (13.54) より，明らかに，$E[XY] \neq E[X]E[Y]$ である。

問 329 上のゲームで，
(1) $E[X + Y] = E[X] + E[Y]$ が成り立つことを示せ。
(2) 「1 枚めで表が出たら，2 枚めは無条件に（例え裏が出ても）もらえる」というルールを廃止したら，$E[XY] = E[X]E[Y]$ が成り立つことを示せ。

このように，式 (13.47) は，X と Y が独立でない場合には，成り立たないことがある。その典型的な例は，Y が X に等しい場合である。すなわち，$E[X^2] = (E[X])^2$ とはならないことがある。これは，式 (13.31) と問 323 からも明らかだろう ($E[D^2] \fallingdotseq 15.2$, $(E[D])^2 = 3.5^2 = 12.25$)。一方，式 (13.35) は $Y = X$ のときも成り立つ。すなわち，$E[2X] = 2E[X]$ である。これは式 (13.34) で

$a = 2, b = 0$ とした式である。

君は、このような話を「それがどうした？」と思っているかもしれない。しかし、式 (13.34)、式 (13.42)、式 (13.47) は統計学全般を組み立てる礎石である。特に、確率変数が**互いに独立のとき**に式 (13.47) が成り立つ、というのは、後で述べる「分散の加法性」につながる重要な礎石なのだ。

13.7 確率変数の分散と標準偏差

確率変数 X の期待値 $E[X]$ を μ と書こう（μ はギリシア文字小文字のミュー）。μ は定数だから、$X - \mu$ は確率変数である（確率変数に定数を足したものも確率変数）。従って、その 2 乗、つまり $(X - \mu)^2$ も確率変数である（確率変数を何乗かしたものも確率変数）。この確率変数 $(X - \mu)^2$ の期待値を X の分散 (variance) と呼ぶ。すなわち、確率変数 X の分散 $V[X]$ は、次式で定義される：

$$V[X] := E[(X - \mu)^2] \tag{13.55}$$

例 13.15 「サイコロを 1 回振って出る目の値 D」の分散を求めてみよう。D の期待値を μ とすると、p.213 式 (13.31) より、$\mu = E[D] = 3.5$ である。従って、式 (13.55) より

$$\begin{aligned}V[D] &= E[(D - \mu)^2] \\ &= (1 - 3.5)^2 \times \frac{1}{6} + (2 - 3.5)^2 \times \frac{1}{6} + \\ & \quad \cdots + (6 - 3.5)^2 \times \frac{1}{6} = 2.916\cdots\end{aligned}$$

となる。（例おわり）

さて、確率変数 X の分散の（正の）平方根を X の標準偏差 (standard deviation) と呼ぶ（定義）。すなわち、確率変数 X の標準偏差 $\sigma[X]$ とは、

$$\sigma[X] := \sqrt{V[X]} \tag{13.56}$$

のことだ（σ はギリシア文字小文字のシグマ）。

例として、「サイコロを 1 回振って出る目の値 D」の標準偏差を求めてみよう。既に $V[D] = 2.916\cdots$ とわかっているので、

$$\sigma[D] = \sqrt{V[D]} = \sqrt{2.916\cdots} = 1.707$$

となる。

ところで、分散とか標準偏差というのは、一体、何を意味するものだろうか？ 何回も試行すれば、多くの場合、X の値は、期待値を中心とする、ある程度の広がりの中に落ちるだろう。分散とか標準偏差は、その期待値を中心とする「広がりの程度」を表すものだ。

式 (13.55) に戻ると、$X - \mu$ は、「確率変数と、その期待値との差」である。要するに、「期待値からどれだけ外れているか」である。期待値より小さければマイナス、大きければプラスである。ところがそれを 2 乗すると、つまり $(X - \mu)^2$ にすると、X が期待値より小さくても大きくてもプラスになる。それの期待値をとって ($V[X]$)、さらにその平方根をとれば ($\sigma[X]$)、その結果は、「期待値からどのくらい外れるかの期待値」のような意味を持つことがわかるだろう。

ちょっと待て、「期待値からどのくらい外れるかの期待値」を知りたいなら、わざわざ 2 乗したり平方根をとったりしなくても、

$$E[|X - \mu|] \tag{13.57}$$

でよくね？ と思う人もいるだろう。それは自然な発想だ。実際、サイコロの例でこれを求めると、

$$\begin{aligned}E[|D - \mu|] &= |1 - 3.5| \times \frac{1}{6} + |2 - 3.5| \times \frac{1}{6} + \cdots \\ & \quad + |6 - 3.5| \times \frac{1}{6} = 1.5\end{aligned}$$

となる。上で計算した $\sigma[D] = 1.707\cdots$ は、この値に近いとは言えるが、一致はしていない。それでもなお、数学や統計学では、式 (13.57) はほとんど使わず、かわりに式 (13.56) を使うのだ。その理由は、一言で言えば、式 (13.56) のほうが数学的に扱いやすいからなのだ。式 (13.57) は、意味はわかりやすいが、その定義の中に絶対値が入っている。絶対値は、概念的には難しいものではないが、数学的に処理するときには、常に、絶対値の内側の正負について場合分けして考える必要がある。つまり、かえってめんどくさいのだ。それが数学や統計学の論理展開において、妨げになるのだ。一方、標準偏差の「2 乗して期待値とって平方根」という操作は、ベクトルの大きさを求める「2 乗して足して平方根」という計算に似ているのである（次章で実感するだ

ろう）。実は，それが狙いである。これは，ベクトルの数学の力を統計学に借りるための布石であり伏線なのだ。

さて，話を戻すと，上の例で，D の期待値が 3.5，標準偏差が約 1.7，ということは，だいたい，3.5 ± 1.7，つまり 1.8 から 5.2 の範囲内に D の値が収まることが多いというふうに解釈できる。ただし，サイコロの目は整数だから 1.8 とか 5.2 という小数点以下には意味はないので，ここでは四捨五入して，「2 から 5 までの範囲」としよう。これが，上で述べた「期待値を中心とする，ある程度の広がり」である。無論，1 や 6 は，2 や 3 と同じ確率で出るのだが，目の値が**期待値**にどれだけ近い範囲の中に収まるかという観点では，1 や 6 のように期待値から大きく外れる場合（2 ケース）よりも，2 から 5 までのように期待値にそこそこ近い場合のほうが多い（4 ケース）。従って，出る目の値の大小にこだわるような場合は，1 や 6 はあまり期待せず，せいぜい 2 から 5 の間を期待しよう，という，常識的な解釈に落ち着くのだ。

13.8　期待値・分散・標準偏差と次元

ここで，これまで見た量を，次元という観点で見直してみよう。確率変数の実現値は何かの数量なのだから，物理量，すなわち，何らかの単位が必要な量もあり得る。たとえば「ある大学で，任意に学生 1 人を連れてきて履いている靴のサイズを調べたら得られる値」という確率変数 X の実現値は，約 20 cm から約 30 cm までの 0.5 cm 刻みの値，つまり「長さ」という次元を持つ量だ。

> **問 330** このとき，
> (1) X が実現値 25.0 cm をとる確率 $P(X = 25.0\,\text{cm})$ の次元は？
> (2) 期待値 $E[X]$ の次元は？
> (3) 分散 $V[X]$ の次元は？
> (4) 標準偏差 $\sigma[X]$ の次元は？

これでわかったように，**期待値と標準偏差は確率変数（の実現値）と同じ次元を持つ**ので，互いに足し引きしたり，大小を比べたりできる。ところが，**分散は次元が異なる**ので，期待値や確率変数（の実現値）と足し引きしたり大小を比べたりできない。前節で分散や標準偏差は，期待値を中心とする広がりの程度を表す，と述べたが，実は，分散はその目的にはあまり適さないのだ。その目的に適するのは標準偏差なのだ（分散の平方根をわざわざとるのは，そのためだ）。しかし，確率論や統計学の理論構築においては，標準偏差よりも分散の方が便利で重要だ。それについて次節で調べよう。

13.9　分散の性質

さて，確率変数 X と，任意の定数 a, b によって $aX + b$ と表される確率変数の分散や標準偏差を考えてみよう。式 (13.55) で X のかわりに $aX + b$ とすれば，

$$\begin{aligned}
&V[aX+b] \\
&= E[(aX+b-E[aX+b])^2] \\
&= E[(aX+b-(aE[X]+b))^2] \\
&= E[(aX+b-aE[X]-b)^2] \\
&= E[(aX-aE[X])^2] = E[a^2(X-E[X])^2] \\
&= a^2 E[(X-E[X])^2] = a^2 V[X] \quad (13.58)
\end{aligned}$$

ここで p. 213 式 (13.34) を使った。式 (13.56) と式 (13.58) より，

$$\begin{aligned}
\sigma[aX+b] &= \sqrt{V[aX+b]} = \sqrt{a^2 V[X]} \\
&= |a|\sqrt{V[X]} = |a|\sigma[X] \quad (13.59)
\end{aligned}$$

このように，確率変数を定数（a）倍すると，標準偏差がその定数（の絶対値）倍になるが，確率変数に定数（b）を足すことは，分散や標準偏差には影響を与えない。

次に，2 つの確率変数 X, Y の和で表される確率変数 $X+Y$ の分散を考えよう。以下，$E[X]$ を μ_X，$E[Y]$ を μ_Y と書く。分散の定義より，

$$\begin{aligned}
V[X+Y] &= E[(X+Y-E[X+Y])^2] \\
&= E[(X+Y-(E[X]+E[Y]))^2] \\
&= E[(X+Y-(\mu_X+\mu_Y))^2] \\
&= E[((X-\mu_X)+(Y-\mu_Y))^2] \\
&= E[(X-\mu_X)^2+(Y-\mu_Y)^2 \\
&\quad +2(X-\mu_X)(Y-\mu_Y)]
\end{aligned}$$

$$\begin{aligned}
&= E[(X-\mu_X)^2] + E[(Y-\mu_Y)^2] \\
&\quad + 2E[(X-\mu_X)(Y-\mu_Y)] \\
&= V[X] + V[Y] + 2E[(X-\mu_X)(Y-\mu_Y)]
\end{aligned} \tag{13.60}$$

ここで p.214 式 (13.42)，p.213 式 (13.34) を使った。式 (13.60) の最後の項の中の

$$E[(X-\mu_X)(Y-\mu_Y)] \tag{13.61}$$

は[*8]，以下のように変形できる：

$$\begin{aligned}
&E[(X-\mu_X)(Y-\mu_Y)] \\
&= E[XY - \mu_X Y - \mu_Y X + \mu_X \mu_Y] \\
&= E[XY] - E[\mu_X Y] - E[\mu_Y X] + E[\mu_X \mu_Y] \\
&= E[XY] - \mu_X \mu_Y - \mu_Y \mu_X + \mu_X \mu_Y \\
&= E[XY] - \mu_X \mu_Y
\end{aligned} \tag{13.62}$$

ここで，**もし X と Y が互いに独立なら**，p.214 式 (13.47) より，$E[XY] = E[X]E[Y] = \mu_X \mu_Y$ となるので，式 (13.62) は 0 になり，式 (13.60) は次式のようになる：

> **独立な確率変数の分散の加法性**
> X, Y が**互いに独立**な確率変数なら，
> $$V[X+Y] = V[X] + V[Y] \tag{13.63}$$

この式 (13.63) は極めて重要な定理である。統計学の重要な考え方のほとんどがこの定理に立脚していることを，君はいずれ知るだろう。

式 (13.63) は，3 個以上の確率変数についても拡張できる。すなわち，$X_1, X_2, \cdots, X_n$ が互いに独立な確率変数なら，

$$\begin{aligned}
&V[X_1 + X_2 + \cdots + X_n] \\
&= V[X_1] + V[X_2] + \cdots + V[X_n]
\end{aligned} \tag{13.64}$$

が成り立つ。なぜか？ $X_1 + X_2$ を X，X_3 を Y とみなして式 (13.63) を使えば，3 個の確率変数について式 (13.64) が成り立つ。これを繰り返せば，確率変数が何個であっても式 (13.64) が成り立つことがわかる。

問 331 3 枚の 100 円玉を同時に投げ，表が出た 100 円玉は賞金としてもらえる，というゲームをする。賞金額の分散と標準偏差を求めよ。

問 332 式 (13.24) で示したベルヌーイ分布に従う確率変数 X について，次式を示せ：

$$V[X] = p(1-p) \tag{13.65}$$

問 333 二項分布 $B(n,p)$ に従う確率変数 X について，次式を示せ：

$$V[X] = np(1-p) \tag{13.66}$$

ヒント：式 (13.27) と式 (13.64) を使う。

よくある質問 125 かっこの形は ( ) と [ ] で何か違うのですか？… 期待値や分散のときの記法ね。どっちでもいいのですが，このテキストでは [ ] を使います。( ) だったら，ただの関数のように見えてしまうので。

13.10 離散的と連続的確率変数

例 13.16 時計の秒針が指す値は 0 秒以上 60 秒未満の連続的な値である。君が気まぐれに時計を見たときに秒針が指す値を X 秒としよう。X は 0 以上 60 未満の値をとるが，それはあらかじめ予測できないので，X は一種の確率変数とみなせる。

問 334 例 13.16 を考える。
(1) もし，秒針が 1 秒刻みでコッチコッチと動くならば，X の実現値は $0, 1, 2, \ldots, 59$ の 60 通りである。このとき，$P(X=30)$ を求めよ。
(2) もし，秒針が 0.1 秒刻みで動くならば，X の実現値は $0, 0.1, 0.2, \ldots, 59.9$ の 600 通りである。このとき，$P(X=30)$ を求めよ。
(3) もし，秒針が 0.01 秒刻みで動くならば，$P(X=30)$ はどうなるか？
(4) 秒針が 10^{-n} 秒刻みで動くならば（n は任意の自然数），$P(X=30)$ はどうなるか？

[*8] これは X と Y の共分散と呼ばれる量である。

(5) 秒針がスーッと滑らかに動くならば，$P(X = 30)$ はどうなるか？

　時計の秒針は，君が見ていようがいまいが，1 分間の間に 1 回は必ず 30 秒ぴったりを示す。だから，君がその瞬間を目撃するという事象は，起こり得ないものではない。にもかかわらず，秒針が滑らかに動くときは，前問 (5) で確認したように，その確率は 0 である。すなわち，**「確率が 0」でも起こり得る事象があるのだ！**

　残念ながら，小中学校の教科書の中には，「確率が 0 のことは絶対に起こらない」と書いてあるものがある。明確に否定しておこう。**そのような教科書は間違っている**のだ。

よくある質問 126　納得がいきません。秒針がなめらかに動くときも，30 秒を指す確率は 0 じゃないと思います。…　ではそれが 0 ではない，正の数 a だとしましょう。秒針はどの値も同じ確からしさで指しますが，秒針が指す可能性のある値（実現値）は無限個です。正の数 a に無限をかけると無限になってしまいます。これは「全事象の確率は 1」(式 (13.5)) に反します。実際のところ，ぴったり 30 秒を指した，と思っても，それはもしかして 30.01 秒かもしれないし，30.000000001 秒かもしれないのです。

よくある質問 127　まだ納得がいきません。0 に限りなく近いけど，0 ではないと思います。…　そうですか。なら，そう思っていてもいいですよ。不都合はそんなに起きないでしょう。と言っても納得してもらえないかもしれませんね。実はここは，数学的には説明が難しい，本当に微妙なところなのです。どうしても気になる人は，本格的な確率論か，「ルベーグ積分」という数学を勉強してみるとよいでしょう。

　前問の (1), (2), (3), (4) では，いずれも，X の実現値は有限個しかない。ある実現値と，その隣の実現値の間には，明らかにギャップがある。このように，実現値が有限個しかない確率変数を，離散的確率変数という（「離散的」とは，とびとびの値のことである）。ところが (5) では，実現値は連続的であり，0 以上 60 未満のいかなる実数もとり得る。このように実現値が連続的であるような確率変数を，連続的確率変数という。

13.11　確率密度関数・累積分布関数

　前節で見たように，連続的確率変数は，特定の実現値をとる確率が 0 になってしまう（ことがある）ので，その確率分布，すなわち「実現値と確率の対応関係」は「どの実現値についても確率は 0」になってしまう。これは無意味である。そこで，連続的確率変数については，その「確率分布」を違う形で定義し直すのだ。

　例 13.16 を続けて考えよう。秒針が滑らかに動くとき，X が特定の実現値をとる確率が 0 であっても，その値を含めた一定の範囲の中のどれかの値（たとえば 30 と 30.5 の間の値）をとる確率は，0 でないかもしれない。多くの場合，その範囲が十分に狭ければ，その範囲内の値をとる確率は，その範囲の広さに比例すると考えることができるだろう。すなわち，連続的な値をとる確率変数 X が，dx を十分 0 に近い正の値として，$x < X \leq x + dx$ の範囲をとる確率は，適当な実数 a によって

$$P(x < X \leq x + dx) = a\, dx \tag{13.67}$$

と表されると考える。この a は x の関数だろう。つまり，何らかの関数 $f(x)$ によって，

$$P(x < X \leq x + dx) = f(x)\, dx \tag{13.68}$$

と表すことができるはずだ。この $f(x)$ を X の確率密度関数 (probability density function) と呼ぶ。そして，**連続的な確率変数の確率分布は，このように「幅を持った実現値の範囲」と確率との対応関係である**，と再定義しよう。それは，確率密度関数によって具体的に表現することができるのだ。

問 335　確率変数 X の確率密度関数を $f(x)$ とする。$a < b$ として，次式を示せ[*9]：

$$P(a < X \leq b) = \int_a^b f(x)\, dx \tag{13.69}$$

　確率密度関数は，多くの場合，図 13.1 のように，

[*9] 本によっては，これを確率密度関数の定義とするものもある。

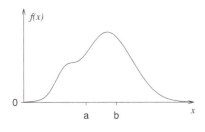

図 13.1 確率密度関数の例。

山型のグラフになる（ピークはひとつとは限らず、複数になることもある）。横軸は実現値、縦軸はその「出やすさ」を表す。イメージ的には、図 13.2 のように横軸の a から b の間で、グラフと x 軸に挟まれた部分（図で塗りつぶされた部分）の**面積**が、「a から b までの間の実現値が出る確率」である（それを数式で表現するのが式 (13.69) である）。といっても、縦軸の値そのものが確率を表すのではないことに注意せよ。なお、確率は負になることはないので、確率密度関数のグラフは x 軸より下に来ることはない。

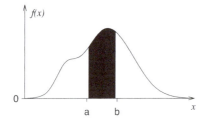

図 13.2 黒く塗りつぶされた面積が、式 (13.69)、つまり $P(a < X \leq b)$ に相当する。

注：式 (13.68) や式 (13.69) 等の中にある $P()$ の中の不等式で、不等号は $\leq$ でも $<$ でもよい。たとえば式 (13.69) の左辺は、$P(a \leq X \leq b)$ と書いても $P(a \leq X < b)$ と書いても $P(a < X < b)$ と書いてもよい。というのも、$<$ と $\leq$ の違いは「その境目にあたる値を含むかどうか」だが、連続的な確率変数がそのちょうどぴったりの値をとる確率は、既に学んだように、多くの場合は 0 であると考えてよい（そうでないような場合もありえるが、それは高度な数学や確率論になるので今は無視してよい）。従って、不等号に等号をつけようがつけまいが、確率には影響しないのだ。

さて、いかなる連続的確率変数も、その確率密度関数 $f(x)$ について

$$\int_{-\infty}^{\infty} f(x)\,dx = 1 \qquad (13.70)$$

である。なぜならば、上の式の左辺は、X が $-\infty$ から ∞ の間の値をとる確率だが、そもそも X は「$-\infty$ から ∞ の間」以外の値をとりようがないので、これは X がとりうる全ての値についての確率を足し算したものに他ならない。それは全事象に対応するので、言うまでもなく 1 である[*10]。

問 336 例 13.16 で秒針が滑らかに動く場合、
(1) X の確率密度関数 $f(x)$ は、$0 \leq x < 60$ の範囲では x によらない定数になることを示せ。
(2) X の確率密度関数 $f(x)$ を求めよ。
(3) それを用いて、$P(30 < X \leq 30.1)$ を求めよ。

x を任意の実数とする。確率変数 X が、ある値 x 以下であるような確率、すなわち $P(X \leq x)$ を考える。これは x の関数とみなすことができる。これを**累積分布関数**と呼ぶ（確率分布関数と呼ぶこともある）。すなわち、確率変数 X の累積分布関数 $F(x)$ は、

$$F(x) := P(X \leq x) \qquad (13.71)$$

である（定義）。

例 13.17 サイコロを振って出た目の値 D は確率変数である。x を任意の実数とする。D の累積分布関数 $F(x)$ は、以下のような関数である：

$$F(x) = \begin{cases} 0 & x < 1 \text{ のとき} \\ 1/6 & 1 \leq x < 2 \text{ のとき} \\ 2/6 & 2 \leq x < 3 \text{ のとき} \\ 3/6 & 3 \leq x < 4 \text{ のとき} \\ 4/6 & 4 \leq x < 5 \text{ のとき} \\ 5/6 & 5 \leq x < 6 \text{ のとき} \\ 1 & 6 \leq x \text{ のとき} \end{cases} \qquad (13.72)$$

（例おわり）

累積分布関数は、確率変数が離散的だろうが連

[*10] 式 (13.70) は、離散的確率変数に関する式 (13.22) を、連続的確率変数に関して言い換えたものだ。

続的だろうが，お構いなしに定義できる。しかし，確率密度関数は，離散的な確率変数には定義できず[*11]，連続的な確率変数についてのみ，定義できる。もし X が連続的確率変数なら，累積分布関数は，式 (13.69) において $a=-\infty, b=x$ としたものだから，

$$F(x) = \int_{-\infty}^{x} f(x)\,dx \quad (13.73)$$

が成り立つ。

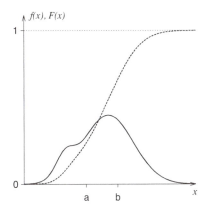

図 13.3 　図 13.1 の確率密度関数 $f(x)$（実線）と，それに対応するの累積分布関数 $F(x)$（太い点線）。

図 13.3 に累積分布関数の例を示す。これは図 13.1 で例示した確率密度関数 $f(x)$ に対応する累積分布関数 $F(x)$ である。両者の間には，式 (13.73) の関係がある。

問 337 　連続的確率変数 X に関する確率密度関数 $f(x)$ と累積分布関数 $F(x)$ について，次式を示せ。

$$\frac{d}{dx}F(x) = f(x) \quad (13.74)$$

式 (13.74) から明らかなように，連続的確率変数については，累積分布関数は確率密度関数の原始関数（のひとつ）であり，確率密度関数は累積分布関数の導関数である[*12]。

[*11] ここでは説明しないが，ディラックのデルタ関数という，拡張された関数概念を考えれば，離散的確率変数にも，確率密度関数を定義できる。

[*12] おおざっぱにいえば，統計データのヒストグラムが確率密度関数に対応し，累積頻度分布が累積分布関数に対応する。

問 338 　確率変数（離散的・連続的を問わない）X の累積分布関数を $F(x)$ であるとする。$x_1 < x_2$ として，次式を示せ：

$$P(x_1 < X \le x_2) = F(x_2) - F(x_1) \quad (13.75)$$

式 (13.75) を使えば，連続的確率変数の確率分布を表すことができる。つまり，累積分布関数は，連続的確率変数の確率分布の表し方のひとつなのだ。確率分布は実現値と確率の対応関係であり，それを「ある値以下になる確率」という形で表すのが累積分布関数である。

問 339 　任意の確率変数（離散的・連続的を問わない）X の累積分布関数 $F(x)$ は，以下の 3 つの性質を全て満たすことを示せ：
(1) 右に行くと（x が ∞ に行くと）1 に近づく。
(2) 左にいくと（x が $-\infty$ に行くと）0 に近づく。
(3) x の増加につれて $F(x)$ は減少することがない（単調増加関数）。

問 340 　問 334(5) の累積分布関数を求めよ。

問 341 　確率密度関数とは何か？　累積分布関数とは何か？

注：連続的確率変数の確率分布は，確率密度関数を使っても表現できるし，累積分布関数を使っても表現できる。どちらを使ってもよいのだ。確率密度関数の方が直感的にはわかりやすいが，累積分布関数の方が数学的に精密な理論に適する。

13.12　連続的確率変数の期待値・分散・標準偏差

確率変数の期待値とは，「実現値にその確率を掛けたものの総和」と定義された。これは離散的確率変数には OK だが，連続的確率変数なら，特定の値をとる確率は 0 になったりするので，具合が悪い。そこで，連続的確率変数 X の期待値 $E[X]$ を，

$$E[X] := \int_{-\infty}^{\infty} x f(x)\,dx \quad (13.76)$$

と定義しなおす。$f(x)$ は，X の確率密度関数で

ある。

例 13.18 例 13.16（連続的に動く秒針の話）の確率変数 X について，その確率密度関数は，問 336 で考えたように，$0 \leq x < 60$ で $f(x) = 1/60$ であり，それ以外で $f(x) = 0$ である。このとき，

$$E[X] = \int_{-\infty}^{\infty} x f(x)\, dx = \int_0^{60} \frac{x}{60}\, dx$$
$$= \left[\frac{x^2}{120}\right]_0^{60} = 30$$

となる。（例おわり）

連続的確率変数 X の分散は，p. 216 式 (13.55) と同様に，

$$V[X] := E[(X - \mu)^2] \tag{13.77}$$

と定義する。ここで μ は，X の期待値 $E[X]$ である。また，p. 216 式 (13.56) と同様に，分散の平方根，すなわち，

$$\sigma[X] := \sqrt{V[X]} \tag{13.78}$$

を標準偏差と定義する。

例 13.19 例 13.16（連続的に動く秒針の話）の確率変数 X について，分散を求めてみよう。既に例 13.18 で見たように，X の期待値は $\mu = E[X] = 30$ である。分散は，

$$V[X] = E[(X - \mu)^2] = \int_{-\infty}^{\infty} (x - \mu)^2 f(x)\, dx$$
$$= \int_0^{60} \frac{(x - 30)^2}{60}\, dx = 300$$

となる。標準偏差はこの平方根なので，$\sqrt{300} = 17.3\cdots$ となる。（例おわり）

問 342 c を実数，a を正の実数とする。連続的確率変数 X は，$c - a$ から $c + a$ の間の値を一様にとり，それ以外の範囲の値をとらないとする。
(1) X の確率密度関数は，$c - a \leq x \leq c + a$ で $1/(2a)$，それ以外で 0 となることを示せ。
(2) $E[X] = c$ となることを示せ。
(3) $V[X] = a^2/3$ となることを示せ。
(4) $\sigma[X] = a/\sqrt{3}$ となることを示せ。

離散的確率変数に関して成り立った多くの定理，すなわち，式 (13.35)，式 (13.42)，式 (13.47)，式 (13.58)，式 (13.59)，式 (13.60)，式 (13.63)，式 (13.64) は，連続的確率変数でも成り立つ（証明は省略する[*13]）。

13.13 誤差伝播の法則

以上の話は，実際の実験や測定で得られたデータの解析に，非常に役に立つ。

例として，2 つの地点（点 A と点 B）の間の距離を巻尺で測ることを考える。この巻尺は少し短すぎて，この 2 地点間をいちどに測ることはできない。そこで，線分 AB の上のどこかに点 C を設定して，AC 間の距離と CB 間の距離をそれぞれ測る。

AC 間の距離の真値を L_A，CB 間の距離の真値を L_B とする。AB 間の距離の真値は，当然，$L_A + L_B$ である。ところが，測定には誤差がつきものなので，実際に得られる測定値は，測定のたびに微妙に違う値になり，それはあらかじめ予測できるものではない。つまり，測定値とは，確率変数なのだ。

いま，AC 間の距離の測定値を確率変数 X_A とし，CB 間の距離の測定値を確率変数 X_B とする。

もし巻尺の目盛が，偏った狂い（つまり実際の 1 m よりも巻尺の 1 m のほうが常に「長すぎ」もしくは「短すぎ」のようなこと[*14]）が無ければ，X_A の期待値は L_A，X_B の期待値は L_B に一致するはずだ：

$$E[X_A] = L_A \tag{13.79}$$
$$E[X_B] = L_B \tag{13.80}$$

我々は，AB 間の距離を，$X_A + X_B$ で測定（推定）するのだが，当然，$X_A + X_B$ も確率変数であり，その期待値は，式 (13.42) より

[*13] たとえば式 (13.35) の連続的確率変数版の証明は，離散的確率変数版の証明の，x_i, y_j をそれぞれ x, y でおきかえ，$p_{i,j}$ を $f(x, y)\, dx dy$ でおきかえ，$\sum$ を $\int$ でおきかえる。$f(x, y)$ は，$f(x, y)\, dx dy = P(x < X \leq x + dx \cap y < Y \leq y + dy)$ となるような 2 変数関数であり（dx, dy は正の微小量），2 つの確率変数 X と Y を同時に考える時の確率密度関数である。

[*14] その場合，測定値は常に真値より大きめか小さめの片方に偏った値を出すだろう。そのような誤差を「系統誤差」と呼ぶ。

$$E[X_A + X_B] = E[X_A] + E[X_B] = L_A + L_B$$
(13.81)

となり，実際の AB 間に一致するはずだ。

では，これらの測定値の分散や標準偏差はどうなるだろう？ 既に述べたように，標準偏差は，確率変数が期待値の周りにどれだけばらつくかの指標である。つまり，測定値の標準偏差とは，いわば「誤差」のようなものだ[*15]。では，X_A に含まれる誤差（X_A の標準偏差）や X_B に含まれる誤差（X_B の標準偏差）は，どのようにして $X_A + X_B$ の誤差（$X_A + X_B$ の標準偏差）に効くのか？ それを教えてくれるのが式 (13.63) である。すなわち，

$$V[X_A + X_B] = V[X_A] + V[X_B]$$
(13.82)

である。分散は標準偏差の 2 乗だから，

$$(\sigma[X_A + X_B])^2 = (\sigma[X_A])^2 + (\sigma[X_B])^2 \quad (13.83)$$

とも書ける。つまり，AB 間の誤差の 2 乗は，AC 間の誤差と CB 間の誤差のそれぞれの 2 乗を足したものだ。誤差そのものが足されるのではなく，誤差の 2 乗が足されるのだ[*16]！

例 13.20 もし X_A の誤差（標準偏差）が 3 cm で，X_B の誤差（標準偏差）が 4 cm であれば，$X_A + X_B$ の誤差（標準偏差）は $3\,\mathrm{cm} + 4\,\mathrm{cm} = 7\,\mathrm{cm}$ ではなく，$\sqrt{(3\,\mathrm{cm})^2 + (4\,\mathrm{cm})^2} = 5\,\mathrm{cm}$ だ。（例おわり）

ただし，この話には前提条件が 2 つある。まず，式 (13.79) と式 (13.80) が成り立たなくてはならない。つまり，巻尺が偏った狂いを持っていてはならない。次に，式 (13.63) が成り立つ条件，つまり X_A と X_B が互いに独立でなければならない。つまり AC 間を測る時と CB 間を測る時で，同じようなミスをしてはならない[*17]。

さて，この話は，AB 間をもっと多くの区間に分割する場合にも拡張できる。いま，AB 間を n 個の区間に分割するとして，各区間の距離の測定値を $X_1, X_2, \cdots, X_n$ とし，それらは互いに独立であるとする。それらの合計：$Y = X_1 + X_2 + \cdots + X_n$ について，式 (13.64) より，

$$V[Y] = V[X_1] + V[X_2] + \cdots + V[X_n]$$

すなわち，

$$(\sigma[Y])^2 = (\sigma[X_1])^2 + (\sigma[X_2])^2 + \cdots + (\sigma[X_n])^2$$
(13.84)

が成り立つ。すなわち，以下の定理が成り立つ[*18]：

> **誤差伝播の法則**
> 複数の測定値の和の誤差（標準偏差）の 2 乗は，各測定値の誤差（標準偏差）の 2 乗の和になる。ただし，各測定の**期待値は真値に一致**し，各測定どうしは**独立でなければならない**。

問 343 1 km ほどの距離を，長さ約 1 m ごとの区間 1000 個に区切って，ものさしで測る。ものさしは 1 mm ごとに目盛が切ってあるので，1 回の測定（約 1 m の測定）の誤差は約 1 mm であると考えられる。各区間の測定値の総和には，どのくらいの誤差が含まれているか？ ただし，各測定の期待値は真値に一致し，各測定どうしは独立であるとする。

実際の現場では，ある量を，複数の量の測定値から推定する，ということがよく行われる。

例 13.21 円筒の体積 V を測定するには，底面の半径 r を測り（実際は直径を測ってそれを半分にするだろう），高さ h を測って，$V = \pi r^2 h$ という式で V を推定する。（例おわり）

このような場合は，誤差はどのように見積もればよいのだろうか？

[*15] 厳密には，これを「不確かさ」と呼び，「誤差」と区別する。

[*16] これは偶然にも，三平方の定理に似ている。三平方の定理でも，直角三角形の斜辺の長さと他の 2 辺の長さに関して，長さそのものでなく，長さの 2 乗が足されていた。

[*17] これらの条件が満たされないならば，誤差の 2 乗ではなく，誤差の大きさが足されるとみなすべきである。たとえば例 13.20 では，AB 間の誤差は $3\,\mathrm{cm} + 4\,\mathrm{cm} = 7\,\mathrm{cm}$ とすべきである。

[*18] この定理は慣習的に「法則」と呼ばれているが，実体は定理である。「伝播」は「でんぱ」と読む。

今，最終的に欲しい量 y が，$y = f(x_1, x_2)$ のように，2 つの量 x_1, x_2 の関数であるとしよう（上の例では r が x_1, h が x_2, V が y, $\pi r^2 h$ が f に相当する）。x_1 の測定値を $X_1 = \mu_1 + dX_1$ と書こう。μ_1 は x_1 の真値であり（従って定数），X_1 と dX_1 は確率変数である（dX_1 は誤差）。同様に，x_2 の測定値を $X_2 = \mu_2 + dX_2$ と書く。μ_2 は x_2 の真値であり（従って定数），X_2 と dX_2 は確率変数である（dX_2 は誤差）。すると，y の真値は $f(\mu_1, \mu_2)$ であり，y の推定値 Y は $f(X_1, X_2)$ である（Y も確率変数である）。ここで，測定はなかなかうまくいっており，dX_1 と dX_2 は小さいとみなせるとしよう。すると，全微分，すなわち p.146 の式 (9.35) を使うことができ（以後，$\frac{\partial f}{\partial x_1}$ や $\frac{\partial f}{\partial x_2}$ は $(x_1, x_2) = (\mu_1, \mu_2)$ での f の偏微分とする），

$$Y = f(X_1, X_2) = f(\mu_1 + dX_1, \mu_2 + dX_2)$$
$$= f(\mu_1, \mu_2) + \frac{\partial f}{\partial x_1} dX_1 + \frac{\partial f}{\partial x_2} dX_2 \quad (13.85)$$

となる。最初と最後で分散をとると，

$$V[Y] = V\left[f(\mu_1, \mu_2) + \frac{\partial f}{\partial x_1} dX_1 + \frac{\partial f}{\partial x_2} dX_2\right] \quad (13.86)$$

となる。$f(\mu_1, \mu_2)$ は（未知の量ではあるが）定数だから，式 (13.58) を使うと，上式の右辺は以下のようになる：

$$= V\left[\frac{\partial f}{\partial x_1} dX_1 + \frac{\partial f}{\partial x_2} dX_2\right] \quad (13.87)$$

ここでもし，$\frac{\partial f}{\partial x_1} dX_1$ と $\frac{\partial f}{\partial x_2} dX_2$ が互いに独立なら（それぞれの偏微分係数は定数だから，要するにそれは「dX_1 と dX_2 が互いに独立なら」という条件である），上の式は，式 (13.63) より，

$$= V\left[\frac{\partial f}{\partial x_1} dX_1\right] + V\left[\frac{\partial f}{\partial x_2} dX_2\right] \quad (13.88)$$

となる。ここで再び式 (13.58) を使うと，式 (13.88) は次式のようになる：

$$= \left(\frac{\partial f}{\partial x_1}\right)^2 V[dX_1] + \left(\frac{\partial f}{\partial x_2}\right)^2 V[dX_2] \quad (13.89)$$

ところで，また式 (13.58) より，

$$V[X_1] = V[\mu_1 + dX_1] = V[dX_1] \quad (13.90)$$
$$V[X_2] = V[\mu_2 + dX_2] = V[dX_2] \quad (13.91)$$

である。これらを使って式 (13.89) の $V[dX_1]$ と $V[dX_2]$ をそれぞれ $V[X_1]$ と $V[X_2]$ に書き換え，また，そもそも我々は式 (13.86) から出発していたことを思い出すと，結局，

$$V[Y] = \left(\frac{\partial f}{\partial x_1}\right)^2 V[X_1] + \left(\frac{\partial f}{\partial x_2}\right)^2 V[X_2] \quad (13.92)$$

となる。分散は標準偏差の 2 乗だから，

$$\sigma_y^2 = \left(\frac{\partial f}{\partial x_1}\right)^2 \sigma_1^2 + \left(\frac{\partial f}{\partial x_2}\right)^2 \sigma_2^2 \quad (13.93)$$

となる（ここで，$\sigma[Y]$ を σ_y と書き，$\sigma[X_1]$ を σ_1 と書き，$\sigma[X_2]$ を σ_2 と書いた）。これは，式 (13.83) を拡張した式である。

ここでは，y が 2 つの変数 (x_1, x_2) だけに依存するとしたが，もっとたくさんの変数，すなわち $x_1, x_2, \cdots, x_n$ に依存するケースに上の議論を拡張することは容易である（ここではやらないが）。すると，以下の式が成り立つ：

$$\sigma_y^2 = \left(\frac{\partial f}{\partial x_1}\right)^2 \sigma_1^2 + \cdots + \left(\frac{\partial f}{\partial x_n}\right)^2 \sigma_n^2 \quad (13.94)$$

この式 (13.94) は，式 (13.84) を拡張した式である。実際，$y = x_1 + x_2 + \cdots + x_n$ の場合は，$\partial f/\partial x_1 = \partial f/\partial x_2 = \cdots = \partial f/\partial x_n = 1$ だから，式 (13.94) の中の偏微分係数は全部 1 になり，式 (13.84) と同じ式になる。一般には，むしろこの式 (13.94) を誤差伝播の法則という。

例 13.21 のような状況では，この式を使って，誤差の大きさを見積もるのだ。その際，真値における偏微分係数，すなわち $\partial f/\partial x_1, \partial f/\partial x_2$ などを求める必要があり，そのためには真値，すなわち μ_1, μ_2 などが必要なのだが，それは実際にはわからない（真値がわかるなら苦労はしない。わからないから測定するし，誤差を見積もるのだ）。そこで，これらの偏微分係数を計算するときは，真値のかわりに（仕方なく）測定値を入れるのだ。

ところで「誤差」という語のかわりに最近は「不確かさ」という語がよく使われる。それはこのような話である：

誤差とは，「測定値 − 真値」である。上の議論では，dX_1 や dX_2 が誤差である。それは正の値も負の値もとり得る，どのような値なのかはわからない量である（もしそれがわかるのなら，測定値からそれを引くことで真値が得られてしまう。そうできるのなら苦労はしない）。しかし，それがどのくらい

の「大きさ」(絶対値みたいなもの) かは，なんとなく評価できる，と考えるのだ。それが不確かさである。

多くの場合は，不確かさは測定値の標準偏差の推定値で評価される。それを「標準不確かさ」という。

問 344 ある円筒の体積 V を推定するために，その半径 r と高さ h を計測し，$r = 35.2\,\mathrm{mm}$，$h = 73.4\,\mathrm{mm}$ という結果を得た。r の不確かさは $\sigma_r = 1.0\,\mathrm{mm}$，$h$ の不確かさは $\sigma_h = 0.3\,\mathrm{mm}$ であるとして，この円筒の体積 V とその不確かさ σ_V を見積もれ。

問の解答

答 311 (1) 試行の結果として起きる可能性のあるできごと。(2) 複数の事象の少なくともひとつが起きるという事象。(3) 複数の事象のいずれもが起きるという事象。(4) 何も起きることがないという事象。(5) ある事象に対して「それが起きない」という事象。(6) 他の複数の (空事象でない) 事象の和事象と考えることができない事象。(7) 全ての根元事象の和事象。(8) 複数の事象について，それらが同時に発生することがないこと。

答 312 たとえ何回試行しても，空事象 $\emptyset$ の発生する回数 $n(\emptyset)$ は 0 である。従って，式 (13.2) より，$P(\emptyset) = n(\emptyset)/N = 0$

答 313 2 つのサイコロの出る目の和が 10 以上の場合は，(6,6)(6,5)(6,4)(5,6)(5,5)(4,6) の 6 通りで，2 つのサイコロの出る目のパターンは 36 通りである。「同様の確からしさの原理」が成り立つとみなして，$6/36 = 1/6$

答 314 (例)「同様の確からしさの原理は一般的には成り立たない」ということを知らない同僚が，この場面では羨ましい。

答 315 略。ヒント：$P(A \cap B) < P(A|B) < P(B|A)$ になるはず。

答 316 (1) サイコロを 1 回投げて，1 と 3 は同時に出ることは，有り得ないので，排反。また，1 が出たら 3 が出ることはない，というふうに，互いへの影響は大にあるので，独立ではない (従って，一般に，排反な事象は互いに独立にはならない)。
(2) 1 回めに 1，2 回めに 3 が出ることは，両方起きる可能性があるから，排反ではない。また，これらは互いに影響を与えないので，独立。
(3) 4 が出たら A, B 両方の事象が起きたことになるので，排反ではない。偶数が出るならば，その場合，目は 2, 4, 6 のうちどれかなので，4 が出る確率は大きくなる。従って，独立でもない。

答 317 $(1/2)^{10} = 1/1024$

答 319 $B(5, 1/2)$ に従う確率変数 X について，$P(X = 3)$ を求めればよい。式 (13.29) より，$P(X = 3) = {}_5C_3 (1/2)^3 (1 - 1/2)^{5-3} = {}_5C_3 (1/2)^5 = 10/32 = 5/16$。

答 320 問 319 と同じで，$5/16$。

答 323 各目の出る確率はいずれも $1/6$ だから，
$$\frac{1^2}{6} + \frac{2^2}{6} + \frac{3^2}{6} + \frac{4^2}{6} + \frac{5^2}{6} + \frac{6^2}{6} = \frac{91}{6} \fallingdotseq 15.2$$

答 324 $E[X] = 1 \times P(X = 1) + 0 \times P(X = 0) = P(X = 1) = p$

答 326 表が k 枚出る確率を $P(k)$ とすると，$P(0) = 1/8$, $P(1) = 3/8$, $P(2) = 3/8$, $P(3) = 1/8$ である。賞金額の期待値は，0 円 $\times P(0) +$ 100 円 $\times P(1) +$ 200 円 $\times P(2) +$ 300 円 $\times P(3) =$ 1200 円 $/8 =$ 150 円。

答 327 k 回目のベルヌーイ試行で事象が起きる回数 (0 か 1) を確率変数 X_k で表す (k は 1 以上 n 以下の任意の整数)。すると，$X = X_1 + X_2 + \cdots + X_n$ と表される。従って，
$$E[X] = E[X_1 + X_2 + \cdots + X_n]$$
$$= E[X_1] + E[X_2] + \cdots + E[X_n] \quad (13.95)$$
となる (式 (13.42) を使った)。ここで，$X_1, X_2, \cdots, X_n$ は同一のベルヌーイ分布に従う確率変数だから，p.213 の式 (13.32) より (注：式 (13.32) の X はここでは $X_1, X_2, \cdots, X_n$ のこと！)，
$$E[X_1] = E[X_2] = \cdots = E[X_n] = p \quad (13.96)$$
従って，式 (13.95) は np となる。■

答 329 (1) $P(X = 0, Y = 0) = 1/4$, $P(X = 100, Y = 0) = 0$, $P(X = 0, Y = 100) = 1/4$, $P(X = 100, Y = 100) = 1/2$ である。従って，$E[X+Y] = 0 \times (1/4) + 100 \times (0 + 1/4) + 200 \times (1/2) = 125$。一方，例より $E[X] = 50$, $E[Y] = 75$ だったから，$E[X] + E[Y] = 50 + 75 = 125$，従って与式が成り立つ。
(2) このルールを廃止したら，$P(X = 0, Y = 0) = P(X = 100, Y = 0) = P(X = 0, Y = 100) = P(X = 100, Y = 100) = 1/4$ である。従って，

$P(XY = 10000) = P(X = 100, Y = 100) = 1/4$, $P(XY = 0) = 1 - P(XY = 10000) = 1 - 1/4 = 3/4$, 従って, $E[XY] = 0 \times (3/4) + 10000 \times (1/4) = 2500$。 一方, $E[X] = E[Y] = 50$ だから, $E[X]E[Y] = 2500$。従って与式が成り立つ。 ∎

答330 (1) 実現値（靴のサイズとしてあり得る値）を $x_1, x_2, \cdots, x_n$ とする。全学生数を M とし, 靴のサイズが x_k の学生の人数を m_k とする。どの学生も同じ確からしさで選ばれるとみなせば, 靴のサイズ x_k の学生が選び出される確率は, 式 (13.14) より, m_k/M である。従って, $P(X = x_k) = m_k/M$ となる。これは人数/人数だから, 無次元。同様に考えれば, 全ての k について, $P(X = x_k)$ は無次元である。つまり, 確率は無次元。
(2) 式 (13.30) をこの問題に適用して考える。確率は無次元だから, 式 (13.30) の右辺の次元は, 実現値 x_k の次元である。従って, 期待値の次元は実現値の次元に等しい。つまり「長さ」である。
(3) 期待値を μ と書く。式 (13.55) をこの問題に適用して考える。この式は,

$$V[X] = E[(X-\mu)^2] = \sum_{k=1}^{n} (x_k - \mu)^2 P(X = x_k)$$

と書ける ($\mu = E[X]$)。最右辺の次元は, (2) と同様に考えて, $(x_k - \mu)^2$ の次元, つまり実現値の 2 乗の次元である。従って, 分散の次元は, 実現値の 2 乗の次元, つまり「長さの 2 乗」である。
(4) 標準偏差は分散の平方根だから, その次元は分散の次元の 1/2 乗である。分散の次元は, 実現値の 2 乗の次元に等しいので, 標準偏差の次元は実現値の次元, つまり,「長さ」である。

答331 問 326 より, 賞金額の期待値は 150 円。賞金額の分散は, $(0 \text{円} - 150 \text{円})^2 \times P(0) + (100 \text{円} - 150 \text{円})^2 \times P(1) + (200 \text{円} - 150 \text{円})^2 \times P(2) + (300 \text{円} - 150 \text{円})^2 \times P(3) = 7500 \text{円}^2$ 従って, 標準偏差は, $\sqrt{7500}$ 円 ≒ 87 円。

別解：100 円玉 1 枚を投げて表が出たらもらえる, という確率変数の分散は $(0 \text{円} - 50 \text{円})^2 \times (1/2) + (100 \text{円} - 50 \text{円})^2 \times (1/2) = 2500 \text{円}^2$。3 枚の 100 円玉を投げるのは互いに独立だから, これらの和の分散は, 1 枚の分散 3 つの和。従って, $2500 \times 3 = 7500 \text{円}^2$。注：分散の単位を円^2 としたが, この「2 乗」は必要である。

答332 X の実現値は 0 か 1。従って, 式 (13.55) より, $V[X] = E[(X-\mu)^2] =$ $(0-\mu)^2 \times P(X=0) + (1-\mu)^2 \times P(X=1)$。ここで, 式 (13.32) より, $\mu = E[X] = p$ である。また, $P(X=1) = p, P(X=0) = 1-p$ である。従って,
$V[X] = (0-p)^2 \times (1-p) + (1-p)^2 \times p$
$= p^2(1-p) + (1-p)^2 p = p(1-p)(p+1-p) = p(1-p)$

答333 式 (13.27) より,

$$V[X] = V[X_1 + X_2 + \cdots + X_n] \quad (13.97)$$

である。ここで, $X_1, X_2, \cdots, X_n$ は互いに独立だから, 式 (13.64) を使って,

$$V[X] = V[X_1] + V[X_2] + \cdots + V[X_n] \quad (13.98)$$

とできる。ところで, $X_1, X_2, \cdots, X_n$ は同一のベルヌーイ分布に従うことと, 式 (13.65) より,

$$V[X_1] = \cdots = V[X_n] = p(1-p) \quad (13.99)$$

である。式 (13.99) を式 (13.98) に代入して,

$$V[X] = p(1-p) + p(1-p) + \cdots + p(1-p)$$
$$= np(1-p)$$

となり, 与式を得る。∎

答334 (1) X は 60 個の整数値のいずれも同じ確からしさでとりえるので, 30 に限らず, ひとつの特定の値をとる確率は, $1/60$。
(2) X は 0 から 59.9 までの 600 個の値のいずれも同じ確からしさでとりえるので, 30 に限らず, ひとつの特定の値をとる確率は, $1/600$。
(3) 同様に考えて, $1/6000$。
(4) 同様に考えて, $1/(60 \times 10^n)$。
(5)「滑らかに動く」とは, 限りなく小さな刻みで動くことと考え, (4) で $n \to \infty$ を考えると, $1/(60 \times 10^n) \to 0$。したがって, 0。

答335 a から b の範囲を, n 個の微小区間に分割する。すなわち, $a = x_0 < x_1 < x_2 < \cdots < x_n = b$ とする。また, $0 \leq k < n$ として, $\Delta x_k = x_{k+1} - x_k$ とする。式 (13.68) より,

$$P(x_k < X \leq x_{k+1}) \fallingdotseq f(x_k) \Delta x_k \quad (13.100)$$

である。従って, $P(a < X \leq b) =$

$$\sum_{k=0}^{n-1} P(x_k < X \leq x_{k+1}) \fallingdotseq \sum_{k=0}^{n-1} f(x_k) \Delta x_k$$

$\Delta x_k \to 0, n \to \infty$ とすれば, 積分の定義より, 与式の

答336 （略解）(1) 秒針は時計の文字盤を一定の速さで回るので，$P(x < X \leq x+dx)$ は dx が一定なら x がどこであっても一定。従って，$f(x)$ は x によらない。(2) $0 \leq x < 60$ では $f(x) = 1/60$，それ以外では $f(x) = 0$。そうなる理由も述べること！(3) $P(30 < X \leq 30.1) = \int_{30}^{30.1} f(x)dx = (1/60)(30.1 - 30) = 1/600$

答337 導関数の定義 (p.61 式 (5.5)) より，

$$\frac{d}{dx}F(x) = \lim_{\Delta x \to 0} \frac{F(x + \Delta x) - F(x)}{\Delta x}$$

ここで式 (13.73) より，右辺は，

$$\lim_{\Delta x \to 0} \frac{\int_{-\infty}^{x+\Delta x} f(x)dx - \int_{-\infty}^{x} f(x)dx}{\Delta x}$$
$$= \lim_{\Delta x \to 0} \frac{\int_{x}^{x+\Delta x} f(x)dx}{\Delta x}$$

ところで，Δx が十分に小さければ，x から $x+\Delta x$ の間で $f(x)$ はほとんど一定とみなせるから，上の式は，積分の公式 6 より，

$$= \lim_{\Delta x \to 0} \frac{f(x) \int_x^{x+\Delta x} dx}{\Delta x} = \lim_{\Delta x \to 0} \frac{f(x)\Delta x}{\Delta x} = f(x)$$

となる。

答338 「$X \leq x_2$」という事象（つまり確率変数 X が x_2 以下の値をとるという事象）は，「$X \leq x_1$」と「$x_1 < X \leq x_2$」という，2 つの互いに排反な事象の和事象である。すると，式 (13.8) より，$P(X \leq x_2) = P(X \leq x_1) + P(x_1 < X \leq x_2)$ である。ところが，累積分布関数の定義より，$P(X \leq x_1) = F(x_1)$，$P(X \leq x_2) = F(x_2)$ だから，$F(x_2) = F(x_1) + P(x_1 < X \leq x_2)$ となる。これを変形して与式を得る。

答339 (1) 定義から $F(x) = P(X \leq x)$ であり，「$X \leq x$」という X の範囲は，x が大きいほど広い。x が限りなく大きくなる（正の無限大に近づく）と，「$X \leq x$」という X の範囲は，実数全体に広がる。従って，X の実現値は全てその中に入るようになり，$P(X \leq x)$ は 1 に近づく。
(2) 定義から $F(x) = P(X \leq x)$ であり，「$X \leq x$」という X の範囲は，x が小さい値をとるほど狭くなる。x が限りなく小さくなる（負の無限大に近づく）と，確率変数 X はそれ以下の値をとり得なくなり，従って，$P(X \leq x)$ は 0 に近づく。
(3) 前問より，$x_1 < x_2$ のとき $P(x_1 < X \leq x_2) = F(x_2) - F(x_1)$。式 (13.4) で述べたように任意の事象の確率は 0 以上なので，この式の左辺も 0 以上。従って，$0 \leq F(x_2) - F(x_1)$。従って，$F(x_1) \leq F(x_2)$。これは，x の増加につれて $F(x)$ は減少することがないことを意味する。

答340 略解：$x \leq 0$ のとき 0，$0 < x \leq 60$ のとき $x/60$，$60 < x$ のとき 1。

答341 連続的確率変数 X，微小量 dx について，$P(x < X \leq x+dx) = f(x)dx$ となるような関数 $f(x)$ のことを X の確率密度関数という。また，$P(X \leq x)$ を x の関数とみなしたものを，X の累積分布関数という。

答342 (1) X は $c-a \leq x \leq c+a$ で一様な確率で値をとるので，X の確率密度関数 $f(x)$ は，$c-a \leq x \leq c+a$ で，一定値をとる。それを A とする。また，$c-a \leq x \leq c+a$ 以外の範囲には X は値をとらないから，$c-a \leq x \leq c+a$ 以外の範囲では $f(x) = 0$ である。さて，

$$\int_{-\infty}^{\infty} f(x)dx = \int_{-\infty}^{c-a} f(x)dx + \int_{c-a}^{c+a} f(x)dx$$
$$+ \int_{c+a}^{\infty} f(x)dx = \int_{c-a}^{c+a} A\,dx = 2Aa$$

となる。式 (13.70) より，$2Aa = 1$。従って，$A = 1/(2a)$ である。

(2) $E[X] = \int_{c-a}^{c+a} \frac{x\,dx}{2a} = \left[\frac{x^2}{4a}\right]_{c-a}^{c+a} = c$

(3) $V[X] = \int_{c-a}^{c+a} \frac{(x-c)^2\,dx}{2a} = \left[\frac{(x-c)^3}{6a}\right]_{c-a}^{c+a}$
$= a^2/3$

(4) $\sigma[X] = \sqrt{V[X]} = a/\sqrt{3}$

答343 各区間の測定値を $X_1, X_2, \cdots, X_{1000}$ とする。その総和を $Y = X_1 + X_2 + \cdots + X_{1000}$ とする。各区間の測定値の標準偏差を $1\,\mathrm{mm}$ とすると，$V[X_1] = V[X_2] = \cdots = V[X_{1000}] = (1\,\mathrm{mm})^2$ である。従って，誤差伝播の法則より，$V[Y] = V[X_1] + V[X_2] + \cdots + V[X_{1000}] = 1000 \times (1\,\mathrm{mm})^2 = 1000\,\mathrm{mm}^2$。従って，$\sigma[Y] = \sqrt{V[Y]} = \sqrt{1000\,\mathrm{mm}^2} \fallingdotseq 32\,\mathrm{mm}$，すなわち，約 $3\,\mathrm{cm}$ の誤差が含まれていると考えられる。

答344 式 (13.94) で $n=2$, $x_1 = r$, $x_2 = h$, $\sigma_1 = \sigma_r$, $\sigma_2 = \sigma_h$, $\sigma_y = \sigma_V$ と置き換えれば，

$$\sigma_V^2 = \left(\frac{\partial f}{\partial r}\right)^2 \sigma_r^2 + \left(\frac{\partial f}{\partial h}\right)^2 \sigma_h^2$$

となる。$f = \pi r^2 h$ だから，$\frac{\partial f}{\partial r} = 2\pi rh$，$\frac{\partial f}{\partial h} = \pi r^2$ で

ある。従って，

$$\sigma_V^2 = (2\pi rh)^2 \sigma_r^2 + (\pi r^2)^2 \sigma_h^2 \quad \text{従って，}$$
$$\sigma_V = \sqrt{(2\pi rh)^2 \sigma_r^2 + (\pi r^2)^2 \sigma_h^2}$$

となる。この右辺に与えられた値を代入すると，$V = 285713.8\cdots\,\mathrm{mm}^3$, $\sigma_V = 16275.6\cdots\,\mathrm{mm}^3$ となる。σ_V の有効数字を 2 桁とすると，$\sigma_V = 16000\,\mathrm{mm}^3$ となる。V の有効数字がこの 2 桁（1 と 6; 10^4 と 10^3 の桁）を含むように，10^2 の桁（7 という数字）を四捨五入で丸めると，$V = 286000\,\mathrm{mm}^3$ となる。すなわち，$V = (2.86 \pm 0.16) \times 10^5\,\mathrm{mm}^3$。

第14章 統計学

14.1 母集団と標本

統計学において、知りたい対象の全てからなる集合を母集団という。たとえば日本の成人男子の身長を知りたいとき、「日本全国の成人男子全員の身長の集合」が母集団である。

母集団の中の全てを調べることを「全数調査」という。母集団が大きいと、全数調査は労力的に大変なので、母集団からいくつかを抽出して調べる。このとき母集団から抽出された要素を集めたもの（母集団の部分集合）を標本とかサンプルという。標本を構成する個々の要素（データ）を標本データという（標本は標本データの集合である）。このような調査を「標本調査」という。

例 14.1 「日本全国の成人男子全員の身長」を調べるために、全国から 100 人の成人男子を選び出して、各人の身長を計れば、100 人分の身長のデータが得られる。このとき、100 人分のデータをひとまとめにしたものが、1 つの標本である。1 人の身長のデータは「標本」ではなく、「標本データ」である。（例おわり）

ひとつの標本を構成する標本データの個数を標本サイズとか標本の大きさとかサンプルサイズという。上の例で言えば、100 人分の身長のデータから構成される一つの標本について、その標本サイズは 100 である。

標本という「集合」がいくつあるか、つまり「標本データのセット」が何セットあるかを標本数とかサンプル数という。上の例で言えば、100 人分の身長を計る、という操作を、たとえば 3 回繰り返すと、100 人分の身長のデータが 3 セット得られる（つまり 300 人ぶんの身長のデータが得られる）。この場合、標本数やサンプル数は 3 である（300 ではない）。

よくある間違い 55 「標本サイズ」のことを「標本数」や「サンプル数」と言ってしまう。… 多くの人や教科書（ウェブ教材等），専門書で、このような間違いが見られます。用語は正しく使いましょう。

問 345 母集団とは何か？ 標本とは何か？ 標本と標本データはどう違うか？ 標本サイズと標本数はどう違うか？

標本データを母集団の中から**無作為に抽出する場合**は、抽出してみるまではどういう値になるかはわからない。しかし、母集団の中にたくさん存在するような値が、高い確率で標本データに現れるだろう。ということは、標本を構成する個々の標本データは、どういう値になるか、確率的に決まっている。従って、標本を構成する個々のデータは 1 つ 1 つが「確率変数」と考えることができ、それらは同じ確率分布に従っていると考えることができる。その期待値、分散、標準偏差をそれぞれ母平均、母分散、母標準偏差と呼ぶ。

ただし、これまで学んだ確率変数の例と少し違って、標本データについては、確率分布がわかっていないことが多い。たとえば、サイコロを投げて出る目の値を実現値とするような確率変数なら、3 が出る確率は 1/6 である（サイコロが正しく作られていれば）。しかし、日本の成人男子を 1 人つれてきたらその身長が 1.74 m である、という確率は、あらかじめわかっているものではない。というか、そもそもそれを知りたいから調査するのだ。わかっていなければどうするか？ 未知数とするのだ。未知の確率分布を未知としたままで数学的な理論を先に構築

し，それを逆にたどることによって，限られた測定結果から，なるべくつじつまのあう，もっともらしい結論を導き出すのが統計学のアプローチである。

問 346 標本と確率変数はどういう関係にあるか？

14.2 標本平均

p.213 式 (13.30) で定義された期待値は，その確率変数が出してくる，最も「平均的な」実現値だから，期待値のことを平均と呼ぶ人もいる。

ところが，期待値を求めるには，各実現値の確率が必要であり，それはサイコロのような単純な場合を除けば，現実的には得られないことがほとんどである。その代替になるのが，以下に述べる標本平均である。

今，標本を $\{X_1, X_2, \cdots, X_n\}$ とする（n は標本サイズ）。標本データの総和を標本サイズで割ったもの，すなわち

$$\overline{X} := \frac{X_1 + X_2 + \cdots + X_n}{n} \tag{14.1}$$

をこの標本の標本平均という。これを単に平均と呼ぶ人もいるが，上述のように，期待値を平均と呼ぶ人もいるので，混同を避けるために，「平均」という言葉はできるだけ使わないのが賢明である。

例 14.2 サイコロを 8 回振って，出た目が

$$2, 3, 5, 3, 6, 1, 4, 5$$

だったなら，その標本平均は

$$\overline{X} = \frac{2+3+5+3+6+1+4+5}{8} = 3.625$$

となる。（例おわり）

期待値と標本平均はどのように違うのだろうか？まず，期待値は，ひとつの定数である。一方，標本平均は，それ自体が確率変数である。なぜなら，個々の標本データが確率変数であるため，それを複数個，足したものも確率変数であり，それを標本サイズ（n）で割ったものも確率変数である（一般に，確率変数どうしの和や定数倍は確率変数だった）。従って，標本平均は，標本をとるたびに微妙に違う値になる。つまり，標本平均の値は，標本をとってみなければわからないのだ。

また，期待値は，定数とは言いながら，その値は，多くの場合は人間にとって永遠に未知である。しかし標本平均は，標本が得られれば具体的に一つの値が定まる。

ところが，標本サイズ n が十分に大きくなれば，標本平均と期待値は，限りなく接近するのだ。それを示そう：

いま，確率変数 X が，$x_1, x_2, \cdots, x_N$ という，N とおりの実現値をとり得るとする。たとえば上のサイコロの例 14.2 なら $N=6$ であり，$x_1=1, x_2=2, \cdots, x_6=6$ である。

n 回の試行によって（n と N を混同しないように！），標本 $\{X_1, X_2, \cdots, X_n\}$ が得られ，その中で，値が x_k に等しいものが m_k 個あったとしよう（k は 1 から N までの任意の整数である）。それぞれの値をとったデータの数を合計すると，標本サイズ，つまり n になるので，

$$m_1 + m_2 + \cdots + m_N = n \tag{14.2}$$

である。上のサイコロの例だと，n はサイコロを投げた回数，つまり 8 である。また，

$$m_1=1, m_2=1, m_3=2,$$
$$m_4=1, m_5=2, m_6=1$$

であり，$m_1 + m_2 + \cdots + m_6 = 8$ である。

また，全ての標本データの合計は，それぞれの実現値に，その実現値をとった標本データの数をかけたものの和に等しいので，

$$X_1 + X_2 + \cdots + X_n$$
$$= x_1 m_1 + x_2 m_2 + \cdots + x_N m_N \tag{14.3}$$

である。上のサイコロの例だと，この左辺は

$$2+3+5+3+6+1+4+5$$

であり，右辺は

$$1\times 1 + 2\times 1 + 3\times 2 + 4\times 1 + 5\times 2 + 6\times 1$$

であり，ともに 29 で一致する。

従って，式 (14.1) と式 (14.3) より，

$$\overline{X} = \frac{x_1 m_1 + x_2 m_2 + \cdots + x_N m_N}{n} \tag{14.4}$$

$$= x_1 \frac{m_1}{n} + x_2 \frac{m_2}{n} + \cdots + x_N \frac{m_N}{n} \quad (14.5)$$

ここで，m_k/n は，n が十分に大きければ，実現値 x_k が起きる確率 p_k に等しい（これは統計的確率の定義！）。従って，上の式 (14.5) は，

$$\fallingdotseq x_1 p_1 + x_2 p_2 + \cdots + x_N p_N \quad (14.6)$$

となり，右辺は期待値の定義式になる。

このように，標本サイズ n が十分に大きければ，期待値（母平均）$E[X]$ と標本平均 $\overline{X}$ はほとんど一致する。従って，標本平均で期待値（母平均）を推定することができる。

とはいえ，標本サイズ n を無限に大きくはできないし，そもそも期待値（母平均）と標本平均は別々に定義されているのだから，きちんと区別しよう。このようなことを曖昧にしていたら，統計学を理解することはできないのだ。

問 347 期待値と標本平均の定義をそれぞれ述べよ。

14.3 標準誤差と大数の法則

さて，先述したように，標本平均 $\overline{X}$ は，それ自体がひとつの確率変数だから，$\overline{X}$ にも期待値，分散，標準偏差があるはずだ。それらを求めてみよう：

いま，同じ母集団から，**互いに独立に抽出された** n 個の標本データ

$$X_1, X_2, \cdots, X_n \quad (14.7)$$

から構成されるひとつの標本を考えよう。どのデータも同じ母集団から抽出されるので，式 (14.7) を，互いに同じ期待値 μ と同じ分散 σ^2 を持つ確率変数とみなす。すなわち，

$$E[X_1] = E[X_2] = \cdots = E[X_n] = \mu \quad (14.8)$$
$$V[X_1] = V[X_2] = \cdots = V[X_n] = \sigma^2 \quad (14.9)$$

である。すると，式 (14.1), p.213 式 (13.34), p.214 式 (13.42) より，

$$E[\overline{X}] = E\left[\frac{X_1 + X_2 + \cdots + X_n}{n}\right]$$
$$= \frac{E[X_1 + X_2 + \cdots + X_n]}{n}$$
$$= \frac{E[X_1] + E[X_2] + \cdots + E[X_n]}{n}$$
$$= \frac{\mu + \mu + \cdots + \mu}{n} = \frac{n\mu}{n} = \mu \quad (14.10)$$

従って，標本平均の期待値は母平均に等しい。

次に，標本平均の分散を調べてみよう：まず，標本データは互いに独立なので，式 (13.64) より，

$$V[X_1 + X_2 + \cdots + X_n]$$
$$= V[X_1] + V[X_2] + \cdots + V[X_n]$$
$$= \sigma^2 + \sigma^2 + \cdots + \sigma^2 = n\sigma^2 \quad (14.11)$$

となる。上式と式 (13.58) より，

$$V[\overline{X}] = V\left[\frac{X_1 + X_2 + \cdots + X_n}{n}\right]$$
$$= \frac{1}{n^2} V[X_1 + X_2 + \cdots + X_n]$$
$$= \frac{1}{n^2} n\sigma^2 = \frac{\sigma^2}{n} \quad (14.12)$$

となる。従って，標本平均の分散は母分散を標本サイズで割ったものである。

さて，「標本平均の標準偏差」つまり $\sigma[\overline{X}]$ のことを**標準誤差**（standard error）と呼ぶ（定義）。標準誤差を得るには式 (14.12) の最後の項の平方根をとればいい。その結果，

$$\sigma[\overline{X}] = \frac{\sigma}{\sqrt{n}} \quad (14.13)$$

となる。n が大きくなればなるほど，式 (14.13) は 0 に近づくのは明らかだろう。

ただし，ここまでの議論は，**標本データどうしが独立**であることが前提である。その前提のもとに，標準誤差（標本平均の標準偏差）は母標準偏差の $1/\sqrt{n}$ になるのだ。

標準誤差は，標本平均がその期待値からどのくらいばらつくか（誤差の大きさ）の指標である。ここで見たように，それは標本サイズの平方根に反比例するのだ（**標本データどうしが独立**という前提で）。つまり，標本平均の誤差を 1/10 にしようとすれば，標本サイズは 100 倍にしなければならないのだ。

以上をまとめると，次のような法則になる：

> **大数の法則**
>
> 標本データどうしが独立なら，標本平均 $\overline{X}$ は，標本サイズ n を増やすほど母平均に近づく。母標準偏差を σ とすると，このときの標準誤差（標本平均の標準偏差）は，$\sigma/\sqrt{n}$ である。

よくある間違い 56 大数の法則を述べるときに，「標本データどうしが独立なら」という前提条件を忘れる。… 世の中の統計学の教科書の中にも，この条件を明記しないものが多くありますが，この条件は絶対に必要であり，決して忘れてはダメです。

14.4 標本分散と標本標準偏差

前節で，母平均は，標本平均によって，ひとつの（十分大きな）標本から推定できることがわかった。では，母集団の分散はどのようにして推定できるのだろう？ 分散は p. 216 式 (13.55) で定義されるのだが，実際にこの式に基づいて計算するには，各実現値の確率が必要であり，統計学が必要とされるような多くの場合は，それは現実的には未知である。現実的に標本から計算可能で，しかも式 (13.55) のかわりになるような量は無いだろうか？ それがここで学ぶ「標本分散」である。

標本 $\{X_1, X_2, \cdots, X_n\}$ について

$$s^2 := \frac{1}{n} \sum_{k=1}^{n} (X_k - \overline{X})^2 \tag{14.14}$$

を標本分散と呼ぶ（定義）。その（正の）平方根 s を標本標準偏差と呼ぶ（定義）[*1]。

標本分散は，p. 216 式 (13.55) で定義される「分散」（母分散）と，言葉は似ているが別物である。ただし，標本が十分に大きければ，標本分散は母分散の良い推定値になる（ここでは証明しない）。だからといって**分散（母分散）と標本分散を混同してはいけない**。

厳密に言えば，全数調査でない限り，母分散の推定値としては，式 (14.14) ではなく，次のような量 u^2 を使うほうが，より適切である：

$$u^2 := \frac{1}{n-1} \sum_{k=1}^{n} (X_k - \overline{X})^2 \tag{14.15}$$

この u^2 を<u>不偏分散</u>という（定義）。分母が n ではなくて $n-1$ になっていることに注意しよう。この正体は，大学の統計学の授業で学ぶだろう。

問 348 ある小学校のクラスの児童の学力を調べるために，10 点満点の試験をしたところ，各児童の得点 x は，以下のとおりであった：

$$3, 4, 3, 5, 6, 4, 5, 6, 4, 7 \tag{14.16}$$

電卓を使って，以下の計算を行え：
(1) 標本平均 $\overline{X}$ は 4.7 点であることを示せ。
(2) 標本分散 s^2 は 1.61 点^2 であることを示せ。
(3) 標本標準偏差 s は 1.27 点であることを示せ。

パソコンの表計算ソフトを使うと，上の計算が楽にできる。やってみよう。まず，表計算ソフトを立ち上げ，スプレッドシートの A 列に，式 (14.16) のデータを以下のように入れる：

	A	B	C
1	3		
2	4		
3	3		
…	…		
10	7		
11			
12			

セル A11 に，"=sum(A1:A10)/10" と入力する。これで標本平均が計算され，セル A11 にその結果が表示されるだろう。"sum()" というのは，ある範囲内のセルの値を合計するという，表計算ソフト特有の関数である。

次に，各データ X_k について，$(X_k - \overline{X})^2$ を計算しよう。まず，セル B1 に，"=(A1-A\$11)*(A1-A\$11)" と入力する。ここで標本平均が入っているセル A11 への参照を固定するために，絶対参照を使っていることに注意しよう。そして，このセル B1 をコピーして，セル B2 からセル B10 までを選

[*1] 念のため言っておくが，標本標準偏差は「標本平均の標準偏差」（つまり標準誤差）とは別物である（言葉は似ているけど）。

んで「ペースト」する。

このB列を合計して，nで割って，s^2を得よう。そのために，セルB11に，"=sum(B1:B10)/10"と入れる。この値の平方根がsである。それを求めるために，セルB12に，"=sqrt(B11)"と入れる。

この結果，以下のような表ができるだろう：

	A	B	C
1	3	2.89	
2	4	0.49	
3	3	2.89	
…	…	…	
10	7	5.29	
11	4.7	1.61	
12		1.27	

問 349
(1) 上の操作を行って結果を確認せよ。
(2) セル A12 に，"=average(A1:A10)" と入れてみよ。その結果を標本平均と比較せよ。
(3) セル A13 に，"=stdevp(A1:A10)" と入れてみよ。その結果を標本標準偏差と比較せよ。

このように，表計算ソフトには，標本平均や標本標準偏差を求める関数（機能）が備わっている。

14.5 標準化

期待値 μ，標準偏差 σ の確率変数 X について

$$\frac{X-\mu}{\sigma} \tag{14.17}$$

を求めることを<u>標準化</u>と呼ぶ（定義）。

問 350 標準化された確率変数の期待値は 0，分散は 1（だから<u>標準偏差</u>も 1）になることを示せ。

標準化は，ある標本データについて，母集団の分布の中で相対的にどのような位置にあるかを示すために使われることが多い。μ, σ が得られないときは，それぞれ標本平均 $\overline{X}$，標本標準偏差 s（もしくは u）で代用する。

問 351 現在，日本で満 1 歳の女児の身長は，母平均 74 cm，母標準偏差 2.5 cm であるとする。ある満 1 歳の女児の身長は 71 cm であった。この値を標準化せよ。

標準化を，量の次元という観点で考えてみよう。p. 217 で見たように，確率変数と，その期待値と，標準偏差は，同じ次元を持つ。だから式 (14.17) の分子のような引き算ができるのだ。また，式 (14.17) の分母と分子は同じ次元を持つ。従って，その比である式 (14.17) は無次元量になるのだ。このように，標準化は，確率変数を「無次元化」するのだ。それによって，様々な次元を持つ様々な確率変数どうしを，「無次元」という次元に統一して，互いに比較することができるのだ。たとえば，「体重」と「身長」は，全く違う次元の量である（前者は重さ，後者は長さ）ので，比べられない。しかし，それらを標準化してしまえば，「期待値から標準偏差何個分離れているか」という統一された見方で，比較できるのである。

標準化された確率変数を 10 倍して 50 を足したものを「偏差値」という（高校時代にお世話になったね！）：

$$\text{偏差値} := 50 + 10 \times \frac{X-\mu}{\sigma} \tag{14.18}$$

問 352
(1) 問 351 の女児の身長の偏差値はいくらか？
(2) 君の身長の偏差値を，同年齢・同性の日本人集団の中で求めよ。ヒント：母平均・母標準偏差は，「日本人 身長 平均 標準偏差」で検索！

14.6 正規分布

以下のような確率密度関数で表される確率分布を，<u>正規分布</u>（normal distribution）とか<u>ガウス分布</u>（Gaussian distribution）と呼ぶ：

$$f(x) := \frac{1}{\sqrt{2\pi\sigma^2}} \exp\left\{-\frac{(x-\mu)^2}{2\sigma^2}\right\} \tag{14.19}$$

μ は確率変数の期待値，σ は標準偏差である。この式 (14.19) は記憶すること！[*2]

[*2] これは複雑な式のようだが，よく見てみると，まず，exp の中に，式 (14.17) とよく似た式：

こんな式を暗記する必要は無い，という人もいるが，まあそう言わずに暗記しよう。このような式は，頭の柔らかいうちに覚えておくと，あとで良かった，と思うものである。

注：この式の分母の σ^2 を根号の外に出して，

$$f(x) = \frac{1}{\sqrt{2\pi}\,\sigma} \exp\left\{-\frac{(x-\mu)^2}{2\sigma^2}\right\} \tag{14.21}$$

と書く教科書もある。もちろんこれは数学的には式 (14.19) と同じである。

期待値が μ，標準偏差が σ であるような正規分布のことを，$N(\mu, \sigma^2)$ と書き表す。

式 (14.19) のグラフは，$x = \mu$ となるときピークを示す（$f(x)$ が最大となる）。そのピークを挟んで左右対称な形になる（図 14.1）。この関数の原型は，p.85 式 (6.27) である。実際，$a = 1/(2\sigma^2)$ として，式 (6.27) のグラフ（p.85 図 6.6）を x 軸方向に μ だけ平行移動し，y 軸方向に $1/\sqrt{2\pi\sigma^2}$ 倍したら，式 (14.19) のグラフになる。

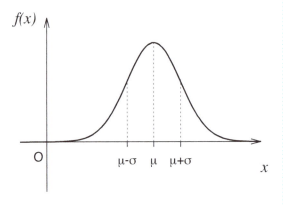

図 14.1　正規分布 $N(\mu, \sigma^2)$ の確率密度関数。式 (14.19)。

問 353　正規分布の確率密度関数を表す式 (14.19) を 10 回書いて，記憶せよ。

$$\frac{x-\mu}{\sigma} \tag{14.20}$$

が入っていることに気づく。これは標準化である。（式 (14.17) で X だったのがここで x になったのは，確率密度関数の変数は確率変数 X そのものではなくて，その実現値 x だからである…わからない人は確率密度関数の定義を再確認せよ！）。p.148 の 9.10 節で学んだように，exp の引数は無次元量でなければならない。式 (14.20) は，その役割を担っているのである。

問 354　正規分布の確率密度関数，すなわち式 (14.19) は式 (13.70) を満たすこと，すなわち

$$\int_{-\infty}^{\infty} \frac{1}{\sqrt{2\pi\sigma^2}} \exp\left\{-\frac{(x-\mu)^2}{2\sigma^2}\right\} dx = 1 \tag{14.22}$$

が成り立つことを確認しよう。

(1) $t = (x-\mu)/(\sqrt{2}\sigma)$ と置いて，置換積分の公式 (8.77) を使うと，式 (14.22) の左辺は次式になることを示せ：

$$\frac{1}{\sqrt{\pi}} \int_{-\infty}^{\infty} e^{-t^2} dt \tag{14.23}$$

(2) ガウス積分の公式 (8.178) を使って，式 (14.23) は 1 に等しいことを示せ。

問 355　以下の正規分布の確率密度関数を，パソコンを使って重ねてグラフに描け。
(1) $N(0,1)$　　(2) $N(0, 2^2)$　　(3) $N(1,1)$

注意：どのような確率分布でも，確率密度関数のグラフと x 軸で囲まれる面積は必ず 1 になる。従って，いくつかの正規分布のグラフを重ねて描いたとき，どれかが極端に小さくなることはありえない。必ず，ピークが下がると横方向に広がる。

よくある間違い 57　問 355(2) で，$\sigma = 2^2 = 4$ だと勘違いして，ピークがずいぶん低いグラフを描いてしまう。… $\sigma^2 = 2^2$，従って $\sigma = 2$ です。グラフのピークは (1) の半分になるはず。

よくある質問 128　なぜ $N(0, 2^2)$ というめんどくさい書き方をするのですか？ $N(0, 4)$ と書けばいいのに。… これは上の「よくある間違い」に関係しています。正規分布は，期待値と標準偏差を指定すれば決まるのですが，式の中では標準偏差は σ^2 という形，つまり分散として扱うことが多いのです（係数の平方根の中にわざわざ σ^2 という形で入れておくのはそういう文化）。そのため，「標準偏差の 2 乗」の形で書くのです。

特に，期待値が 0，標準偏差が 1 であるような正規分布，つまり $N(0,1)$ のことを，<u>標準正規分布</u>と呼ぶ。

問 356 標準正規分布とは何か？

問 357 標準正規分布 $N(0,1)$ の確率密度関数 $f(z)$ は，次式のようになることを示せ：

$$f(z) = \frac{1}{\sqrt{2\pi}} \exp\left(-\frac{z^2}{2}\right) \quad (14.24)$$

注：普通，確率密度関数の中の変数は x で表すことが多いが，標準正規分布に限っては，変数を z で表す慣習である。

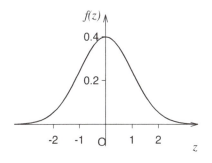

図 14.2　標準正規分布 $N(0,1)$ の確率密度関数。式 (14.24)。

問 358 式 (14.24) は偶関数であることを示せ。ヒント：偶関数の定義に戻って判定する。

問 359 $N(\mu, \sigma^2)$ に従う確率変数 X を標準化して得られる確率変数 Z は，標準正規分布に従うことを示せ[*3]。

問 360 標準正規分布に従う確率変数 Z について，以下の事実をパソコンによる数値積分 (p.114) によって確かめよ。ヒント：p.219 式 (13.69)。

(1) $P(-1 \leq Z \leq 1) \fallingdotseq 0.683$ (14.25)

(2) $P(-1.64 \leq Z \leq 1.64) \fallingdotseq 0.90$ (14.26)

(3) $P(-1.96 \leq Z \leq 1.96) \fallingdotseq 0.95$ (14.27)

これらの値は，後で学ぶ「区間推定」や，いずれ学ぶ「仮説検定」という話で必要になるので記憶しよう。

[*3] 統計学では，なぜか標準正規分布に従うような確率変数を Z と書き，その実現値を z と書く慣習がある。慣習はルールではないので無視してもいいのだが，文書を読むときには助けになる。

式 (14.25)〜式 (14.27) をグラフ上で表すと，図 14.3 の上段（塗りつぶした部分）のようになる：

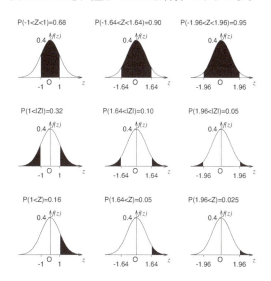

図 14.3　標準正規分布 $N(0,1)$ の確率密度関数と確率の関係。黒く塗りつぶした部分の面積が，それぞれのグラフの上部に書かれた確率を表す。

図 14.3 の中段で塗りつぶされた部分（左右の裾野）は，上段で塗りつぶされなかった部分である。それらに対応する確率は，1 から上段の確率を引いたものになっている。たとえば，中段の左は Z が -1 以下または 1 以上になる確率（約 0.32）を表しているが，それは 1 から「Z が -1 以上 1 以下」になる確率（上段の左；約 0.68）を引いた値になっている。

下段で塗りつぶされた部分の面積は，中段で塗りつぶされた部分の半分である。各グラフは左右対称（偶関数）だからだ！

問 361 標準正規分布に従う確率変数 Z を考える。図 14.3 を用いて，以下の値を求めよ：

(1) $P(Z \leq 1.64)$

(2) $P(Z \leq 1.96)$

(3) $P(0 \leq Z \leq 1.96)$

問 360，問 361，図 14.3 は，あくまで，標準正規分布に限った話である。多くの現実的な問題では，母集団が正規分布に従うとは限らない。ならばなぜこんなに熱く正規分布を語るのかというと，次の「中心極限定理」があるからだ。

14.7 中心極限定理

証明は難しいので省くが[*4]，以下の定理は極めて重要である。

> **中心極限定理**
> 母集団がどんな確率分布であっても，十分に大きな標本の**標本平均**は正規分布に従う。ただし標本データどうしは**独立**でなければならない。

よくある間違い 58 上記の中の「の標本平均」という部分を落として覚えてしまう。… たとえば「サイコロを振って出る目の値」というデータをたくさんとれば，データ自体が正規分布する，従って，連続的な実現値，たとえば 2.3 とか 5.67 とかを取りうる，というのですか？ そんなわけないでしょ。何回振ろうが，サイコロの目は 1 から 6 までの整数値しか取り得ません。

例 14.3 コインを 1 回投げて表の出る回数を X とする。X は 0 と 1 を実現値とする確率変数で，期待値 $\mu = 0.5$，標準偏差 $\sigma = 0.5$ である。コインを n 回投げたときに表が出る割合は，このような確率変数 n 個からなる標本 $\{X_1, X_2, \cdots, X_n\}$ の，標本平均 $\overline{X}$ とみなせる。n が大きくなれば，$\overline{X}$ は $\mu = 0.5$ に近づき，$\overline{X}$ の標準偏差は $\sigma/\sqrt{n} = 0.5/\sqrt{n}$ になる（大数の法則）。このときの $\overline{X}$ の確率分布は，正規分布 $N(0.5, 0.5^2/n)$ に近づく。（例おわり）

大数の法則と中心極限定理は，どちらも標本サイズ n が大きくなると標本平均 $\overline{X}$ がどうなるかを予測する定理だが，大数の法則は，$\overline{X}$ が $1/\sqrt{n}$ の速さで $E[X]$ に近付くことを主張し，中心極限定理は，$\overline{X}$ の確率分布が正規分布に近付くことを主張している。両者の違いを区別して記憶せよ。

問 362 中心極限定理とは何か？

[*4] これを証明するにはフーリエ変換という数学的技法を駆使して「特性関数」というものを考える必要がある。それには，複素数の積分とオイラーの公式が関与している。なお，厳密には中心極限定理は母集団の期待値と分散が有限であるときに成り立つ。

問 363 コインを 10000 回投げて，表が 5100 回以上出る確率はどのくらいか？ ヒント：例 14.3 で $n = 10000$ とし，$P(0.51 \leq \overline{X})$ を求めればよい。

14.8 母平均の区間推定

統計学を実際の場面で応用する際に，我々は標本平均 $\overline{X}$ によって，母平均つまり期待値 μ を推定しようとする。そして，標本サイズ n が大きくなるほど，$\overline{X}$ は μ に近づく（大数の法則より）。その「近づく」ということを，より定量的に表してみよう：

まず，母集団がどのような確率分布に従うとしても，n が十分に大きければ，$\overline{X}$ は，期待値 μ，標準偏差 $\sigma/\sqrt{n}$ の正規分布に従う確率変数とみなせる（ここで，σ は母標準偏差）。これは大数の法則と中心極限定理の帰結である。さて，$\overline{X}$ を標準化してできる，以下のような確率変数 Z を考える：

$$Z = \frac{\overline{X} - \mu}{\sigma/\sqrt{n}} \tag{14.28}$$

問 359 より，Z は標準正規分布に従う。従って，式 (14.26) より，

$$P(-1.64 \leq Z \leq 1.64) \fallingdotseq 0.90 \tag{14.29}$$

となる。つまり，

$$P\left(-1.64 \leq \frac{\overline{X} - \mu}{\sigma/\sqrt{n}} \leq 1.64\right) \fallingdotseq 0.90$$

となる。上式の ( ) 内の不等式を変形すると，

$$P\left(\overline{X} - 1.64\frac{\sigma}{\sqrt{n}} \leq \mu \leq \overline{X} + 1.64\frac{\sigma}{\sqrt{n}}\right) \fallingdotseq 0.90$$

となる。つまり，期待値 μ は，90 パーセントの確率で，

$$\overline{X} - 1.64\frac{\sigma}{\sqrt{n}} \text{ 以上，かつ } \overline{X} + 1.64\frac{\sigma}{\sqrt{n}} \text{ 以下} \tag{14.30}$$

という区間に含まれるだろう，という推定ができるのだ。このように，母集団に関する特徴的な値（この場合は母平均 μ）を，「ある確率（この場合は 90 パーセント）で，ある区間の中に含まれる」という形で推定することを，区間推定という。その確率（この場合は 90 パーセント）を信頼度と呼び，その区間（この場合は式 (14.30)）を信頼区間と呼ぶ。

注：「μ は 90 パーセントの確率で，ある区間の中に含

まれる」とは，具体的にはどういうことだろうか？ μ の値がその区間にふらふらと迷い込んだり出て行ったりするイメージを持ちやすいが，そうではない。μ の値は，我々にはわからないが，どこかに既に存在して，静かに座っているのだ。標本（n 個のデータの集まり）を 1 つ得れば，式 (14.30) によって「ある区間」が 1 つ定まる。その区間は，たまたま μ を含むようにうまく設定できたかもしれないし，そうでないかもしれない。そういう「標本を 1 つとって区間を 1 つ設定する」ということを，仮想的に何回も（たとえば 10000 回とか）行ったとしたら，そのうち 90 パーセント（たとえば 9000 回くらい）で，「設定された区間が μ を含む」だろう，という意味なのだ。

1 つしか標本を得ないのに，たくさんの標本を得るという状況のことがなぜわかるのだろうか？ ポイントは大数の法則である。標準誤差を母標準偏差の $1/\sqrt{n}$ で推定できる，という定理（p. 231 式 (14.13)）である。その元をたどれば，独立な確率変数の分散は足し算できるという定理（p. 218 式 (13.63)）に行き着くのだ。

もっと高い信頼度で推定したい！という場合は，式 (14.29) 以降の議論を，たとえば式 (14.27) を使ってやり直せばよい。すると，信頼度 95 パーセントでの信頼区間は

$$\overline{X} - 1.96 \frac{\sigma}{\sqrt{n}} \text{ 以上，かつ } \overline{X} + 1.96 \frac{\sigma}{\sqrt{n}} \text{ 以下} \quad (14.31)$$

となり，より広い信頼区間をとらねばならないことがわかる。

このように，母集団の分布が不明でも，中心極限定理と正規分布を使えば，標本平均の「確からしさ」を定量的に検討できるのだ。

問 364 母平均の区間推定において，同じ信頼度のままで，信頼区間の大きさを半分にするためには，標本サイズを何倍にすればよいか？

この問からわかるように，一般に，信頼度を一定にしたままで信頼区間の大きさを $1/a$ 倍にしたければ，a^2 倍の測定回数をこなさねばならない。たとえば，信頼区間を $1/10$ に縮めたければ，測定回数を 100 倍にしなければいけないのだ！

注：式 (14.30) や式 (14.31) を使って区間推定をする場合，母標準偏差 σ が必要である。これは，普通は未知である（母標準偏差が既知であるような母集団なら，普通，母平均だって既知だろう。そこまでわかっていたら統計学なんか使う必要ない）。その場合，下の問 365 で行うように，σ は標本標準偏差 s や不偏分散の平方根 u で代用する（s より u を使うほうが正確）。ただし，その場合，$\overline{X}$ は正規分布ではなく，t 分布という確率分布に従うと考える方が，より正確な議論になる。実用的には，そちらの方が一般的である。といっても，標本サイズが十分に大きければ，正規分布で考えても結論はほとんど変わらない。たとえば以下の問 365 を t 分布で考えたとしても，その影響は 95 パーセント信頼区間の 5 桁めの有効数字に現れる程度である。

問 365 ある森で，ある種の昆虫（成虫）を，無作為に 400 個体採集し，その体長を測ったところ，標本平均 1.230 cm，標本標準偏差 0.20 cm を得た。この森に棲むこの昆虫（成虫）体長の母平均を，信頼度 90 パーセントと信頼度 95 パーセントでそれぞれ区間推定せよ。ただし，標本サイズは十分大きいとみなし，母標準偏差を標本標準偏差で代用せよ。

よくある質問 129 いろんな量が正規分布するのはなぜですか？… ある量について，多数の独立な要因が関与し，それらの和や平均としてその量が生じるとしましょう。各要因がどういう確率分布をしても，その和や平均は中心極限定理によって正規分布します。従って，多くの要因がからむほど，その量は正規分布に従いやすいのです。だからといって，なんでもかんでも正規分布を仮定してよい，ということではないので，注意！

14.9 共分散と相関係数

複数の項目からなるようなデータを扱う統計学を，多変量解析という。たとえばある大学の入試が数学と英語の 2 科目を必須とするとき，ある受験生の成績は，数学の得点 X と英語の得点 Y という，2 つの項目からなる。

そのように，X, Y という 2 つの項目からなるデータが n セットあるような標本：

$$\{(X_1, Y_1), (X_2, Y_2), \cdots, (X_n, Y_n)\} \quad (14.32)$$

を考える（上の例で言えばこれは 2 科目のテストに

おける n 人の受験生の成績である）。さて，$\overline{X}, \overline{Y}$ をそれぞれ X, Y の標本平均とし，s_X^2, s_Y^2 をそれぞれ X, Y の標本分散とする。すなわち，

$$\overline{X} := \frac{1}{n}\sum_{k=1}^{n} X_k, \quad s_X^2 := \frac{1}{n}\sum_{k=1}^{n}(X_k - \overline{X})^2$$

$$\overline{Y} := \frac{1}{n}\sum_{k=1}^{n} Y_k, \quad s_Y^2 := \frac{1}{n}\sum_{k=1}^{n}(Y_k - \overline{Y})^2$$

とする。以下で定義される量：

$$s_{XY} := \frac{1}{n}\sum_{k=1}^{n}(X_k - \overline{X})(Y_k - \overline{Y}) \quad (14.33)$$

を，X と Y の<u>標本共分散</u>という。また，

$$r := \frac{s_{XY}}{s_X s_Y} \quad (14.34)$$

と定義される量 r を，<u>標本相関係数</u>という。ここではその理由を詳しくは述べないが，標本相関係数 r は，2 種類の量が互いにどれだけ強く連動しているかを表す無次元量である。r は -1 以上 1 以下の値をとる。

よくある間違い 59 式 (14.34) の分母を $s_X^2 s_Y^2$ としてしまう。… 間違いです。これは次元を考えればすぐわかります。s_{XY} の次元は X の次元と Y の次元の積です（s_{XY} の定義から明らか）。s_X^2 の次元は X の次元の 2 乗です（これも標本分散の定義から明らか）。これだと X の次元や Y の次元が打ち消しあわずに残ってしまいますよね。

問 366

$$\mathbf{a} = (X_1 - \overline{X}, X_2 - \overline{X}, \cdots, X_n - \overline{X})$$
$$\mathbf{b} = (Y_1 - \overline{Y}, Y_2 - \overline{Y}, \cdots, Y_n - \overline{Y})$$

とする。式 (14.34) で定義される相関係数 r は次式を満たすことを示せ：

$$r = \frac{\mathbf{a} \bullet \mathbf{b}}{|\mathbf{a}||\mathbf{b}|} \quad (14.35)$$

よくある質問 130 びっくりしました。この式は式 (10.21) とそっくりです。ベクトルのなす角のコサインと標本相関係数は同じなのでしょうか？… ベクトルの内積や角というものを拡張して考えると，あなたのアイデアは実は正しいのです。相関係数は実は拡張されたコサインなのです。だから，相関係数は -1 以上 1 以下の値に限定されるのです。

問 367 ある高校の小テスト（数学と英語，各 5 点満点）の結果から，7 人の生徒（つまり $n = 7$）の成績を抽出し（$k = 1$ から $k = 7$ までの番号を付与），数学と英語の得点について以下のような標本を得た：

k	数学得点（X_k）	英語得点（Y_k）
1	4	3
2	3	4
3	1	2
4	3	3
5	4	5
6	5	5
7	2	2

(1) 数学得点 X_k と英語得点 Y_k のそれぞれについて，標本平均 $\overline{X}, \overline{Y}$ を求めよ。
(2) 数学得点の標本分散 s_X^2，英語得点の標本分散 s_Y^2，数学得点と英語得点の標本共分散 s_{XY} をそれぞれ求めよ。
(3) 数学得点と英語得点の標本相関係数 r を求めよ。

さて，次式で定義される行列 S を，この標本の<u>分散共分散行列</u>，あるいは単に<u>共分散行列</u>と呼ぶ。

$$S := \begin{bmatrix} s_X^2 & s_{XY} \\ s_{XY} & s_Y^2 \end{bmatrix} \quad (14.36)$$

分散共分散行列 S の $(1, 2)$ 成分と $(2, 1)$ 成分はともに s_{XY} だから互いに等しい（このように右上の成分と左下の成分が等しい行列を対称行列という）。

共分散や分散共分散行列は，多変量解析において中心的な役割を演じる概念である。詳細は本書では述べないが，分散共分散行列の対角化を利用した<u>主成分分析</u>というものがある。

このように，統計学で多様なデータを扱う時，ベクトルや行列が基本的で重要なツールになるのだ。

問の解答

答 345 統計学において知りたい対象全体の集合を母

集団という。母集団から抽出された要素を集めた集合を標本という。標本を構成する個々の要素（データ）を標本データという。標本を構成する標本データの数（標本という集合の要素数）を，その標本の大きさという。対して，標本という集合の数を標本数という。

答346 標本データは確率変数だとみなせる。標本データを集めた集合が標本だから，標本は確率変数の集合とみなせる。

答347 確率変数 X について，X の実現値と，その実現値が発生する確率との積の総和を，X の期待値と呼ぶ。ある標本について，標本データの総和を標本サイズで割って得られる値を，この標本の標本平均と呼ぶ。

答348 (1)(2) 略。(3) $\sqrt{1.61\cdots}$点 $\fallingdotseq 1.27$ 点。

答350 p. 213 式 (13.34) を使って ($a = 1/\sigma, b = \mu/\sigma$ とみなして)，

$$E\left[\frac{X-\mu}{\sigma}\right] = E\left[\frac{X}{\sigma} - \frac{\mu}{\sigma}\right]$$
$$= \frac{E[X]}{\sigma} - \frac{\mu}{\sigma} = \frac{\mu}{\sigma} - \frac{\mu}{\sigma} = 0$$

また，p. 217 式 (13.58) を使って ($a = 1/\sigma, b = \mu/\sigma$ とみなして)，

$$V\left[\frac{X-\mu}{\sigma}\right] = V\left[\frac{X}{\sigma} - \frac{\mu}{\sigma}\right] = \frac{V[X]}{\sigma^2} = \frac{\sigma^2}{\sigma^2} = 1$$

答351 $(71 \text{ cm} - 74 \text{ cm})/(2.5 \text{ cm}) = -1.2$

答352 (1) $50 + 10 \times (-1.2) = 38$。(2) 略。

答354 (1) $t = (x-\mu)/(\sqrt{2}\sigma)$ と置いて，両辺を x で微分すると $dx = \sqrt{2}\sigma dt$ を得る。また，$t^2 = (x-\mu)^2/(2\sigma^2)$。これらを式 (14.22) の左辺に代入すると与式[*5]を得る。

(2) ガウス積分の公式から，

$$\frac{1}{\sqrt{\pi}}\int_{-\infty}^{\infty} e^{-t^2} dt = \frac{1}{\sqrt{\pi}}\sqrt{\pi} = 1$$

答355 図 14.4。

答356 期待値が 0，標準偏差が 1 であるような正規分布，つまり $N(0,1)$ のこと。

答357 式 (14.19) において，$\mu = 0, \sigma = 1$ とすれば与式を得る (注に従って，x は z と書き換えればよい)。

答359 X を標準化すると，

$$Z = \frac{X-\mu}{\sigma} \quad (14.37)$$

となる。確率密度関数の定義より，

[*5] ここで，$x \to \infty$ で $t \to \infty$，$x \to -\infty$ で $t \to -\infty$ なので，積分区間は変わらない。

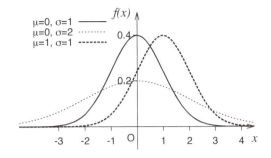

図 14.4　正規分布の確率密度関数

$$P(x < X \leq x + dx)$$
$$= \frac{1}{\sqrt{2\pi\sigma^2}} \exp\left\{-\frac{(x-\mu)^2}{2\sigma^2}\right\} dx \quad (14.38)$$

である。一方，$X = x$ のとき $Z = z$ とし，$X = x + dx$ のとき $Z = z + dz$ とすると，式 (14.37) より，

$$z = \frac{x-\mu}{\sigma} \quad (14.39)$$
$$z + dz = \frac{x + dx - \mu}{\sigma} = \frac{x-\mu}{\sigma} + \frac{dx}{\sigma} = z + \frac{dx}{\sigma}$$

である。従って，

$$dz = dx/\sigma \quad (14.40)$$

である。さて，$x < X \leq x + dx$ という事象は $z < Z \leq z + dz$ という事象と同じだから，

$$P(x < X \leq x + dx) = P(z < Z \leq z + dz) \quad (14.41)$$

となる。式 (14.38)，式 (14.41)，式 (14.39) より，

$$P(z < Z \leq z + dz)$$
$$= \frac{1}{\sqrt{2\pi\sigma^2}} \exp\left\{-\frac{(x-\mu)^2}{2\sigma^2}\right\} dx$$
$$= \frac{1}{\sqrt{2\pi\sigma^2}} \exp\left(-\frac{z^2}{2}\right) dx \quad (14.42)$$

となる。この右辺の dx を式 (14.40) によって σdz に置き換えると，

$$P(z < Z \leq z + dz) = \frac{1}{\sqrt{2\pi\sigma^2}} \exp\left(-\frac{z^2}{2}\right) \sigma dz$$
$$= \frac{1}{\sqrt{2\pi}} \exp\left(-\frac{z^2}{2}\right) dz \quad (14.43)$$

となる。この右辺の dz の係数は，$N(0,1)$ の確率密度関数である。従って Z は $N(0,1)$ に従う。∎

答361 (1) $P(Z \leq 1.64)$ は，図 14.3 の下段中央の図の白抜きの部分に相当する。塗りつぶされた面積が 0.05 なのだから，$1 - 0.05 = 0.95$。

(2) $P(Z \leq 1.96)$ は，図 14.3 の下段右の図の白抜きの部分に相当する。塗りつぶされた面積が 0.025 なのだから，$1 - 0.025 = 0.975$。

(3) 図 14.3 の下段右の，右半分を考える。左右対称だから，右半分の面積は 0.5。そこから塗りつぶされた面積 0.025 を引いて，$0.5 - 0.025 = 0.475$。あるいは，図 14.3 の中段右の白抜きの面積（$1 - 0.05 = 0.95$）の半分で 0.475 としてもよい。

答 363 表が出る比率 $\overline{X}$ は，今の場合，$5100/10000 = 0.51$ である。中心極限定理により，$\overline{X}$ は，近似的には，期待値 0.5，標準偏差 $0.5/\sqrt{10000} = 0.005$ の正規分布に従うと考えられる。$\overline{X} = 0.51$ を標準化すると，

$$Z = \frac{0.51 - 0.5}{0.005} = 2.0 \tag{14.44}$$

となる。従って $P(2.0 \leq Z)$ を求めればよい（Z は標準正規分布に従う）。問 360 を参考にして数値積分で求めると（あるいは，ネットなどで「正規分布表」を探して参照してもよい），$P(2.0 \leq Z) \fallingdotseq 0.0228$。従って，求める確率は約 0.0228。

答 364 標本サイズを n とすると，信頼区間の大きさは $1/\sqrt{n}$ に比例する（式 (14.30) や式 (14.31) でわかるように）。従って，信頼区間の大きさを $1/2$ 倍にするには，$1/\sqrt{n}$ を $1/2$ 倍にしなければならない。すなわち，$\sqrt{n}$ を 2 倍に，すなわち n を 4 倍にしなければならない。

答 365 標本平均 $\overline{X} = 1.230\,\text{cm}$，母標準偏差 $\sigma \fallingdotseq 0.2\,\text{cm}$，標本サイズ $n = 400$ 匹とする。これらを式 (14.30)，式 (14.31) に代入すればよい。$\sigma/\sqrt{n} = 0.2\,\text{cm}/\sqrt{400} = 0.01\,\text{cm}$ であることから，$1.64\sigma/\sqrt{n} = 0.0164\,\text{cm}$，$1.96\sigma/\sqrt{n} = 0.0196\,\text{cm}$。従って，母平均 μ は，

信頼度 90% では，$1.214\,\text{cm}$ 以上，$1.246\,\text{cm}$ 以下
信頼度 95% では，$1.210\,\text{cm}$ 以上，$1.250\,\text{cm}$ 以下

と区間推定される（ここで，測定値の有効数字が 4 桁なので，信頼区間の上下限の値は 5 桁目を四捨五入した）。

よくある間違い 60 ↑この問題の回答で単位を付け忘れて，1.214 以上，1.246 以下，のように書いてしまう。

答 367 以下，有効数字 3 桁で述べる：
(1) $\overline{X} = 3.14$ 点, $\overline{Y} = 3.43$ 点
(2) $s_X^2 = 1.55$ 点^2,
$s_Y^2 = 1.38$ 点^2, $s_{XY} = 1.22$ 点^2。

(3) $s_{XY}/(s_X s_Y) = 1.22/\sqrt{1.55 \times 1.38} \fallingdotseq 0.83$。

おわりに

統計学では，これまで学んだ多くの数学（累乗・階乗，微分積分，指数関数，全微分，ベクトル，行列，集合など）が出てきた。本書では触れなかったが，中心極限定理の証明には複素数や三角関数，オイラーの公式まで出てくるのだ。そして，言うまでもなく統計学は「役立つ数学」の代表である。要するに，どんな数学も役立つし，互いにつながっているのだ。

本書を読み終えて，もう少し数学を勉強したいと思う方には，以下をおすすめする。まず線型代数を（本書でも少し学んだが）もっときちんと学ぼう。線形代数は統計学や量子力学（電子や分子，化学反応等の理論）の基礎であり，経済学のモデル構築の基礎でもある。機械学習や人工知能の技術の基礎でもある。

次にベクトル解析（多変数の微分積分）を学ぼう。これも機械学習や人工知能の基礎なのだが，電磁気学や流体力学，弾性体力学，伝熱工学の基礎でもある。気象学や土木工学，防災工学，食品工学などの実用的な学問の習得にも役立つだろう。

ただし，勉強の目的は「役立つ」ことだけではない。まして，テストで他人と優劣を競うことではない。学ぶことはそれ自体が楽しく，人生を豊かにする。それに，そういう態度で自発的に無心に学ぶほうが，多くのことが身につくし，結局は役立つのだ。ただし，それが行き過ぎて，本格的な純粋数学を学びたいと思ってしまったなら，本書で学んだことは全て忘れて，しっかりした数学書をゼロから勉強してください！（笑）

索引

欧字

- arccos ... 103
- arcsin ... 103
- arctan ... 103
- Beer ... 90
- cf. ... 203
- cos ... 98
- cosec ... 98
- det ... 179
- dimension check ... 25
- e.g. ... 203
- exp ... 80
- i.e. ... 203
- Lambert ... 90
- ln ... 10
- log ... 9
- s.t. ... 203
- sec ... 98
- SI ... 18
- sin ... 98
- SI 基本単位 ... 18
- tan ... 98
- t 分布 ... 237

あ行

- アークコサイン ... 103
- アークサイン ... 103
- アークタンジェント ... 103
- 位相 ... 144
- 1次関数 ... 48
- 1次近似 ... 71
- 一次結合 ... 168
- 一次変換 ... 187
- 位置ベクトル ... 155
- 一般項 ... 34
- 陰関数 ... 56
- 裏 ... 194
- 運動量 ... 165
- エクスポーネンシャル ... 80
- エネルギー ... 23
- 円周率 ... 2
- オイラーの公式 ... 142

か行

- 階乗 ... 29
- 外積 ... 162
- 解析学の基本定理 ... 118
- 解析的 ... 65
- 解析的に解く ... 123
- 回転 ... 187
- ガウス関数 ... 84, 122
- ガウス積分 ... 135
- ガウス分布 ... 233
- ガウス平面 ... 142
- 角運動量 ... 165
- 角速度 ... 106, 165
- 確率分布 ... 211
- 確率分布関数 ... 220
- 確率変数 ... 210
- 確率密度関数 ... 219
- 加減乗除 ... 4
- 重ね合わせの原理 ... 169
- 加算 ... 4
- 加速度 ... 76
- 加速度ベクトル ... 164
- 片対数グラフ ... 85
- 傾き ... 45
- 加法定理 ... 100
- カロリー ... 24
- 環境収容力 ... 135
- 関数 ... 44
- 幾何ベクトル ... 156
- 奇関数 ... 53
- 期待値 ... 213
- 気体定数 ... 24
- 基本原理 ... 22
- 逆 ... 194
- 逆関数 ... 55
- 逆行列 ... 180
- 逆三角関数 ... 103
- 吸光度 ... 90
- 級数 ... 34
- 行 ... 174
- 共通部分 ... 199
- 共分散 ... 218
- 共分散行列 ... 238
- 行ベクトル ... 156
- 共役複素数 ... 141
- 行列 ... 174
- 行列式 ... 179, 186
- 極形式 ... 144
- 極限 ... 45, 61
- 極座標 ... 106
- 極小 ... 77
- 極大 ... 77
- 極値 ... 77
- 虚数 ... 33
- 虚数単位 ... 33
- 虚数部 ... 141
- 距離 ... 29, 74
- 偶関数 ... 53
- 空事象 ... 206
- 空集合 ... 199
- 区間 ... 202
- 区間推定 ... 236
- 組み立て単位 ... 18
- 経験的確率 ... 207
- 係数行列 ... 182
- 結合律 ... 4
- 元 ... 198
- 減算 ... 4

原始関数	119
高階導関数	72
交換律	4
公差	34
合成関数	54
恒等式	34
公比	34
公理	1
国際単位系	18
誤差伝播の法則	223
個体群の成長曲線	135
弧度法	96
固有値	182
固有ベクトル	182
固有方程式	183
コルモゴロフの公理	208
根	32
根元事象	206

さ行

サラスの公式	186
三角関数	98
三角関数の合成	107
サンプル	229
サンプルサイズ	229
サンプル数	229
三平方の定理	95
シグモイド関数	91
次元	16, 156
仕事	23
事象	206
指数	8
次数	30, 174
指数関数	80
指数法則	8
自然数	2
自然対数	9
自然対数の底	9
四則演算	4
磁束密度	165
従う	211
実現値	210
実数	3
実数部	141
重解（重根）	32
集合	198
重心	166
重積分	148

収束	35
収束半径	141
従属変数	44
十分条件	196
重力	23
主成分分析	238
純虚数	33
順列	29
条件	192
条件付き確率	209
乗算	4
常用対数	9
初期条件	132
初項	34
除算	4
磁力	165
真数	9, 82
信頼区間	236
信頼度	236
水素イオン濃度	25
数学的確率	208
数学的帰納法	37
数値積分	114
数値微分	65
数ベクトル	156, 167
数列	34
数列の和	36
スカラー	154
スカラー積	158
正規分布	233
正弦	98
正弦曲線	101
正弦定理	103
正四面体角	166
正射影	159
整数	2
正接	98
正則行列	181
成分	156, 174
正方行列	174
積集合	199
関孝和	180
積分	112
積分定数	119
積分変数	114
積和公式	108
絶対値	28, 143
接頭辞	19
切片	48

遷移行列	186
漸化式	35
漸近線	45
線型近似	71
線型結合	168
線型性	37, 67
線型変換	187
全体集合	200
全微分	146
相関係数	238
双曲線	45
相対参照	41
速度	75
速度ベクトル	164

た行

対角化	185
対角行列	185
対角成分	178
対偶	194
対称移動	46
対称行列	238
対数	9
代数学の基本定理	33
対数グラフ	85
大数の法則	232
代数方程式	32
体積分	148
多項式	30
多重積分	148
多変量解析	237
単位	15
単位円	98
単位行列	178
単位系	18
単位ベクトル	158
単項式	30
単振動	106
単調減少	35
単調増加	35
値域	54
力のモーメント	165
置換積分	124
中心極限定理	236
直積	201
底	9, 82
定義	3
定義域	54

定数関数	44	
定積分	112, 119	
底の変換公式	83	
定理	3	
デカルト座標	106	
テーラー展開	139	
テンソル	157	
導関数	63	
動径	144	
統計的確率	207	
等差数列	34	
等速円運動	165	
同値	196	
等比数列	34	
同様の確からしさの原理	208	
特性方程式	183	
独立	209, 211	
独立変数	44	
ド・モルガンの法則	200	
トルク	165	

な行

内積	158
内的自然増加率	135
内分	155
二項係数	30
二項定理	31
二項分布	212
ネイピア数	9, 80

は行

倍角公式	100
排反	206
背理法	197
発散	35
パラメータ	45
半減期	88
反応速度定数	89
反比例関係	45
判別式	33
反例	195
引数	44
非対角成分	178
ピタゴラスの定理	95
ビッターリッヒ法	97
必要十分条件	196
必要条件	196

否定	192, 194
微分係数	61, 62
微分方程式	87
標準化	233
標準誤差	231
標準偏差	216
標本	229
標本共分散	238
標本サイズ	229
標本数	229
標本相関係数	238
標本データ	229
標本の大きさ	229
標本標準偏差	232
標本分散	232
比例関係	45
複素共役	141
複素数	33, 141
複素平面	142
物理量	15
不定	182
不定積分	119
不等式	52
不能	182
部分集合	199
部分積分	124
部分分数分解	123
普遍集合	200
不偏分散	232
分散	216
分散共分散行列	238
分配律	4
平均	213, 230
平行	154
平行移動	46
平行四辺形の面積	179
ベイズの定理	209
平方完成	31
巾	8
べき関数	45, 87
ベクトル	153, 168
ベクトル積	162
ベータ崩壊	88
ベルヌーイ試行	212
ベルヌーイ分布	212
変位	74
偏角	144
偏差値	233
変数分離	133

偏導関数	145
偏微分	145
法線ベクトル	160
放物線	45
補集合	200
母集団	229
母標準偏差	229
母分散	229
母平均	229

ま行

マグニチュード	92
マクローリン展開	139
交わり	199
マルコフ過程	185
丸める	12
ミカエリス・メンテンの式	57
右ネジ	180
無限小	62
無限大	4
無次元量	18
結び	199
無名数	18
無理数	3
命題	192
面積分	148
モル吸収係数	91

や行

有限小	62
有効数字	10
有理数	2
余因子行列	180
要素	198
余弦	98
余弦定理	103
余事象	207

ら行

ラジアン	96
ラプラス方程式	146
ランベルト・ベールの法則	90
離散的確率変数	219
両対数グラフ	86
理論的確率	208
累乗	8

累積分布関数 … 220	連続的確率変数 … 219	
ルベーグ積分 … 114	連立1次方程式 … 182	**わ行**
零行列 … 177	ロジスティック関数 … 91	和集合 … 199
列 … 174	ロジスティック曲線 … 91	和積公式 … 108
列ベクトル … 157	ロジスティック方程式 … 134	
連続 … 54		

著者紹介

奈佐原顕郎(なさはらけんろう) 博士（農学）

1969年生まれ。岡山県立岡山一宮高等学校，東京大学工学部計数工学科卒業。北海道大学大学院理学研究科地球物理学専攻（修士），京都大学大学院農学研究科森林科学専攻（博士）修了。モンタナ大学客員研究員を経て，現在，筑波大学生命環境系准教授。専門は人工衛星を用いた地球環境観測と，農学系大学生の数学・物理学基礎教育。著書に『入門者のLinux』『ライブ講義 大学生のための応用数学入門』（いずれも講談社）。

本書のもととなった授業は，2014年度筑波大学全学学類・専門学群代表者会議で「オススメ授業」に選出され，2017年度筑波大学学園祭（雙峰祭）では「つくばイチ受けたい授業」として招聘されました。

NDC410　252p　26cm

ライブ講義　大学1年生のための数学入門

2019年2月28日　第1刷発行
2023年3月2日　第10刷発行

著　者　奈佐原顕郎
発行者　髙橋明男
発行所　株式会社　講談社
　　　　〒112-8001　東京都文京区音羽2-12-21
　　　　　　販売　(03)5395-4415
　　　　　　業務　(03)5395-3615
編　集　株式会社　講談社サイエンティフィク
　　　　代表　堀越俊一
　　　　〒162-0825　東京都新宿区神楽坂2-14　ノービィビル
　　　　　　編集　(03)3235-3701
印刷・製本　株式会社　ＫＰＳプロダクツ

落丁本・乱丁本は購入書店名を明記のうえ，講談社業務宛にお送りください。送料小社負担にてお取替えします。なお，この本の内容についてのお問い合わせは，講談社サイエンティフィク宛にお願いいたします。定価はカバーに表示してあります。

©Kenlo Nasahara, 2019

本書のコピー，スキャン，デジタル化等の無断複製は著作権法上での例外を除き禁じられています。本書を代行業者等の第三者に依頼してスキャンやデジタル化することはたとえ個人や家庭内の利用でも著作権法違反です。

JCOPY 〈(社)出版者著作権管理機構　委託出版物〉

複写される場合は，その都度事前に(社)出版者著作権管理機構（電話03-5244-5088, FAX 03-5244-5089, e-mail: info@jcopy.or.jp）の許諾を得てください。

Printed in Japan

ISBN978-4-06-514675-0

講談社の自然科学書

ライブ講義 大学生のための応用数学入門	奈佐原顕郎／著	定価 3,190 円
新しい微積分 上 改訂第2版	長岡亮介・渡辺 浩・矢崎成俊・宮部賢志／著	定価 2,420 円
新しい微積分 下 改訂第2版	長岡亮介・渡辺 浩・矢崎成俊・宮部賢志／著	定価 2,640 円

なっとくシリーズ

なっとくする演習・熱力学	小暮陽三／著	定価 2,970 円
なっとくする電子回路	藤井信生／著	定価 2,970 円
なっとくするディジタル電子回路	藤井信生／著	定価 2,970 円
なっとくするフーリエ変換	小暮陽三／著	定価 2,970 円
なっとくする複素関数	小野寺嘉孝／著	定価 2,530 円
なっとくする微分方程式	小寺平治／著	定価 2,970 円
なっとくする行列・ベクトル	川久保勝夫／著	定価 2,970 円
なっとくする数学記号	黒木哲徳／著	定価 2,970 円
なっとくするオイラーとフェルマー	小林昭七／著	定価 2,970 円
なっとくする群・環・体	野﨑昭弘／著	定価 2,970 円
新装版 なっとくする物理数学	都筑卓司／著	定価 2,200 円
新装版 なっとくする量子力学	都筑卓司／著	定価 2,200 円

ゼロから学ぶシリーズ

ゼロから学ぶ微分積分	小島寛之／著	定価 2,750 円
ゼロから学ぶ量子力学	竹内 薫／著	定価 2,750 円
ゼロから学ぶ熱力学	小暮陽三／著	定価 2,750 円
ゼロから学ぶ統計解析	小寺平治／著	定価 2,750 円
ゼロから学ぶベクトル解析	西野友年／著	定価 2,750 円
ゼロから学ぶ線形代数	小島寛之／著	定価 2,750 円
ゼロから学ぶ電子回路	秋田純一／著	定価 2,750 円
ゼロから学ぶディジタル論理回路	秋田純一／著	定価 2,750 円
ゼロから学ぶ解析力学	西野友年／著	定価 2,750 円
ゼロから学ぶ統計力学	加藤岳生／著	定価 2,750 円

単位が取れるシリーズ

単位が取れる 微積ノート	馬場敬之／著	定価 2,640 円
単位が取れる 力学ノート	橋元淳一郎／著	定価 2,640 円

※表示価格には消費税（10％）が加算されています。　「2023年2月現在」

講談社サイエンティフィク　https://www.kspub.co.jp/

講談社の自然科学書

単位が取れるシリーズ

単位が取れる 電磁気学ノート	橋元淳一郎／著	定価 2,860 円
単位が取れる 線形代数ノート 改訂第2版	齋藤寛靖／著	定価 2,640 円
単位が取れる 量子力学ノート	橋元淳一郎／著	定価 3,080 円
単位が取れる 量子化学ノート	福間智人／著	定価 2,640 円
単位が取れる 統計ノート	西岡康夫／著	定価 2,640 円
単位が取れる 有機化学ノート	小川裕司／著	定価 2,860 円
単位が取れる 熱力学ノート	橋元淳一郎／著	定価 2,640 円
単位が取れる 微分方程式ノート	齋藤寛靖／著	定価 2,640 円
単位が取れる 解析力学ノート	橋元淳一郎／著	定価 2,640 円
単位が取れる ミクロ経済学ノート	石川秀樹／著	定価 2,090 円
単位が取れる マクロ経済学ノート	石川秀樹／著	定価 2,090 円
単位が取れる 流体力学ノート	武居昌宏／著	定価 3,080 円
単位が取れる 電気回路ノート	田原真人／著	定価 2,860 円
単位が取れる 物理化学ノート	吉田隆弘／著	定価 2,640 円
単位が取れる フーリエ解析ノート	高谷唯人／著	定価 2,640 円

今日から使えるシリーズ

今日から使えるフーリエ変換	三谷政昭／著	定価 2,750 円
今日から使える微分方程式	飽本一裕／著	定価 2,530 円
今日から使える複素関数	飽本一裕／著	定価 2,530 円
今日から使えるラプラス変換・z変換	三谷政昭／著	定価 2,530 円

今度こそわかるシリーズ

今度こそわかる場の理論	西野友年／著	定価 3,190 円
今度こそわかるくりこみ理論	園田英徳／著	定価 3,080 円
今度こそわかるマクスウェル方程式	岸野正剛／著	定価 3,080 円
今度こそわかるファインマン経路積分	和田純夫／著	定価 3,300 円
今度こそわかる量子コンピューター	西野友年／著	定価 3,190 円
今度こそわかる素粒子の標準模型	園田英徳／著	定価 3,190 円
今度こそわかるガロア理論	芳沢光雄／著	定価 3,190 円
今度こそわかる重力理論	和田純夫／著	定価 3,960 円

※表示価格には消費税（10%）が加算されています。　「2023年2月現在」

講談社サイエンティフィク　https://www.kspub.co.jp/

講談社の自然科学書

講談社基礎物理学シリーズ（全12巻）　シリーズ編集委員／二宮正夫・北原和夫・並木雅俊・杉山忠男

0. 大学生のための物理入門　並木雅俊／著	定価	2,750 円
1. 力学　副島雄児・杉山忠男／著	定価	2,750 円
2. 振動・波動　長谷川修司／著	定価	2,860 円
3. 熱力学　菊川芳夫／著	定価	2,750 円
4. 電磁気学　横山順一／著	定価	3,080 円
5. 解析力学　伊藤克司／著	定価	2,750 円
6. 量子力学Ⅰ　原田 勲・杉山忠男／著	定価	2,750 円
7. 量子力学Ⅱ　二宮正夫・杉野文彦・杉山忠男／著	定価	3,080 円
8. 統計力学　北原和夫・杉山忠男／著	定価	3,080 円
9. 相対性理論　杉山 直／著	定価	2,970 円
10. 物理のための数学入門　二宮正夫・並木雅俊・杉山忠男／著	定価	3,080 円
11. 現代物理学の世界　二宮正夫／編	定価	2,750 円
入門講義 量子コンピュータ　渡邊靖志／著	定価	3,300 円
宇宙を統べる方程式 高校数学からの宇宙論入門　吉田伸夫／著	定価	2,970 円
入門 現代の量子力学 量子情報・量子測定を中心として　堀田昌寛／著	定価	3,300 円
入門 現代の宇宙論 インフレーションから暗黒エネルギーまで　辻川信二／著	定価	3,520 円
入門 現代の力学 物理学のはじめの一歩として　井田大輔／著	定価	2,860 円
1週間で学べる！ Julia数値計算プログラミング　永井佑紀／著	定価	3,300 円
Pythonでしっかり学ぶ線形代数　神永正博／著	定価	2,860 円
スタンダード工学系の微分方程式　広川二郎・安岡康一／著	定価	1,870 円
スタンダード工学系の複素解析　安岡康一・広川二郎／著	定価	1,870 円
スタンダード工学系のベクトル解析　宮本智之・植之原裕行／著	定価	1,870 円
スタンダード工学系のフーリエ解析・ラプラス変換　宮本智之・植之原裕行／著	定価	2,200 円
微分積分学の史的展開 ライプニッツから高木貞治まで　高瀬正仁／著	定価	4,950 円
集合・位相・圏 数学の言葉への最短コース　原 啓介／著	定価	2,860 円
測度・確率・ルベーグ積分 応用への最短コース　原 啓介／著	定価	3,080 円
線形性・固有値・テンソル〈線形代数〉応用への最短コース　原 啓介／著	定価	3,080 円
これならわかる機械学習入門　富谷昭夫／著	定価	2,640 円
ディープラーニングと物理学 原理がわかる、応用ができる　田中章詞・富谷昭夫・橋本幸士／著	定価	3,520 円

※表示価格には消費税（10％）が加算されています。　　「2023年2月現在」

講談社サイエンティフィク　https://www.kspub.co.jp/